普通高等学校“十三五”规划教材

JINSHU GONGYIXUE JIANMING JIAOCHENG

金属工艺学简明教程

主　编　郭春洁　韩淑洁
副主编　于　杰　郑明强
参　编　孔　波　王沙沙　许洪昌
　　　　陆银梅　夏鹏健
主　审　孟庆东

西北工業大學出版社

【内容简介】 本书简明地介绍金属材料和金属零件制造工艺技术基础知识，内容包括金属材料及热处理、金属铸造、金属压力加工及焊接成形、金属切削加工、精密加工和特种加工、典型表面加工分析以及金属工艺过程的拟定。书中有一定数量的实例，以加深读者对理论知识的理解和记忆；每章后列出“复习题”，便于读者掌握所学知识。在书后的附录中还设置了“自我检测题”，方便于读者复习应考。

另外，紧密配合教材内容还设计制作了电子课件，并附各章的“复习题”及“自我测试题”的参考答案，方便了师生的教与学。

本书作为高等学校机械类、近机类、相关工程类专业的教材，亦可作为上述同类专业的职工大学等成人高校的教材。本书也可供工程技术人员和工程管理人员参考。

图书在版编目(CIP)数据

金属工艺学简明教程/郭春洁，韩淑洁主编. —西安：西北工业大学出版社，2017.6
ISBN 978-7-5612-5420-2

Ⅰ.①金… Ⅱ.①郭…②韩… Ⅲ.①金属加工—工艺学 Ⅳ.①TG

中国版本图书馆 CIP 数据核字(2017)第 161414 号

策划编辑：付高明
责任编辑：付高明

出版发行：西北工业大学出版社
通信地址：西安市友谊西路 127 号　　邮编：710072
电　　话：(029)88493844　88491757
网　　址：www.nwpup.com
印 刷 者：兴平市博闻印务有限公司
开　　本：787 mm×1 092 mm　　1/16
印　　张：18.5
字　　数：445 千字
版　　次：2017 年 6 月第 1 版　　2017 年 6 月第 1 次印刷
定　　价：39.00 元

前　　言

随着工业技术的发展和改革开放的不断深入，新一轮的产业调整使我国成为制造大国，并向制造强国迈进。机械制造业作为技术密集型产业，它的健康快速发展离不开高素质的机械加工技术人员。为了方便相关专业在校学生掌握各类工程中最常用的材料——金属材料及其零件制造工艺技术的基础知识，我们编写了这本《金属工艺学简明教程》。

本书是依据国家教育部颁发的《工程材料及机械制造基础课程教学基本要求》和面向21世纪教学内容和课程体系改革项目“机械类专业人才培养方案和课程改革的研究与实践”的相关研究成果进行编写的。

本书内容分为两篇，共十九章。

第一篇(共九章)，金属材料及其热成形工艺基础：主要讲述金属材料的基础知识、工业上常用的金属材料及其热处理、金属热加工成形的主要方法，如铸造、锻造、焊接等。

第二篇(共十章)，金属冷成形工艺基础：主要讲述金属切削加工概念、刀具材料及刀具角度、切削过程及影响加工质量的主要因素，以及常见的切削加工方法，如车削、钻削、镗削、刨削、拉削、铣削和磨削；精密加工、精整加工、光整加工及特种加工技术的特点和应用；新材料和新工艺及其发展趋势；金属工艺过程的拟定，工件的装夹和夹具对加工质量的影响，以及工艺规程的拟定和典型零件加工工艺实例等。

本书具有如下特点。

(1)本书对传统的金属及其工艺学内容进行了精选，以培养学生使用和选择金属材料及成形工艺的能力为主要目的，去掉了繁冗的细节，保留了必要的理论基础并增加了新材料和新工艺及其发展趋势的介绍。

(2) 本书以理论知识“够用为度”，加强实践能力的培养，做到理论联系实际。在兼顾基础知识的同时，强调实用性和可操作性。

(3)本书叙述精炼、通俗易懂，并采用了由浅入深、循序渐进、层次清楚的写作方式，体现简明的特色。

(4)紧密配合教材内容设计制作了电子课件，内容图文并茂，并附有各章的“复习题”及附录“自我测试题”的参考答案，大大方便了师生的教与学。课件挂在出版社的教材服务网上(WWW. NPUP. com)，免费供读者使用。

本书主要作为高等学校机械类、近机械类、相关工程类等专业的本、专科以及高职、高专的教材；也可作为上述同类专业的职工大学、业余大学、函授大学、远程教育等的教材；亦可供其他有关专业的师生和工程技术人员参考。

参加编写的单位(人员)有：青岛科技大学(王沙沙、陆银梅、夏鹏健)；青岛远洋船员职业学院(韩淑洁)；山东烟台南山学院(郭春洁)；青岛海洋技师学院(于杰、孔波、郑明强)；山东济宁技师学院(许洪昌)。

编写人员分工如下：

于杰:编写第1～4章及其电子课件的设计制作。

孔波:第6章的校订及其电子课件的设计制作。

王沙沙:第7章和第8章的校订及其电子课件的设计制作。

郑明强:编写第11～13章及其电子课件的设计制作。

郭春洁:编写前言、绪论、第5～10章。

许洪昌:第10章的校订及其电子课件的设计制作。

陆银梅:第9章的校订及其电子课件设计制作。

夏鹏健:第5章的校订及其电子课件的设计制作。

韩淑洁:编写第14～19章及其电子课件的设计制作。

本书由郭春洁和韩淑洁任主编,并统稿。由于杰和郑明强任副主编。

青岛科技大学孟庆东和杨洪林两位教授详细审阅了书稿,提出了许多宝贵意见,在此表示衷心的感谢。

在本书的编写出版过程中得到了参编者所在学校的领导和有关部门的大力支持。本书编写中参考并引用了有关文献资料、插图等,在此一并对上述单位及相关作者表示诚挚的感谢。

由于水平所限,书中难免存在错误、疏漏和不当之处,恳求广大读者批评指正。

编　者

2017年2月

目　录

第二篇　金属冷成形工艺基础

绪　论

一、材料及金属材料概述

1. 材料概述

材料是社会发展的物质基础，人类利用材料制作了生产与生活中使用的工具、设备及设施，不断改善了自身的生存环境与空间，创造了丰富的物质文明和精神文明，因此，材料同人类社会的发展密切相关。

历史学家为了科学地划分人类在各个社会发展阶段的文明程度，就以材料的生产和使用作为人类文明进步的尺度。以材料为标志，人类社会经历了石器时代（公元前 10 万年）、陶器时代（公元前 8 000 年）、青铜器时代（公元前 5 000 年）、铁器时代（公元前 1000 年）、水泥时代（元年）、钢时代（1800 年）、硅时代（1950 年）、新材料时代（1990 年）等，可以看出，人类使用材料的足迹经历了从低级到高级、从简单到复杂、从天然到合成的过程，目前人类已进入金属（如钛金属）、高分子、陶瓷及复合材料共同发展的时代。

2. 金属材料概述

在国民经济建设和人们日常生活中，金属材料无所不在。空中的飞机、水中的轮船、地面的火车、钢架结构的“鸟巢”、工程机械和各类生活用品几乎都是用金属制造的，如图 0－1 所示。可以说，没有金属材料人们将无法生存。

人类的进步和金属材料息息相关，青铜器、铁器、现代的铝、当代的钛，它们在人类的文明进程中都扮演着重要的角色。

金属材料是现代工业、建筑及国防建设中使用最广的工程材料。在材料的使用及其加工过程中，金属材料的生产和应用是人类社会发展的重要里程碑。

由此可见，对于从事机械制造、工程建设及国防建设等方面的人员来说，了解金属材料方面的相关知识具有重要意义。

二、金属材料成形技术的分类

金属材料的成形加工基本可以分为热加工成形和冷加工成形两大类。

1. 热加工成形

金属材料热加工成形包括铸造成形、锻压成形和焊接成形。

（1）铸造成形是将金属熔化成液态后，浇注到与成形零件的形状及尺寸相适应的铸型型腔中，待其冷却凝固后获得零件毛坯的生产方法。

（2）锻压成形是指将具有塑性的金属材料，在热态或冷态下借助锻锤的冲击力或压力机的压力，使其产生塑性变形，以获得所需形状、尺寸及力学性能的毛坯或零件的加工方法。锻压是锻造和冲压的总称，有时也称其为金属压力加工。

（3）焊接成形是一种通过加热或加压或两者并用，用或不用填充材料，使被焊材料之间达到原子结合而形成的永久性连接的工艺方法。

图0-1　金属材料制品

(a)飞机；(b)轮船；(c)火车；(d)“鸟巢”；(e)工程机械；(f)生活用品

2. 冷加工成形

冷加工成形是使用切削工具(包括刀具、磨具和磨料)，通过工具与工件之间的相对运动，把工件上多余的材料层切除，使工件获得规定的尺寸、形状和表面质量的加工方法。

三、金属材料及其加工工艺课程概述

1. 课程的特点

课程具有内容广、实践性强和综合性突出的特点，比较系统地介绍了金属材料分类、性能、加工工艺方法及其应用范围等知识。该课程是融汇多种专业基础知识为一体的专业技术基础课，是培养从事机械装备制造行业应用型、管理型、操作型及复合型人才的必修课程。

2. 课程的性质、要求和任务

本课程是高等院校机械类、近机械类、工程类及工程管理专业必修的一门综合性的技术基础课，主要涉及金属材料及其成形技术。

课程的基本要求是通过本课程的学习，能够了解或掌握各类常用的金属材料性能和应用、材料毛坯或制品的成形原理及其成形的工艺特点；具有根据毛坯或制品性能，正确选择成形方法和制定工艺及参数的初步能力；具备综合运用工艺知识分析零件结构工艺性的初步能力；了解有关新材料、新技术及其发展趋势，为学习其他有关课程及以后从事机械设计与制造方面的工作奠定必要的基础。

因此，本课程的任务如下：

(1)熟悉常用金属材料的组织、性能和应用；

(2)熟悉制造毛坯、加工零件所用的主要设备和主要附件的种类、型号、规格、特性；

(3)了解金属材料毛坯制造和零件加工的主要方法、工艺特点和应用。

3.学习本课程的意义

产品研究设计、材料选用、工艺安排、质量检测、组织管理和经济效益的诸多环节；而从事设备维修保养、技术改造和劳保安全等工作，金属材料及其加工工艺更是必须掌握的最基本的知识。作为应用型高级工程技术人员，只有熟悉金属材料及其加工工艺的基本概念，了解常用的其他工程材料和有关的加工工艺知识，才能具有分析处理生产工作中涉及有关材料和加工工艺方面的各种实际问题的能力，这是经济建设和科学技术发展的现实要求。

四、本课程的学习方法

本课程的学习强调理论联系实际，注重应用理论和实践相结合，注重各种能力的培养。

注意与专业学科和课程建设的配合联系。考虑到不同专业的适应性，教学中对于教材中带 * 号的内容可选择使用。每章的复习题是本课程学习的必要环节，既是巩固、复习所学知识的手段，又是理论联系实际，调动学生灵活运用知识和学习主动性的途径，应予以充分重视。

第一篇　金属材料及其热成形工艺基础

本篇主要介绍各种金属材料及热加工(包括热处理、铸造、焊接、压力加工等)成形工艺基础知识。

第一章　金属材料综述

第一节　金属及金属材料的分类

一、金属、纯金属与合金的概念

金属是指具有良好的导电性和导热性,有一定的强度和塑性,并具有光泽的物质,如铁、铝和铜等。金属材料是由金属元素或以金属元素为主,其他非金属为辅构成的,并具有金属特性的工程材料,它包括纯金属和合金两类。

纯金属在工业生产中虽具有一定的用途,但由于其强度、硬度一般都较低,且冶炼技术复杂,价格较高,因此在使用上受到较大的限制。目前广泛使用的是合金状态的金属材料。

合金是指两种或两种以上的金属元素或金属与非金属元素组成的金属材料。例如,普通黄铜是由铜和锌两种金属元素组成的合金,碳素钢是由铁和碳组成的合金,合金钢是由铁、碳和合金元素组成的合金。与纯金属相比,合金除具有更好的力学性能外,还可以通过调整组成元素之间的比例,以获得一系列性能各不相同的合金,从而满足不同的性能要求。

二、金属材料的分类

金属材料在国民经济中有重要的作用,这主要是由于金属材料具有比其他材料优越的性能,如物理性能、化学性能、力学性能及工艺性能等,能够满足生产和科学技术发展的需要。金属材料通常还可分为钢铁材料和非铁金属两大类,如表 1－1 所示。

1. 钢铁材料

以铁或以铁为主而形成的金属材料,称为钢铁材料(或称黑色金属),如各种钢材和铸铁。

表1-1　金属材料分类

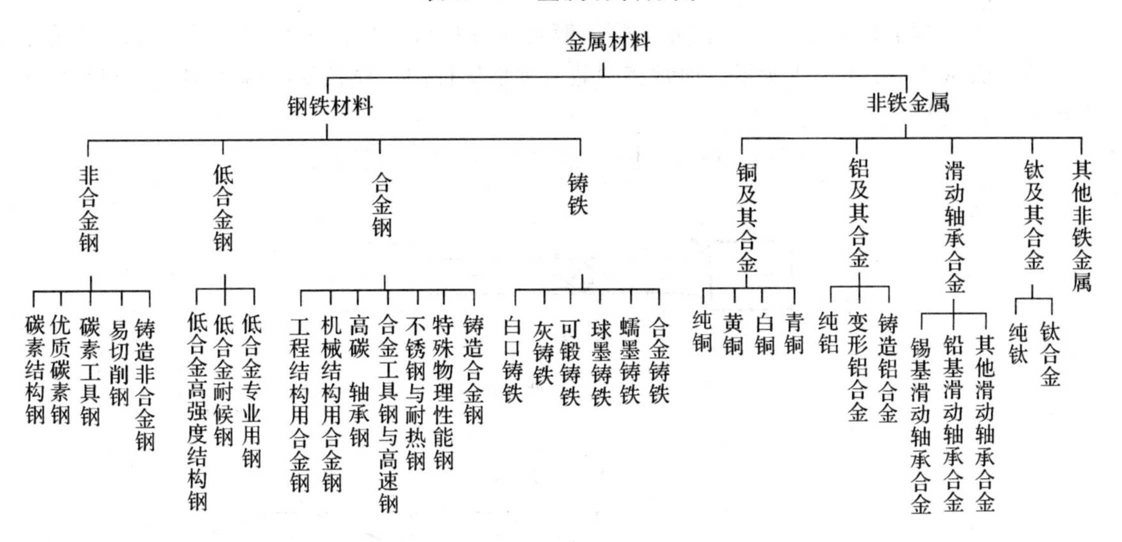

2. 非铁金属

除钢铁材料以外的其他金属材料，统称为非铁金属（或称有色金属），如铜、铝、镁、锌、钛、锡、铅、铬、钼、钨、镍等。

除此之外，还出现了许多新型的具有特殊性能的金属材料，如粉末冶金材料、非晶态金属材料、纳米金属材料、单晶合金、超导合金以及新型的金属功能材料（如永磁合金、高温合金、形状记忆合金、超细金属隐身材料、超塑性金属材料、储氢合金）等。

第二节　金属材料的主要性能

金属材料在现代工农业生产中占有极其重要的地位。尤其是黑色金属中的钢及其合金，是构成各种机械设备的基础，也是各种机械加工的主要对象。因此了解和掌握这些材料的使用性能和工艺性能是进行设计、选材和制定各种加工工艺的重要依据。

金属材料的性能包括力学性能、物理性能、化学性能及工艺性能，它们既决定金属材料的应用范围、使用性能和寿命，又决定金属材料的各种加工方法。本章简要论述金属材料的主要性能。

一、金属材料的力学性能

金属材料制成的构件（在机器中称为零件），在工作过程中都要受到载荷的作用，载荷作用的结果将引起零件的变形。金属材料在各种不同形式的载荷作用下所表现出来的性能称为机械性能，又称力学性能，其主要指标有强度、塑性、硬度、冲击韧度、持久极限等。这些指标是用试验方法测取的，如拉伸试验、压缩试验、疲劳试验、硬度试验、冲击试验等。

1. 强度

金属材料在外力作用下抵抗永久变形和断裂的能力称为强度。按外力作用的性质不同，主要有屈服强度、拉伸强度、压缩强度、弯曲强度等，工程上常用的是屈服强度和拉伸强度，这两个强度指标可通过拉伸试验测出。

(1)静载时的强度：

1) 拉伸时材料的力学性能。拉伸试验一般是在万能试验机上进行的。试验时一般采用标准圆截面试件，如图1-1所示。通常将圆截面标准试件的工作长度(也称标距)L_0与其截面直径d的比例规定为

$$L_0=5d\ （短试件）\quad 或\quad L_0=10d\ （长试件）$$

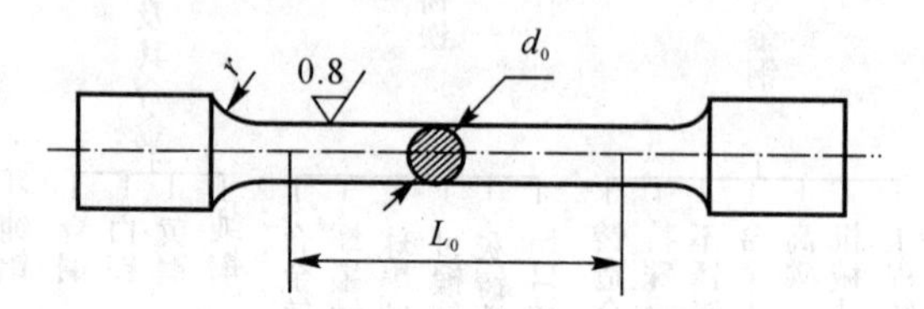

图1-1　标准拉伸试样示意图

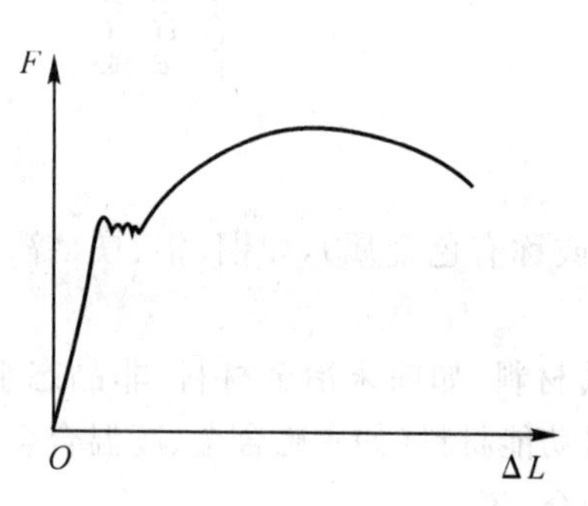

图1-2　低碳钢拉伸曲线示意图

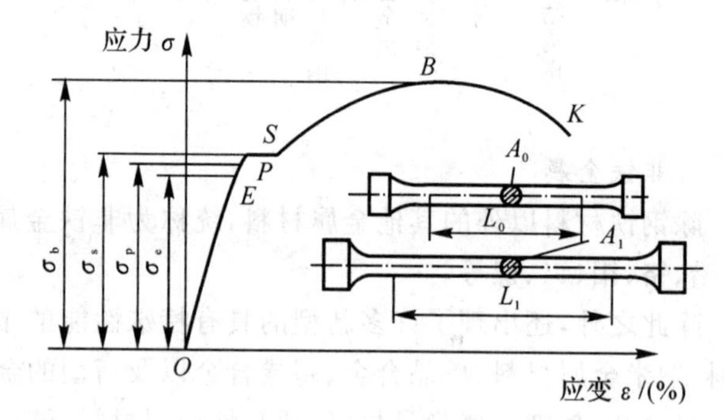

图1-3　低碳钢拉伸时的应力应变曲线

A. 低碳钢拉伸时的力学性质。低碳钢是指含碳质量分数在0.3%以下的碳素结构钢。这类钢材在工程中使用较广，同时在拉伸试验中表现出的力学性能也最为典型。

试件装在试验机上，受到缓慢增加的拉力作用。对应着每一个拉力F，试件标矩L_0有一个伸长量ΔL。记录F和ΔL关系的曲线称为拉伸曲线或$F-\Delta L$曲线，如图1-2所示。通常，将图1-2横坐标ΔL变换成试样单位长度上的变形量，即应变$\varepsilon=\Delta L/L_0$，纵坐标F变换成材料试样单位的力——应力$\sigma=F/A$。记录σ和ε关系的曲线称为应力—应变曲或σ—ε曲线。

由应力—应变曲线可观察到以下现象。

a. 弹性和刚度。从图1-3中可看出，若应力不超过σ_P，则试样的变形能在卸载后($\sigma=0$)立即消失，即恢复原状，这种不产生永久变形的性能称为弹性。σ_P为不产生永久变形的最大应力，称为弹性极限。在弹性变形范围内，应力与应变成正比，即

$$\sigma=E\varepsilon\quad 或\quad E=\sigma/\varepsilon$$

式中，比例常数E为弹性模量，它是衡量材料抵抗弹性变形能力的指标，在工程上亦叫刚度，是一个对组织不敏感的参数，它主要决定于材料本身，是金属材料最稳定的性能之一，在室温下钢的弹性模量E值大都在$(1.96\sim21.6)\times10^9$ Pa之间。E值随温度的升高而逐渐降低。

b. 屈服点σ_S。低碳钢应力—应变曲线在S点出现一水平段，即应力不增加而变形继续进行。此时若卸载，试样变形不能完全消失，而保持一部分残余变形，这种不能恢复的残余变形称为塑性变形。此时所对应的应力就称为屈服点，用σ_S(MPa)表示，其计算公式为

$$\sigma_S = \frac{F_s}{S_0}$$

式中，F_s 为产生屈服现象时的拉力。可见 σ_S 是表示材料抵抗微量塑性变形的能力。

金属材料中只有低碳钢和中碳钢等少数金属有屈服现象，大多数金属材料都没有明显的屈服点。因此，对这些金属材料，规定以产生 0.2% 残留伸长的应力作为屈服强度，称为名义屈服强度，以 $\sigma_{0.2}$ 表示（见图 1-4）。

屈服强度是材料在外力作用下开始产生塑性变形的最低应力值，当材料的实际工作应力大于其屈服强度时，就有可能产生过量塑性变形而失效，因此 σ_S 是大多数机械零件设计时的重要参数，是材料最重要的力学性能指标之一。

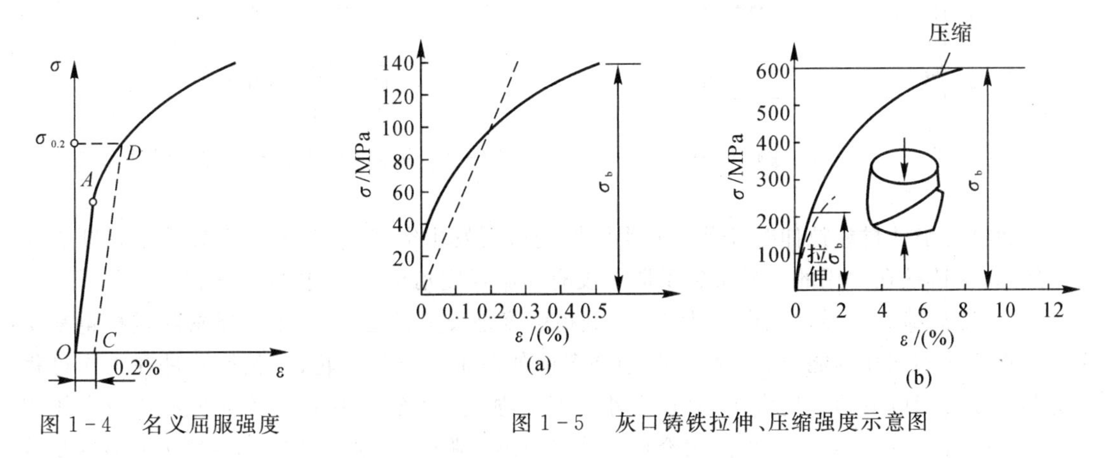

图 1-4　名义屈服强度

图 1-5　灰口铸铁拉伸、压缩强度示意图

c. 拉伸强度是指试样在拉断前所能承受的最大应力（MPa），以 σ_h 表示。在 $\sigma-\varepsilon$ 曲线上的位置如图 1-4 所示，其计算公式为

$$\sigma_h = \frac{F_b}{S_0}$$

式中，F_b 为试样拉断前的最大外力。

拉伸强度（曾称强度极限）反映试样最大的均匀变形的抗力，是设计机械零件和选择金属材料的主要参数之一，也是评价金属材料的主要指标。

B. 灰口铸铁拉伸时的力学性质。灰口铸铁是典型的脆性材料，其 $\sigma-\varepsilon$ 曲线是一段微弯曲线，如图 1-5(a)所示，没有明显的直线部分，没有屈服和颈缩现象，拉断前的应变很小，伸长率也很小。强度极限 σ_b 是其唯一的强度指标。铸铁等脆性材料的拉伸强度很低，所以不宜作为受拉零件的材料。

2）材料在压缩时的力学性能。金属材料的压缩试件一般制成很短的圆柱，以免被压弯。圆柱高度约为直径的 1.5～3 倍。

a. 低碳钢压缩。低碳钢压缩时的 $\sigma-\varepsilon$ 曲线如图 1-6 所示。

试验表明：低碳钢压缩时的弹性模量 E 和屈服极限 σ_S 都与拉伸时大致相同。应力超过屈服阶段以后，试件越压越扁，呈鼓形，横截面面积不断增大，试件抗压能力也继续增高。因而得不到压缩时的强度极限。因此，低碳钢的力学性能一般由拉伸试验确定，通常不必进行压缩试验。

对大多数塑性材料也存在上述情况。少数塑性材料，如铬钼硅合金钢，压缩与拉伸时的屈服极限不相同，这种情况需做压缩实验。

b. 铸铁压缩。图 1-5(b)表示铸铁压缩时的 $\sigma-\varepsilon$ 曲线。试件仍然在较小的变形下突然破坏，破坏断面的法线与轴线大致成 45°～55°的倾角。铸铁的压缩强度极限比它的拉伸强度极限高 4～5 倍。因此，铸铁广泛用于机床床身，机座等受压零部件。

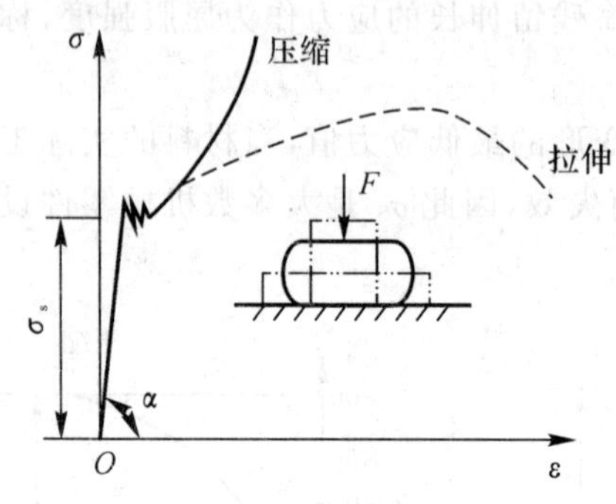

图 1-6　低碳钢压缩时的 $\sigma-\varepsilon$ 曲线

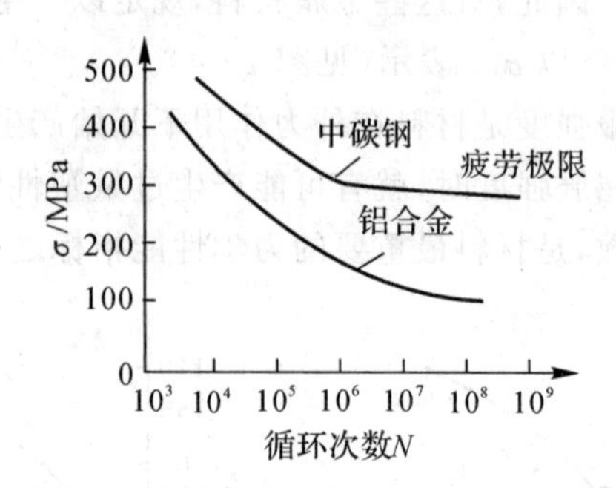

图 1-7　中碳钢及铝合金的实测疲劳曲线

灰铸铁等脆性材料拉伸时几乎不发生塑性变形而发生突然断裂，其最大外力就是断裂外力。所以，灰铸铁在常用的工程材料手册中没有屈服强度指标，仅有拉伸强度指标。

(2)交变载荷时的强度。最常用的交变载荷强度是疲劳强度，它是指金属材料抵抗重复交变外力作用而不破坏的能力。机械产品中许多诸如曲轴、连杆、齿轮、弹簧等零件在工作过程中受到重复交变应力的长期作用，会在远小于拉伸强度、甚至远小于屈服强度 σ_S 的应力作用下断裂，这种断裂称为疲劳断裂。无论是塑性材料还是脆性材料，断裂时都不产生明显的塑性变形，而是突然发生，具有很大的危险性，有相当多零件的破坏属于疲劳破坏，对此必须引起足够的重视。

当循环应力逐渐降至某一定值后，应力循环无限次增加仍不发生疲劳断裂，此应力就是疲劳强度，图 1-7 为中碳钢及铝合金的实测疲劳曲线。由图中可以看出，随着应力循环次数 N 不断增大，材料所能承受的最大交变应力不断减小，当交变应力循环次数 N 达到无限次时，材料仍不发生破坏(对碳素钢规定 $N=10^7$，对高强度钢及铝合金等有色金属规定 $N=10^7$ 时，零件仍不断裂)的应力即可确定为其疲劳强度，以 σ_r 表示，下标 r 表示交变应力循环系数，若为对称交变应力循环，其疲劳强度以 σ_{-1} 表示。

*(3)高温强度。当零件在较高温度下工作时，应做高温拉伸试验，测定其高温强度。高温强度包括高温-瞬时强度、高温持久强度和高温蠕变强度。

高温持久强度用来衡量材料在高温下长期承受外力作用时，抵抗变形和破坏的能力。

2. 塑性

金属材料在外力作用下产生塑性变形而不破坏的能力称为塑性。许多零件或毛坯是通过塑性变形而成形的，要求材料有较高的塑性；并且为防止零件工作时脆断，也要求材料有一定的塑性。塑性也是金属材料的主要力学性能指标之一。

通过上述拉伸试验，也可测定金属材料的塑性指标。常用的塑性指标有断后伸长率 δ 和断面收缩率 Ψ。

(1) 断后伸长率。试样拉断后，标距的伸长量与原始标距的百分比称为断后伸长率，以 δ 表示。

$$\delta=\frac{L_1-L_0}{L_0}\times 100\%$$

式中，L_1 为试样拉断后的标距（mm）；L_0 为试样原始标距（mm）。

（2）断面收缩率。试样拉断后，缩颈处横截面积的最大缩减量与原始横截面积的百分数称为断面收缩率，以 Ψ 表示。

$$\Psi=\frac{S_0-S_1}{S_0}\times 100\%$$

式中，S_0 为试样原始截面积（mm^2）；S_1 为试样断裂后缩颈处的最小横截面积（mm^2）。

δ 或 Ψ 数值越大，则材料的塑性越好。

除常温试验之外，还有金属材料高温拉伸试验方法（GB/T 4338—1995）和低温拉伸试验方法（GB/T 13239—1991）供选用。

3. *硬度*

材料抵抗其他硬物压入其表面的能力称作硬度，是材料的重要性能之一，也是检验机械零件质量的一项重要指标。例如在设计两个互相摩擦的零件时，经常需要在图纸上注明这两个配对零件在硬度上的不同要求。由于测定硬度的试验设备简单，操作方便、迅速，又属无损检验，故在生产、科研中应用十分广泛。

测定硬度的方法常用压入法，即用一定的静载荷（压力）把压头压在金属表面上，然后通过测定压痕的面积或深度来确定其硬度。测定金属材料表面硬度最常用的方法有布氏硬度、洛氏硬度和维氏硬度三种。

（1）布氏硬度 HB。布氏硬度的测定原理是用一定大小的载荷 F，把直径为 D 的淬火钢球或硬质合金球压入被测金属表面，保持一定时间后卸除载荷，用金属表面压痕的面积 S 除载荷所得的商作为布氏硬度值，如图 1－8 所示。用钢球为压头所测出的硬度值以 HBS 表示，用硬质合金为压头所测出的硬度值以 HBW 表示，后面的数字代表硬度值。

布氏硬度试验的优点是测定的数据准确、稳定，数据重复性强。另外，由于布氏硬度值与 σ_b 有一定的经验关系，如钢的 $\sigma_b=3.6$HBS(W)，灰铸铁的 $\sigma_b=0.98$ HBS(W)。因此，得到广泛应用。常用于测定退火钢、正火钢、调质钢、铸铁及有色金属的硬度。其缺点是压痕较大，易损坏成品的表面，不能测定太薄的试样硬度。

（2）洛氏硬度 HR。当材料的硬度较高或试样过小时，需要用洛氏硬度计进行硬度测试。洛氏硬度是用顶角为 120°的金刚石圆锥或直径为（1/16″）的淬火钢球作压头，压入金属表面，测定压痕深度，由深度的大小来确定材料的洛氏硬度值，材料越硬，压痕越浅，而所测得的洛氏硬度值越大，计算方法可参考其他文献。

根据压头的材料及压头所加的负荷不同又可分为 HRA，HRB，HRC 三种。

HRA 适用于测量硬质合金、表面淬火层或渗碳层；HRB 适用于测量有色金属和退火钢、正火钢等；HRC 适用于测量调质钢、淬火钢等。洛氏硬度操作简便、迅速，应用范围广，压痕小，被测材料的硬度可直接在硬度计刻度盘上读出，所以得到更为广泛的应用。

（3）维氏硬度 HV。维氏硬度的实验原理与布氏硬度相同，不同点是压头为金刚石四方角锥体（见图 1－9），所加负荷较小，为 50～1 200 N。它所测定的值比布氏、洛氏精确，压入深度浅，适于测定经表面处理零件的表面层的硬度，改变负荷可测定从极软到极硬的各种材料的硬度，但测定过程比较麻烦。

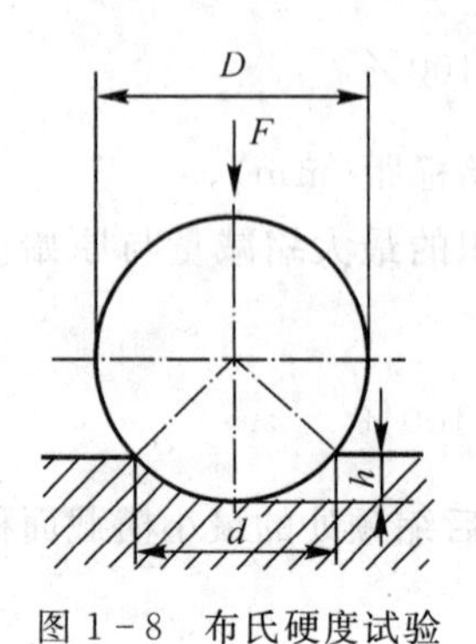

图 1－8　布氏硬度试验

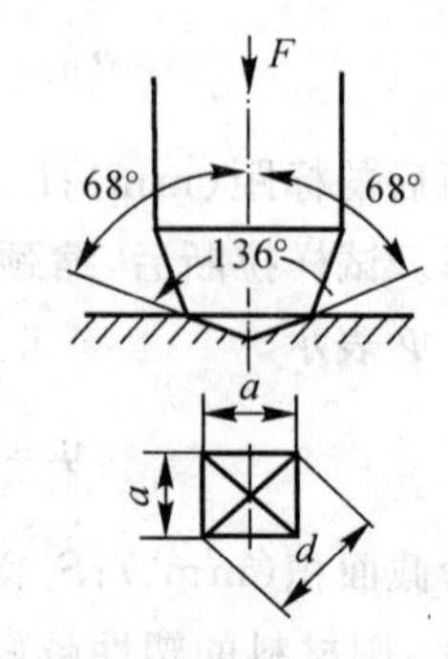

图 1－9　维氏硬度试验原理

*4. 冲击韧度

前面讨论了碳钢的拉伸试验，试验中载荷是逐渐加上去的，如果提高加载速度，试件的变形速度也随着增大。对一般塑性材料来说，它的屈服极限和强度极限会随变形速度加快而变化，但是材料的塑性则有所降低。

许多机械零件在工作中，往往要受到冲击载荷的作用，如活塞销、锤杆、冲锻模、凿岩机零件等。制造这些零件的材料，其性能不能单纯用静载荷作用下的指标来衡量，而必须考虑材料抵抗冲击载荷的能力。冲击载荷是指加载速度很快而作用时间很短的突发性载荷。

金属抵抗冲击载荷而不破坏的能力称为冲击韧度。目前常用一次摆锤冲击弯曲试验来测定金属材料的韧度，其试验原理如图 1－10 所示。

目前常用的常温下钢材的冲击试验主要按 GB/T 229—94《金属夏比缺口冲击试验方法》和 GB/T 1 2778—91《金属夏比冲击断口测定方法》的规定进行。

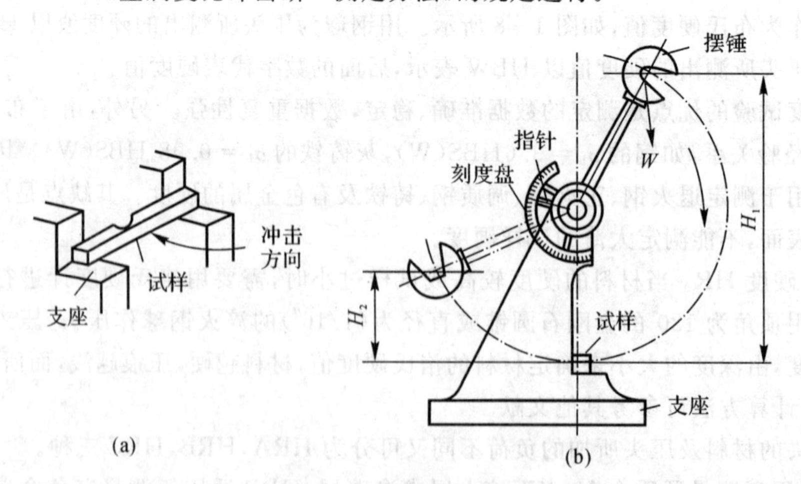

图 1－10　冲击试验原理

试验时，把按规定制作的标准冲击试样的缺口（脆性材料不开缺口）背向摆锤方向放在冲击试验机上，将摆锤（质量为 m）扬起到规定高度 H_1，然后自由落下，将试样冲断。由于惯性，摆锤冲断试样后会继续上升到某一高度。根据功能原理可知：摆锤冲断试样所消耗的功 $A_K = mg(H_1 - H_2)$。A_K 常叫做冲击吸收功，可从冲击试验机上直接读出。用试样缺口处的横截面积去除 A_K 所得的商即为该材料的冲击韧度值，用符号 α_K（J/cm^2）表示。即

$$\alpha_K = \frac{A_K}{S}$$

α_K 值越大，材料的冲击韧度越好，断口处则会发生较大的塑性变形，断口呈灰色纤维状；α_K 值越小，材料的冲击韧度越差，断口处无明显的塑性变形，断口具有金属光泽而较为平整。一般来说，强度、塑性两者均好的材料，α_K 值也高。材料的冲击韧度除取决于其化学成分和显微组织外，还与加载速度、温度、试样的表面质量等有关。

二、材料的工艺性能

各类设备零件总是要由原始状态经过各种机械加工以后，才能获得所需的机器零件，所选材料在加工方面的物理、化学和力学性能的综合表现构成了材料的工艺性能，又叫加工性能。

选材时必须同时考虑材料的使用与加工两方面的性能。从使用的角度来看，材料的物理、力学和化学性能即使比较合适，但是如果在加工制造过程中，材料缺乏某一必备的工艺性能时，那么这种材料也是无法采用。因此，了解材料的加工工艺性能，对正确选材是十分必要的。材料的工艺性能主要指铸造性、可焊性、可锻性、切削加工性和热处理性能。

(1)铸造性。材料的铸造性是指将金属熔化浇铸冷却后制成铸件的性能。其好坏通常是按其流动性、吸气性、收缩性等进行综合评定的。金属材料中灰口铸铁、锡青铜、硅黄铜和铸铝合金等有良好的铸造性。

(2)可焊性。材料的可焊性是指材料在一定条件下焊接时，能否得到与被焊金属本体相当的力学、化学和物理性能，而不产生裂缝和气孔等缺陷的性能。它不仅决定于被焊金属本身的固有性质，而且在很大程度上取决于焊接方法和工艺过程。

(3)可锻性。金属承受压力加工的能力叫金属的可锻性。金属可锻性决定于材料的化学组成与组织结构，同时也与加工条件(温度等)有关。

(4)切削性。材料在切削加工时所表现的性能叫切削性。当切削某种材料时，刀具寿命长、切削用量大、表面质量高，就认为该材料的切削性好。

(5)热处理性。所谓热处理是以改善钢材的某些性能为目的，将钢材加热到一定的温度，并在此温度下保持一定的时间，然后以不同的冷却速度将构件冷却下来的一种操作(见第四章)。材料适用于哪种热处理操作，主要取决于材料的化学组成和零件的结构。

第三节　钢铁材料生产过程概述

钢铁材料是铁和碳的合金。钢铁材料按其碳的质量分数 w_C(含碳量)进行分类，可分为工业纯铁[w_C<0.021 8%]、钢[w_C=0.021 8%～2.11%]和白口铸铁或生铁 [w_C>2.11%]。

生铁由铁矿石经高炉冶炼而得，它是炼钢和铸件生产的主要原材料。

钢材生产以生铁为主要原料，首先将生铁装入高温的炼钢炉里，通过氧化作用降低生铁中碳和杂质的质量分数，获得所需要的钢液，然后将钢液浇铸成钢锭或连铸坯，再经过热轧或冷轧后，制成各种类型的型钢。图 1－11 所示为钢铁材料生产过程示意图。

一、炼铁

炼铁用的原料主要是含铁的氧化物。含铁比较多且有冶炼价值的矿物有赤铁矿石、磁铁矿石、菱铁矿石、褐铁矿石等，铁矿石中除了含有铁的氧化物以外，还含有硅、锰、硫、磷等元素的氧化物杂质，这些杂物称为脉石。炼铁的实质就是从铁矿石中提取铁及其有用元素并形成生铁的过程。现代炼铁的主要方法是高炉炼铁。高炉炼铁的炉料主要是铁矿石、燃料（焦炭）和熔剂(石灰石)。

焦炭作为炼铁的燃料，一方面为炼铁提供热量，另一方面焦炭在不完全燃烧时所产生的CO，又作为使氧化铁和其他金属元素还原的还原剂。熔剂的作用是使铁矿石中的脉石和焦炭燃烧后的灰分转变成密度小、熔点低和流动性好的炉渣(漂浮在钢液表面)，并使之与铁液分离。常用的熔剂是石灰石($CaCO_3$)。

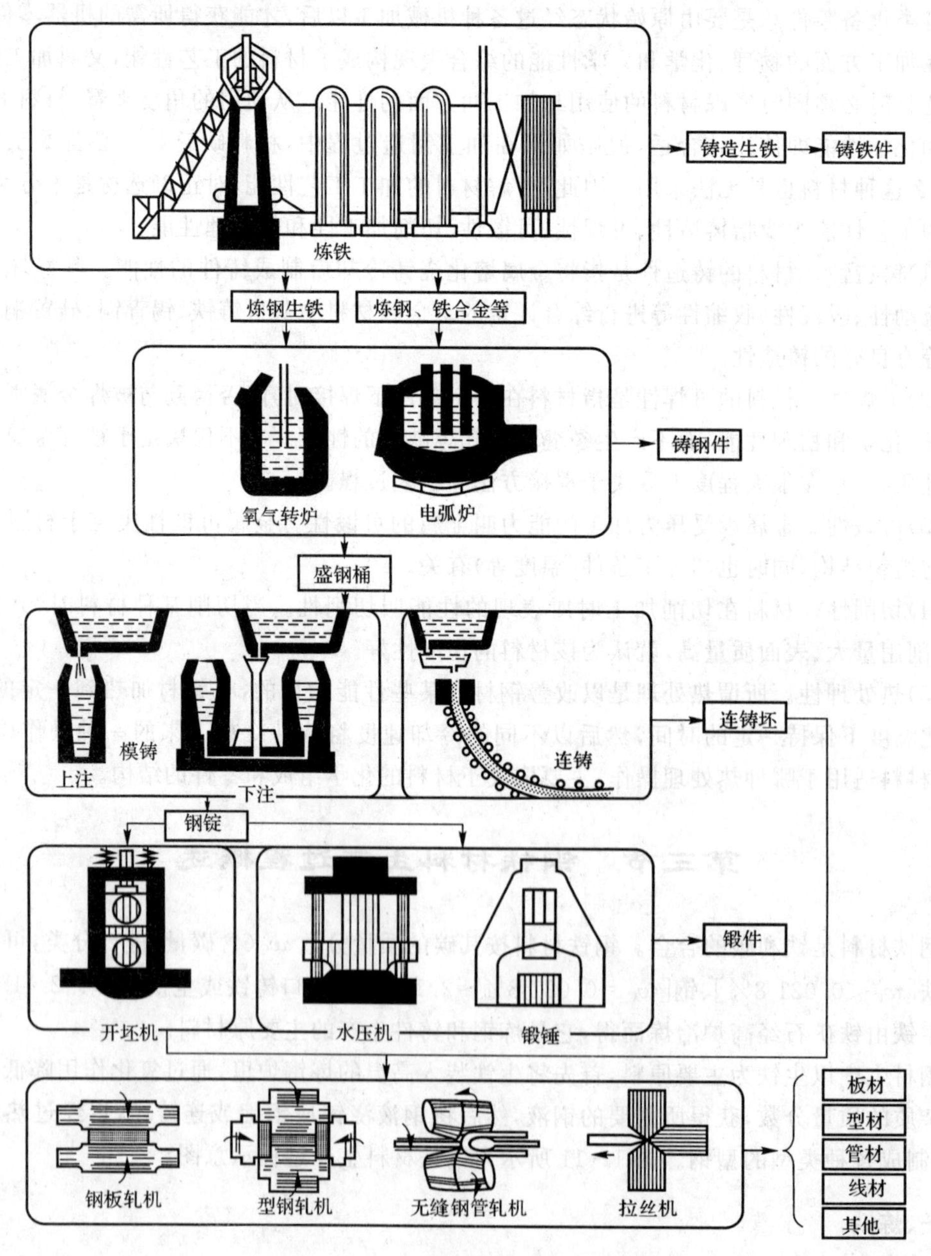

图 1-11　钢铁材料生产过程示意图

炼铁时需要将炼铁原料分批分层装入高炉中，在高温和压力的作用下，经过一系列的化学反应，将铁矿石还原成铁。高炉冶炼出的铁不是纯铁，其中含有碳、硅、锰、硫、磷等杂质元素，这种铁称为生铁。生铁是高炉冶炼的主要产品。根据用户的不同需要，生铁可分为两类：铸造生铁和炼钢生铁。铸造生铁的断口呈暗灰色，硅的质量分数较高，主要用于生产复杂形状的铸件。炼钢生铁的断口呈亮白色，硅的质量分数较低（$w_{Si}<1.5\%$），用来炼钢。

高炉炼铁产生的副产品主要是炉气和炉渣。高炉排出的炉气中含有大量的 CO，CH_4 和 H_2 等可燃性气体，具有较高的经济价值，可以回收利用。高炉炉渣的主要成分是 CaO，SiO_2，也可以回收利用，用于制造水泥、渣棉和渣砖等建筑材料。

二、炼钢

炼钢以生铁（铁液或生铁锭）和废钢为主要原料，此外，还需要加入熔剂（石灰石、氟石）、氧化剂（O_2、铁矿石）和脱氧剂（铝、硅铁、锰铁）等。炼钢的主要任务是把生铁熔化成液体，或直接将高炉铁液注入高温炼钢炉中，利用氧化作用将碳及其他杂质元素减少到规定的化学成分范围之内，以获得需要的钢材。所以，用生铁炼钢实质上是一个氧化过程。

1. 炼钢方法

现代炼钢方法主要有氧气转炉炼钢法和电弧炉炼钢法。各种炼钢方法的热源及生产特点比较列于表 1－2。

表 1－2　氧气转炉炼钢法和电弧炉炼钢法的比较

炼钢方法	热　源	主要原料	主要特点	产　品
氧气转炉炼钢法	氧化反应的化学热	生铁、废钢	冶炼速度快，生产率高，成本低。钢的品种较多，质量较好，适合于大量生产	非合金钢 低合金钢
电弧炉炼钢法	电能	废钢	炉料通用性大，炉内气氛可以控制，脱氧良好，能冶炼难熔合金钢。钢的质量优良，品种多样	合金钢

2. 钢的脱氧

钢液中的过剩氧气与铁生成氧化物，对钢的力学性能会产生不良的影响，因此，必须在浇注前对钢液进和脱氧处理。接钢液脱氧程度的不同。钢可分为特殊镇静钢（TZ）、镇静钢（Z），半镇静钢（b）和沸腾钢（F）四种。

（1）镇静钢（Z）指锐氧完全的钢。钢液治炼后基用锰铁、硅铁和铝块进行充分脱氧，钢液在钢锭模内平静地凝固。这类钢锭的化学成分均匀，内部组织致密。质量较高。但由于钢锭头部形成较深的缩孔，轧制时需要切除，因此，钢材浪费较大，如图 1－12(a)所示。

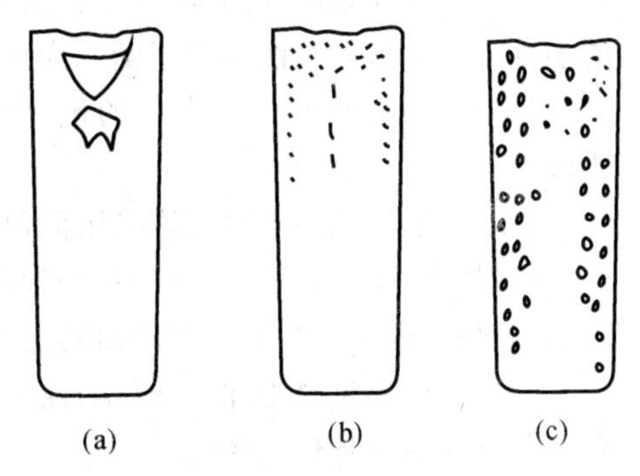

图 1－12　镇静钢锭、半镇静钢锭和沸腾钢锭

（2）沸腾钢（F）指脱氧不完全的钢。钢液在冶炼后期仅用锰铁进行不充分的脱氧。

钢液浇入钢锭模后，钢液中的 FeO 和碳相互作用。脱氧过程仍在进行（$FeO + C \longrightarrow Fe +$

CO↑),生成CO气体引起钢液沸腾现象,故称沸腾钢。钢液凝固时大部分气体逸出,少量气体被封闭在钢锭内部,形成许多小气泡,如图1-12(c)所示。这类钢锭缩孔较小,切头浪费少。但是,钢的化学成分不均匀,组织不够致密,质量较差。

(3)半镇静钢(b)。其脱氧程度和性能状况介于镇静钢和沸腾钢之间。

(4)特殊镇静钢(TZ)。脱氧质量优于镇静钢,其内部材质均匀,非金属夹杂物含量少,能满足特殊需要。

3.钢的浇铸

钢液经脱氧后,除少数用来浇铸成铸钢件外,其余都浇铸成钢锭或连铸坯。钢锭用于轧钢或锻造大型锻件的毛坯。连铸法由于生产率高,钢坯质量好,节约能源,生产成本低,因此,得到广泛采用。

4.炼钢的最终产品

钢锭经过轧制最终形成板材、管材、型材、线材及其他类型的材料。

(1)板材。板材一般分为厚板和薄板。4~60 mm为厚板,常用于造船、锅炉和压力容器;4 mm以下为薄板,分为冷轧和热轧钢板,薄板轧制后可直接交货或经过酸洗镀锌或镀锡后交货使用。

(2)管材。管材分为无缝钢管和有缝钢管两种。无缝钢管用于石油、锅炉等行业;有缝钢管是用带钢焊接而成,用于制作煤气及自来水管道等。焊接钢管生产率较高、成本低,但质量和性能与无缝钢管相比稍差些。

(3)型材。常用的型材有方钢、圆钢、扁钢、角钢、工字钢、槽钢、钢轨等。

(4)线材。线材是用圆钢或方钢经过冷拔而成的。其中的高碳钢丝用于制作弹簧丝或钢丝绳,低碳钢丝用于捆绑或编织等。

(5)其他材料。其他材料主要是指要求具有特种形状与尺寸的异形钢材,如车轮箍、齿轮坯等。

复 习 题

1-1 解释下列名词。

抗拉强度、屈服强度、刚度、疲劳强度、冲击韧性、断裂韧性。

1-2 什么是材料的力学性能?力学性能主要包括哪些指标?

1-3 设计刚度好的零件,应根据何种指标选择材料?材料的弹性模量E越大,则材料的塑性越差。这种说法是否正确?为什么?

1-4 什么是硬度?常用的硬度测试方法有几种?这些方法测出的硬度值能否进行比较?

1-5 下列几种工件应该采用何种硬度试验法测定其硬度?

(1)锉刀; (2)黄铜轴套; (3)供应状态的各种碳钢钢材;

(4)硬质合金刀片; (5)耐磨工件的表面硬化层。

1-6 反映材料受冲击载荷的性能指标是什么?不同条件下测得的这种指标能否进行比较?怎样应用这种性能指标?

1-7 断裂韧性是表示材料何种性能的指标?为什么在设计中要考虑这种指标?

1-8 什么是材料的工艺性能?材料的工艺性能主要有哪些?

第二章　金属材料的结构

第一节　固体材料的结构

固体材料的结构是指组成固体相的原子、离子或分子等粒子在空间的排列方式。按粒子排列是否有序，固体材料可分为晶态(定型态)和非晶态(无定型态)两大类。

一、晶态结构

1. 晶体、晶格和晶胞

绝大多数固体具有晶态结构，即为晶体，其组成粒子在三维空间做有规则的周期性重复排列[见图 2-1(a)]。规则排列的方式即称晶体结构。

为了便于研究晶体结构，假设通过粒子中心划出许多空间直线，这些直线则形成空间格架，称为晶格[见图 2-1(b)]，晶格的结点为粒子平衡中心位置。

晶格的最小几何组成单元称晶胞[见图 2-1(c)]，好似一单位建筑块，晶胞在空间的重复堆砌，便构成了晶格。因此，可以用晶胞来描述晶格。

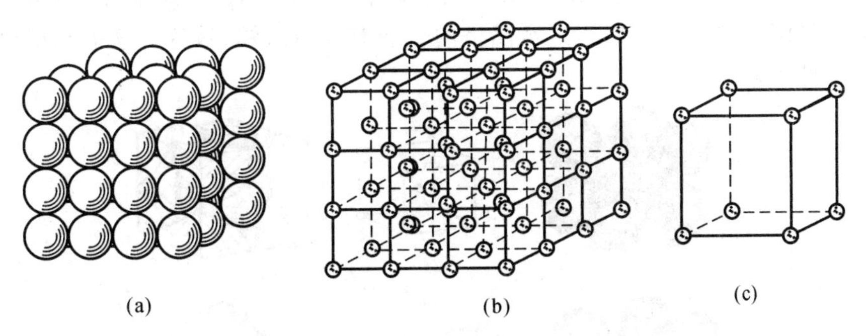

图 2-1　简单立方晶格与晶胞的示意

(a)晶体中原子排列；(b)晶格；(c)晶胞

晶体中由原子组成的任一平面称为晶面；由原子组成的任一列的方向称晶向。在晶体内不同晶面和晶向的原子排列情况不同。

2. 同素异构现象

同素异构现象是指一种元素具有不同晶体结构的现象。所形成的具有不同结构的晶体称同素异构体。在一定条件下，同素异构体可以相互转变，称同素异构转变。在具有同素异构现象的固体中，最典型的例子是铁，其同素异构转变过程将在后面介绍。

二、非晶态结构

内部原子在空间杂乱无规则地排列的物质称为非晶体或无定型体。由于粒子排列状态与液态相似，故称“被冻结的液体”，例如玻璃、沥青、松香、石蜡和许多有机高分子化合物等。非晶体物质没有固定的熔点，而且性能无方向性，即各向同性。

第二节　金属晶体结构

一、常见金属晶体的结构

所有晶体中，金属的晶体结构最简单。在晶格的结点上各分布一金属原子，便构成金属晶体结构。大多数金属，尤其是常用金属的晶格有体心立方、面心立方及密排六方三种。

1. 体心立方晶格

晶胞为立方体，原子分布在立方体各个结点和立方体中心[见图 2-2(a)]。属于这类晶格的金属有 α-Fe(910℃以下的纯铁)、铬、钼、钒、钨等。这类晶格一般具有较高的熔点、相当大的强度和良好的塑性。

2. 面心立方晶格

晶胞为立方体，原子分布在立方体的各个结点及六个棱面中心[见图 2-2(b)]。属于这类晶格的金属有 γ-Fe(890～910℃时的纯铁)、铜、铝、镍、银、金等。这类晶格金属往往有很好的塑性。

3. 密排六方晶格

晶胞为六方柱体，柱体高度与边长不相等。原子除分布在六方柱体的各结点及上下两个正六方底面中心. 并在六方柱体纵向中心面上还分布三个原子，此三原子与分布在上下底面上的原子相切[见图 2-2(c)]。属于这类晶格的金属有镁、锌、镉、铍等。这类晶格金属具有一定强度，但塑性较差。

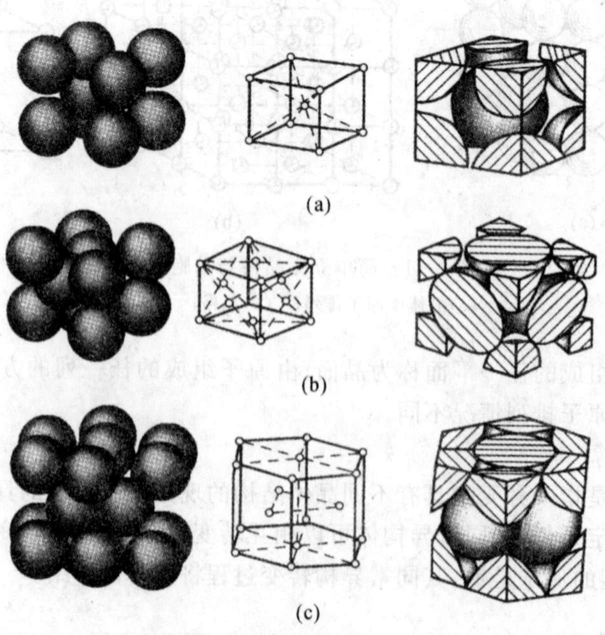

图 2-2　常见金属的晶格类型

二、实际金属的结构

结晶方位完全一致的晶体称为“单晶体”，如图 2－3(a)所示。在单晶体中所有晶胞均呈相同的位向，故单晶体具有各向异性。单晶体除具有各向异性以外，它还有较高的强度、抗蚀性、导电性和其他特性，因此日益受到人们的重视。

目前在半导体元件、磁性材料、高温合金材料等方面，单晶体材料已得到开发和应用。单晶体金属材料是今后金属材料的发展方向之一。

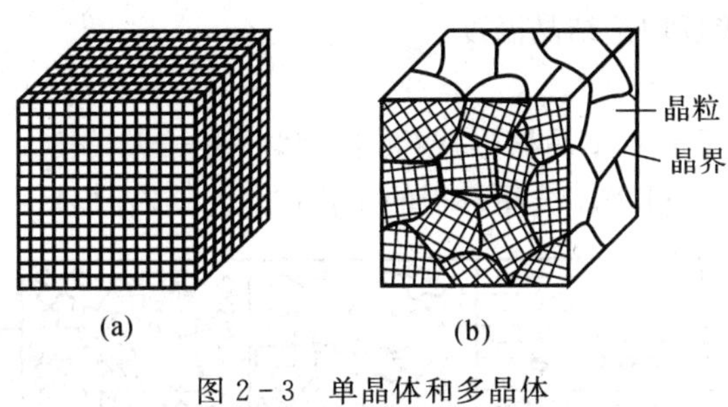

图 2－3　单晶体和多晶体

(a)单晶体；　(b)多晶体

工业上实际应用的金属材料是由许多外形不规则的晶体颗粒(简称晶粒)所组成，所以是多晶体，如图 2－3(b)所示。这些晶粒内仍保持整齐的晶胞堆积，各晶粒之间的界面称为晶界。

在多晶体中各个晶粒内部的晶格形式是相同的，具有各向异性性质。但由于各晶粒的位向不同，使其各向异性受到了抵消，使得多晶体在宏观上并不表现出各向异性。即认为实际金属是各向同性的。

第三节　纯金属的结晶

金属由液体状态转变为晶体状态的过程称为结晶。研究金属的结晶过程是为了掌握结晶的基本规律，以便获得所需要的组织与性能。

一、纯金属的结晶过程

1. 纯金属结晶的冷却曲线

冷却曲线是用来描述金属结晶的冷却过程的，它可以用热分析法测量绘制。

具体步骤：首先将金属融化，然后以缓慢的速度进行冷却；在冷却过程中，每隔一定的时间记录其温度；以温度为纵坐标，时间为横坐标，将实验记录的数据绘制成温度与时间的关系曲线，如图 2－4 所示，该曲线即为该金属的结晶的冷却曲线。

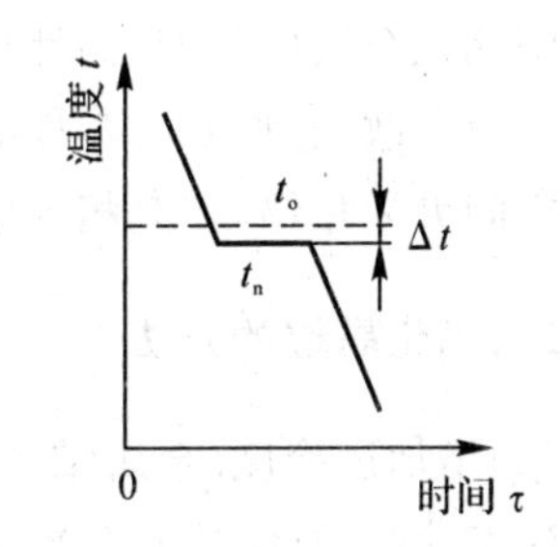

图 2－4　纯金属结晶的冷却曲线

由冷却曲线可见，开始时为液体状态，温度随时间下降；之后出现水平线，这是由于液体金属进行结晶时，内部放出的结晶潜热补偿了它向环境散失的热量，从而使温度保持不变；随后温度又随时间下降。

2. 结晶的过冷现象

从图 2－4 中可以看到，金属是冷却至 t_n 时才开始结晶的。金属的实际结晶温度低于理论结晶温度 t_0 的现象，称为过冷现象。理论结晶温度 t_0 与实际结晶温度 t_n 之差（t_0-t_n）称为过冷度，用 Δt 表示。

实验表明，金属只有在低于理论结晶温度的条件下才能结晶。对同一金属来说，Δt 不是恒定值，它与冷却速度有关。冷却速度越大，实际结晶温度越低，过冷度越大；反之，过冷度越小，实际结晶温度就越接近理论结晶温度。

3. 结晶的基本过程

液体金属的结晶过程是通过晶核形成（形核）和晶形长大（长大）两个基本过程进行的。图 2－5 表示纯金属的结晶过程。结晶过程的变化按从左至右[（a）～（e）]的顺序进行。

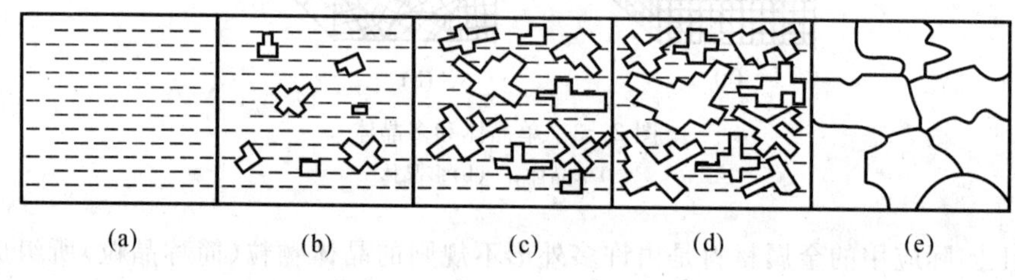

图 2－5　纯金属结晶过程示意

（1）形核。当液态金属[图 2－5（a）]温度下降到接近 T_1 时，某些局部地区会有一些原子呈规则排列起来，形成极细微的小晶体，它很不稳定，遇到热流和振动，就会立即消失。但是，在有过冷度条件下，稍大一点的细微小晶体，其稳定性较好，有可能进一步长大，成为结晶的核心，这些细微小晶体称为晶核[图（b）]。形成晶核的过程简称为形核。

（2）长大。晶核形成之后，会吸附周围液态中的原子，不断长大[图（c），图（d）]。晶核长大使液态金属的相对量逐渐减弱。开始时各个晶核自由长大，且保持着规则的外形。当各自生长着的小晶体彼此接触后，接触处的生长过程自然停止，形成晶粒。因此，晶粒的外形呈不规则形状。最后全部液态金属耗尽，结晶过程完成[图（e）]。

从结晶过程可知：金属结晶的必要条件是具有过冷度。过冷度越大，实际结晶温度越低，晶核形成数量越多，晶核长大速率越快，结晶完成速度越快。

细晶粒金属的强度、韧性均比粗晶粒高。其原因是晶粒愈细，晶界面愈多，分布在晶界上的杂质愈分散，它们对力学性能危害也就愈小；另外，晶粒愈细，晶粒数量愈多，凸凹不规则的晶粒之间犬牙相错，彼此相互紧固，则其强度、韧性得到提高。

二、细化晶粒的方法

（1）增加过冷度．金属结晶时，晶粒的大小随冷却速度的增大而减小，故可采用增加过冷度的方法细化晶粒，缓冷和急冷后的晶粒大小示意如图 2－6 所示。

（2）在液态金属中加入某些物质。这些物质的质点也可作为结晶时的晶核（称外来晶核），这相当于增加了晶核数，故使晶粒得到细化。这种处理过程称为变质处理。例如，钢中加钒，铸铁中加硅（这又称孕育处理），铝液中加钠盐。

(3)振动。振动可使枝晶尖端破碎而增加新的结晶核心。振动还能补充形核所需的能量，提高形核率，所以也能细化晶粒。

实验证明：过冷度与冷却速度有关，即冷却速度愈大，则过冷度愈大，实际结晶温度愈低。目前生产中常用改变冷却速度的方法控制金属结晶。

三、金属的同素异构转变

多数金属结晶后的晶格类型保持不变，但有些金属(如 Fe，Co，Sn，Mn 等)的晶格类型，随温度的改变而改变。

一种金属具有两种或两种以上的晶体结构，称为同素异构性。

金属在固态时随着温度的改变，而改变其晶格结构的现象，称为同素异构转变，又称为重结晶。它同样遵循着形成晶核和晶核长大的结晶基本规律。

图 2－7 是纯铁的同素异构转变的冷却曲线。在 1 394～1 538℃时，铁为体心立方晶格，称为 δ 铁；在 912～1 390℃时，铁为面心立方晶格，称为 γ 铁；在 912℃以下时，铁为体心立方晶格，称为 α 铁。

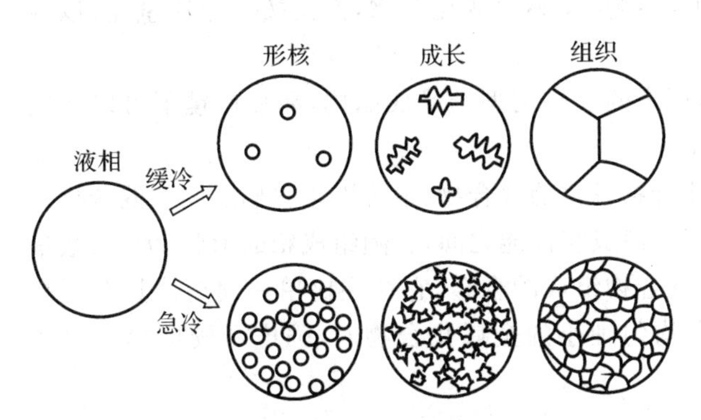

图 2－6　缓冷、急冷后晶粒大小示意图

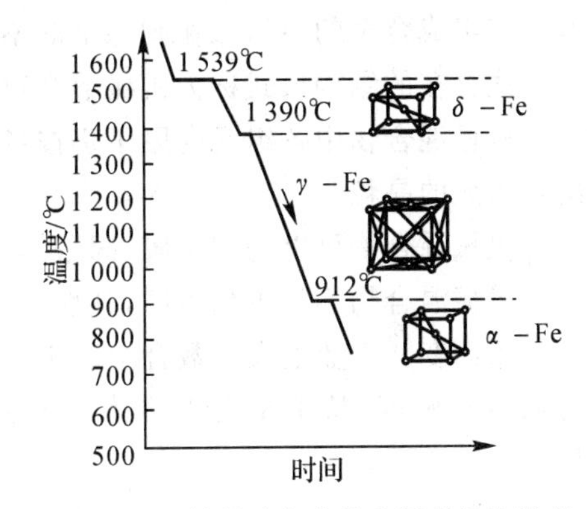

图 2－7　纯铁的冷却曲线和同素异构转变

铁在同素异构转变时有体积的变化。δ 铁转变成 γ 铁时体积缩小，反之体积增大。晶体体积的改变，使金属材料内部产生内应力，这种内应力称为相变应力。

铁在 770℃产生磁性转变，但晶格结构没有改变。770℃以上铁失去磁性。

第四节　合金的晶体结构

从制造观点看，金属是最重要的材料，它们经常作为被加工材料，而且用以制作完成这些加工的工具或机床。

在前面已讨论了纯金属的一些特性。然而，对于大多数生产来说，并不使用纯金属而使用合金。合金可定义为由两种或多种元素(其中至少有一种是金属)组成的具有金属特性的材料。当一种纯金属中加入其他元素而形成合金后，通常会引起其性能的变化。了解合金的知识，对于一定场合下合理选择材料是很重要的。

组成合金最基本的独立存在物质称为组元。通常，组元是组成合金的元素，但稳定的化合物也可看成组元。按组元数目，合金可分为二元合金、三元合金……合金中成分、结构及性能相同，且与其他部分有界面分开的均匀组成部分称为“相”。

合金的内部结构与纯金属不同，根据合金中各种元素间相互作用的不同，合金相结构可分为固熔体、金属化合物和机械混合物三类。

1. 固熔体

合金中的固熔体是指组成合金的一种金属元素的晶格中包含其他元素的原子而形成的固态相。如 $\alpha-Fe$ 中溶入碳原子便形成称为铁素体的固熔体。

固熔体中含量较多的元素称为熔剂或熔剂金属；含量较少的元素称为熔质或熔质元素。固熔体保持其熔剂金属的晶格形式。

2. 金属化合物

在合金系中，组元间发生相互作用，除彼此形成固熔体外，还可能形成一种具有金属性质的新相，即为金属化合物。

金属化合物具有它自己独特的晶体结构和性质，而与各组元的晶体结构和性质不同，一般可以用分子式来大致表示其组成。

3. 机械混合物

当组成合金的各组元在固态下既不相互熔解，又不形成化合物，而是按一定质量比，以混合方式存在的结构形式称为机械混合物。

机械混合物中各组元的原子仍按各自原来的晶格类型结晶成品体，在显微镜下可以区别出各组元的晶粒。

机械混合物可以是纯金属、固熔体或化合物各自的混合物，也可以是它们之间的混合物。

机械混合物不是单相组织，其性能介于各组成相性能之间，且随组成相的形状、大小、数量及分布而变。工业上大多数合金属于机械混合物组成的合金，它往往比单一固熔体具有更高的强度和硬度，特别是在固熔体体上分布均匀细小的金属化合物时，强度和硬度提高更为显著。

第五节　匀晶相图

相图是表示合金系中，合金的状态与温度、成分之间关系的图，是表示合金系在平衡条件下，在不同温度和成分时各相关系的图，因此又称为状态图或平衡图。

利用相图，可以一目了然地了解不同成分的合金在不同温度下由哪些相组成，各相的成分什么，运用相图是学习合金材料的十分重要的工具。

两组元不但在液态无限互溶，而且在固态下也无限互溶的二元合金系所形成的相图，称匀晶相图。具有这类相图的二元合金系主要有 Cu－Ni，Ag－Au，Cr－Mo，Fe－Ni 等。这类合金在结晶时都是从液相结晶出固溶体，固态下呈单相固溶体，所以这种结晶过程称为匀晶转变。几乎所有的二元相图都包含有匀晶转变部分，因此掌握这一类相图是学习二元相图的基础。现以 Cu－Ni 相图为例进行分析。

一、相图的建立

目前所用的相图大部分都是用实验方法建立起来的。

通过实验测定相图时，首先配制一系列成分不同的合金，然后测定这些合金的相变临界点

(温度)，把这些点标在温度一成分坐标图上，把相同意义的点连接成线，这些线就在坐标图中划分出一些区域，这些区域称为相区。将各相区所存在相的名称标出，相图的建立工作即告完成。

测定相变临界点的方法很多，如热分析法、金相法、膨胀法、磁性法、电阻法、X射线结构分析法等。

二、相图分析

图2-8是Cu-Ni合金匀晶相图。其中上面的一条曲线为液相线，下面的一条曲线为固相线。相图被它们划分为3个相区：液相线以上为单相液相区L，固相线以下为单相区α，二者之间为液、固两相共存区($L+\alpha$)。

三、合金的平衡结晶过程

平衡结晶是指合金在极其缓慢的冷却条件下进行结晶的过程。在此条件下得到的组织称为平衡组织。以含镍的质量分数$\omega_{Ni}=20\%$的Cu-Ni合金为例(见图2-8)。

(1)当温度高于T_1时，合金为液相L。

(2)当温度降到T_1(与液相线相交的温度)以下时，开始从液相中结晶出口固溶体。随着温度的继续下降，从液相不断析出固溶体，液相成分沿液相线变化，固相成分则沿固相线变化。在$T_1\sim T_2$温度区间合金呈($L+\alpha$)互相共存。

(3)当温度下降到T_3时，液相消失，结晶完毕，最后得到与合金成分相同的固溶体α。

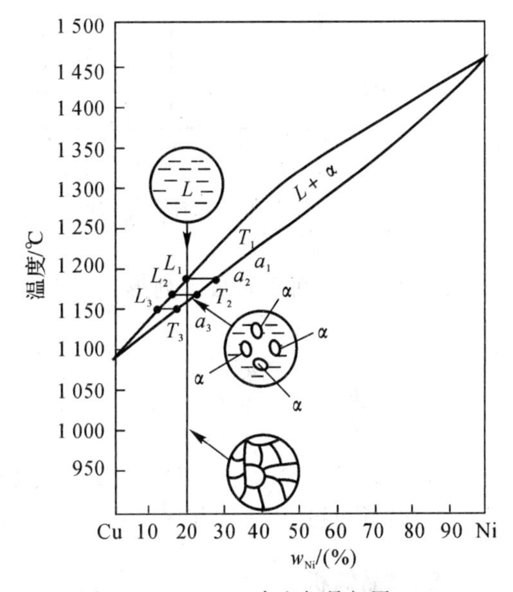

图2-8　Cu-Ni合金匀晶相图

固溶体合金结晶时所结晶出的固相成分与液相的成分不同，这种结晶出的晶体与母相化学成分不同的结晶称为异分结晶，或称选择结晶。而纯金属结晶时，所结晶出的晶体与母相的化学成分完全一样，称之为同分结晶。

*四、杠杆定律

在合金的结晶过程中，各相的成分及其相对质量都在不断变化。在某一温度下处于平衡状态的两相的成分和相对质量可用杠杆定律确定。

1.确定两平衡相的成分

参考图2-9所示Cu-Ni合金相图，要想确定含$w_{Ni}=20\%$的合金I在冷却到T温度时两个平衡相的成分，可通过T做一水平线arb，它与液相线的交点a对应的成分C_L即为此时液相的成分；它与固相线的交点b对应的成分C。即为已结晶的固相的成分。

2.确定两个平衡相的相对质量

设合金的总质量为1，液相的质量为W_L，固相的质量为W_α，则有

$$W_L+W_\alpha=1$$

此外，合金 Ⅰ 中的 W_{Ni} 应等于液相中 W_{Ni} 与固相中 W_{Ni} 之和，即

$$W_L C_L + W_\alpha C_\alpha = 1 \times C$$

由以上两式可得

$$\frac{W_L}{W_\alpha} = \frac{rb}{ar} \tag{2-1}$$

如果将合金 Ⅰ 成分 C 的 r 点看做支点，将 W_L，W_α 看作作用于 a 和 b 的力，则按力学的杠杆原理就可得出式(2-1)(见图 2-9 和图 2-10)，因此将式(2-1) 称为杠杆定律。

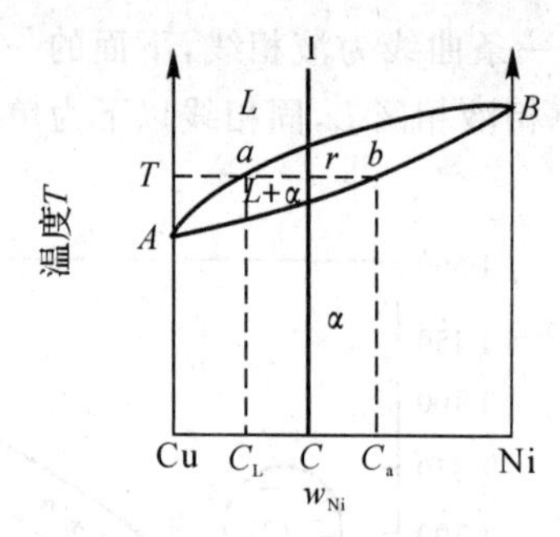

图 2-9　杠杆定律的证明

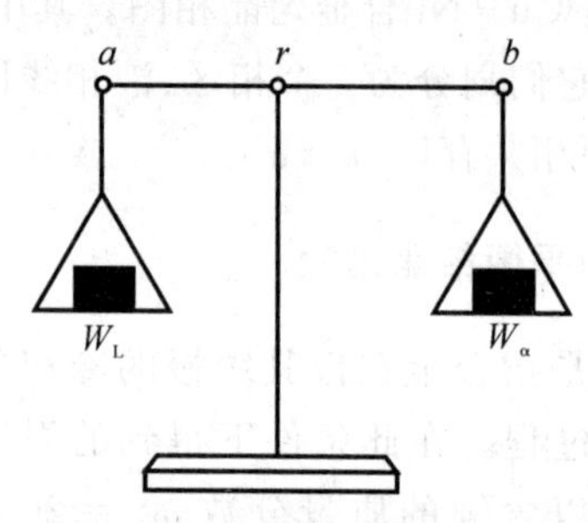

图 2-10　杠杆定律的力学比喻

式(2-1) 也可以写成下列形式：

$$W_L = \frac{br}{ab} \times 100\% \tag{2-2}$$

$$W_\alpha = \frac{ar}{ab} \times 100\% \tag{2-3}$$

由式(2-2)、式(2-3)可以直接求出两相的相对质量。

杠杆定律只适用于两相区。因为对单相区无需计算，而对三相区又无法确定。

五、枝晶偏析

在实际生产条件下，合金液体浇入铸型后，冷却速度一般都不是很缓慢的，因此合金不可能完全按上述的平衡过程进行结晶。由于冷却速度快，原子的扩散过程落后于结晶过程，合金成分的均匀化来不及进行，因此每一温度下的固相平均成分将要偏离相图上固相线所示的平衡成分。这种偏离平衡条件的结晶，称为不平衡结晶，不平衡结晶所得到的组织，称为不平衡组织。

不平衡结晶的结果，使晶粒内部的成分不均匀，先结晶的晶粒心部与后结晶的晶粒表面的成分不同，由于它是在一个晶粒内的成分不均匀现象，所以称之为晶内偏析。

固熔体结晶通常是以树枝状方式长大的。在快冷条件下，先结晶出来的树枝状晶轴，其高熔点组元的含量较多，而后结晶的分枝及枝间空隙则含低熔点组元较多，这种树枝状晶体中的成分不均匀现象，称为枝晶偏析。

枝晶偏析实际上也是晶内偏析。图 2-11 是 Cu-Ni 合金铸造组织的枝晶偏析，镍的质量分数高的主干，不易被腐蚀，呈亮色；后结晶枝晶，铜的质量分数较高，易被腐蚀，呈黑色。

固熔体合金中的偏析大小，取决于相图的形状、原子的扩散能力及铸造时的冷却条件。相图中的液相线与固相线之间的水平距离与垂直距离越大，偏析越严重。偏析原子的扩散能力

愈大，则偏析程度越小。在其他条件不变时，冷却速度愈快，实际的结晶温度愈低，则偏析程度愈大。

枝晶偏析会使晶粒内部的性能不一致，从而使合金的力学性能降低，特别会使塑性和韧性降低，甚至使合金不易进行压力加工。因此，生产上总要想办法消除或改善枝晶偏析。

图 2-11 Cu-Ni 合金铸造组织的枝晶偏析

为了消除枝晶偏析，一般是将铸件加热到低于固相线以下 100～200℃ 的温度，进行较长时间保温，使偏析元素进行充分扩散，以达到成分均匀化的目的，这种方法称之为扩散退火或均匀化退火。

*第六节 共晶相图

在二元合金系中，两组元在液态下能完全互熔，固态下只能有限互熔，形成两种成分与结构完全不同的固相，并发生共晶转变，所构成的相图称之为共晶相图。具有这类相图的合金有 Pb-Sn，Pb-Sb，Ag-Cu，Al-Si，Zn-Sn 等。

图 2-12 所示为 Pb-Sn 合金相图。其中，*adb* 为液相线，*acdeb* 为固相线。合金系有 3 种相：Pb 与 Sn 形成的液体 L 相，Sn 溶于 Pb 中的有限固熔体 α 相，Pb 溶于 Sn 中的有限固熔体 β 相。相图中有 3 个单相区（L，α，β 相区）；3 个双相区（$L+\alpha$，$L+\beta$，$\alpha+\beta$ 相区）；一条 $L+\alpha+\beta$ 的三相共存线（水平线 *cde*）。*d* 点为共晶点，表示此点成分（共晶成分）的合金冷却到此点所对应的温度（共晶温度）时，共同结晶出 *c* 点成分的 α 相和 *e* 点成分的 β 相。

$$L_d = \alpha_c + \beta_e$$

发生共晶反应时有三相平衡共存，它们各自的成分是确定的，反应在恒温下进行。共晶转变的产物为两个固相的机械混合物，称为共晶体。水平线 *cde* 为共晶反应线，成分在 fP 之间的合金平衡结晶时都会发生共晶反应。

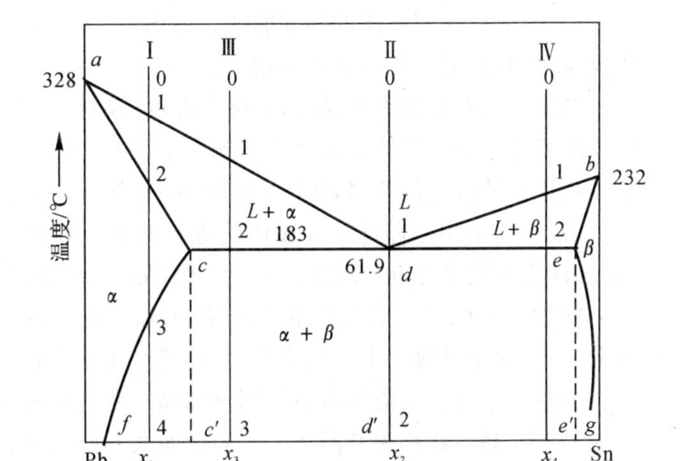

图 2-12 Pb-Sn 合金相图

cf 线为 Sn 在 α 中的溶解度线（或 α 相的固溶线）。温度降低，固熔体的溶解度下降。

Sn 含量大于 *f* 的合金从高温冷却到室温时，从 α 相中析出 β 相以降低其 Sn 含量。从固态 α 相中析出的 β 相称为二次 β 相称为二次 β，常写作

$\beta_{Ⅱ}$。这种二次结晶可表达为 $\alpha \rightarrow \beta_{Ⅱ}$。

eg 为 Pb 在 β 中的溶解度线(或 β 相的固熔线)。Sn 含量小于 g 的合金,冷却过程中同样发生二次结晶,析出二次 α:$\beta \longrightarrow \alpha_{Ⅱ}$。

第七节　合金的结晶

一、合金的结晶过程

合金结晶后可形成不同类型的固熔体、化合物或机械混合物。其结晶过程如同纯金属一样,仍为晶核形成和晶核长大两个过程,需要一定的过冷度,最后形成多晶粒组成的晶体。

合金与纯金属结晶的不同之处如下:

(1)纯金属结晶是在恒温下进行,只有一个临界点。而合金则绝大多数是在一个温度范围内进行结晶,结晶的始、终温度不相同,有两个或两个以上临界点(含重结晶)。

(2)合金在结晶过程中,在局部范围内相的化学成分(即浓度)有变化,当结晶终止后,整个晶体的平均化学成分为原合金的化学成分。

(3)合金结晶后其组织一般有三种情况:

①单相固熔体;

②单相金属化合物或同时结晶出两相机械混合物(即共晶体或共析体);

③结晶开始形成单相固熔体(或单相化合物),剩余液体又同时结晶出两相机械混合物(共晶体)。

二、合金结晶的冷却曲线

合金的结晶过程比纯金属复杂得多,但其结晶过程仍可用热分析法进行实验,用冷却曲线来描述不同合金的结晶过程。一般合金的冷却曲线有以下三种形式。

(1)形成单相固熔体的冷却曲线。如图 2-13 中Ⅰ所示,组元在液态下完全互熔,固态下仍完全互熔,结晶后形成单相固熔体。

图中 a,b 点分别为结晶开始、终止温度(又称上、下临界点)。因结晶开始后,随着结晶温度不断下降。剩余液体的成分将不断发生改变,另外晶体放出的结晶潜热又不能完全补偿结晶过程中向外散失的热量,所以 ab 为一倾斜线段,结晶过程有两个临界点。

(2)形成单相化合物或共晶体的冷却曲线。如图 2-13 中Ⅱ所示,组元在液态下完全互熔,在固态下完全不互熔或部分互熔。结晶后形成单相化合物或共晶体。

图中 a,a' 两点分别为结晶开始、终止临界点,其结晶温度是相同的。由于化合物的组成成分一定,在结晶过程中无成分变化,与纯金属结晶相似,aa' 为一水平线段,只有一个临界点。

若从一定成分的液体合金中同时结晶出两种固相物质,这种转变过程称为共晶转变(共晶反应),其结晶产物称为共晶体。实验证明共晶转变是在恒温下进行的。

(3)形成机械混合物的冷却曲线。如图 2-13 中Ⅲ所示。组元在液态下完全互熔,在固态下部分互熔,结晶开始形成单相固熔体后,剩余液体则同时结晶出两相的共晶体。

图中 a,b' 两点分别为结晶开始、终止临界点,在 ab 段结晶过程中,随结晶温度不断下降,剩余的液体成分也不断改变,到 b 点时,剩余的液体将进行共晶转变,结晶将在恒温下继续进行，到 b' 点结束。结晶过程中有两个临界点。

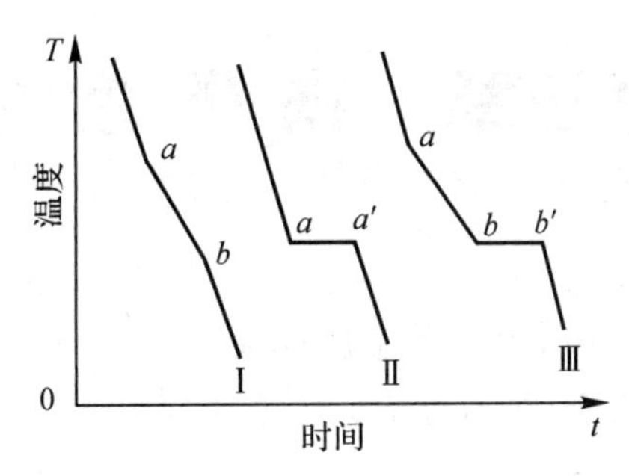

图 2-13　合金结晶的冷却曲线

Ⅰ—形成单相固熔体；　Ⅱ—形成单相化合物或同时结晶出两相固熔体；Ⅲ—形成机械混合物

实践证明：合金结晶过程中的冷却曲线，绝大多数合金有两个临界点，而只有在某一特定成分的合金系中才会出现一个临界点。在液体结晶时出现共晶体称为共晶转变，在固态下进行重结晶，由一种单相固熔体，同时结晶出两相固体物质，则这种转变称为共析转变（共析反应）。

必须指出，无论共晶或共析转变必须在一定条件下才能发生。

复　习　题

2-1　何谓单晶、多晶、晶粒？为什么单晶体呈各向异性，而多晶体不显示各向异性？

2-2　何谓晶体结构及晶格？金属常见的晶体结构有几种？试绘出三种常用金属的典型晶格。

2-3　何谓晶面、晶向？

2-4　何谓同素异构转变（以铁为例说明之）？

2-5　晶体和非晶体在性能上有何不同的特点？

2-6　试从金属的结晶过程，分析影响晶粒粗细的因素。为什么铸铁断口的表层晶粒细小，而心部晶粒粗大？

2-7　何谓枝晶偏析？枝晶偏析对合金的力学性能有何影响？

第三章 铁碳合金

钢和铸铁是现代工业中应用最广泛的金属材料。它主要由铁和碳两种元素组成，统称为铁碳合金。不同成分的铁碳合金，在不同温度下，有不同的组织，因而表现出不同的性能。

第一节 铁碳合金的基本组织

在铁碳合金中，铁和碳的结合方式是：液态时铁和碳可以无限互熔，在固态时碳能熔解于铁的晶格中，形成间隙固熔体；当碳含量超过固熔体的溶解度时，则出现化合物。此外，还可以形成由固熔体和化合物的混合物。现将在固态下出现的几种基本组织分述如下：

(1)铁素体。碳熔解在铁中形成的固熔体叫作铁素体，通常用F表示。它仍保持α铁的体心立方结构。α铁熔解碳的能力很小，随温度的不同而不同。在600℃时的熔解度仅有0.008%，在727℃时溶解度最大达0.021 8%。

铁素体含碳量很少，与纯铁相似，韧性很好，伸长率45%～50%；强度和硬度均不高，σ_b 约为250 MPa，硬度HB约为80。铁素体的显微组织如图3-1所示，晶粒在显微镜下显示出边界比较平缓的多边形特征。在显微镜下观察铁素体为均匀明亮的多边形晶粒。铁素体组织适于压力加工。

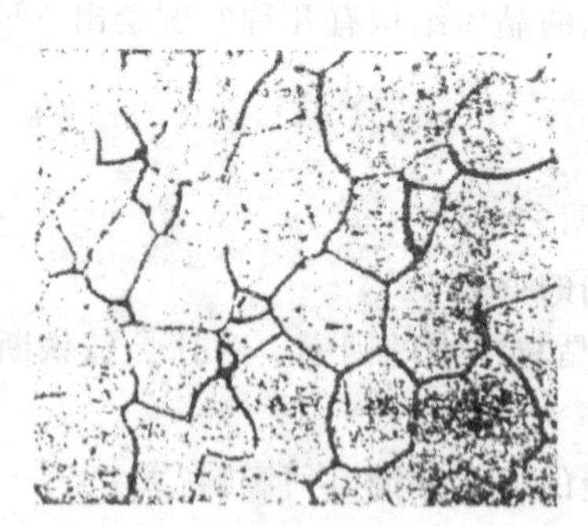

图3-1 铁素体组织

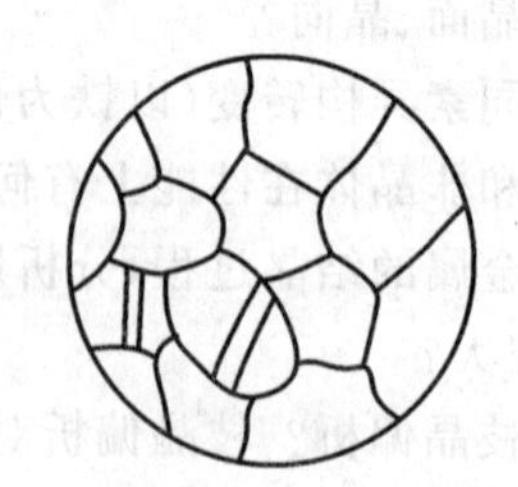

图3-2 奥氏体组织示意图

(2)奥氏体。碳熔解在γ铁中形成的固熔体叫作奥氏体，通常用A表示。它仍保持γ铁的面心立方结构。γ铁熔解碳的能力比α铁大，在1 148℃时熔解度最大达2.11%。温度降低时，熔解度也降低，在727℃时，熔解度为0.77%。

稳定的奥氏体在钢内存在的最低温度是727℃。奥氏体的硬度不是很高(HB＝160～200)，塑性很好，是绝大多数钢种在高温进行压力加工时所要求的组织。在显微镜下观察，奥氏体晶粒呈多边形，晶界较铁素体平直(见图3-2)。

(3)渗碳体。铁与碳形成稳定的化合物Fe_3C叫渗碳体。它的含碳质量分数为6.69%，具有复杂的晶格形式，与铁的晶格截然不同，故其性能与铁素体差别很大。

渗碳体的硬度很高(HB>800)，而塑性极差，几乎为零，是一个硬而脆的组织。渗碳体在钢中与其他组织共存时其形态可能呈片状、网状或粒状等，由于它在钢中分布的形态的不同，对力学性能有很大的影响。渗碳体在一定条件下可以分解成铁和石墨，这在铸铁中有重要的意义。

(4)珠光体。铁素体和渗碳体组成的机械混合物叫作珠光体，通常用 P 表示。由于珠光体是由硬的珠光体片和软的铁索体片相间组成的混合物，故力学性能介于渗碳体和铁素体之间。它的强度较好(大约为 750MPa)，硬度 HBS 约为 180。

(5)莱氏体。由奥氏体和渗碳体组成的机械混合物叫作莱氏体，用 L 表示。它只在高温(727℃以上)存在。在 727℃以下时，莱氏体是由珠光体和渗碳体组成的机械混合物。莱氏体的力学性能和渗碳体相似，硬度很高(HB>700)，塑性极差。

第二节　铁碳合金状态图

铁碳合金状态图是用实验数据绘制而成的。通过实验，对一系列不同含碳量的合金进行热分析，测出其在缓慢冷却过程中熔液的结晶温度和固态组织的转变温度，并标入温度—含碳量坐标图中。然后再把相应的温度转折点连接成线，就成为铁碳合金状态图。图 3-3 为简化的铁碳合金状态图，略去了 α-Fe 的转变和铁素体的成分变化。此外，因为大于 6.69%C 的铁碳合金在工业上没有实用意义，所以铁碳合金相图实际上是 Fe-Fe_3C 状态图。

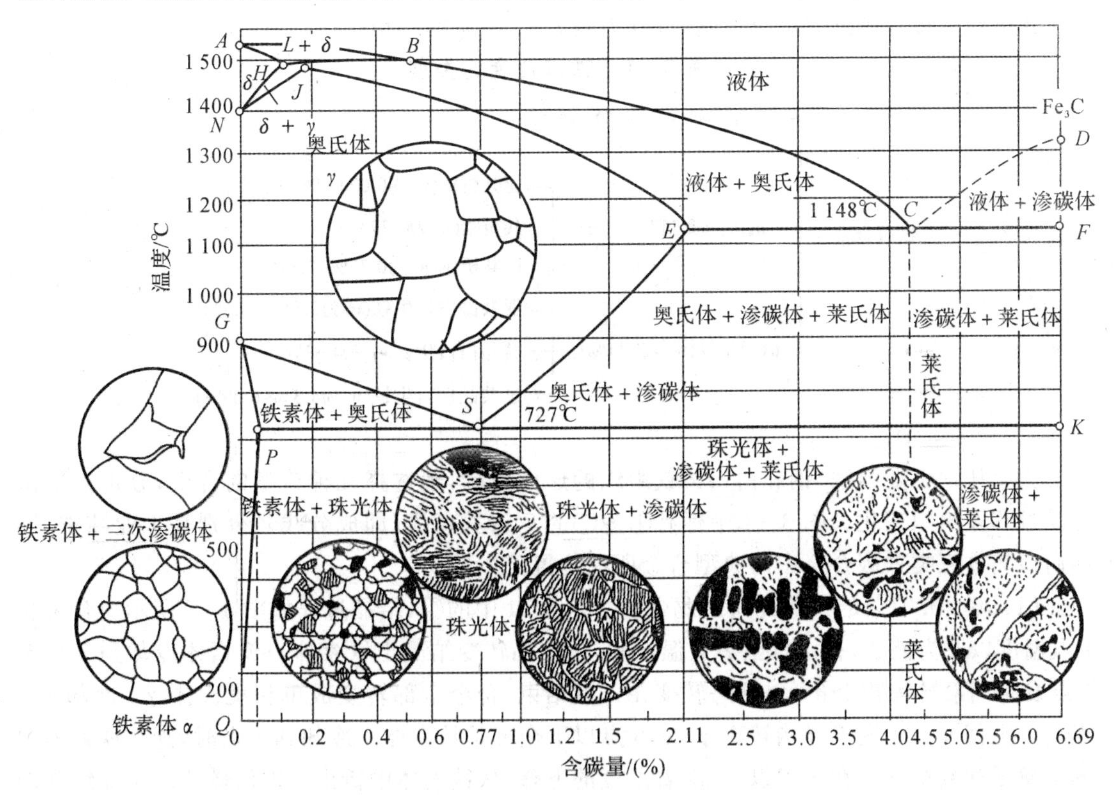

图 3-3　铁碳台金相图

从铁碳合金相图中可以了解到含碳量、温度和结晶组织之间的关系。它是研究铁碳合金和制定热加工工艺的重要工具。

一、铁碳合金状态图中点和线的意义

(1)*ACD*——液态线,合金熔液冷却到此线时开始结晶,此线以上为液态区。

(2)*AECF*——固态线,合金熔液冷却到此线时结晶完毕,此线以下为固态区。

(3)*GS*——代号 A_3,奥氏体冷却到此线时,开始析出铁素体,使奥氏体的含碳质量分数沿此线向 0.77%递增。

(4)*ES*——代号 A_{cm},奥氏体冷却到此线时,开始析出二次渗碳体,使奥氏体的含碳质量分数沿此线向 0.77%递减。

(5)*PSK*——共析线,代号 A_1,各种成分的合金冷却到此线时,其中奥氏体的含碳质量分数都达到 0.77%并分解成为珠光体。

(6)*S*——共析点,含碳质量分数 0.77%的奥氏体冷却到此点时,在恒温下分解成为渗碳体与铁素体所组成的混合物,即珠光体。

(7)*C*——共晶点,含碳质量分数 4.3%的合金熔液冷却到此点时,在恒温下结晶成为奥氏体与渗碳体所组成的混合物,即莱氏体。

二、铁碳合金结晶过程分析

铁碳合金按其成分和组织不同,可分为表 3-1 所示的类型。

表 3-1 铁碳合金的类型

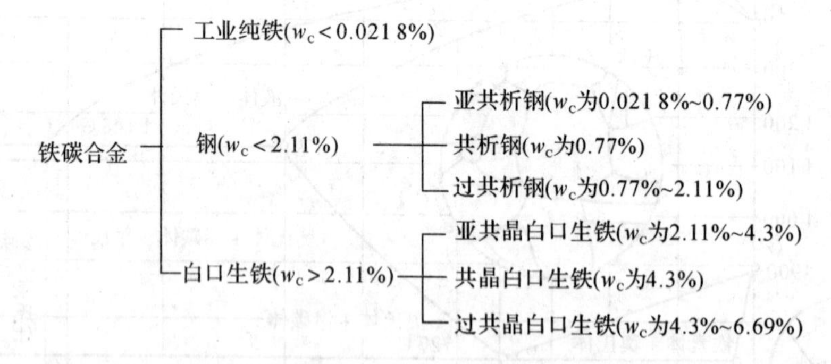

为了认识工业纯铁、钢和白口铸铁组织的形成规律,现选择几种典型的合金,分析其平衡结晶过程及组织变化。图 3-4 中标有①~⑦的 7 条垂直线(即成分线),分别是工业纯铁、钢和白口铸铁三类铁碳合金中的典型合金所在位置。

(1)w_C=0.01%的工业纯铁。此合金为图 3-4 中的①,结晶过程如图 3-5 所示。合金在 1 点温度以上为液态,在 1 点至 2 点温度间,按匀晶转变结晶出铁素体。铁素体冷却到 3 点至 4 点发生同素异构转变 δ-γ,这一转变在 4 点结束,合金全部转变成单相奥氏体 γ。冷却到 5 点至 6 点间又发生同素异构转变 γ-α,6 点以下全部是铁素体。冷却到 7 点时,碳在铁素体中的溶解量达到饱和。在 7 点以下,随着温度的下降,从铁素体中析出三次渗碳体。工业纯铁的室温组织为铁素体和少量三次渗碳体。其显微组织如图 3-1、图 3-2 所示。

(2)w_C=0.77%的共析钢。此合金为图 3-4 中的②,结晶过程如图 3-6 所示。5 点成分的液态钢合金缓冷至1点温度时，其成分垂线与液相线相交，于是从液体中开始结晶出奥氏体。在1点至2点温度间，随着温度的下降，奥氏体量不断增加，其成分沿 JE 线变化，而液相的量不断减少，其成分沿 BC 线变化。当温度降至2点时，合金的成分垂线与固相线相交，此时合金全部结晶成奥氏体，在2至3点之间是奥氏体的简单冷却过程，合金的成分、组织均不发生变化。当温度降至3点(727℃)时，将发生共析反应，即

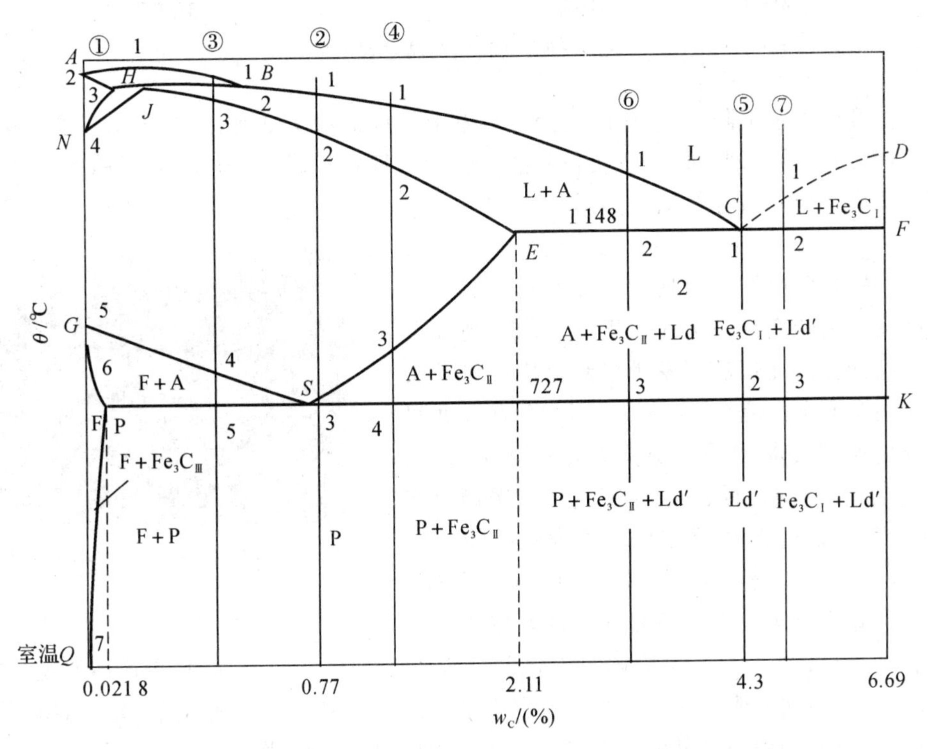

图3-4 简化的 $Fe-Fe_3C$ 相图

$$A_s \longleftrightarrow P(FP+Fe_3C)$$

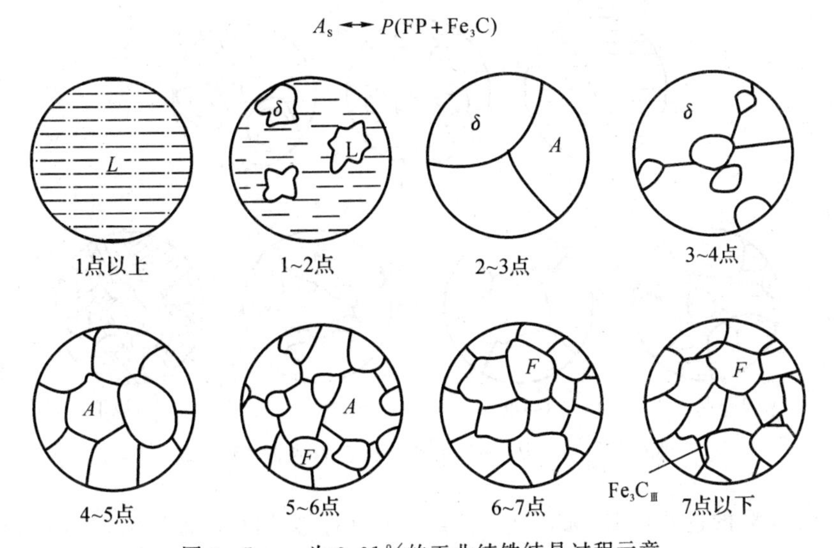

图3-5 w_C为0.01%的工业纯铁结晶过程示意

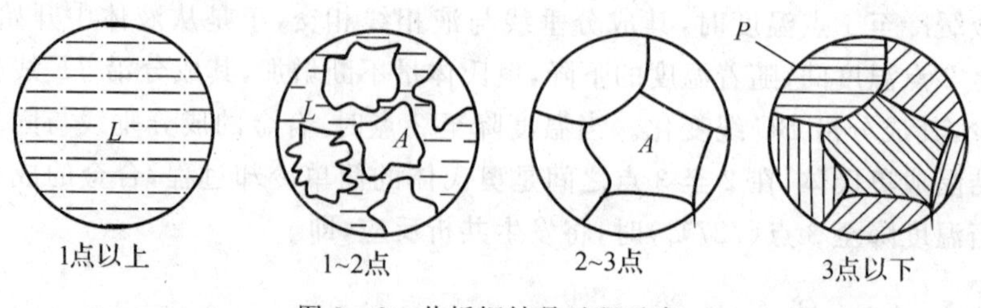

图 3-6　共析钢结晶过程示意

随着温度的继续下降，铁素体的成分将沿着溶解度曲线 PQ 变化，并析出三次渗碳体（数量极少，可忽略不计，对此问题，后面各合金的分析处理皆相同）。因此，共析钢的室温平衡组织全部为珠光体(P)，其显微组织如图 3-7 所示。

(3)$w_C=0.4\%$的亚共析钢。此合金为图 3-4 中的③，结晶过程如图 3-8 所示。亚共析钢在 1 点至 2 点间按匀昌转变结晶出 δ 铁素体。冷却到 2 点(1 495℃)温度时，在恒温下发生包晶反应。包晶反应结束时还有剩余的液存在，冷却至 2～3 点温度间液相继续变为奥氏体，所有的奥氏体成分均沿 JE 线变化。3 点至 4 点间，组织不发生变化。当缓慢冷却至 4 点温度时，此时由奥氏体析出铁素体。随着温度的下降，奥氏体和铁素体的成分分别沿 GS 和 GP 线变化。当温度降至 5 点(727℃)时，铁素体的成分变为 P 点成分(0.021 8%)，奥氏体的成分变为 S 点成分(0.77%)，此时，奥氏体发生共析反应转变成珠光体，而铁素体不变化。从 5 点温度继续冷却至室温，可以认为合金的组织不再发生变化。因此，亚共析钢的室温组织为铁素体和珠光体($F+P$)。图 3-9 所示是 w_C 为 0.4%的亚共析钢的显微组织，其中白色块状为 F，暗色的片层状为 P。

图 3-7　共析钢的室温平衡组织(500×)

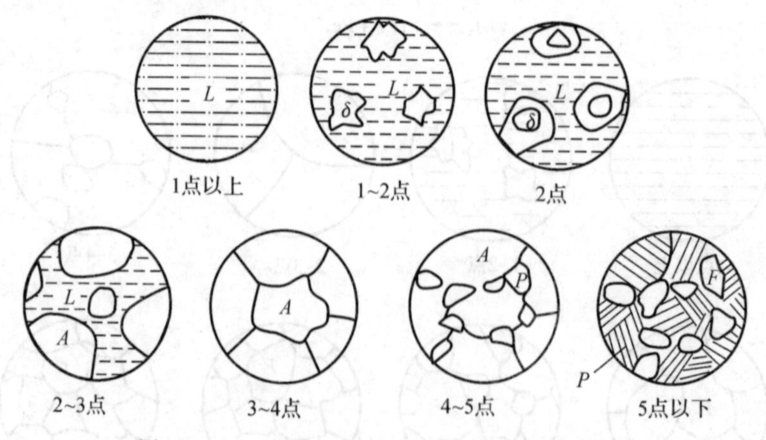

图 3-8　w_C为 0.4%的亚共析钢的结晶过程示意

(4)$w_C=1.2\%$的过共析钢。此合金为图 3-4 中的④，结晶过程如图 3-10 所示。过共析钢在 1 点至 3 点温度间的结晶过程与共析钢相似。当缓慢冷却至 3 点温度时，合金的成分垂

线与 ES 线相交，此时由奥氏体开始析出二次渗碳体。随着温度的下降，奥氏体成分沿 ES 线变化，且奥氏体的数量越来越少，二次渗碳体的相对量不断增加。当温度降至 4 点(727℃)时，奥氏体的成分变为 S 点成分(0.77%)，此时，剩余奥氏体发生共析反应转变成光体，而二次渗碳体不变化。从 4 点温度继续冷却至室温，合金的组织不再发生变化。因此，过共析钢的室温组织为二次渗碳体和珠光体(Fe_3C_{II} +P)。

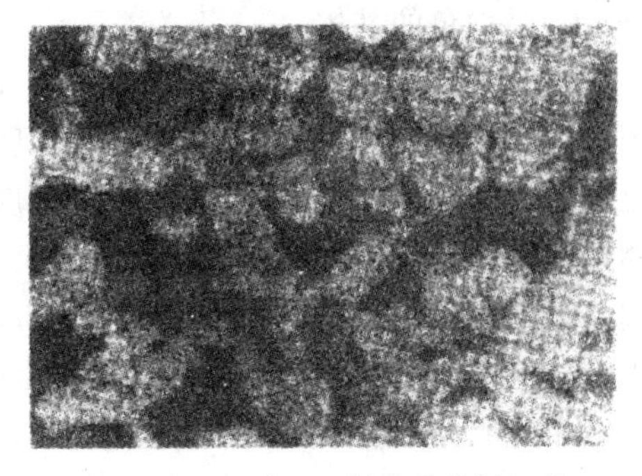
图 3-9 w_C为 0.4%的亚共析钢的室温平衡组织(500×)

图 3-11 所示是 ω_C 为 1.2%的过共析钢的显微组织，其中 Fe_3C_{II} 呈白色的细网状，它分布在片层状的 P 周围。

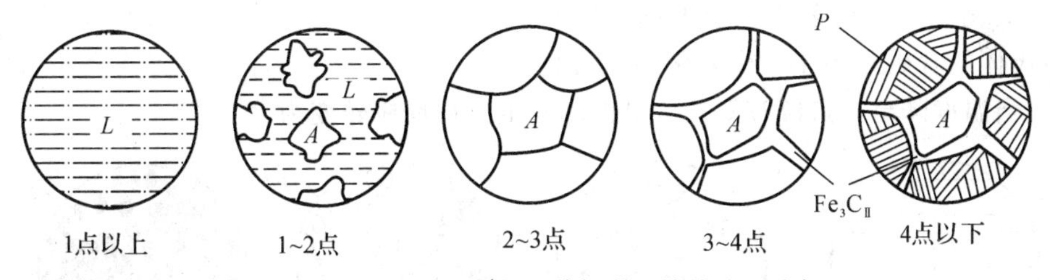

图 3-10 w_C为 1.2%的过共析利的结晶过程示意

(5)w_C=4.3%的共晶白口铸铁。此合金为图 3-4 中的⑤，结晶过程如图 3-12 图所示。

共晶铁碳合金冷却至 1 点共晶温度(1 148℃)时，将发生共晶反应，生成莱氏体(Ld)。在 1 点至 2 点温度间，随着温度降低，莱氏体中的奥氏体的成分沿 ES 线变化，并析出二次渗碳体(它与共晶渗碳体连在一起，在金相显微镜下难以分辨)。随着二次渗碳体的析出，奥氏体的含碳量不断下降，当温度降至 2 点(727℃)时，莱氏体中的奥氏体的含碳量达到 0.77%，此时，奥氏体发生共析反应转变为珠光体，于是莱氏体也相应转变为低温莱氏体 Ld′(P +Fe_3C_{II} +Fe_3C)。因此，共晶白口铸铁的室温组织为低温莱氏体(Ld′)。

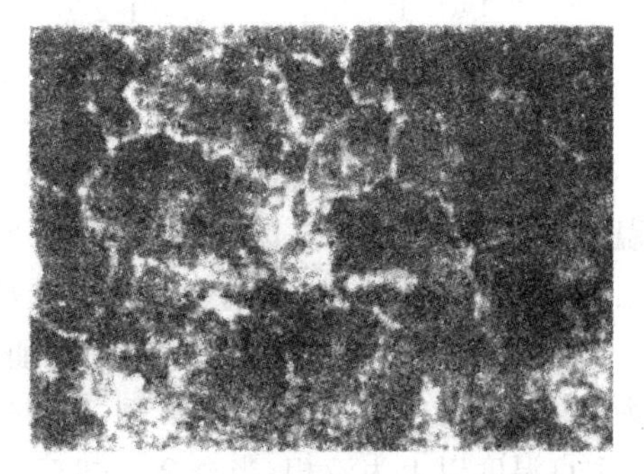
图 3-11 w_C为 1.2%的过共析钢的室温平衡组织(400×)

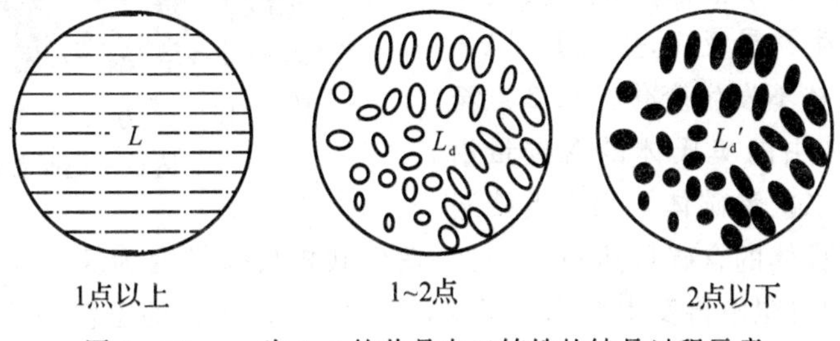

图 3-12 w_C为 4.3 的共晶白口铸铁的结晶过程示意

图 3-13 所示是共晶白口铸铁的显微组织，其中珠光体(P)呈黑色的斑点状或条状，渗碳体(Fe_3C)呈白色的基体。

(6)w_C= 3.0%的亚共晶白口铸铁。此合金为图 3-4 中的⑥，结晶过程如图 3-14 所示。1 点温度以上为液相，当合金冷却至 1 点温度时，从液体中开始结晶出初生奥氏体。在 1 点至 2 点温度间，随着温度的下降，奥氏体不断增加，液体的量不断减少，

液相的成分沿 *BC* 线变化。奥氏体的成分沿 *JE* 线变化。当温度至 2 点(1148℃)时，剩余液体发生共晶反应，生成 Ld(A+Fe_3 C)，而初生奥氏体不发生变化。从 2 点至 3 点温度间，随着温度降低，奥氏体的含碳量沿 *ES* 线变化，并析出二次渗碳体。当温度降至 3 点(727℃)时，奥氏体发生共析反应转变为

图 3-13　w_C为 4.3%的共晶白口铸铁室温平衡组织(250×)

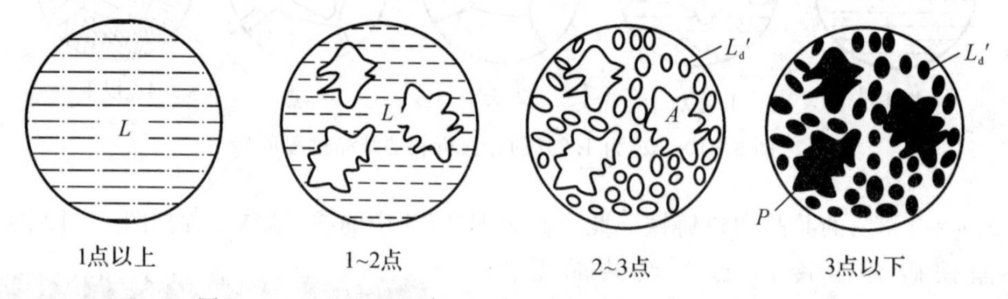

图 3-14　w_C为 3.0%的亚共晶白口铸铁的结晶过程示意

珠光体(P)，从 3 点温度冷却至室温，合金的组织不再发生变化。因此，亚共晶白口铸铁室温组织为 P+Fe_3C_{II} +Ld′，如图 3-15 所示。图中黑色带树枝状特征的是 P，分布在 P 周围的白色网状的是 Fe_3C_{II}，具有黑色斑点状特征的是 Ld′。

(7)w_C=5.0%的过共晶白口铸铁。此合金为图 3-4 中的⑦，结晶过程如图 3-16 所示。1 点温度以上为液相，当合金冷却至 1 点温度时，从液体中开始结晶出一次渗碳体。在 1 点至 2 点温度间，随着温度的下降，一次渗碳体不断增加，液体的量不断减少，当温度至 2 点 (1148℃)时，剩余液体的成分变为 *C* 点成分(4.3%)，发生共晶反应，生成 Ld(A+Fe_3C)，而一次渗碳体不发生变化。从 2 点至 3 点温度间，莱氏体中的奥氏体的含碳量沿 ES 线变化，并析出二次渗碳体。当温度降至 3 点 (727℃)时，奥氏体的含碳量达到 0.77%，发生共析反应转变为珠光体(P)。从 3 点温度冷却至室温，合金的组织不再发生变化。因此，过共晶白口铸铁的室温组织为 Fe_3C_+ Ld′。图 3-17 所示是过共晶白口铸铁的显微组织，图中白色带状的是 Fe_3C_I，具有黑色斑点状特征的

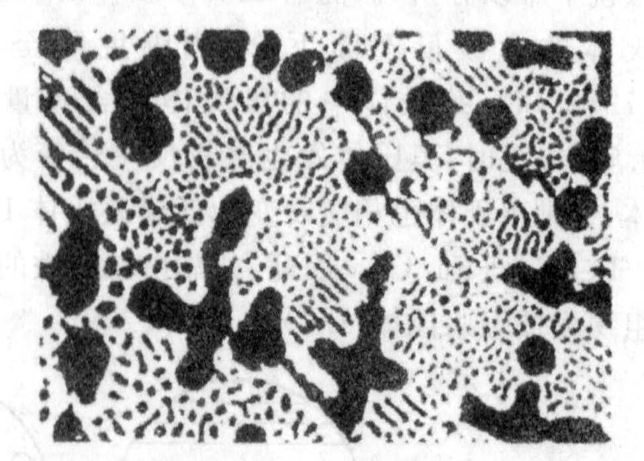

图 3-15　w_C为 3.0%的亚共晶白口铸铁室温平衡组织(200×)

是 Ld′。

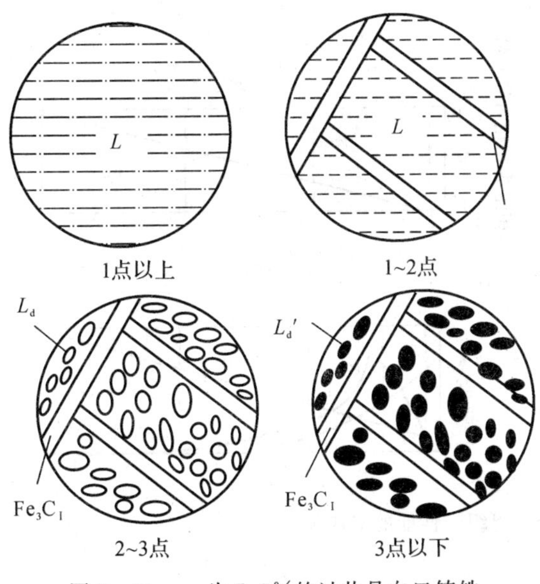

图 3-16 w_C为 5.0%的过共晶白口铸铁白口铸铁的结晶过程示意

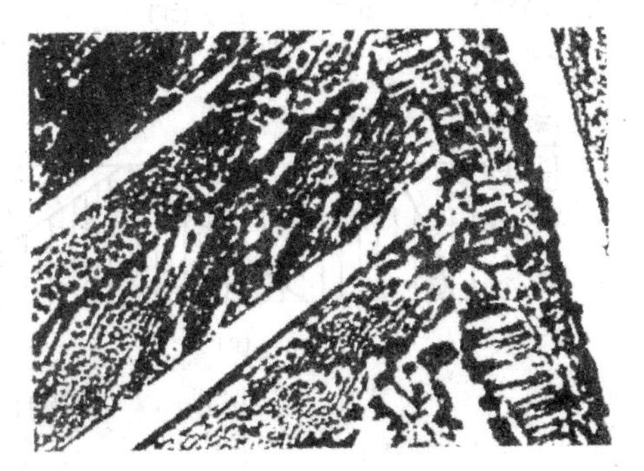

图 3-17 w_C为 5.0%的过共晶白口铸铁室温平衡组织(400×)

三、铁碳合金的成分、组织和性能的变化规律

1.碳对平衡组织的影响

由上面的讨论可知,随碳的质量分数增高,铁碳合金的组织发生如下变化:

$F+Fe_3C_{Ⅲ}$	→ $F+P$	→ P	→ $P+Fe_3C_{Ⅲ}$	→ $P+Fe_3C_{Ⅱ}+Ld'$	→ Ld'	→ $Fe_3C_Ⅰ+Ld'$
工业纯铁	亚共析钢	共析钢	过共析钢	亚共晶白口铁	共晶白口铁	过共晶白口铁

根据杠杆定律可以计算出铁碳合金中相组成物和组织组成物的相对量与碳的质量分数的关系。如图 3-18 所示为铁碳合金的成分—组织—性能的对应关系。

当碳的质量分数增高时,不仅其组织中的渗碳体数量增加,而且渗碳体的分布和形态发生如下变化:

$Fe_3C_{Ⅱ}$(沿铁素体晶界分布的薄片状)→共析 Fe_3C(分布在铁素体内的片层状)→$Fe_3C_{Ⅱ}$(沿奥氏体晶界分布的网状)→共晶 Fe_3C(为莱氏体的基体)→$Fe_3C_Ⅰ$(分布在莱氏体上的粗大片状)

2.碳对力学性能的影响

室温下铁碳合金由铁素体和渗碳体两个相组成。铁素体为软、韧相;渗碳体为硬、脆相。当两者以层片状组成珠光体时,则兼具两者的优点,即珠光体具有较高的硬度、强度和良好的塑性、韧性。

图 3-19 所示是碳的质量分数对缓冷碳钢力学性能的影响。由图可知,随碳的质量分数增加,强度、硬度增加,塑性、韧性降低。当 w_C大于 0.9%时,由于网状 F P+$Fe_3C_{Ⅱ}$出现,导致钢的强度下降。为了保证工业用钢具有足够的强度和适宜的塑性、韧性,其 w_C一般不超过 1.3%~1.4%。w_C大于 2.11%的铁碳合金(白口铸铁),由于其组织中存在大量渗碳体,具有很高的硬度,但性脆,难以切削加工,已不能锻造,故除作少数耐磨零件外,很少应用。

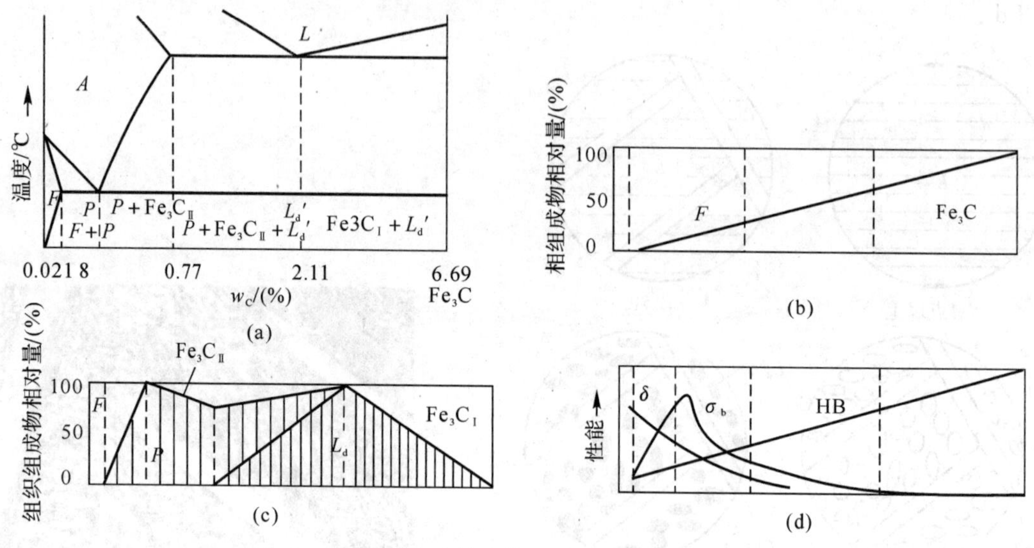

图 3-18　铁碳合金的成分—组织—性能的对应关系

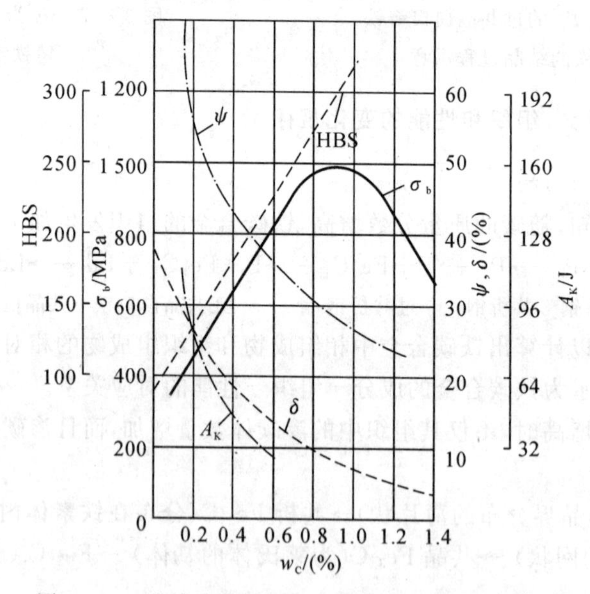

图 3-19　碳的质量分数对缓冷碳钢力学性能的影响

四、铁碳合金相图的应用

1. 选材方面的应用

根据铁碳合金成分、组织、性能之间的变化规律，可以根据零件的工作条件来选择材料。如果要求有良好的焊接性能和冲压性能的机件，应选用组织中铁素体较多、塑性好的低碳钢（$w_C<0.25\%$）制造，如冲压件、桥梁、船舶和各种建筑结构；对于一些要求具有综合力学性能（强度、硬度和塑性、韧性都较高）的机器构件，如齿轮、传动轴等应选用中碳钢（$0.25\%<w_C<0.6\%$）制造；高碳钢（$w_C>0.6\%$）主要用来制造弹性零件及要求高硬度、高耐磨性的工具、磨具、量具等；对于形状复杂的箱体、机座等可选用铸造性能好的铸铁来制造。

2. 制定热加工工艺方面的应用

在铸造生产方面，根据 $Fe-Fe_3C$ 相图可以确定铸钢和铸铁的浇注温度。浇注温度一般在液相线以上 150℃左右。另外，从相图中还可看出接近共晶成分的铁碳合金，熔点低、结晶温度范围窄，因此它们的流动性好，分散缩孔少，可以得到组织致密的铸件。所以，铸造生产中，接近共晶成分的铸铁得到较广泛的应用。

在锻造生产方面，钢处于单相奥氏体时，塑性好，变形抗力小，便于锻造成形。因此，钢材的热轧、锻造时要将钢加热到单相奥氏体区。始轧和始锻温度不能过高，以免钢材氧化严重和发生奥氏体晶界熔化（称为过烧）。一般控制在固相线以下 100～200℃。而终轧和终锻温度也不能过高，以免奥氏体晶粒粗大，但又不能过低，以免塑性降低，导致产生裂纹。一般对亚共析钢的终轧和终锻温度控制在稍高于 GS 线即 A_3 线；过共析钢控制在稍高于 PSK 线即 A_1 线。实际生产中各种碳钢的始轧和始锻温度为 1 150～1 250℃，终轧和终锻温度为 750～850℃。

在焊接方面，由焊缝到母材在焊接过程中处于不同温度条件，因而整个焊缝区会出现不同组织，引起性能不均匀，可以根据 $Fe-Fe_3C$ 相图来分析碳钢的焊接组织，并用适当的热处理方法来减轻或消除组织不均匀性和焊接应力。

对热处理来说，$Fe-Fe_3C$ 相图更为重要。热处理的加热温度都以相图上的 A_1，A_3，A_{cm} 线为依据，这将在后续章节详细讨论。

复　习　题

3-1　解释下列名词：固熔体、金属化合物、机械混合物、相、平衡相图。

3-2　何谓置换固熔体？何谓间隙固熔体？

3-3　细晶强化、冷变形强化及固熔强化的含义是什么？有何实用意义？

3-4　固熔体合金与纯金属结晶有何异同？

3-5　为什么不能把共晶体称为相？

3-6　何谓共晶反应？何谓共析反应？两者有何异同？

3-7　铁碳合金状态图的主要用途是什么？

第四章　钢的热处理

第一节　热处理概述

一、热处理工艺分类

热处理是采用适当的方式对金属材料或工件进行加热、保温和冷却以获得预期的组织结构与性能的工艺。热处理的工艺过程由加热、保温、冷却 3 个阶段组成，并可用热处理工艺曲线来表示，如图 4－1(a)所示。

常用的热处理加热设备有箱式电阻炉(见图 4－1(b))、盐浴炉、井式炉、火焰加热炉等。常用的冷却设备有水槽、油槽、盐浴槽、缓冷坑、吹风机等。

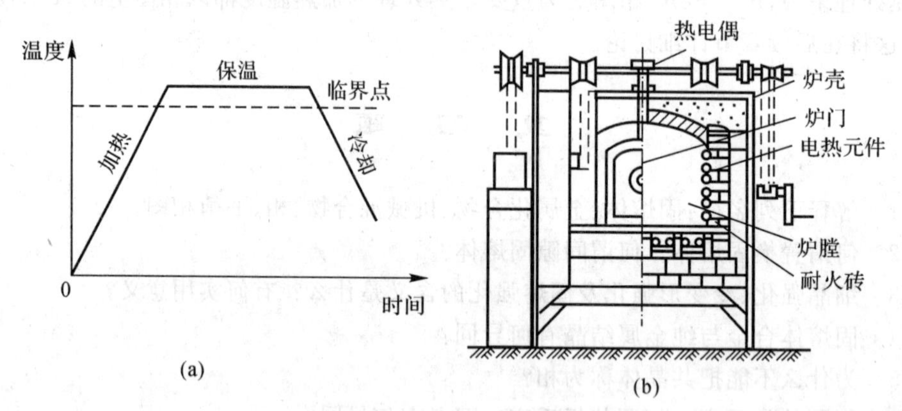

图 4－1　热处理工艺曲线和箱式电阻炉

(a)热处理工艺曲线；(b)箱式电阻炉

钢热处理的依据是铁碳合金相图，其处理原理主要是利用钢在加热和冷却时内部组织发生转变的基本规律，人们根据这些基本规律和零件预期的使用性能要求，选择科学合理的加热温度、保温时间和冷却介质等参数，实现改善钢材性能的目的。

根据零件热处理的目的、加热和冷却方法的不同，热处理工艺分类及名称见表 4－1。

二、热处理工艺的特点

与其他加工工艺相比，热处理一般不改变工件的形状和整体的化学成分，而是通过改变工件内部的显微组织，或改变工件表面的化学成分，赋予或改善工件相应的使用性能。

三、热处理的应用

热处理是机械零件及工具制造过程中的重要工序，它担负着改善零件的组织与性能、发挥钢铁材料潜力、提高零件使用寿命的任务。

对于机械装备制造业来说，各类机床中需要经过热处理的工件约占其总重量的60%～70%；汽车、拖拉机中约占其70%～80%；而轴承、各种工模具等几乎100%需要热处理。因此，热处理在机械装备制造业中占有十分重要的地位。

表 4-1　热处理工艺分类及名称

分类	热处理		
	整体热处理	表面热处理	化学热处理
名称	退火	表面淬火和回火	渗碳
	正火	物理气相沉积	碳氮共渗
	淬火	化学气相沉积	渗氮
	淬火和回火	等离子体化学气相沉积	氮碳共渗
	调质	激光辅助化学气相沉积	渗其他非金属
	稳定化处理	火焰沉积	渗金属
	固熔处理、水韧处理	盐浴沉积	多元共渗
	固熔处理和时效	离子镀	溶渗

第二节　钢在加热时的组织转变

大多数零件的热处理都是先加热到临界点以上某一温度区间，使其全部或部分得到均匀的奥氏体组织，但奥氏体一般不是人们最终需要的组织，而是在随后的冷却中，采用适当的冷却方法，获得人们需要的其他组织，如马氏体、贝氏体、托氏体、索氏体、珠光体等组织。

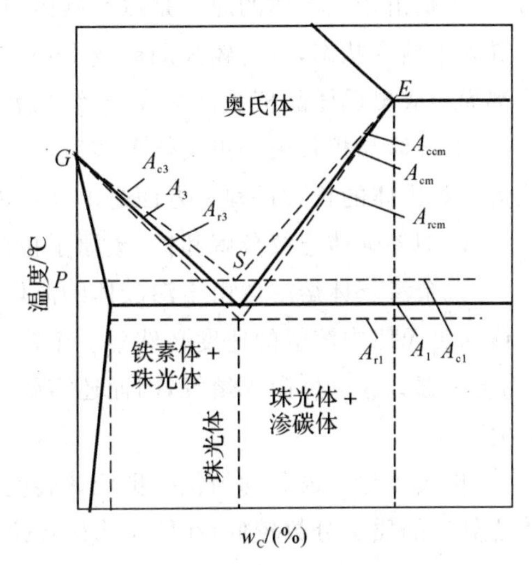

图 4-2　实际加热(或冷却)时，铁碳合金相图上各相变点的位置

金属材料在加热或冷却过程中，发生相变的温度称为临界点(或相变点)。铁碳合金相图中A_1，A_3，A_{cm}是平衡条件下的临界点。铁碳合金相图中的临界点是在缓慢加热或缓慢冷却条件下测得的，而在实际生产过程中，加热过程或冷却过程并不是非常缓慢地进行的，所以，实际生产中钢铁材料发生组织转变的温度与铁碳合金相图中所示的理论临界点A_1，A_3，A_{cm}之间有一定的偏离，如图 4-2 所

示。实际生产过程中钢铁材料随着加热速度或冷却速度的增加，其相变点的偏离程度将逐渐增大。为了区别钢铁材料在实际加热或冷却时的相变点，加热时在“A”后加注“c”，冷却时在“A”后加注“r”。因此，钢铁材料实际加热时的临界点标注为 A_{c1}，A_{c3}，A_{ccm}，钢铁材料实际冷却时的临界点标注为 A_{r1}，A_{r3}，A_{rcm}。

一、奥氏体的形成

以共析钢（$w_C=0.77\%$）为例，其室温组织是珠光体（P），即由铁素体（F）和渗碳体（Fe_3C）两相组成的机械混合物。铁素体为体心立方晶格，在 A 点时 $w_C=0.021\ 8\%$；渗碳体为复杂晶格，$w_C=6.69\%$。当加热到临界点 A_1 以上时，珠光体转变为奥氏体（A），奥氏体是面心立方晶格，$w_C=0.77\%$。由此可见，珠光体向奥氏体的转变，是由化学成分和晶格都不相同的两相，转变为另一种化学成分和晶格的过程，因此，在转变过程中必须进行碳原子的扩散和铁原子的晶格重构，即发生相变。

研究结果证明：奥氏体的形成是通过形核和核长大过程来实现的。珠光体向奥氏体的转变可以分为四个阶段：奥氏体形核、奥氏体核长大、残余渗碳体继续溶解和奥氏体化学成分均匀化。图 4-3 为共析钢奥氏体形核及其长大过程示意图。

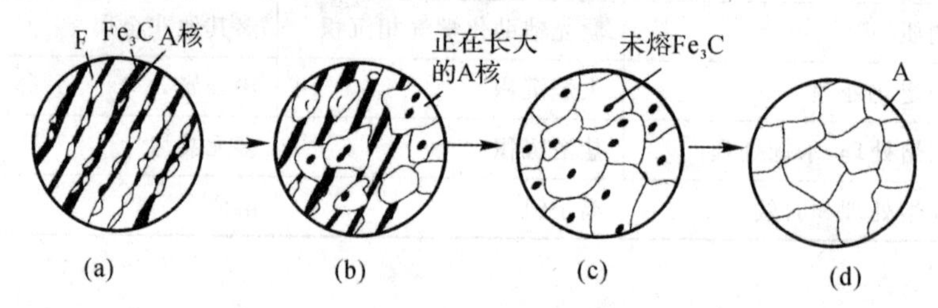

图 4-3 共析钢奥氏体形成过程示意图

(a)奥氏俸晶核形成；(b)奥氏体晶核长大；(c)残余渗碳体熔解；(d)奥氏体化学成分均匀化

(1)奥氏体晶核形成。共析钢加热到 A_1 时，奥氏体晶核优先在铁素体与渗碳体的相界面上形成，这是由于相界面的原子是以渗碳体与铁素体两种晶格的过渡结构排列的，原子偏离平衡位置处于畸变状态，具有较高的能量；另外，渗碳体与铁素体的交界处碳的分布是不均匀的，这些都为形成奥氏体晶核在化学成分、结构和能量上提供了有利条件。

(2)奥氏体晶核长大。奥氏体形核后，奥氏体核的相界面会向铁素体与渗碳体两个方向同时长大。奥氏体的长大过程一方面是由铁素体晶格逐渐改组为奥氏体晶格；另一方面是通过原子扩散，即渗碳体连续分解和铁、碳原子扩散，逐步使奥氏体晶核长大。

(3)残余渗碳体熔解。由于渗碳体的晶体结构和碳的质量分数与奥氏体差别较大，因此，渗碳体向奥氏体中溶解的速度必然落后于铁素体向奥氏体的转变速度。在铁素体全部转变完后，仍会有部分渗碳体尚未熔解，因而还需要一段时间继续向奥氏体中熔解，直至全部渗碳体熔解完为止。

(4)奥氏体化学成分均匀化。奥氏体转变结束时，其化学成分处于不均匀状态，在原来铁素体之处碳的质量分数较低，在原来渗碳体之处碳的质量分数较高。因此，只有继续延长保温时间，通过碳原子的扩散过程才能得到化学成分均匀的奥氏体组织，以便在冷却后得到化学成分均匀的组织与性能。

亚共析钢（0.021 8%≤w_C<0.77%）和过共析钢（0.77%<w_C≤2.11%）的奥氏体形成过程基本上与共析钢相同，不同之处是在加热时有过剩相出现。由铁碳合金相图可以看出，亚共析钢的室温组织是铁素体和珠光体；当加热温度处于A_{c1}～A_{c3}时，珠光体转变为奥氏体，剩余相为铁素体；当加热温度超过A_{c3}以上，并保温适当时间时，剩余相铁素体全部消失，得到化学成分均匀单一的奥氏体组织。同样，过共析钢的室温组织是渗碳体和珠光体，当加热温度处于A_{c1}～A_{ccm}时，珠光体转变为奥氏体，剩余相为渗碳体；当加热温度超过A_{ccm}以上，并保温适当时间时，剩余相渗碳体全部消失，得到化学成分均匀单一的奥氏体组织。

二、奥氏体晶粒长大及其控制措施

钢铁材料中奥氏体晶粒的大小将直接影响到其冷却后的组织和性能。

如果奥氏体晶粒细小，则其转变产物的晶粒也较细小，其性能（如韧性和强度）也较高；反之，转变产物的晶粒粗大，其性能（如韧性和强度）则较低。将钢铁材料加热到临界点以上时，刚形成的奥氏体晶粒一般都很细小。

如果继续升温或延长保温时间，便会引起奥氏体晶粒长大。因此，在生产中常采用以下措施来控制奥氏体晶粒的长大。

1. 合理选择加热温度和保温时间

奥氏体形成后，随着加热温度的继续升高，或者是保温时间的延长，奥氏体晶粒将会不断长大，特别是加热温度的提高对奥氏体晶粒的长大影响更大。这是由于晶粒长大是通过原子扩散进行的，而扩散速度是随加热温度的升高而急剧加快的。因此，合理控制加热温度和保温时间，可以获得较细小的奥氏体晶粒。

2. 选用含有合金元素的钢

碳能与一种或数种金属元素构成金属化合物（或称为碳化物）。大多数合金元素，如铬（Cr）、钨（W）、钼（Mo）、钒（V）、钛（Ti）、铌（Nb）、锆（Zr）等，在钢中均可以形成难溶于奥氏体的碳化物，如CrC_3，VC，TiC等，这些碳化物弥散分布在晶粒边界上，可以阻碍或减慢奥氏体晶粒的长大。因此，含有合金元素的钢铁材料可以获得较细小的晶粒组织，同时也可以获得较好的使用性能。另外，碳化物硬度高、脆性大，钢铁材料中存在适量的碳化物可以提高其硬度和耐磨性，满足特殊需要。

评价奥氏体晶粒大小的指标是奥氏体晶粒度。一般根据标准晶粒度等级图（见图4-4）确定钢的奥氏体晶粒大小。标准晶粒度等级分为8个等级，其中1～4级为粗晶粒；5～8级为细晶粒。

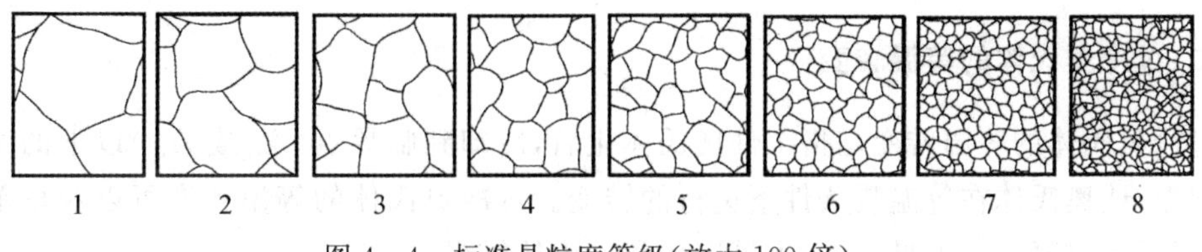

图4-4　标准晶粒度等级（放大100倍）

第三节 钢在冷却时的组织转变

一、冷却方式

同一化学成分的钢材,加热到奥氏体状态后,若采用不同的冷却速度进行冷却时,将得到形态不同的各种室温组织,从而获得不同的力学性能,见表4-2。这种现象已不能用铁碳合金相图来解释了。因为铁碳合金相图只能说明平衡状态时的相变规律,如果冷却速度提高,则脱离了平衡状态。因此,认识钢铁材料在冷却时的相变规律,对理解和制定钢铁材料的热处理工艺有着重要意义。

钢铁材料在冷却时,可以采取两种转变方式:等温转变和连续冷却转变,如图4-5所示,钢铁材料在一定冷却速度下进行冷却时,奥氏体需要过冷到共析温度 A_1 以下才能完成转变。在共析温度 A_1 以下存在的奥氏体称为过冷奥氏体,也称亚稳奥氏体,它有较强的相变趋势,可以转变为其他组织。

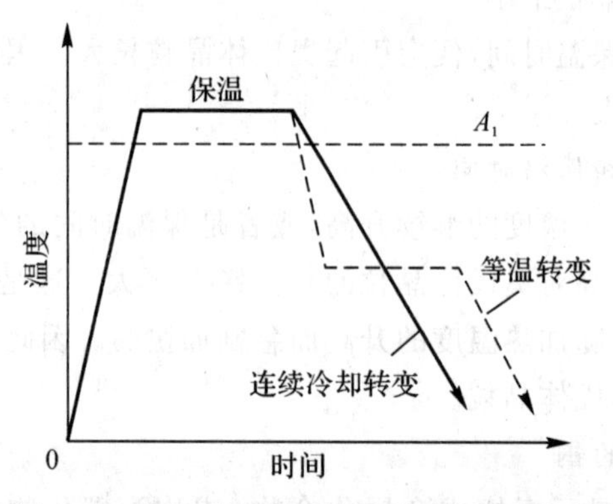

图4-5 等温转变曲线和连续冷却转变曲线

表4-2 w_C 0.45%的非合金钢经840℃加热后,以不同方法冷却后的力学性能

冷却办法	σ_b/MPa	σ_S/MPa	δ/(%)	φ/(%)	硬度
炉内缓冷	530	280	32.5	49.3	160~200HBW
空气冷却	670~720	340	15~18	45~50	170~240HBW
油中冷却	900	620	18~20	48	40~50HRC
水中冷却	1 000	720	7~8	12~14	52~58HRC

二、过冷奥氏体的等温转变

过冷奥氏体的等温转变是指工件奥氏体化后,冷却到临界点(A_{r1} 或 A_{r3})以下的某一温度进行保温,让奥氏体在等温暖条件下进行的转变。过冷奥氏体的等温转变可以获得单一的珠光体、索氏体、托氏体、上贝氏体、下贝氏体和马氏体组织。

三、过冷奥氏体的连续冷却转变

过冷奥氏体的连续冷却转变是指工件奥氏体化后以不同冷却速度连续冷却时过冷奥氏体发生的转变。

1.过冷奥氏体连续冷却转变图

实际生产中，钢铁材料的冷却一般是连续进行的，如钢件退火时是炉冷、正火时是空冷、淬火时是水冷等。因此，认识过冷奥氏体连续冷却转变图具有实际指导意义。

图 4－6 所示是共析钢过冷奥氏体连续冷却转变曲线。从图中可以看出，共析钢在连续冷却转变过程中，只发生珠光体黑心变和马氏体转变，没有贝氏体转变，珠光体转变区由三条线构成：P 线是过冷奥氏体向珠光体转变开始线；P_f 线是过冷奥氏体向珠光体转变终了线；K 线是过冷奥氏体向珠光体转变终止线，它表示冷却曲线碰到 K 线时，过冷奥氏体向珠光体转变停止，剩余的过冷奥氏体一直冷却到 M 线以下时会发生马氏体转变。如果过冷奥氏体在边续冷却过程中不发生分解而全部过冷到马氏体区的最小却速度是 v_k，则称 v_k 是获得马氏体组织的临界冷却速度。钢在流传火的冷却速度必须大于 v_k。

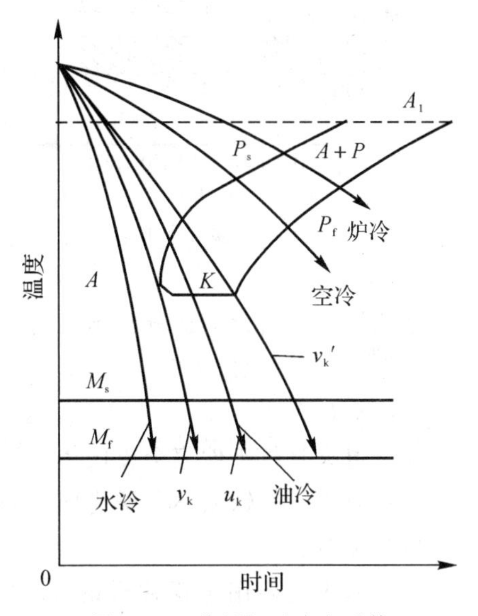

图 4－6　共析钢过冷奥氏体连续冷却转变曲线

2.过冷奥氏体连续冷却转变产物

由于连续冷却转变是在一个温度范围内进行，其转变产物往往不是单一的，根据冷却速度的变化，转变产物有可能是 P＋S，S＋T 或 T＋M 等。

第四节　退火与正火

退火与正火是钢铁材料常用的两种基本热处理工艺方法，主要用来处理毛坯件(如铸件、锻件、焊件等)，为以后的切削加工和最终热处理做组织准备，因此，退火与正火通常又称为预备热处理。

对一般铸件、锻件、焊件以及性能要求不高的工件来讲，退火和正火也可作为最终热处理。

一、退火

退火是将工件加热到适当温度，保持一定时间，然后缓慢冷却的热处理工艺。

退火的目的是消除钢铁材料的内应力；降低钢铁材料的硬度，提高其塑性；细化钢铁材料的组织，均匀其化学成分，并为最终热处理做好组织准备。在机械零件的制造过程中，一般将退火作为预备热处理工序，并安排在铸造、锻造、焊接等工序之后，粗切削加工之前，用来消除前一工序中所产生的某些缺陷或残余内应力，为后续工序做好组织准备。部分退火工艺的加热温度范围如图 4－7 所示。部分退火工艺曲线如图 4－8 所示。

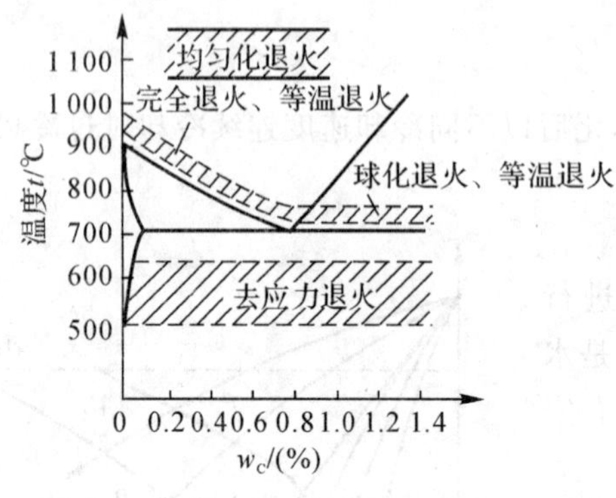

图 4-7 部分退火工艺加热温度范围示意图

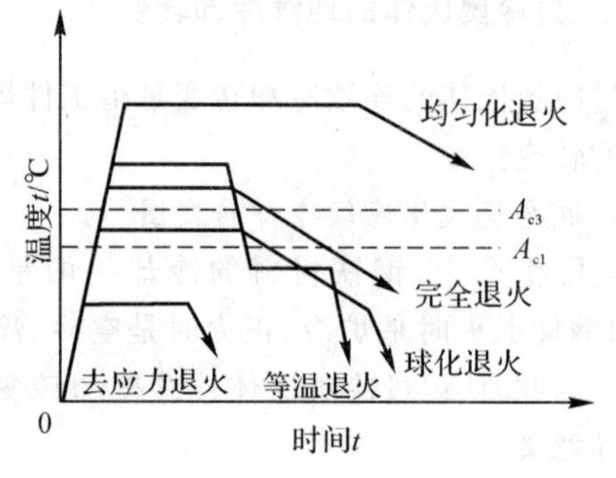

图 4-8 部分退火工艺曲线示意图

根据钢铁材料化学成分和退火目的不同，退火通常分为：完全退火、等温退火、球化退火、去应力退火、均匀化退火等。

1. 完全退火

完全退火是将工件完全奥氏体化后缓慢冷却，获得接近平衡组织的退火。完全退火后所得到的室温组织是铁素体和珠光体。完全退火的目的是细化组织，降低硬度，提高塑性，消除化学成分偏析。

完全退火主要用于亚共析钢（0.021 8%$\leqslant w_C<$0.77%）制作的铸件、锻件、焊件等，其加热温度是 A_{c3} 以上 30～50℃。而用过共析钢（0.77%$<w_C\leqslant$2.11%）制作的工件不宜采用完全退火，因为过共析钢加热到 Ac_{cm} 线以上后，二次渗碳体（Fe_3C_{II}）会以网状形式沿奥氏体晶界析出（见图 4-9），使过共析钢的强度和韧性显著降低，同时也使零件在后续的热处理工序（如淬火）中容易产生淬火裂纹。

2. 球化退火

球化退火是使工件中碳化物球状化而进行的退火。球化退火得到的室温组织是铁素体基体上均匀分布着球状（或粒状）碳化物（或渗碳体），即球状珠光体组织。

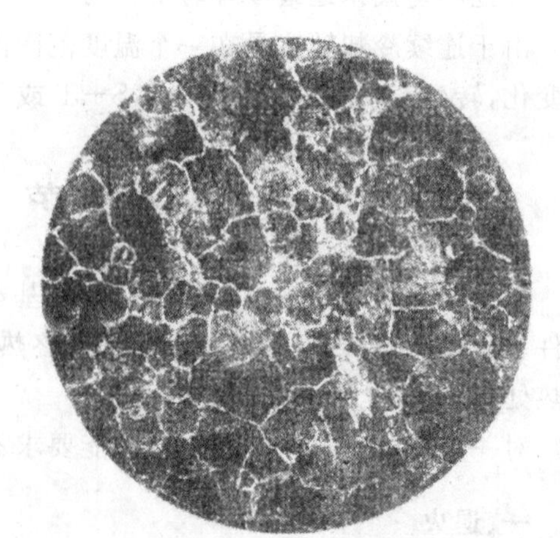

图 4-9 T12 钢中的网状

如图 4-10 所示，在工件保温阶段，没有溶解的片状碳化物会自发地趋于球状（球体表面积最小）化，并在随后的缓冷过程中，最终形成球状珠光体组织，如图 4-11 所示。

球化退火的加热温度在 A_{c1} 上下 20～30℃温度区间交替加热及冷却或在稍低于 A_{c1} 温度保温，然后缓慢冷却。球化退火的主要目的是使碳化物（或渗碳体）球化，降低钢材硬度，改善钢材的切削加工性，并为淬火作组织准备。球化退火主要用于过共析钢和共析钢制造的刃具、量具、模具、轴承钢件等。

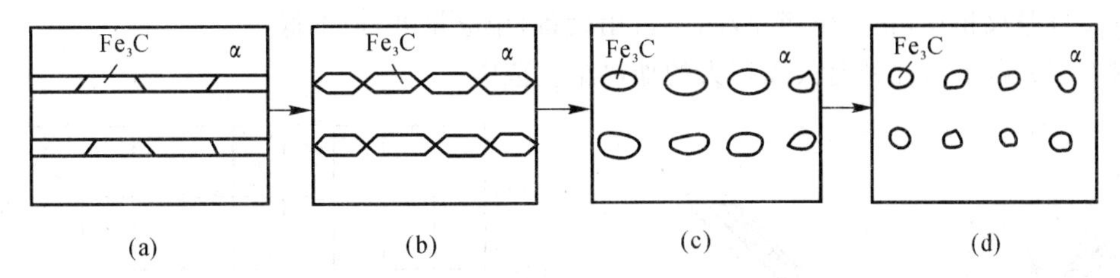

图 4-10 片状渗碳体在 A_{c1} 附近加热球化过程示意图

3. 等温退火

等温退火是指工件加热到高于 Ac_2（或 Ac_1）的温度，保持适当时间后，较快地冷却到珠光体转变温度并等温保持，使奥氏体转变为珠光体类组织后在空气中冷却的退火。亚共析钢的加热温度是 Ac_3＋(30－50)℃；共析钢和过共析钢的加热温度是 Ac_1＋(20－40)℃。等温退火的目的与完全退火相同，但等温退火可以缩短退火时间，获得比较均匀的组织与性能，其尖用与完全退火和球化退火相同。

4. 去应力退火

去应力退火是为去除工件塑性形变加工、切削加工或焊接造成的内应力及铸件内存在的残余应力而进行的退火。去应力退火的加热温度是 Ac_3 以下温度区间，其主要目的是消除工件在切削加工、铸造、锻造、热处理、焊接等过程中产生的残余应力，减小工件变形，稳定工件的形状尺寸。

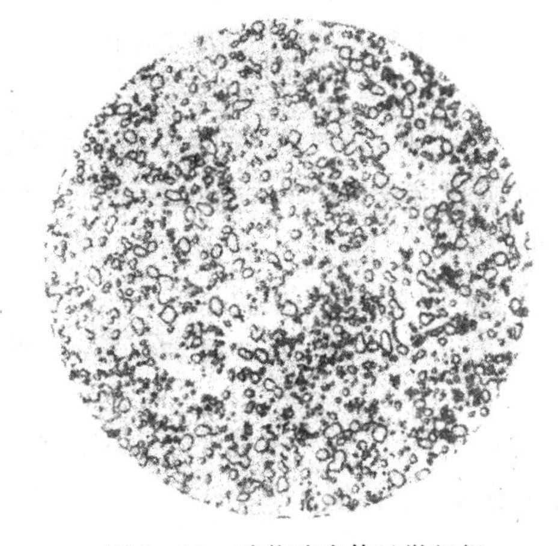

图 4-11 球状珠光体显微组织

去应力退火主要用于去除铸件、锻件、焊件及精密加工件中的残余应力。钢铁材料在去应力退火的加热及冷却过程中无相变发生。

5. 均匀化退火

均匀化退火是以减少工件化学成分和组织的不均匀程度为主要目的，将工件加热到高温并长时间保温，然后缓慢冷却的退火。加热温度是：Ac_3＋(150～200)℃，一般在 1 050～1 150℃进行加热。均匀化退火的目的是减少钢的化学成分偏析和组织不均匀性，主要应用于质量要求高的合金钢铸锭、铸件和锻坯等。

二、正火

正火是指将亚共析钢加热到 Ac_3 以上 30～50℃或将过共析钢加热到 Ac_{cm} 以上 30～50℃，保温后在空气介质中冷却的热处理工艺方法。

正火的主要目的：①细化晶粒，提高钢的强度，它和退火有些相似，将钢加热到奥氏体区，使钢重结晶(解决铸钢与锻件中的粗大晶粒，打碎二次渗碳体)；②对于低碳钢，通过正火可细化晶粒，提高其强度，但韧性有所降低，可改善可加工性，对于一些不太主要的机械零件，正火可作为最终的热处理；③用于普通结构零件或某些大型非合金钢工件的最终热处理，代替调质处理，如铁道车辆的车轴就是用正火工艺作为最终热处理的；④用于淬火返修件，消除淬火应力，细化组织，防止工件重新淬火时变形与开裂；⑤为淬火作组织准备。

正火与退火相比，正火生产率高，不占用设备，用电量低，成本低。

图 4－12 所示为几种退火和正火的加热温度范围。

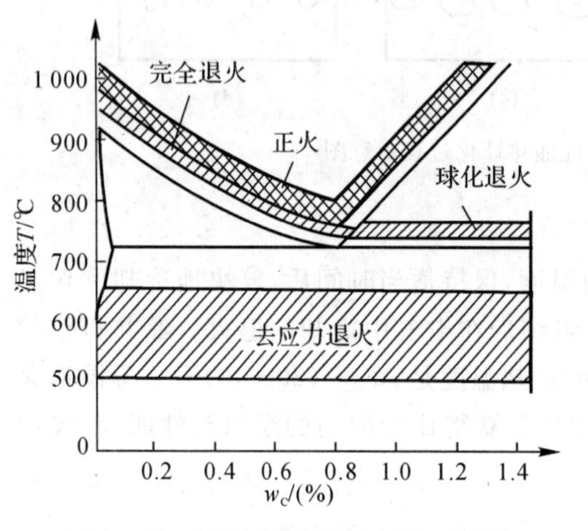

图 4－12　各种退火与正火的加热范围

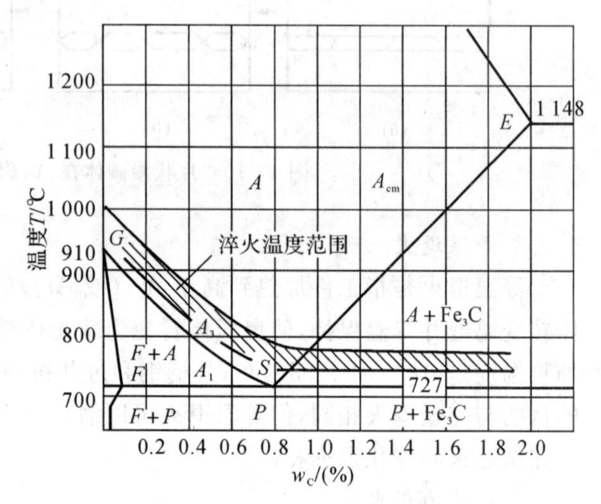

图 4－13　碳钢的淬火温度范围

与退火相比，正火的奥氏体化温度高，冷却速度快，过冷度较大。因此，正火后得到的组织比较细，强度和硬度比退火高一些；同时，正火具有操作简便、生产周期短、生产效率高、生产成本低的特点。

第五节　钢的淬火与回火

淬火与回火是强化钢最常用的热处理工艺方法。先淬火再根据需要配以不同温度回火，获得所需的力学性能。

一、淬火

淬火是将亚共析钢加热到 Ac_3 以上 30～50℃或将过共析钢加热到 Ac_{cm} 以上 30～50℃，保温后在淬火冷却介质中快速冷却，以获得马氏体或(和贝氏体)为目的的热处理工艺方法。碳钢淬火加热的温度范围如图 4－13 所示。

淬火后获得的马氏体又脆又硬，内应力很大，极易变形或开裂。为防止淬火后的缺陷，除正确选用钢材和正确的结构外，还应采用正确的工艺方法及措施。

(1)严格控制淬火加热温度。对于亚共析钢而言，如果加热温度不足，由于尚未完全形成组织转变，淬火后钢的组织除马氏体外，还有少量残留的铁素体，致使钢的硬度不足。若加热温度过高，奥氏体晶粒急剧长大，淬火后的马氏体也很粗大，增加钢的脆性，导致淬火后的工件变形开裂倾向加大。对于过共析钢，若加热温度超过图 4－13 中所示的温度，不仅钢的硬度不会增加，而且变形开裂的倾向大大加大。这是因为随着钢中奥氏体的碳含量增加，而奥氏体并不增加，反而等温转变曲线向左移使临界速度增加，钢的淬透性降低。淬火后残留奥氏体增加，所以硬度并不增加，而变形开裂倾向增大。

(2)合理选择淬火冷却介质。淬火冷却介质是根据钢的种类及零件所要求的性能来选择的。但是，冷却速度必须略大于临界冷却速度。碳钢的淬火冷却介质常选用水，因为碳钢的淬透性较差，需要冷却速度大，水能满足这一要求。合金钢的淬透性较好，应选用油，油的冷却速度比水低，用它来淬合金钢工件，变形小，裂纹倾向小。所谓钢的淬透性是指钢在淬火时所获得马氏体的能力，是钢的一种属性，其大小用钢在一定条件下淬火所获得的淬秀层的深度来表示。用不同材料制造出同样大小的形状和尺寸大小相同的零件，在相同的淬火条件下，淬透层较深的钢件其淬透性较好，如图 4－14 所示。

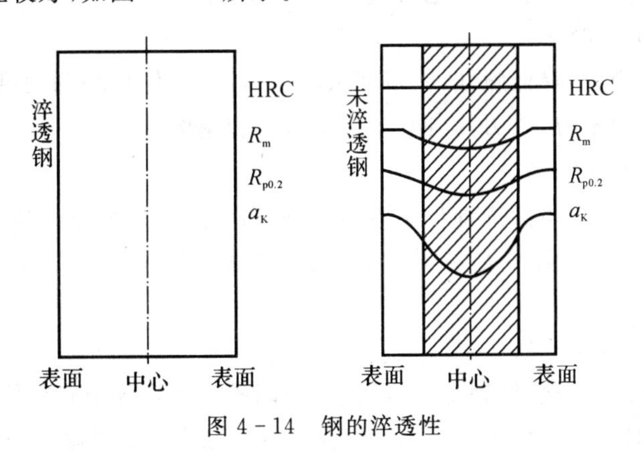

图 4－14　钢的淬透性

淬透性和淬硬性是两个不同的概念，淬硬性是表示钢淬火时的硬化能力，用马氏体可能获得的硬度表示，它主要取决于钢中马氏体的碳含量，碳含量越高，钢的淬硬性就越高，显然淬硬性和淬透性没有必然联系。例如，高碳工具钢淬硬性很高，但淬透性很差；而低碳合金钢淬硬性不高，淬透性却很好。钢中马氏体硬度与碳含量的关系如图 4－15 所示。

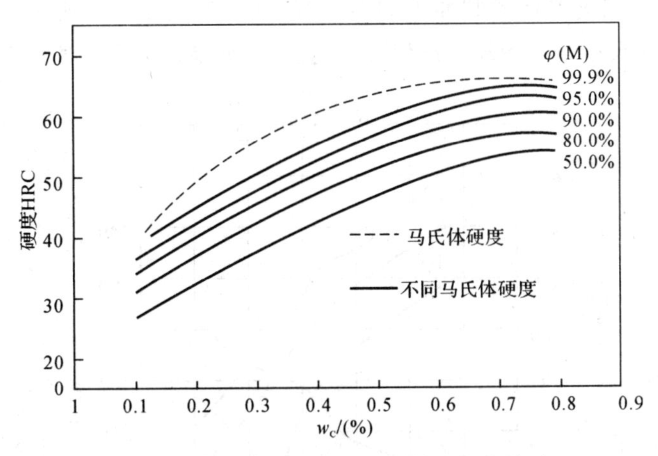

图 4－15　钢中马氏体硬度与碳含量的关系

(3)正确选择淬火方法。在生产中淬火常用单介质淬火法，在一种介质中连续冷却到室温。这种淬火方法操作简单，便于实现机械化和自动化，故应用广泛。对于易产生裂纹、变形的钢件，可采用先水淬后油淬的双介质淬火或分级淬火方法。

二、回火

回火是将淬火后的钢重新加热到低于 Ac_1 以下某一温度，经保温后，使淬火组织转变成为稳定的回火组织，再冷却到室温的热处理工艺方法。

淬火钢的组织主要是马氏体或马氏体加残留奥氏体组成，它是不稳定的组织，内应力大、脆、易变形或开裂。

回火的目的是为了消除应力，稳定组织，提高钢件的塑性、韧性，获得塑性、韧性、硬度、强度适当配合的力学性能，满足工件的力学性能要求。

根据所需工件的力学性能要求，把回火温度分为如下三种：

1. 低温回火（150～200℃）

回火目的是消除应力，降低脆性，获得回火马氏体组织，保持高的硬度（56～64HRC）和耐磨性。低温回火广泛用于刀具、刃具、冲模、滚动轴承和耐磨件等。

2. 中温回火（250～500℃）

组织是回火托氏体，它还保持着马氏体的形态，内应力基本消除。其目的是保持较高的硬度，获得高弹性的钢件。中温回火主要用于弹簧（如火车转向架的螺旋弹簧、枪机上的弹簧等）、发条、热锻模。

3. 高温回火（500～650℃）

淬火并高温回火的复合热处理工艺方法，称为调质。其目的是获得优良的综合性能，调质后的硬度为 25～35HRC。调质处理后的组织是回火索氏体，即细粒渗碳体和铁素体，与正火后的片状渗碳体组织相比，在载荷作用下，不易产生应力集中，使钢的韧性得到极大提高。高温回火主要用于重要的机械零件，如连杆、主轴、齿轮及重要的螺钉（汽车发动机盖上的螺钉）。

钢在回火时会产生回火脆性，在 300℃左右产生的脆性称为不可逆回火脆性；在 400～550℃产生的脆性称为可逆回火脆性。产生的原因是由于回火马氏体中分解出稳定的细片状化合物引起的。钢的回火脆性使其冲击韧性显著下降，如图 4－16 所示。某些合金钢（如含 Cr，Ni，Mn 的钢），回火后缓慢冷却会产生回火脆性，但如果回火后快速冷却（空冷），则不产生脆性。

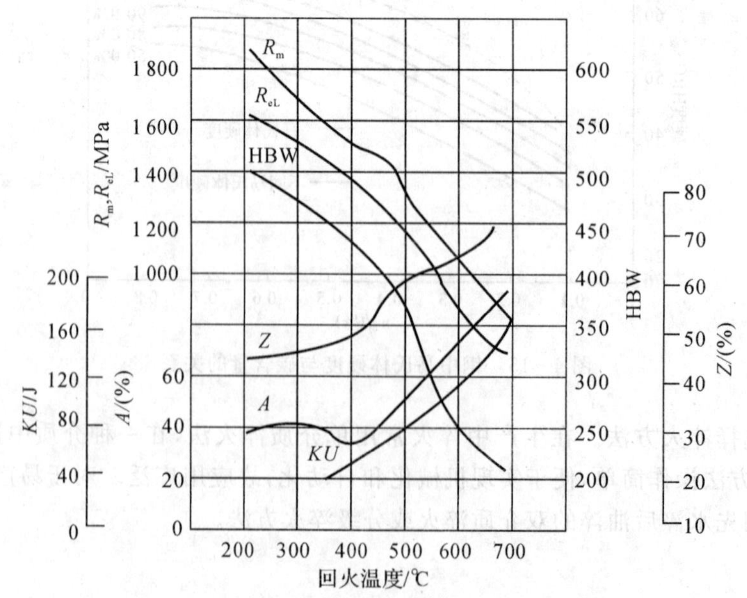

图 4－16　40Cr 钢经不同温度回火后的力学性能

注：直径 D=12 mm，油淬。

第六节　表面淬火及化学处理

所谓表面淬火及化学处理是指只为改变钢件表面的组织和性能，不改变其内部组织和性能的热处理工艺方法。

一、表面淬火

表面淬火是将钢件快速加热，使其表面快速达到淬火温度，在热量还没有传到钢件的内部就立即淬火（如喷水），仅在表面获得淬火组织（马氏体）的热处理工艺方法。有些零件要求表面耐磨、高硬度、高强度，承受更高、更大的应力，而内部要求有一定强度和高的塑性、韧性，如齿轮凸轮、曲轴主轴颈，常用表面淬火。

加热方法常有火焰加热、感应加热、接触电阻加热、激光加热等方法。目前应用最广泛的是感应加热。如图 4－17 所示，高频感应加热的频率为 200～300 kHz，加热快，几秒钟完成加热，易控制深度，易实现机械化和自动化，主要用于淬硬层深度为 0.5～2 mm 的中小型零件。

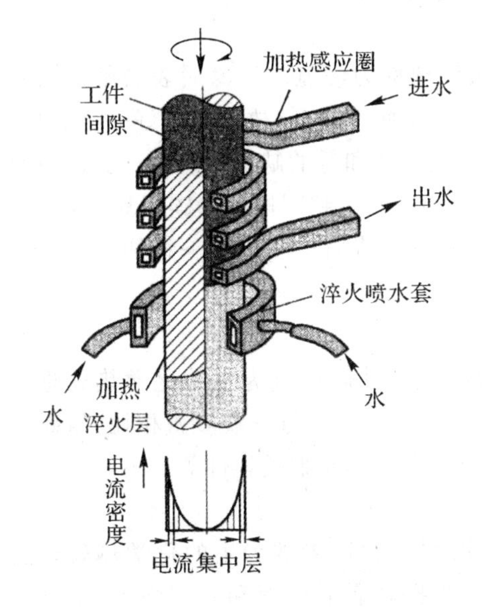

图 4－17　感应加热表面淬火

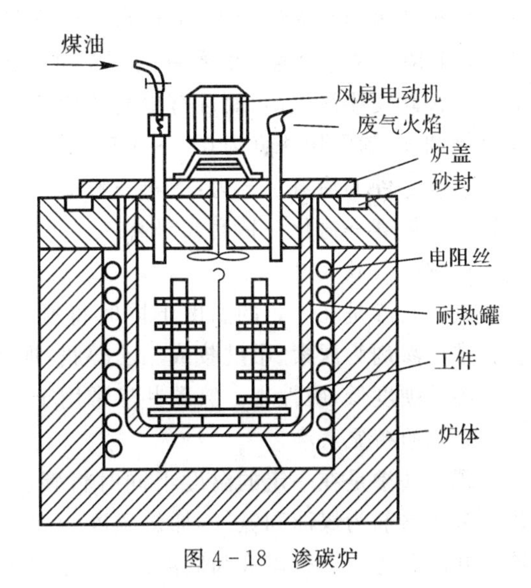

图 4－18　渗碳炉

二、钢的化学热处理

化学热处理是将钢件置于一定温度的活性介质中保温，使介质中一种或几种活性原子渗入工件表面一定的深度，改变表层化学成分和组织，从而获得需要的力学性能。化学热处理提高表面层的硬度、耐磨性和疲劳强度，内部仍具有良好的塑性、韧性的同时，还可获得较高的强度。常用化学热处理有渗碳、渗氮、碳氮共渗与氮碳共渗等。

1. 钢的渗碳

渗碳是将钢件置于渗碳炉（见图 4－18）中加热到 900～950℃保温，并通入渗碳介质，让分解出的活性碳原子渗入钢的表层。

渗碳介质一般分为两大类：一是液体，如煤油、苯、醇和丙酮等；二是气体介质，如天然气、丙烷及煤气等。渗碳适用于齿轮、凸轮、轴类等零件。经过渗碳及随后的淬火并低温回火，可获得很高的强度、耐磨性及接触疲劳强度和弯曲疲劳强度。

渗碳后的组织，渗碳层的含碳质量分数约为 1%，至心部逐渐降低；组织自表面至心部为过共析组织、共析组织、亚共析组织，直至心部原始组织，如图 4－19 所示。

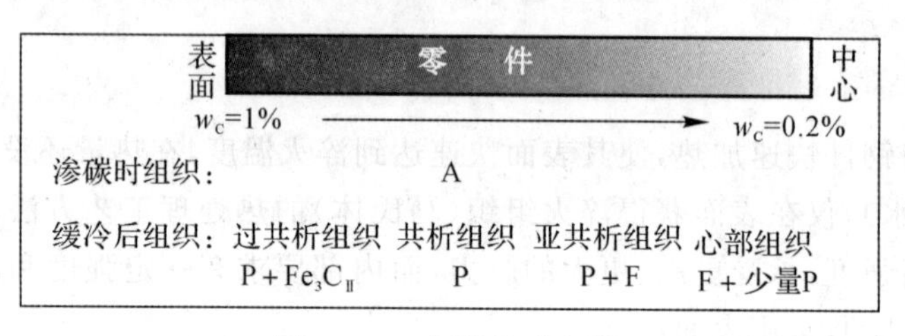

图 4－19　钢的渗碳组织

如汽车变速器齿轮用 20CrMnTi 钢制造，其制造工艺如下：下料→锻造→正火→粗车→粗铣齿形→精铣齿形→渗碳淬火＋低温回火→研磨齿形→入库。

2. 钢的渗氮

向钢件表面渗入氮元素，形成富氮硬化层的化学热处理称为渗氮。渗氮后表层硬度可达 65～72HRC，这种渗氮后的零件的硬度可在 560～600℃保持而不降低，故具有很好的稳定性。渗氮不仅硬度比渗碳高，而且有更高的疲劳强度、抗缺口咬合性和低的缺口敏感性。其缺点是渗氮周期长，渗氮层深度为 0.3～0.5 mm，一般需 20～50 h。而得到同样的渗碳层只需要 3h。

一般零件的渗氮工艺为：下料→锻造→退火→粗加工→半精加工→调质→精加工→去应力处理→粗磨→氮化→精磨或研磨。

3. 钢的氮碳共渗

氮碳共渗是在一定的温度下同时将氮、碳渗入钢件表层，并以渗氮为主的化学热处理工艺。常用渗剂为尿素、甲酰胺或三乙醇胺，加热温度为 560～570℃。与一般渗氮相比，氮碳共渗的渗层硬度低，脆性小。氮碳共渗常用于模具、高速工具钢刀具及轴类零件等。

4. 钢的碳氮共渗

碳氮共渗是在一定的温度下同时将碳、氮渗入钢件表层，并以渗碳为主的化学热处理工艺。常用渗剂为煤油和氮气，加热温度为 820～860℃。为提高表面硬度和心部强度，工件经碳氮共渗后还要进行淬火和低温回火。其表面组织为含氮马氏体。与渗碳相比，碳氮共渗加热温度低，零件变形小，生产周期短，渗层具有较高的硬度、耐磨性和疲劳强度。碳氮共渗常用于自行车、缝纫机及仪表零件以及机床。汽车等要求耐磨的齿轮、蜗轮、蜗杆和轴类零件等。

除上述化学热处理外，工业上还采用渗硼等化学热处理，渗硼层的硬度很高，可达 1 300～2 000 HV，不仅有好的耐磨性，还有良好的耐蚀性等。

第七节　热处理工艺应用

热处理工艺是改善金属或合金性能的主要方法之一，广泛应用于机械制造中。此外，在进行零件的结构设计、材料选择、制定零件的加工工艺流程以及分析零件质量时，也经常涉及热处理问题。热处理工艺穿插在机械零件制造过程的加工工序之间，因此，科学合理地安排热处理工序位置和相关技术以及对零件热处理结构工艺性进行优化设计是非常重要的。

一、热处理的技术条件

设计人员在设计零件时，首先应根据零件的工作条件和环境，选择材料，提出零件的性能要求，然后根据这些要求选择热处理工序及其相关技术条件，来满足零件的使用性能要求。因此，在零件图上应标出热处理工艺的名称及有关应达到的力学性能指标。对于一般零件仅需标注出硬度值，对于重要的零件则还应标注出强度、塑性、韧性指标或金相组织状态等要求；对于化学热处理零件不仅要标注出硬度值，还应标注出渗层部位和渗层深度。

例 4-1 热处理技术条件实例分析。图 4-20 所示为某一部件上的螺钉定位器零件，分析图中技术要求含义。

解 分析：①定位器零件要求用 45 钢[w_C=0.45%]制造；②螺钉定位器零件需要进行整体调质处理，调质后的布氏硬度应达到 230～250HBW；③螺钉定位器零件尾部进行表面火焰淬火和低温回火，其热处理后的表面硬度应达到 42～48HRC。

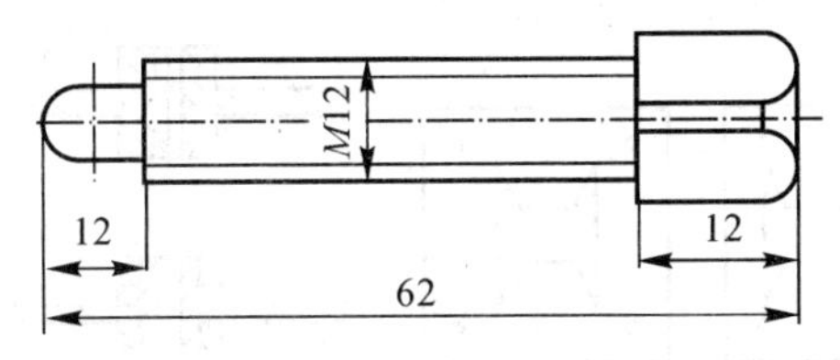

技术要求

1.材料：45钢；
2.整体：调质处理，230~250HBW；
3.尾部：表面火焰淬火加低温回火，42~48HRC

图 4-20 螺钉定位器零件热处理技术要求

二、热处理的工序位置

机械零件的加工是按照一定的加工工艺流程进行的。合理安排热处理的工序位置，对于保证零件的加工质量和改善其性能具有重要作用。

热处理按其工序位置和目的的不同，可分为预备热处理和最终热处理。预备热处理是指为调整原始组织，以保证工件最终热处理或和切削加工质量，预先进行的热处理工艺，如退火、正火、调质等；最终热处理是指使钢件达到使用性能要求的热处理，如淬火与回火、表面淬火、渗氮等。

下面以车床齿轮为例分析热处理的工序位置和作用。

例 4-2 热处理工艺应用实例分析。车床齿轮是传递力矩和转速的重要零件，它主要承受一定的弯曲力和周期性冲击力作用，转速中等，一般选择 45 钢制造。其性能要求是：齿表面耐磨，工作过程中平稳，噪声小。其热处理技术条件是：整体调质处理，硬度 220～250HBW，齿面表面淬火，硬度 50～54HRC。

解 车床齿轮的加工工艺流程如下：

下料→锻造→正火→粗加工→调质→精加工→高频感应加热表面淬火→低温回火→精磨→检验→投入使用。

正火的作用是消除齿轮锻造时产生的内应力，细化组织，改善切削加工性。调质的主要作用是保证齿轮心部有足够的强度和韧性，能够承受较大的弯曲应力和冲击载荷，并为表面淬火做好组织准备。高频感应加热表面淬火的作用是提高齿表面的硬度、耐磨性和疲劳强度；低温回火的目的是消除淬火应力，防止齿轮磨削加工时产生裂纹，并使齿表面保持高硬度（符合硬度 50～54HRC）和高耐磨性。

三、热处理零件的结构工艺性

零件在热处理过程中，影响其处理质量的因素比较多，如零件的结构工艺性就是主要因素之一。零件在进行热处理时，发生质量问题的主要表现形式是变形与开裂。因此，为了减少零件在热处理过程中发生变形与开裂，在进行零件结构工艺性设计时应注意以下几个方面：

(1)避免截面厚薄悬殊，合理设计孔洞和键槽结构。

(2)避免尖角与棱角结构。

(3)合理采用封闭、对称结构。

(4)合理采用组合结构。

图 4－21 列举了几种零件因结构设计不合理导致易开裂的部位以及如何正确设计零件结构的示意图。

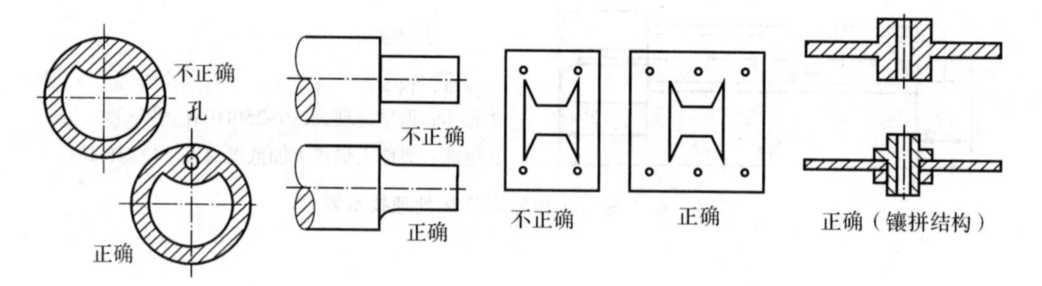

图 4－21　热处理零件结构工艺性示意图

＊第八节　热处理新工艺简介

1. 可控气氛热处理

为了达到无氧化、无脱碳或按要求增碳，工件在炉气成分可控的加热炉中进行的热处理称为可控气氛热处理。它的主要目的是减少和防止工件加热时的氧化和脱碳，提高工件尺寸精度和表面质量，节约钢材，控制渗碳时渗层碳的质量分数，而且还可使脱碳工件重新复碳。

可控气氛热处理设备通常由制备可控气氛的发生器和进行热处理的加热炉两部分组成。目前应用较多的是吸热式气氛、放热式气氛及滴注式气氛等。

2. 形变热处理

形变热处理是将塑性变形和热处理结合，以提高工件力学性能的复合工艺。它是提高钢的强度、韧性的有效工艺。

例如：锻造零件加热到奥氏体区，保温一定时间后，进行锻造成形，当达到终锻温度时（必须是淬火温度），然后立即淬火与回火。与普通淬火相比，形变热处理后，钢的拉伸强度提高 10%～30%，塑性提高 40%～50%。

3. 真空热处理

真空热处理是指在低于 1×100Pa 的环境中加热的热处理工艺。在真空加热时，工件不会产生氧化、脱碳现象，工件的表面质量和疲劳强度将得到提高。

4.高能束热处理

利用激光、电子束、等离子弧、感应涡流或火焰等高功率密度能源加热工件的热处理工艺的总称。

(1)激光热处理是以高能量激光作为能源以极快速度加热工件并自冷强化的热处理工艺。目前多采用较大的CO_2激光发生器，它的能量密度高，热量高度集中。其特点是具有工件处理质量高，表面光洁，变形极小，且无工业污染，易实现自动化的特点。激光淬火适用于各种复杂工件的表面淬火，还可以进行工件局部表面的合金化处理等。但是，激光器价格昂贵，生产成本较高，故其应用受到一定限制。同时在生产过程中不够安全，容易对人的眼睛造成危害，操作时要注意安全。

(2)电子束表面淬火是以电子束作为热源以极快速度加热工件并自冷强化的热处理工艺。其能量大大高于激光热处理。

复习题

4-1 什么是热处理？热处理的目的是什么？

4-2 马氏体与贝氏体转变有哪些异同点？

*4-3 试述影响C曲线形状和位置的主要因素。

*4-4 马氏体的硬度主要取决于什么？说明马氏体具有高硬度的原因。

*4-5 珠光体、贝氏体和马氏体的组织和性能有什么区别？

4-6 什么是残余奥氏体？它会引起什么问题？

4-7 什么是退火热处理？常用的退火分为哪几种？各有何特点？

4-8 什么叫球化退火？球化退火的目的是什么？主要用于什么钢？

4-9 什么是正火热处理？目的是什么？用于什么场合？

4-10 什么是淬火？淬火对冷却速度有何要求？

4-11 什么叫淬透性和淬硬性？它们各自的影响因素有哪些？

4-12 什么是回火？回火工艺的分类、目的、组织与应用是什么？

4-13 什么叫调质处理？调质处理获得什么组织？

4-14 什么叫表面热处理？常用的表面热处理有哪些？

4-15 什么叫化学热处理？常用的化学热处理的种类有哪些？

4-16 什么是渗碳处理？目的是什么？

*4-17 目前热处理新工艺有哪些？

第五章 工业用钢和铸铁

钢及铸铁的主要元素——铁，是地壳中蕴藏最丰富的元素之一，很久以来它已成为重要的基本金属。随着铁及铁合金技术的不断发展，它们还将继续扩大在工程中的用途。要充分发挥铁合金的性能，了解钢及铸铁的有关知识，显然是十分必要的。

本章将介绍常用的钢和铸铁金属材料的分类、牌号、化学成分、力学性能和应用范围等。

第一节 钢的冶炼和加工简介

钢是以铁碳合金为主要构成、基本上不存在共晶体的金属材料，钢包括碳素钢及合金钢两大类。

一、钢的制取

在自然界中，铁很少以纯铁状态出现，而是以铁矿石的形式出现。因此，钢的制取较复杂：先要将铁矿石在高炉中用碳或一氧化碳还原得到生铁（$w_C > 2.11\%$），这一过程称为铁的冶炼；然后将生铁在炼钢炉中炼成钢，这一过程称为钢的冶炼，即“先炼铁后炼钢”。常用的炼钢炉有平炉、转炉、电弧炉、电渣重熔炉等。

钢的冶炼实质上是一个氧化过程。它以生铁和废钢为原料，在熔化状态通过氧化使碳含量降低到某成分范围，并使所含杂质（如 Mn，Si，S，P 等）降到一定限度以下，合金钢还需要添加合金元素，最后获得所需成分的钢液。

由于在炼钢过程中加入大量氧用来完成氧化过程，因此在炼钢末期，钢液的化学成分虽已符合要求，但钢水中仍含有较多的氧，这将会降低钢的质量并产生缺陷。因此，必须经过脱氧才能获得适合要求的钢。脱氧要向钢水中加入脱氧剂，如锰铁、硅铁和铝等。脱氧剂使溶解于钢水中的氧化铁还原，生成不溶于钢水的氧化物熔渣，然后上浮排出。

钢按脱氧程度不同，可分为镇静钢和沸腾钢。脱氧相当完全的钢称为镇静钢，这种钢组织致密、成分均匀、力学性能较好，因此合金钢和许多碳钢是镇静钢；脱氧不完全的钢称为沸腾钢，这种钢凝固前将发生氧－碳反应，生成大量的 CO 气泡，引起钢水沸腾，与镇静钢相比，其成分、性能不均匀，强度也较低，不适于制造重要零件。

二、钢的型材加工

炼成的钢液可通过直接浇铸成铸钢件，即形成结构、形状、尺寸与零件大致相同的铸造毛坯。但绝大部分都是先浇铸成钢锭，然后再经塑性变形成形。

少量钢锭通过锻造成形，更多的是经轧制、挤压和拉拔等方法制成各种钢材，如钢管、钢板、型钢（见图 5－1）、钢丝等。钢材的整个生产过程大致如图 5－2 所示。

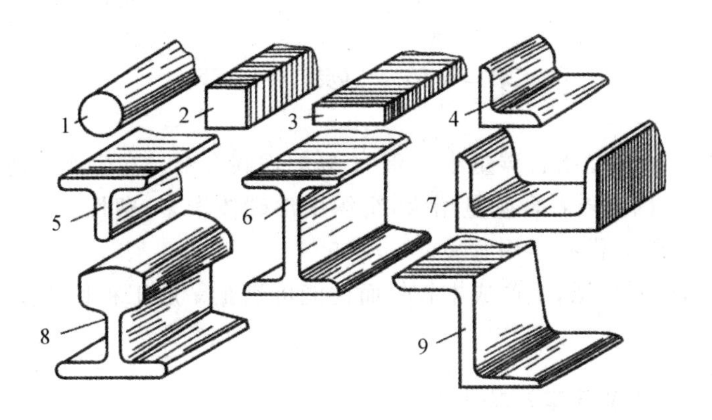

图 5-1　型钢

1—圆钢；2—方钢；3—扁钢；4—角钢；5—T字钢；
6—工字钢；7—槽钢；8—钢轨；9—Z字钢

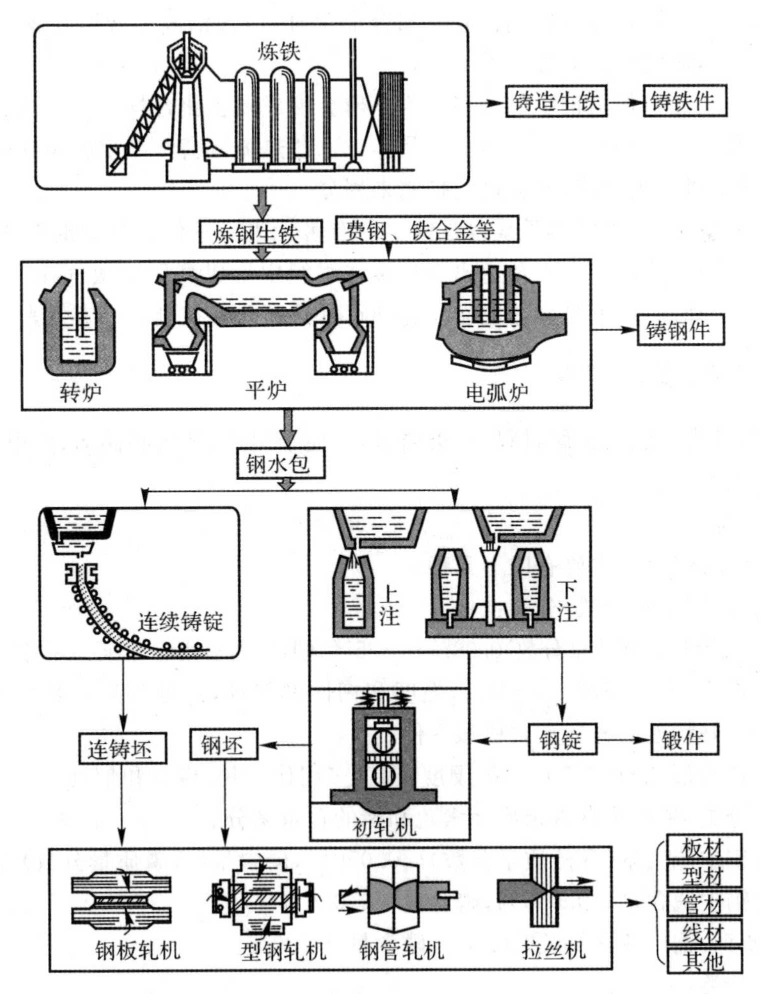

图 5-2　钢材的整个生产过程示

第二节　碳　钢

碳钢，又称非合金钢，是指含碳量小于2.11％的铁碳合金。在生产中使用的碳钢，实际碳含量都不大于1.4％，因为随着含碳量增大，组织中渗碳体增多，塑性、韧性降低，脆性增大而强度降低，难以加工成形，没有实用意义。

碳钢冶炼方便，原料广泛，生产成本较低而性能可满足一般工程使用要求，是最广泛的金属材料。

一、碳钢中的常见杂质元素及其作用

由于炼钢原料中存在许多杂质，虽然在炼钢时尽力设法去除，但仍不可避免会有一些物质从炉壁、炉渣、大气等混入钢液。因此钢中总含有一定杂质元素（如Mn，Si，S，P等）、气体（O_2，H_2等）、非金属夹杂物，这必然会影响钢的质量。

（1）硅和锰。硅和锰是炼钢后期在脱氧和合金化时，加入钢液而残留在钢中的，是有益元素。当含量不多时，对钢的性能影响不大。

（2）磷和硫。磷和硫都是钢中的有害元素。磷会形成硬脆化合物Fe_2P，造成“冷脆”；硫与铁生成FeS，并形成Fe－FeS二元低熔点共晶体，造成“热脆"危害，严重影响性能，必须严格控制。通常钢材的质量等级以硫、磷含量的控制来划分。

（3）氧、氢和氮。这三种气体元素也是钢中的有害元素。它们在高温时溶入钢液，而在固态钢中的溶解度极小，冷却时来不及逸出而积聚在组织中形成高压细微气孔，使钢的塑性、韧性和疲劳强度急剧降低，严重时会造成裂纹、脆断，是必须严格控制的有害元素。

二、碳钢的分类、牌号和用途

碳钢是应用极为广泛的金属材料，种类繁多，为便于生产、选用和储运，要根据一定的标准将碳钢进行分类、编号。

1.碳钢的分类

碳钢的分类方法很多，主要有以下几种。

（1）按碳的含量（质量分数）分类：

1）低碳钢：含碳量（含碳质量分数）0.08％～0.25％，塑性好，多用作冲压、焊接和渗碳工件。

2）中碳钢：含碳量0.25％～0.60％，强度和韧性都较高，热处理后有良好的综合力学性能，多用作要求良好韧性的各种重要机械零件。

3）高碳钢：含碳量0.60％～1.4％，硬度较高，多用作工具、模具和量具等工件。

（2）按质量分类：主要按有害杂质元素硫和磷的含量来分。

1）普通钢：钢中硫含量（含硫质量分数）≤0.050％，磷含量（含磷质量分数）≤0.045％。

2）优质钢：钢中硫含量≤0.035％，磷含量≤0.035％。

3）高级优质钢：钢中硫含量≤0.030％，磷含量0.030％。

（3）按用途分类：

1）碳素结构钢：主要用于建筑、桥梁等工程结构和各种零件。

2）碳素工具钢：主要用于各类刀具、量具和模具，如丝锥、板牙、刮刀、锯条、冲模等。

3)专用钢:包括锅炉钢、船用钢、滚动轴承钢等。

(4)按钢液脱氧程度分类:

1)沸腾钢(F):沸腾钢脱氧不完全,组织不致密,成分不均匀,性能较差。

2)镇静钢(Z):镇静钢脱氧完全,组织致密,成分较均匀,性能较好。优质钢和高级优质钢多为镇静钢,通常不再标注镇静钢代号。

3)半镇静钢(b):半镇静钢脱氧程度介于沸腾钢和镇静钢之间。

2. 常用碳钢的牌号、性能及主要用途

世界各国都根据国情制定科学而简明的钢铁分类表示方法,通常都采用"牌号"来具体表示钢的品种。通过牌号(钢号),一般能大致了解钢的类别、成分、冶金质量、性能特点、热处理要求和用途等。

(1)普通碳素结构钢:

1)普通碳素结构钢的牌号,由代表屈服点的字母、屈服点的数值、质量等级符号、脱氧方法符号四个部分组成。

牌号有五类20种,如Q235－A－F,其中Q为钢材屈服点"屈"字的汉语拼音首位字母;235为屈服点数值,即为235MPa(钢材厚度或直径≤16mm时);A为质量等级符号(分A,B,C,D四级,D级最高);F为沸腾钢。

2)普通碳素结构钢的特点:①含碳量一般属于低、中碳钢;②工艺性能(焊接性、冷成形性)优良;③通常热轧成扁平成品或各种型材(圆钢、方钢、工字钢、钢筋等),一般不经过热处理,在热轧态直接使用;④冶炼简单、价格低廉等。

3)普通碳素结构钢的主要用途:主要用于一般建筑、桥梁等土程结构和机械零件,以各种热轧板材、带材、棒材和型材供应。通常可在供应状态下直接加工、使用,不再进行专门的热处理。

普通碳素结构钢的种类、性能特点和主要用途举例见表5－1。

表5－1　碳素结构钢的性能特点和用途

种类	性能特点	用途
Q195	具有较高的塑性和韧性.易于冷加工	制造载荷小的零件。如垫圈、铆钉、地脚螺栓、开口销、拉杆、冲压零件及焊接件
Q215	具有较高的塑性和韧性,易于冷加工	制造薄钢板、低碳钢丝、焊接钢管、螺钉、钢丝网、护撑、烟囱、屋面板、铆钉、垫圈、犁板等
Q235A Q235B	强度、塑性、韧性以及焊接性等方面都较好.可满足钢结构的要求,应用广泛	制造各种薄钢板、钢筋、型条钢、中厚板、铆钉以及机械零件,如拉杆、齿轮、螺栓、钩子、套环、轴、连杆、销钉、心部要求不高的渗碳件、焊接件等。Q235C级与D级则作为重要的焊接结构件
Q255A Q255B	含碳量较高,强度和屈服点也较高。塑性及焊接性较好,应用不如Q235广泛	制造钢结构的各种型条钢、钢板以及各种机械零件,如轴、拉杆、吊钩、摇杆、螺栓、键和其他强度要求较高的零件
Q275	强度、屈服点较高,塑性和焊接性较差	钢筋混凝土结构配件、构件、农机用型钢、螺栓、连杆、吊钩、工具、轴、齿轮、键以及其他强度要求较高的零件

(2)优质碳素结构钢:

1)优质碳素结构钢的牌号:采用阿拉伯数字和化学元素符号及代表产品名称、用途、特性和工艺方法的符号表示。以两位阿拉伯数字表示平均含碳量(以万分之几计)。若钢为较高含锰量时,在数字后加锰元素符号。

例如:平均含碳量为0.45%的优质碳素结构钢(镇静钢),其牌号表示为45;平均含碳量为0.50%,含锰量(含锰质量分数)为0.70%~1.50%的优质碳素结构钢,其牌号表示为50Mn。

2)优质碳素结构钢的特点:①含碳量小于0.8%;②化学成分准确、力学性能可靠;③硫、磷有害杂质元素含量较少,钢的质量较高;④一般机械零件都进行热处理,以充分发挥其力学性能潜力。

3)优质碳素结构的主要用途举例见表5-2。

表5-2 优质碳录结构钢牌号和主要用途

牌号	用途举例
05F	主要作为冶炼不锈、耐酸、耐热、不起皮钢的炉料,也可代替工业纯铁使用,还用于制作薄板、冷轧钢带等
08 08F	用于制作薄板,制造深冲制品、油桶、高级搪瓷制品,也用于制成管子、垫片及心部强度要求不高的渗碳和碳氮共渗零件等
10 10F	用来制造锅炉管、油桶顶盖、钢带、钢板和型材,也可制作机械零件
15 15F	用于制造机械上的渗碳零件、紧固零件、冲锻模件及不需热处理的低负荷零件,如螺栓、螺钉、拉条、法兰盘及化工机械用贮存器、蒸汽锅炉等
25	用于热锻和热冲压的机械零件,机床上的渗碳及碳氮共渗零件,以及重型和中型机械制造中负荷不大的轴、辊子、连接器、垫圈、螺栓、螺母等,还可用作铸钢件
30	用于热锻和热冲压的机械零件,冷拉丝、重型和一般机械用的轴、拉杆、套环以及机械上用的铸件,如汽缸、汽轮机机架、飞轮等
35	用于热锻和热冲压的机械零件,冷拉和冷顶镦钢材、无缝钢管,机械制造中的零件,如转轴、曲轴、轴销、杠杆、连杆、横梁、星轮、套筒、轮圈、钩环、垫圈、螺钉、螺母等;还可用来铸造气轮机机身、轧钢机机身、飞轮、均衡器等
40	用来制造机器的运动零件,如辊子、轴、曲柄销、传动轴、活塞杆、连杆、圆盘以及火车的车轴
45	用来制造蒸汽轮机,压缩机、泵的运动零件,还可以用来代替渗碳钢制造齿轮、轴、活塞等零件,但零件需经高频或火焰表面淬火,并可用作铸件
50	用于耐磨性高、动载荷及冲击作用不大的零件,如铸造齿轮、拉杆、轧辊、轴摩擦盘、次要的弹簧、农机上的掘土犁铧、重负荷的心轴和轴等
55	用于制造齿轮、连杆、轮面、轮缘、扁弹簧及轧辊等,也可作铸件
60	用于制作轧辊、轴、偏心轴、弹簧圈、弹簧、各种垫圈、离合器、凸轮、钢丝绳等
65	用于制造气门弹簧、弹簧圈、轴、轧辊、各种垫圈、凸轮及钢丝绳等

续 表

牌号	用途举例
70 80	用于制造弹簧
15Mn 20Mn	用于制造中心部分的力学性能要求高且需渗碳的零件
30Mn	用于制造螺栓、螺母、螺钉、杠杆、刹车踏板；还可以制造在高应力下工作的细小零件，如农机钩环、链等

(3)碳素工具钢：

1)碳素工具钢的牌号：最前面有汉语拼音字母 T(“碳”的汉语拼音字首)，数字表示碳平均含量的千分数，如 T8 钢，表示碳平均含量为 0.80％的碳素工具钢。若是高级优质碳素工具钢，在牌号末尾加代号 A，如 T1 2A 钢，表示碳平均含量为 1.2％的高级优质碳素工具钢。

2)碳素工具钢的特点：材料硬度较高，韧性较差，有害杂质少。工作温度较低，超过 200℃时，硬度和耐磨性急剧降低而丧失工作能力，所以只能用作各种形状简单而尺寸不大的手工工具。

3)碳素工具钢主要用途：这类钢为含碳量在 0.65％～1.4％的高碳钢，用于制造各种低速切削刀具和一般量具、模具。在使用时，都应经过淬火再加低温回火热处理，保证高硬度和良好的耐磨性。

常见碳素工具钢的牌号、化学成分及用途见表 5－3。

表 5－3　碳素工具钢的牌号、化学成分及用途

牌号	化学成分/(％)					用途举例
	w_C	w_{Mn}	w_{Si}	w_S	w_P	
T7 T7A	0.65～0.74 0.65～0.74	0.20～0.40 0.15～0.30	0.15～0.35 0.15～0.30	≤0.030 ≤0.020	≤0.035 ≤0.033	制造承受振动与冲击载荷，要求较高韧性的工具，如凿子、各种锤子、石钻等
T8 T8A	0.75～0.84 0.75～0.84	0.20～0.40 0.15～0.30	0.15～0.35 0.15～0.30	≤0.30 ≤0.020	≤0.035 ≤0.030	制造承受振动与冲击与载荷，要求足够韧性和较高硬度的工具，如简单模具、冲头、剪切金属用剪刀、木工工具等

(4)铸钢：

1) 铸钢的牌号：铸钢是指含碳量为 0.15％～0.60％的铸造碳钢，其牌号最前面为 ZG(“铸钢”两字汉语拼音字首字母)。

一般工程用铸钢，只考虑保证强度，对化学成分不作要求，在牌号 ZG 字母后用两组数字表示力学性能。第一组数字表示屈服点，第二组数字表示拉伸强度，两组数字之间用“－”分开。如 ZG200－400，表示是屈服点 200MPa，拉伸强度 400MPa 的铸造碳钢。对于控制化学成分的铸钢，则在 ZG 后用碳平均含量的万分数数字来表示。如 ZG25，表示碳含量 0.25％。

2)铸钢的特点：铸钢熔铸时的流动性差、收缩大，碳含量高时还易在凝固时造成应力裂纹(冷裂)，因此一般铸钢的含碳量小于 0.6 ％。

3)铸钢的主要用途:一般用作形状较复杂而难以锻压成形,但对强度、韧性要求又较高的工件,如齿轮拨叉、大型齿轮、压力机械机座等。

第三节 合 金 钢

虽然碳钢通过增减含碳量和采取不同的热处理方法,可以改善其性能,然而现代工业的发展,对材料的性能提出了更高的要求,如耐热性、耐蚀性、高磁性和高耐磨性等,这些特殊性能往往是碳钢不能适应的。

为了提高钢的使用性能、改善工艺性能,在碳钢的基础上有意识地加入某些合金元素,熔合而得到的钢种称为合金钢。合金钢通过选加不同的合金元素,就能满足各种性能要求。

一、合金元素的作用及合金钢分类和编号方法

1.合金元素的作用

合金元素在钢中的主要作用,归纳为如下几方面。

(1)提高钢的强度。合金元素一方面能溶入铁素体内强化基体,另一方面还能形成一些弥散分布的合金碳化物起到弥散强化作用,同时还能阻碍晶粒生长,细化晶粒,使合金钢的强度升高。

(2)提高钢的淬透性。合金元素熔入奥氏体后,使奥氏体的稳定性升高,淬火的临界冷却速度减小,显著地提高了钢的淬透性。

(3)满足材料的一些特殊性能。如加入合金元素形成单相组织,在表面形成致密的氧化膜来形成不锈钢。

合金钢中常用的合金元素有锰、硅、钛、镍、铝、钨、钒、钴、铝、稀土等。

2.合金钢的分类和编号方法

(1)合金钢的分类。金钢种类繁多,分类方法也较多,一般按用途分为三类:合金结构钢、合金工具钢和特殊性能钢。

(2)合金钢的编号方法。常用"数字+化学元素符号+数字"的方法。

在牌号首部用数字表明钢的含碳量。为了表明用途,规定结构钢以万分之一为单位的数字(两位数)、工具钢和特殊性能钢以千分之一为单位的数字(一位数)来表示含碳量(与碳钢编号一样),而工具钢的碳含量超过1%时,碳含量不标出。在表明碳含量的数字之后,用元素符号表明钢中的主要合金元素,含量用其后的数字标明,平均含量少于1.5%时不标出,产均含量为1.5%~2.49%,2.5%~3.49%…时,相应地标以2,3…,例如

40Cr钢为结构钢,平均含碳量为0.340%,主要合金元素为Cr,其含量在1.5%以下。

5CrMnMo钢为工具钢,平均含碳量为0.5%,含有Cr,Mn,Mo三种主要合金元素,含量都少于1.5%。CrWMn钢也是工具钢,平均含碳量大小1.3%。含有CrW,Mn合金元素,含量少于1.5%。

二、合金结构钢

1.低合金结构钢

低合金结构钢的含碳量<0.2%,含合金元素量<5%,一般在3%以下。这类钢与含碳量

相同的碳素钢相比，具有较高的强度，可大幅度减轻结构重量，节约钢材；并有一定的耐蚀性，同时保持了较好的塑性、韧性和焊接性等。所以低合金结构钢多用于制造桥梁、车辆。

常用的钢号有16Mn，15MnMo，14MnNb等。

2. 合金渗碳钢

合金渗碳网含碳量一般为0.10%～0.25%，常加入Cr，Mn，Ti，B等合金元素。渗碳钢经过表面渗碳后，再经过淬火与低温回火可获得“表面硬心部韧’’的优良性能；主要用以制造承受强烈摩擦、磨损和冲击载荷的机械零件，如汽车、拖拉机变速齿轮、内燃机的凸轮、活塞销等。

常用的钢号为20CrMnTi，20Cr等。

3. 合金调质钢

合金调质钢含碳量一般为0.30%～0.50%，常加入CrSi，Mn，M等合金元素，调质钢经调质处理后具有良好的综合力学性能，即强度高，塑性、韧性好。调质钢广泛用于制造各种重要机器零件，如齿轮、连杆、轴及螺栓等。

常用的钢号有40Cr，35CrMo等。

4. 合金弹簧钢

合金弹簧钢一般含碳量为0.45%～0.75%，常加入Si，Mn，Q，V等合金元素。

弹簧钢经淬火加中温回火后，具有较高的弹性极限、疲劳强度、屈服强度以及韧性；主要用于制造各种弹簧等弹性零件。

常用的合金弹簧钢有60Si2Mn，50CrVA等。弹簧钢的牌号与用途见表5-4。

表5-4　弹簧钢的牌号与用途

牌号	化学成分(质量分数)/(%)					用途举例
	C	Si	Mn	Cr	V	
65Mn	0.62～0.70	0.17～0.37	0.90～1.20	≤0.25		作ϕ8～15 mm以下小型弹簧
55Si2Mn	0.52～0.60	1.50～2.00	0.60～0.90	≤0.35		作ϕ20～25 mm弹簧可用于230℃以下温度
60Si2Mn	0.56～0.64	1.50～2.00	0.60～0.90	≤0.35		作ϕ25～30 mm弹簧可用于230℃以下温度
50CrVA	0.46～0.54	0.17～0.37	0.50～0.80	0.80～1.10	0.10～0.20	作ϕ30～50 mm弹簧可用于210℃以下温度
60Si2CrVA	0.56～0.64	1.40～1.80	0.40～0.70	0.90～1.20	0.10～0.20	作ϕ<50 mm弹簧可用于250℃以下温度

5. 滚动轴承钢

滚动轴承钢一般含碳量为0.95%～1.10%，Cr是基本元素，含量在0.10%～1.65%，目的是提高淬透性。

滚动轴承钢用来制造各种滚动轴承元件(滚珠、滚柱、滚针、轴承套等)以及其他各种耐磨零件。常用的轴承钢为GCr9，GCrl5等。

三、合金工具钢

合金工具钢的牌号编排原则与合金结构钢基本相似，但是规定如果工具钢中的平均碳含量大于1.00%时不予标出,碳含量小于1.00%时,平均碳含量以千分之几表示。高速钢和高铬钢不管碳含量多少一律不标出。

合金工具钢应具有高硬度、高红硬性、足够的韧性以及小的变形量等。因此工具钢的含碳量及含合金元素量都较高。

1.合金刃具钢

刃具钢用来制造各种切削刀具,如车刀、铣刀、铰刀等。按化学成分不同,刃具钢又分为以下两种。

(1)低合金刃具钢。其含碳量较高,一般在0.85%~1.50%之间,加入Si,Cr,Mn等合金元板牙、铰刀等。常用的低合金刃具钢有9SiCr,CrWMn等。

表5-5给出了常用低合金工具钢的牌号、化学成分及用途。

表5-5　低合金工具钢的牌号、化学成分及用途

牌号	化学成分(质量分数)/(%)					用途举例
	C	Cr	Si	Mn	其他	
9SiCr	0.85~0.95	1.20~1.60	0.30~0.60			冷冲模、板牙、丝锥、钻头、铰刀、拉刀、齿轮铣刀
8MnSi	0.75~0.85	0.30~0.60	0.80~1.10	0.95~1.25	V0.10~0.25	木工凿子、锯条或其他工具、量规、块规、精密丝杠、丝锥、板牙
9Mn2V	0.85~0.95	≤0.40	1.70~2.40			
CrWMn	0.90~1.05	≤0.40	0.80~1.10	0.90~1.20	W1.20~1.60	用作淬火后变形小的刀具、量具等,如拉刀、长丝杠、量规及形状复杂的冲模

(2)高速钢(俗称锋钢)。其含碳量高,含有大量的碳化物形成元素,如W,Mo,V,Cr等,当切削温度高达600℃时,硬度无明显下降,仍保持良好的切削性能,可以进行高速切削。常用的牌号有W18Cr4V,W6M05Cr4V2等。

2.合金模具钢

模具钢按工件条件不同分为冷作模具钢和热作模具钢。

(1)冷作模具钢:主要用于制造冷冲模、冷挤模、拉丝模等。尺寸小的冷作模可采用9Mn2V,CrWMn等。尺寸较大的可采用Crl2,Cr2MoV等。

(2)热作模具钢:主要用于制造热锻模和热压模。常用的热锻模具钢有5CrMnMo,5CrNiMo等。

(3)合金量具钢:是用作制造各种测量工具的钢种,如量规、块规。常用的钢种有CrMn,CrWMn,GCrl5等。

四、特殊性能钢

1.不锈钢

不锈钢是指在腐蚀介质中具有抗腐蚀性能的钢。其成分上的特点是低碳,并加入大量Cr,Ni等合金元素,使钢获得单相组织,具有较高的电极电位,形成致密氧化膜,以阻止或减缓化学和电化学腐蚀的进程。不锈钢按组织分类有铁素体型、马氏体型和奥氏体型。

典型的铁素体不锈钢是 1 Crl 7 钢，单相铁素体组织，耐腐蚀性能好、塑性好、强度低；主要用于制作化工设备的容器、管道等。

典型的马氏体不锈钢为 1Crl 3，2Crl 3，3Crl 3 等，主要用来制作汽轮机叶片、阀体、刀片等。

典型的奥氏体不锈钢是 1Crl8Ni9 等的镍铬不锈钢，室温下具有单相奥氏体组织。它具有优良的力学性能、耐蚀性能和较好的冷变形性能，是目前应用最广的不锈钢；主要用于食品设备、化工设备的零部件、耐酸容器、管道、原子能工业等。

2. 耐热钢

耐热钢具有高温抗氧化性，同时又具有较高的高温强度以提高蠕变抗力。常用的耐热钢有珠光体耐热钢，典型钢号为 15CrMo，12MnMo 等，用作锅炉材料、过热器管道等；马氏体耐热钢，典型刚号为 1Cr13Mo，4Cr9Si2 等，多用于制造汽轮机叶片、发动机排气阀等；奥氏体耐热钢，典型钢号为 0Cr19Ni9，工作温度可高于 650℃，可用于锅炉和汽轮机过热管道、内燃机重负荷排气阀等。

3. 耐磨钢

耐磨钢通常指高锰钢，牌号为 ZGMnl3，它广泛应用于要求既耐磨又耐激烈冲击的一些零件，如破碎机齿板、坦克履带、挖掘机铲齿等构件。

第四节　铸　　铁

铸铁是含碳量大于 2.11%，含杂质比钢多的铁碳合金。铸铁常用的化学成分范围为：w_C 为 2.5 %～4.0%，w_{Si} 为 1.0%～3.5%，w_{Mn} 为 0.5%～1.5%，w_P 小于 0.2 %、w_S 小于 0.15%，其余为 Fe。

铸铁具有许多优良的性能，且生产方法简便，成本低廉。因此，目前铸铁仍是最重要的机械结构材料之一，用于制作机床床身、主轴箱、尾架、减速机箱盖、箱座、内燃机汽缸体、缸套、活塞环、凸轮轴、曲轴等零件。在各类机械中，铸铁件约占机器总重量的 50%～90%。

根据铸铁中石墨形态的不同，铸铁分为灰铸铁、可锻铸铁、球墨铸铁、蠕墨铸铁和合金铸铁等。

1. 灰铸铁

在铸造铁是碳主要以片状石墨形式出现的铸铁[见图 5－3(a)]，断口呈灰色。

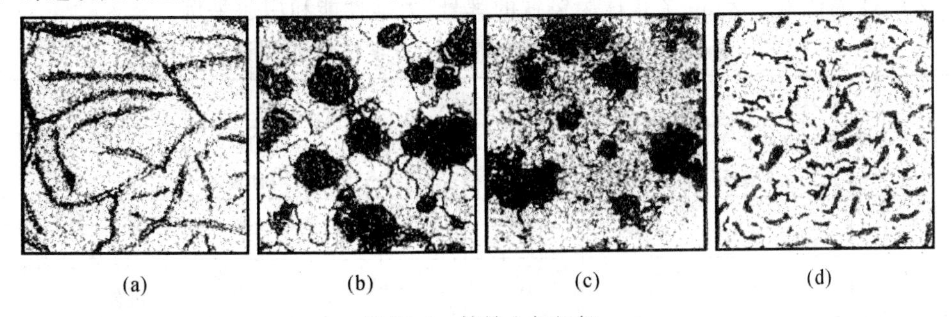

图 5－3　铸铁金相组织

(a)片状石墨(灰铸铁)；　(b)球状石墨(球状)；　(c)团絮状石墨(可锻铸铁)；　(d)蠕虫状石墨(蠕墨铸铁)

石墨的力学性能极差，使铸铁的拉伸强度比钢低很多，伸长率接近于零。铸铁中石墨含量愈多，愈粗大，力学性能愈差。但因为石墨存在，又使铸铁具有一些优点，如减振性比钢好；石墨能起润滑作用，提高了耐磨性和切削加工性；有良好的铸造性能，收缩小，不易产生铸造缺陷等。另外，它的熔化过程简单、成本低，所以是用得最广的铸造合金。

灰铸铁牌号用"HT"加一组数字表示，HT 为"灰铁"汉语拼音首字母，数字表示最小拉伸强度。如 HT150，表示拉伸强度 $\sigma_b \geqslant 150$ MPa 的灰铸铁。表 5-6 是灰铸铁的牌号、力学性能和用途举例。

表 5-6　灰铸铁的牌号、力学性能和用途

铸铁类别	牌号	力学性能			用途举例
		拉伸强度 $\sigma_b \geqslant$/MPa	弯曲强度 $\sigma_W \geqslant$/MPa	硬度 HBS	
铁素体灰铸铁	HT100	100	260	143～229	低载荷和不重要的部件，如盖、外罩、手轮、支架等
铁素体一珠光体灰铸铁	HT150	150	330	163～229	承受中等应力的零件，如底座、床身、工作台、阀体、管路附件及一般工作条件要求的零件
珠光体灰铸铁	HT200	200	400	170～241	承受较大应力和较重零件，如汽缸体、齿轮、机座、床身、活塞、齿轮箱等
	HT250	250	470	170～241	
孕育铸铁	HT300	300	540	187～255	床身导轨，车床、冲床等受力较大的床身、机座、主轴箱、卡盘、齿轮等
	HT350	350	610	197～269	高压油缸、泵体、衬套、凸轮、大型发动机的曲轴、汽缸体、汽缸盖等
	HT400	400	680	207～269	

2. 球墨铸铁

铁液经过球化处理，而不是在凝固后经过热处理，使石墨大部分或全部呈球状，少量为团絮状铸铁[见图 5-3(b)]。因石墨呈球状，基体强度利用率高达 70 %～90%，其拉伸强度、塑性、韧性高，可与钢相媲美。与钢一样，通过热处理可进一步提高力学性能。它适用于代替钢在静载荷或冲击不大的条件下工作的零件，如曲轴、凸轮轴等。

球墨铸铁牌号用"QT"加两组数字表示，QT 为"球铁"汉语拼音字首，前一组数字表示最低拉伸强度。后一组数字表示最低伸长率。如 QT500-7，表示拉伸强度 $\sigma_b \geqslant 500$ MPa，伸长率 $\delta \geqslant 7\%$ 的球墨铸铁。表 5-7 是球墨铸铁的牌号、力学性能和用途举例。

表 5-7　球墨铸铁的牌号、力学性能和用途

牌号	基体	力学性能					用途举例
		拉伸强度 σ_b/MPa	弯曲强度 σ_W/MPa	伸长率 $\delta \geqslant 8$ 7%	冲击韧性 a_k(J/cm^2)	硬度 HBS	
QT400-17	F	400	250	17	60	<179	受压阀门、轮壳、后桥壳、牵引架、铸管、农机件
QT420-10	F	420	270	10	30	<207	

续 表

牌号	基体	力学性能					用途举例
		拉伸强度 σ_b/MPa	弯曲强度 σ_W/MPa	伸长率 $\delta \geqslant 8$ 7%	冲击韧性 a_k(J/cm^2)	硬度 HBS	
QT500－05	F+P	500	350	5		147～241	油泵齿轮、阀门、轴瓦等，曲轴、连杆、凸轮轴、蜗杆、蜗轮，轧钢机轧辊、大齿轮，水轮机主轴，起重机、农机配件
QT600－02	P	600	420	2		229,～302	
QT700－02	P	700	490	2		230～304	
QT800－02	P	800	560	2		241～321	
QTl200－01		1 200	840	1	30	＞～38HRC	犁铧、螺旋伞齿轮、凸轮轴等

注：(1)牌号依照 GB 5612～85《铸铁牌号表示方法》，力学性能摘自 G13 1348—78《球墨铸铁》。

(2)牌号中 QT 1200—01 是经等温淬火制出的。

3. 可锻铸铁

可锻铸铁是将白口铸铁通过石墨化退火或氧化脱碳处理，改变其金相组织成分而获得的有一定韧性的铸铁。

可锻铸铁中的石墨呈团絮状[见图 5－3(c)]，对金属基体的割裂作用较小，故其力学性能比灰铸铁好，适宜制作薄壁、形状复杂的小型铸件。但其工艺复杂，不少可锻铸铁已逐渐被球墨铸铁代替。可锻铸铁虽有一定的伸长率和冲击韧性，但实际上是不能锻造成形的。

4. 蠕墨铸铁

蠕墨铸铁是近三十几年来发展起来的一种新型铸铁，组织中的碳主要以蠕虫状石墨形式存在。

蠕虫状石墨片短厚，头较圆，形似蠕虫[见图 5－3(d)]，形态介于片状和球状之间。它是性能介于球墨铸铁和灰铸铁之间的一种高强度铸铁，具有较高的强度、硬度、耐磨性、热导率，而铸造工艺要求和成本比球墨铸铁低，目前已开始在工业中用于生产汽缸盖、钢锭模、液压阀、制动盘、钢珠研磨盘等。

5. 合金铸铁

为了进一步提高铸铁的性能和获得某些特殊的物理、化学性能，在灰铸铁或球墨铸铁中加入一些合金元素，可使铸铁具有某些特殊性能，这些铸铁称为合金铸铁。

铸铁合金化的目的有两个：一是为了强化铸铁组织中金属基体部分并辅之以热处理，获得高强度铸铁；另一个是赋予铸铁以特殊性能，如耐热、耐磨、耐蚀等。

在铸铁中加 Si，Al，Cr 元素，提高铸铁的使用温度，形成硅系、铝系、硅铝系和铬系耐热铸铁。

铸铁中加入 Cr，Mo，Mn，S，P，Ti 等合金元素，得到磷铜钛、铬钼铜、铬铜、铜钪钛、稀土钪钛耐磨铸铁。

铸铁中加入的合金元素是 Si，Al，Cr，Cu，Ni，Mo 等，使铸铁表面生成一层致密稳定的氧化物保护膜，提高了耐蚀铸铁的耐腐蚀能力，形成耐蚀铸铁。

复 习 题

5-1 在普通碳钢中，除了铁和碳外，一般还有哪些元素？

5-2 在钢中加入合金元素有哪些作用？铬、镍、铝在钢中的主要作用有哪些？

5-3 合金元素对奥氏体形成有什么影响？

5-4 合金元素对过冷奥氏体稳定性有何影响？

5-5 合金元素对淬火钢回火组织转变有何影响？

5-6 从钢的分类、供应状态所保证的指标及化学成分、性能、用途等方面区分以下钢号。

Q235 08 45 40Cr T12 60Si2Mn 0Cr18Ni9Ti

5-7 哪些钢可以以正火代替退火？

5-8 常见的不锈钢有哪几种？其用途如何？

5-9 铸铁的石墨化过程是如何进行的？影响石墨化的主要因素有哪些？

5-10 白口铸铁、灰口铸铁和钢，这三者的成分、组织和性能有何主要区别？

5-11 举例说明灰口铸铁、可锻铸铁和球墨铸铁的牌号。

5-10 试综合比较分析表面淬火、渗碳、氮化在用钢、热处理工艺及应用方面的异同。

第六章　非铁金属(或有色金属)及其合金

非铁金属(或有色金属)是除钢铁材料以外的其他金属材料的总称,如铝、镁、铜、锌、锡、铅、镍、钛、金、银、铂、钒、钼等金属及其合金就属于非铁金属。非铁金属种类较多,冶炼比较难,成本较高,故其产量和使用量远不如钢铁材料多。但是由于非铁金属具有钢铁材料所不具备的某些物理性能和化学性能,因而是现代工业中不可缺少的重要金属材料,广泛应用机械制造、航空、航海、汽车、石化、电力、电器、核能及计算机等行业。

常用的非铁金属有:铝及铝合金、铜及铜合金、钛及钛合金、滑动轴承合金、硬质合金等。

第一节　铝及铝合金

铝及铝合金是非铁金属中应用最广的金属材料,其在地球的储存量比铁多,其产量仅次于钢铁材料,广泛用于电气、汽车、车辆、化工、航空等行业。

根据GB/T 1 6474 — 1996《变形铝及铝合金牌号表示方法》的规定,我国变形铝及铝合金牌号表示采用国际四位数字体系牌号和四位字符体系牌号两种命名方法。

在国际牌号注册组织中注册命名的铝及铝合金,直接采用四位数字体系牌号,按化学成分在国际牌号注册组织未命名的,应按四位字符体系牌号命名。两种牌号命名方法的区别仅在第二位。牌号第一位数字表示变形铝及铝合金的组别,见表6-1;牌号第二位数字(国际四位数字体系)或字母(四位字符体系,除字母C,I,L,N,O,P,Q,z外)表示对原始纯铝或铝合金的改型情况,数字“0~9”表示对杂质极限含量或合金元素极限含量的控制情况;字母“A”表示原始合金,字母“B~Y”则表示对原始合金的改型情况;最后两位数字用以标识同一组中不同的铝合金,对于纯铝则表示铝的最低质量分数中小数点后面的两位数。

表6-1　铝及铝合金的组织分类

组　别	牌号系列
纯铝(铝的质量分数不小于99.00%)	1×××
以铜为主要合金元素的铝合金	2×××
以锰为主要合金元素的铝合金	3×××
以硅为主要合金元素的铝合金	4×××
以镁为主要合金元素的铝合金	5×××
以镁和硅为主要合金元素并以Mg和Si为强化相的铝合金	6×××
以锌为主要合金元素的铝合金	7×××
以其他合金元素为主要合金元素的铝合金	8×××
备用合金组	9 ×××

一、纯铝的性能、牌号及用途

1.纯铝的性能

铝的质量分数不低于99.00%时为纯铝。纯铝是银白色的轻金属，其密度是2.7 g/cm³，约为铁的1/3；铝的熔点是660℃，结晶后具有面心立方晶格，无同素异构转变现象，无铁磁性；纯铝有良好的导电和导热性能，仅次于银和铜，室温下导电能力约为铜的60%～64%；铝和氧的亲和力强，容易在其表面形成致密的Al_2O_3薄膜，该薄膜能有效地防止内部金属继续氧化，故纯铝在非工业污染的大气中有良好的耐蚀性，但纯铝不耐碱、酸、盐等介质的腐蚀；纯铝的塑性好($\delta \approx 40\%$，$\Psi \approx 80\%$)，但强度低($\sigma_b \approx 80 \sim 100$ MPa)；纯铝不能用热处理进行强化，合金化和冷变形是其提高强度的主要手段，纯铝经冷变形强化后，其强度可提高到150～250 MPa，而塑性则下降到$\Psi = 50\% \sim 60\%$。

2.纯铝的牌号及用途

纯铝牌号用1×××四位数字或四位字符表示，牌号的最后两位数字表示最低铝的质量分数。当最低铝的质量分数精确到0.01%时，牌号的最后两位数字就是最低铝的质量分数中小数点后面的两位。例如，1 A99(原 LG5)，其 $w_{Al} = 99.99\%$；1 A97(原 LG4)，其 $w_{Al} = 99.97\%$。

纯铝主要用于熔炼铝合金，制造电线、电缆、电器元件、换热器件以及要求制作质轻、导热与导电、耐大气腐蚀但强度要求不高的机电构件等。

二、铝合金

铝合金是以铝为基础，加入一种或几种其他元素(如铜、镁、硅、锰、锌等)构成的合金。向纯铝中加入适量的铜、镁、硅、锰、锌等合金元素，可得到具有较高强度的铝合金。若再经过冷加工或热处理，其抗拉强度可进一步提高到400 MPa以上，而且铝合金的比强度(抗拉强度与密度的比值)高，有良好的耐蚀性和可加工性。因此，铝合金在航空和航天工业中得到广泛应用。

1.铝合金的分类

铝合金分为变形铝合金和铸造铝合金两类。

图6-1是铝合金的相图，图中的DF线是合金元素在及固溶体中的溶解度变化曲线，D点是合金元素在仅固溶体中的最大溶解度。合金元素含量低于D点化学成分的合金，当加热到DF线以上时，能形成单相固溶体(d)组织，因而其塑性较高，适于压力加工，故称为变形铝合金。其中合金元素含量在F点以左的合金，由于其固溶体化学成分不随温度而变化，不能进行热处理强化，故称为热处理不能强化铝合金。而化学成分在F点以右的铝合金(包括铸铝合金)，其固溶体化学

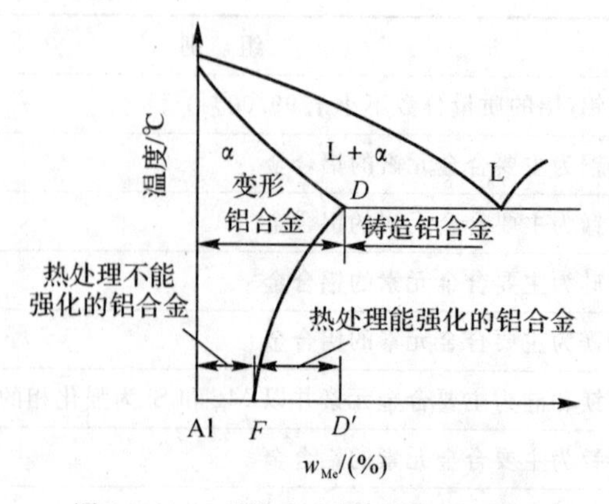

图6-1 二元铝合金相图的一般类型

成分随温度变化而沿 DF 线变化,可以用热处理的方法使合金强化,故称为热处理能强化铝合金。合金元素含量超过 D 点化学成分的铝合金,具有共晶组织,适合于铸造加工,不适于压力加工,故称为铸造铝合金。

铝合金的分类见表 6-2。

表 6-2　铝合金分类

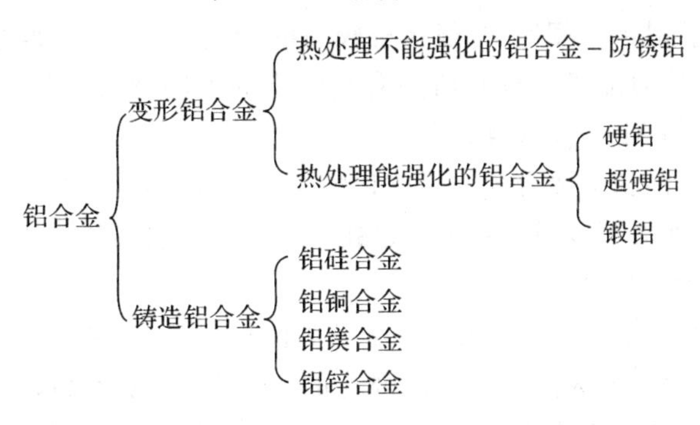

2. 变形铝合金

变形铝合金一般由冶金厂加工成各种规格的型材(板、带、管、线等)供应给用户。

(1)防锈铝。它属于热处理不能强化的变形铝合金,可通过冷压力加工提高其强度,主要是 Al-Mn 系和 Al-Mg 系合金,如 5A02,3A21 等。防锈铝具有比纯铝更好的耐蚀性,具有良好的塑性及焊接性能,强度较低,易于成形和焊接。

防锈铝主要用于制造要求具有较高耐蚀性的油箱、导油管、生活用器皿、窗框、铆钉、防锈蒙皮、中载荷零件和焊接件等。

(2)硬铝。它属于 Al-Cu-Mg 系合金,如 2A11,2A12 等。硬铝具有强烈的时效硬化能力,在室温具有较高的强度和耐热性,但其耐蚀性比纯铝差,尤其是耐海洋大气腐蚀的性能较低,可焊接性也较差,所以,有些硬铝的板材常在其表面包覆一层纯铝后使用。

硬铝主要用于制作中等强度的构件和零件,如铆钉、螺栓,航空工业中的一般受力结构件(如飞机翼肋、翼梁等)。

(3)超硬铝。它属于 Al-Cu-Mg-Zn 系合金,这类铝合金是在硬铝的基础上再添加锌元素形成的,如 7A04,7A09 等。超硬铝经固溶处理和人工时效后,可以获得在室温条件下强度最高的铝合金,但应力腐蚀倾向较大,热稳定性较差。

超硬铝主要用于制作受力大的重要构件及高载荷零件,如飞机大梁、桁架(见图 6-2)、翼肋(见图 6-3)、活塞、加强框、起落架、螺旋桨叶片等。

图 6-2　飞机桁架

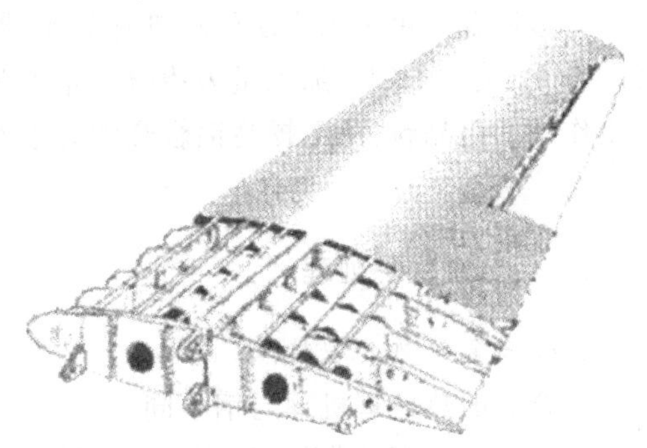

图 6-3　飞机翼肋

(4)锻铝。它属于 Al-Cu-Mg-Si 系合金,如 2A50,2A70 等。锻铝具有良好的冷热加工性能和焊接性能,力学性能与硬铝相近,适于采用压力加工(如锻压、冲压等)。

锻铝主要用来制作各种形状复杂的零件(如内燃机活塞、叶轮等)或棒材。

3. 铸造铝合金

铸造铝合金是指可采用铸造成形方法直接获得铸件的铝合金。

铸造铝合金与变形铝合金相比,一般含有较高的合金元素,具有良好的铸造性能,但塑性与韧性较低,不能进行压力加工。按其所加合金元素的不同,铸造铝合金主要有:A1-Si 系;A1-Cu 系;A1-Mg 系;Al-Zn 系合金等。

铸造铝合金牌号由铝和主要合金元素的化学符号以及表示主要合金元素名义质量分数的数字组成,并在其牌号前面冠以“铸”字的汉语拼音字母的字首“Z”。例如,ZAlSil2,表示 $w_{Si}=12\%$,$w_{l})=88\%$的铸造铝合金。

(1)A1-Si 系铸造铝合金。铸造铝硅合金分为两种,第一种是仅由铝、硅两种元素组成的铸造铝合金,该类铸造铝合金为热处理不能强化的铝合金,强度不高,如 ZAlSi2 等;第二种是除铝硅外再加入其他元素的铸造铝合金,该类铸造铝合金因加入铜、镁、锰等元素等,可使合金得到强化,并可通过热处理进一步提高其力学性能,如 ZAISi7Mg,ZAlSi7Cu4 等。A1-Si 系铸造铝合金具有良好的铸造性能、力学性能和耐热性,可用来制作内燃机活塞、汽缸体(见图 6-4)、汽缸头、汽缸套、风扇叶片、箱体、框架、仪表外壳、油泵壳体等工件。

(2)A1-Cu 系铸造铝合金。铸造铝铜合金(如 ZAlCu5Mn 等)强度较高,加入镍、锰可提高其耐热性和热强性,但铸造性能和耐蚀性稍差些,可用于制作高强度或高温条件下工作的零件,如内燃机汽缸、活塞、支臂等。

图 6-4 铸造铝合金汽缸

(3)A1-Mg 系铸造铝合金。铸造铝镁合金(如 ZAlMgl0 等)具有良好的耐蚀性、良好的综合力学性能和切削性加工性能,可用于制作在腐蚀介质条件下工作的铸件,如氨用泵体、泵盖及舰船配件等。

(4)A1-Zn 系铸造铝合金。铸造铝锌合金(如 ZAlZnl1Si7 等)具有较高的强度,铸造性能好,力学性能较高,价格便宜,用于制造医疗器械、仪表零件、飞机零件和日用品等。

铸造铝合金可采用变质处理细化晶粒,即在液态铝合金中加入氟化钠和氯化钠的混合盐(2/3NaF+1/3NaCl),加入量为铝合金重量的 1%~3%。这些盐和液态铝合金相互作用,因变质作用细化晶粒,从而提高铝合金的力学性能,使其抗拉强度提高 30%~40%,伸长率提高 1%~2%。

三、铝合金的热处理

1. 铝合金的热处理特点

铝合金的热处理机理与钢不同。

能进行热处理强化的铝合金,淬火后塑性与韧性显著提高,硬度和强度不能立即提高,必须在室温放置一段时间后，发生时效现象，硬度和强度才会显著提高，但塑性与韧性亦随之明显下降，如图6-5所示。这是因为铝合金淬火后，获得的过饱和固溶体是不稳定的组织，有析出第二相金属化合物的趋势。

铝合金的时效分为自然时效和人工时效两种。铝合金工件经固溶处理后，在室温下进行的时效称为“自然时效”；在加热条件(一般为100～200℃)下进行的时效称为“人工时效”。

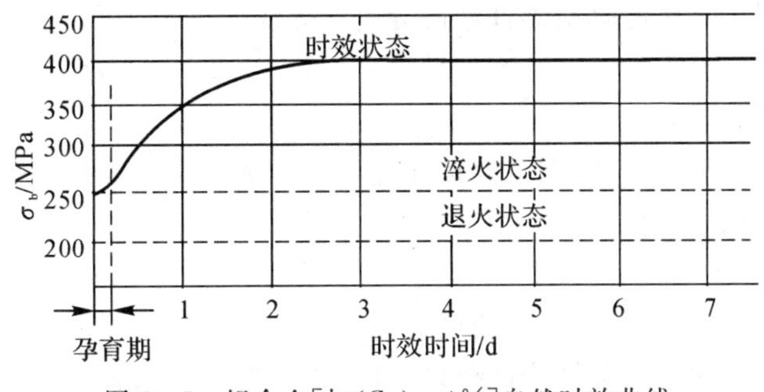

图6-5　铝合金[加(Cu)=4%]自然时效曲线

2. 铝合金的热处理方法

铝合金常用的热处理方法有：退火，淬火加时效等。退火可消除铝合金的加工硬化，恢复其塑性变形能力，消除铝合金铸件的内应力和化学成分偏析。淬火也称“固溶处理”，其目的是使铝合金获得均匀的过饱和固溶体，时效处理是使淬火铝合金达到最高强度，淬火加时效是铝合金强化的主要方法。

第二节　铜及铜合金

铜元素在地球中的储量较少，但铜及其合金却是人类历史上使用最早的金属之一。目前工业上使用的铜及其合金主要有：加工铜(纯铜)、黄铜、青铜及白铜。

一、加工铜(纯铜)的性能、牌号及用途

加工铜呈玫瑰红色，其表面形成氧化铜膜后呈紫红色，俗称紫铜。由于加工铜是用电解方法提炼出来的，又称电解铜。

1. 加工铜的性能

加工铜的熔点为1 083℃，密度是8.89～8.95 g/cm^3，其晶胞是面心立方晶格。加工铜具有良好的导电性、导热性和抗磁性。加工铜在含有CO_2的湿空气中，其表面容易生成碱性碳酸盐类的绿色薄膜[$CuCO_3 \cdot Cu(OH)_2$]，俗称铜绿。加工铜的抗拉强度(σ_b=200～240 MPa)不高，硬度(30～40HBW)较低，塑性(δ=45%～50%)与低温韧性较好，容易进行压力加工。加工铜没有同素异构转变现象，经冷塑性变形后可提高其强度，但塑性有所下降。

加工铜的化学稳定性较高，在非工业污染的大气、淡水等介质中均有良好的耐蚀性，在非氧化性酸溶液中也能耐腐蚀，但在氧化性酸溶液以及各种盐类溶液(包括海水)中则容易受到腐蚀。

2. 加工铜的牌号及用途

加工铜的牌号用汉语拼音字母“T”加顺序号表示，共有T1(一号铜)、T2(二号铜)、T3(三

号铜)三种,牌号中的顺序号数字越大,则其纯度越低。

加工铜中常含有铅、铋、氧、硫和磷等杂质元素,它们对铜的力学性能和工艺性能有很大的影响,尤其是铅和铋的危害最大,容易引起“热脆”和“冷脆”现象。

加工铜强度低,不宜作为结构材料使用,主要用制造电线、电缆、电子器件、导热器件以及作为冶炼铜合金的原料等。无氧铜牌号有 TU0(零号无氧铜)、TU1(一号无氧铜)、TU2(二号无氧铜)三种,主要用于制作电真空器件和高导电性导线。

二、铜合金的分类

工业上广泛使用的是铜合金,铜合金按合金的化学成分分类,可分为黄铜、白铜和青铜三类。铜合金生产成本比纯铜低。

1. 黄铜

以纯铜为基体金属主加入锌,就会使铜的颜色变黄,这就是黄铜,所以黄铜的主要成分是铜和锌。黄铜的力学性能和耐磨性能都很好,可用于制造精密仪器、船舶的零件、子弹和炮弹的弹壳等。黄铜敲起来声音好听,因此锣、钹、铃、号(见图 6-6)等乐器都是用黄铜制作的。

黄铜根据其化学成分特点又分为普通黄铜和特殊黄铜,按生产工艺可分为加工黄铜和铸造黄铜。

普通黄铜性能与其含锌量有关,当锌的质量分数低于 32%时,具有良好的力学性能,易进行各种冷热加工,并对大气、海水具有相当好的耐蚀性。普通黄铜多用于制作冷变形零件,如冷凝器、弹壳等。

普通黄铜中加入少量其他元素,如铝、铁、硅、锰、铅、锡、镍等元素,就构成了特殊黄铜。通常情况下,加入某种金属元素,就叫做某黄铜,如镍黄铜、铅黄铜就是添加了镍、铅的黄铜。这些元素的加入除可不同程度地提高黄铜的强度和硬度外,铝、锡、锰、镍等元素还可提高合金的耐蚀性和耐磨性,锰用于提高耐热性,硅可改善合金的铸造性能,铅则改善了材料的切削加工性能和润滑性等。

特殊黄铜的强度、耐蚀性比普通黄铜好,铸造性能也得到了一定程度的改善。生产中特殊黄铜常用于制造螺旋桨、紧压螺母等船用重要零件和其他耐蚀零件。图 6-7 所示为用特殊黄铜制造的船用螺旋桨。黄铜的主要用途见表 6-3。

图 6-6 黄铜制造的乐器

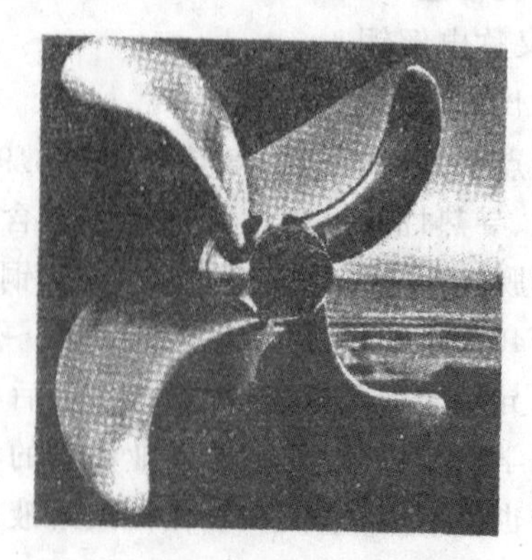

图 6-7 特殊黄铜制造的螺旋桨

表6-3　黄铜的主要用途

类别	用　途
普通黄铜	散热器,冷凝器管道,热双金属,双金属板,造纸工业用金属网,弹壳,弹簧,螺钉,垫圈
锡黄铜	汽车拖拉机的弹性套管,海轮用管材,冷凝器管,船舶零件
铅黄铜	汽车拖拉机零件及钟表零件,热冲压或切削制作的零件
铁黄铜	适于在摩擦及受海水腐蚀条件下工作的零件
锰黄铜	制造海轮零件及电信器材,耐腐蚀零件,螺旋桨
铝黄铜	海水中工作的高强度零件,船舶及其他耐腐蚀零件,蜗杆及重载荷条件下工作的压紧螺母

2. 白铜

向纯铜中加入镍,就会使铜的颜色变白,这就是白铜,所以白铜的主要成分是铜和镍。白铜色泽和银一样,不易生锈。镍含量越高,颜色越白。只要镍的质量分数不超过70%,肉眼都会看到铜的黄色,通常白铜中镍的质量分数一般为25%。人们生活中经常用到的钥匙有的银光闪闪的,其材料就是白铜。

纯铜加镍能显著提高强度、耐蚀性、硬度、电阻和热电性,并降低电阻温度系数。因此,白铜较其他铜合金的力学性能、物理性能都好,且硬度高,色泽美观,耐蚀性好,常用于制造钱币、电器、仪表零件和装饰品。如图6-8所示为用白铜铸成的五毒花钱。白铜的缺点是添加的元素镍属于稀缺战略物资,价格昂贵。

由于白铜饰品从颜色、做工等方面和纯银饰品差不多,有的不法商家利用消费者对银饰不了解的心理,把白铜饰品当作纯银饰品来卖,从中获取暴利。那么,怎样来辨别是纯银饰品还是白铜饰品呢?这里不妨顺便介绍几种辨别纯银和白铜的方法。①一般纯银饰品都会标有$925,$990,$999等字样,而白铜饰品没有这样的标记;②用针在银的表面可划出痕迹,而白铜质地坚硬,不容易划出伤痕;③银的色泽呈略黄的银白色,这是银容易被氧化成暗黄色的缘故,而白铜的色泽是纯白色,佩带一段时间后会出现绿斑;④如果在银首饰的内侧滴上一滴盐酸,会立即生成白色苔藓状的氯化银沉淀,而白铜则不会出现这种情况。

图6-8　白铜五毒花钱

白铜按化学成分的不同可分为简单白铜和特殊白铜。

简单白铜只含有铜、镍两种元素,具有较高的耐蚀性、抗腐蚀疲劳性能及优良的冷热加工性能。用于在蒸汽和海水环境下工作的精密机械、仪表零件及冷凝器、蒸馏器、换热器等。

普通白铜中加入少量其他元素,如铁、锌、锰、铝等辅助合金元素,就构成了特殊白铜。通常情况下,加入某种金属元素,就叫做某白铜,如铝白铜、锰白铜就是分别添加了铝、锰。特殊白铜的耐蚀性、强度和塑性高,生产成本低。常用于制造精密机械、仪表零件及医疗器械等。

3. 青铜

青铜原指向纯铜中加入锡而得到的铜合金,加入锡后就会使铜合金的颜色变青,故称为青铜。现在除黄铜、白铜以外的铜合金均称青铜,并常在青铜名字前冠以另外添加元素的名称。常用青铜有锡青铜、铝青铜、铍青铜、硅青铜、铅青铜等。其中,工业用量最大的为锡青铜和铝青铜，强度最高的为铍青铜。

青铜是人类历史上一项伟大发明，也是金属冶铸史上最早的合金。青铜发明后，立刻盛行起来，从此人类历史也就进入新的阶段——青铜时代。

青铜一般具有较好的耐蚀性、耐磨性、铸造性和优良的力学性能，常用于制造精密轴承、高压轴承、船舶上耐海水腐蚀的机械零件，以及各种板材、管材、棒材等。由于青铜的熔点比较低（约为 800℃），硬度高（为纯铜或锡的两倍多），所以容易熔化和铸造成型。青铜还有一个反常的特性——“热缩冷胀”，常用来铸造艺术品，冷却后膨胀，可以使花纹更清楚，如图 6－9 所示。

（1）锡青铜。锡青铜是以锡为主加元素的铜合金，锡的质量分数一般为 3%～14%。锡青铜的锡含量是决定其性能的关键，含锡质量分数 5%～7%的锡青铜塑性最好，适用于冷热加工；而含锡质量分数大于 10%时，合金强度升高，但塑性却很低，只适于铸造成形。

锡青铜耐蚀性良好，锡青铜在大气、海水和无机盐类溶液中的耐蚀性比纯铜和黄铜好，但在氨水、盐酸和硫酸中的耐蚀性较差。主要用于耐蚀承载件，如弹簧、轴承、齿轮轴、蜗轮、垫圈等。图 6－10 为船用青铜软管接头阀。

图 6－9　青铜制造的产品

图 6－10　青铜制造的船用软管接头阀

（2）铝青铜。铝青铜是以铝为主加元素的铜合金，铝的质量分数为 5%～11%，强度、硬度、耐磨性、耐热性及耐蚀性高于黄铜和锡青铜，铸造性能好，但焊接性较差。工业上压力加工用铝青铜的含铝质量分数一般低于 5%～7%。含铝质量分数 10%左右的合金，强度高，可进行热加工。

铝青铜强度高，韧性好，疲劳强度高，受冲击不产生火花，且在大气、海水、碳酸及多数有机酸中的耐蚀性都高于黄铜和锡青铜。

因此，铝青铜在结构件上应用极广，主要用于制造船舶、飞机及仪器中在复杂条件下工作要求高强度、高耐磨性、高耐蚀性的零件和弹性零件，如齿轮、轴承、摩擦片、蜗轮、轴套、弹簧、螺旋桨等。

（3）铍青铜。铍青铜是以铍为主加元素的铜合金，含铍质量分数为 1.7%～2.5%，铍青铜具有高的强度、硬度、疲劳强度和弹性极限，弹性稳定，弹性滞后小，耐磨性及耐蚀性高，具有良好的导电性和导热性，冷热加工及铸造性能好，但其生产工艺复杂，价格高。铍青铜广泛地用于制造精密仪器仪表的重要弹性元件、耐磨耐蚀零件、航海罗盘仪中的零件和防爆工具等。

三、加工黄铜

加工黄铜的牌号用“黄”字汉语拼音字首“H”加数字表示。

对于普通黄铜来说,其牌号用“黄”字汉语拼音字首“H”加数字表示,其中数字表示平均铜的质量分数,如 H70 表示铜的质量分数为 80%,锌的质量分数为 20%的普通黄铜。

对于特殊黄铜来说,其牌号用“黄”字汉语拼音字首“H”加主加元素(Zn 除外)符号,加铜及相应主加元素的质量分数来表示,如 HPb59—1 表示铜的质量分数为 59%,铅的质量分数为 1%的特殊黄铜 (或铅黄铜)。

1. 普通黄铜

普通黄铜色泽美观,具有良好的耐蚀性,加工性能较好。

普通黄铜力学性能与化学成分之间的关系如图 6-11 所示。当锌的质量分数低于 39%时,锌能全部溶于铜中,并形成单相α固溶体组织(称α黄铜或单相黄铜),如图 6-12 所示。随着锌的质量分数增加,固溶强化效果明显增强,使普通黄铜的强度、硬度提高,同时还保持较好的塑性,故单相黄铜适合于冷变形加工。当锌的质量分数在 39%~45%时,黄铜的显微组织为 α+β′组织(称双相黄铜)。由于 β′相的出现,普通黄铜在强度继续升高的同时,塑性有所下降,故双相黄铜适合于热变形加工。当锌的质量分数高于 45%时,因显微组织全部为脆性的 β′相,致使普通黄铜的强度和塑性都急剧下降,因此应用很少。

目前我国生产的普通黄铜有 H96,H90,H85,H80,H70,H68,H65,H63,H62,H59。普通黄铜主要用于制作导电零件、双金属、艺术品、奖章、弹壳(见图 6-13)、散热器、排水管、装饰品、支架、接头、油管、垫片、销钉、螺母、弹簧等。

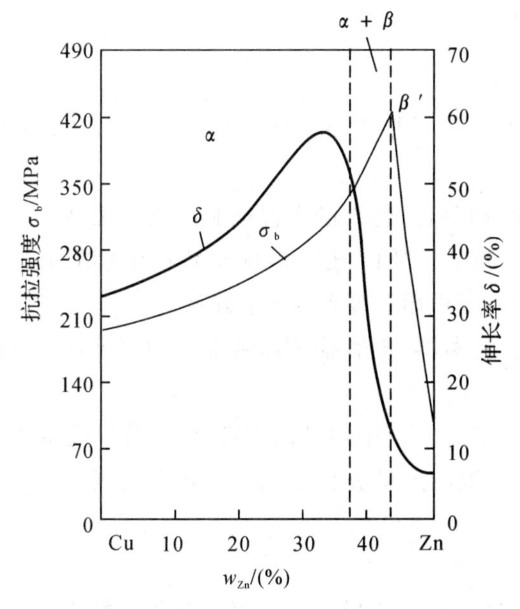

图 6-11　普通黄铜的组织和力学性能

图 6-12　单相黄铜显微组织与锌的质量分数的关系

2. 特殊黄铜

为了进一步提高普通黄铜的力学性能、工艺性能和化学性能,常在普通黄铜的基础上加入铅、铝、硅、锰、锡、镍、砷、铁等元素,分别形成铅黄铜、铝黄铜、硅黄铜、锰黄铜、锡黄铜等。

加入铅可以改善黄铜的切削加工性,如铅黄铜 HPb59—1,HPb63—3 等;加入铝、镍、锰、硅等元素能提高黄铜的强度和硬度，改善黄铜的耐蚀性、耐热性和铸造性能，如铝黄铜HAl60—1、镍黄铜HNi65—5、锰黄铜HMn58—2、硅黄铜HSi80—3等；加锡能增加黄铜的强度和在海水中的耐蚀性，如锡黄铜HSn90—1，因此，锡黄铜又有海军黄铜之称；加入砷可以减少或防止黄铜脱锌。

特殊黄铜常用于制作轴、轴套、齿轮（见图6－14）、螺栓、螺钉、螺母、分流器、导电排、水管零件、耐磨零件、耐腐蚀零件等。

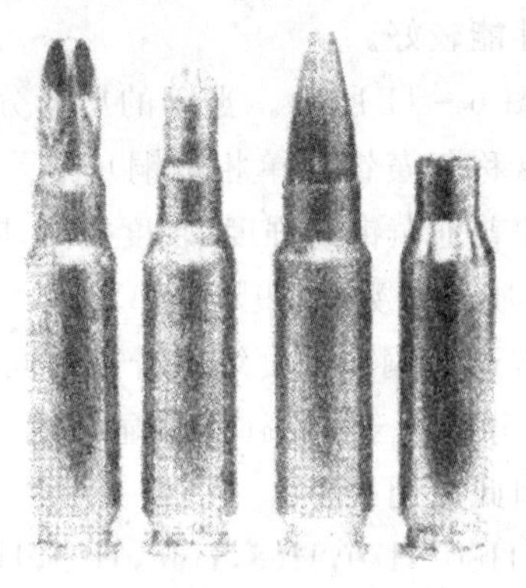

图6－13　弹壳

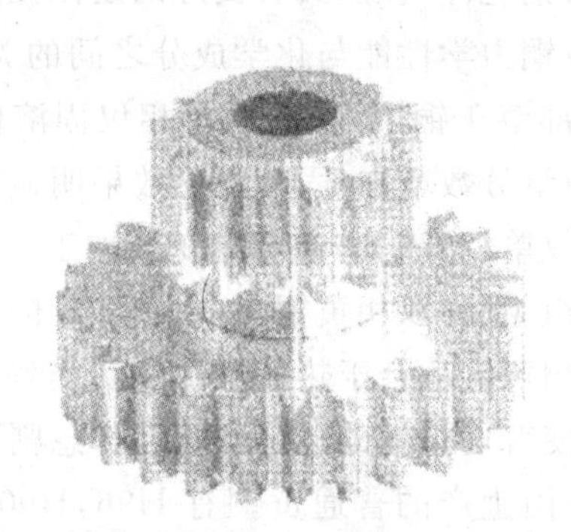

图6－14　齿轮

四、加工白铜

1.普通白铜

普通白铜是Cu－Ni二元合金。由于铜和镍的晶格类型相同，因此，在固态时能无限互溶，形成单相仪固溶体组织。

普通白铜具有优良的塑性、很好的耐蚀性、耐热性、特殊的电性能和冷热加工性能。普通白铜可通过固溶强化和冷变形强化提高强度。随着普通白铜中Ni的质量分数的增加，白铜的强度、硬度、电阻率、热电势、耐蚀性会显著提高，而电阻温度系数明显降低。

普通白铜是制造精密机械零件、仪表零件、冷凝器、蒸馏器、热交换器和电器元件不可缺少的材料。

普通白铜的牌号用“B＋数字”表示，其中“B”是“白”字的汉语拼音字首，数字表示镍的质量分数。例如，B19表示镍的质量分数是19％，铜的质量分数是81％的普通白铜。常用普通白铜有B6，B5，B19，B25，B30等。

2.特殊白铜

特殊白铜是在普通白铜中加入锌、铝、铁、锰等元素而形成的白铜。合金元素的加入是为了改善白铜的力学性能、工艺性能和电热性能以及获得某些特殊性能，如锰白铜（又称康铜）具有较高的电阻率、热电势、较低的电阻温度系数、良好的耐热性和耐蚀性，常用来制造热电偶、变阻器及加热器等。

特殊白铜的牌号用“B＋主加元素符号＋几组数字”表示，数字依次表示镍和主加元素的质量分数，如BMn3—12表示平均镍的质量分数是3％、锰的质量分数是12％的锰白铜。

常用特殊白铜有铝白铜（如BAl6－1.5）、铁白铜（如BFe30－11.1）、锰白铜（如BMn3－

12)等。

五、加工青铜

青铜因铜与锡的合金呈青黑色而得名。加工青铜的牌号用“Q+第一个主加元素的化学符号及数字+其他元素符号及数字”方式表示，“Q”是“青”字汉语拼音字首，数字依次表示第一个主加元素和其他加入元素的平均质量分数。例如，QBe2 即为平均铍的质量分数是 2%的铍青铜；QSn4－3 即为平均锡的质量分数是 4%，锌的质量分数是 3%的锡青铜。

常用加工青铜主要有：锡青铜(如 QSn4－3)、铝青铜(如 QAl5)、铍青铜(如 QBe2)、硅青铜(如 QSi3—1)、锰青铜(如 QMn2)、铬青铜(如 QCr0.5)、锆青铜(如 QZr0.2)、镉青铜(如 QCdl)、镁青铜(如 QMg0.8)、铁青铜(如 QFe2.5)、碲青铜(如 QTe0.5)等。

加工青铜主要用于制作弹性高、耐磨、抗腐蚀、抗磁的零件，如弹簧片、电极、齿轮、轴承(套)、轴瓦、蜗轮、电话线、输电线及与酸、碱、蒸汽等接触的零件等。

青铜是人类历史上应用最早的合金。根据考古显示，我国使用铜的历史有 5 000 余年。大量出土的古代青铜器说明，我国在商代(公元前 1562 年—公元前 1066 年)就有了高度发达的青铜加工技术。河南安阳出土的司母戊大方鼎，带耳高 1.37 m，长 1.1 m，宽 0.77 m，重达 875 kg，该鼎是商殷时期祭器，体积庞大，花纹精巧，造型精美。要制造这么精美的青铜器，需要经过雕塑、制造模样与铸型、金属冶炼等工序，可以说司母戊大方鼎是古代雕塑艺术与金属冶炼技术的完美结合。同时，在当时条件下要浇铸这样庞大的器物，如果没有大规模的科学分工、精湛的雕塑艺术及铸造技术，是不可能完美地制造成功的。

六、铸造铜合金

铸造铜合金是指用以生产铸件的铜合金。

铸造铜合金的牌号表示方法是用“ZCu+主加元素符号+主加元素质量分数+其他加入元素符号和质量分数”组成。例如，ZCuZn38 表示锌的质量分数为 38%的铸造铜合金。常用的铸造黄铜合金有：ZCuZn38，ZCuZnl6Si4，ZCuZn40Pb2，ZCuZn25A1Fe3Mn3 等。常用的铸造青铜合金有：ZCuSnl0Zxr2，ZCuAl9Mn2，ZCuPb30 等。

铸造锡青铜的结晶温度间隔大，流动性较差，不易形成集中性缩孔，容易形成分散性的微缩孔，是非铁金属中铸造收缩率最小的合金，适合于铸造对外形及尺寸要求较高的铸件以及形状复杂、壁厚较大的零件。锡青铜是自古至今制作艺术品的常用铸造合金，但因锡青铜的致密度较低，不宜用做要求高密度和高密封性的铸件。

第三节　钛及钛合金

钛金属在 20 世纪 50 年代才开始投入工业生产和应用，但其发展和应用却非常迅速，广泛应用于航空、航天、化工、造船、机电产品、医疗卫生和国防等部门。由于钛具有密度小、强度高、比强度(抗拉强度除以密度)高、耐高温、耐腐蚀和良好的冷热加工性能等优点，且矿产资源丰富，所以，钛金属主要用于制造要求塑性高、有适当的强度、耐腐蚀和易焊接的零件。

一、加工钛(纯钛)的性能、牌号及用途

1. 加工钛的性能

加工钛呈银白色，密度为4.5 g/cm³，熔点为1 668℃，热膨胀系数小，塑性好，强度低，容易加工成形。加工钛结晶后有同素异构转变现象，在882℃以下为密排六方晶格结构的α-Ti，882.5℃以上为体心立方晶格结构的β-Ti。

钛与氧和氮的亲和力较大，非常容易与氧和氮结合形成一层致密的氧化物和氮化物薄膜，其稳定性高于铝及不锈钢的氧化膜，故在许多介质中钛的耐蚀性比大多数不锈钢更优良，尤其是抗海水的腐蚀能力非常突出。

2. 加工钛的牌号和用途

加工钛的牌号用"TA＋顺序号"表示，如TA2表示2号工业纯钛。工业纯钛的牌号有TAl，TA2，TA3，TA4四个牌号，顺序号越大，杂质含量越多。加工钛在航空和航天部门主要用于制造飞机骨架、蒙皮、发动机部件等；在化工部门主要用于制造热交换器、泵体、搅拌器、蒸馏塔、叶轮、阀门等；在海水净化装置及舰船方面制造相关的耐腐蚀零部件。

二、钛合金

为了提高加工钛在室温时的强度和在高温下的耐热性等，常加入铝、锆、钼、钒、锰、铬、铁等合金元素，获得不同类型的钛合金。钛合金按退火后的组织形态可分为仅型钛合金、β型钛合金和(α＋β)型钛合金。

钛合金的牌号用"T＋合金类别代号＋顺序号"表示。T是"钛"字汉语拼音字首，合金类别代号分别用A，B，C表示α型钛合金、β型钛合金、(α＋)型钛合金。例如，TA7表示7号α型钛合金；TB2表示2号β型钛合金；TC4表示4号(α＋β)型钛合金。

α型钛合金一般用于制造使用温度不超过500℃的零件，如飞机蒙皮、骨架零件，航空发动机压气机叶片和管道，导弹的燃料缸，超音速飞机的涡轮机匣，火箭和飞船的高压低温容器等。常用的oc型钛合金有：TA5，TA6，TA7，TA9，TA10等。

β型钛合金一般用于制造使用温度在350℃以下的结构零件和紧固件，如压气机叶片、轴、轮盘及航空航天结构件等。常用的α型钛合金有：TB2，TB3，TB4等。

(α＋β)型钛合金一般用于制造使用温度在500℃以下和低温下工作的结构零件，如各种容器、泵、低温部件、舰艇耐压壳体、坦克履带、飞机发动机结构件和叶片，火箭发动机外壳、火箭和导弹的液氢燃料箱部件等。钛合金中(α＋β)型钛合金可以适应各种不同的用途，是目前应用最广泛的一种钛合金。常用的(α＋β)型钛合金有：TC1，TC2，TC3，TC4，TC6，TC7，TC9，TC10，TC11，TC12等。

钛及其钛合金是一种很有发展前途的新型金属材料。我国钛金属的矿产资源丰富，其蕴藏量居世界各国前列，目前已形成了较完整的钛金属生产工业体系。

第四节　滑动轴承合金

滑动轴承一般由轴承体和轴瓦构成，轴瓦直接支承转动轴。与滚动轴承相比，由于滑动轴承具有制造、修理和更换方便，与轴颈接触面积大，承受载荷均匀，工作平稳，无噪声等优点，广

泛应用于机床、汽车发动机、各类连杠、大型电机等动力设备上。因此,为了确保轴的磨损趋最小,需要在滑动轴承内侧浇铸或轧制一层耐磨和减摩的滑动轴承合金(见图 6-15),形成均匀的内衬。

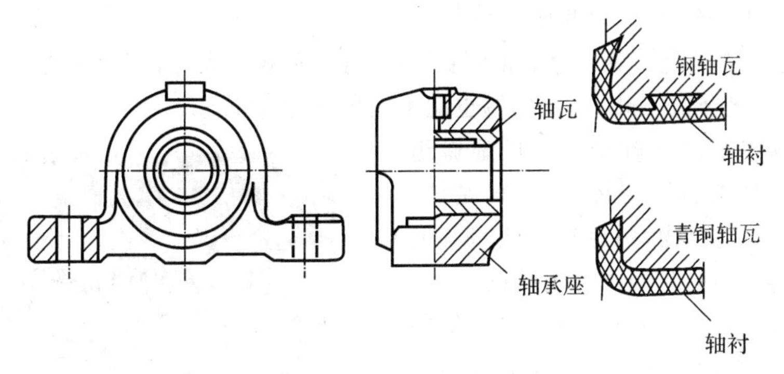

图 6-15　滑动轴承合金

滑动轴承合金具有良好耐磨性和减摩性,是用于制造滑动轴承轴瓦及其内衬的铸造合金。

一、滑动轴承合金的理想组织

滑动轴承合金的理想显微组织是:在软的基体上分布着硬质点,或是在硬的基体上分布着软质点。属于此类显微组织的滑动轴承合金有锡基滑动轴承合金和铅基滑动轴承合金,其理想的组织如图 6-16 所示。

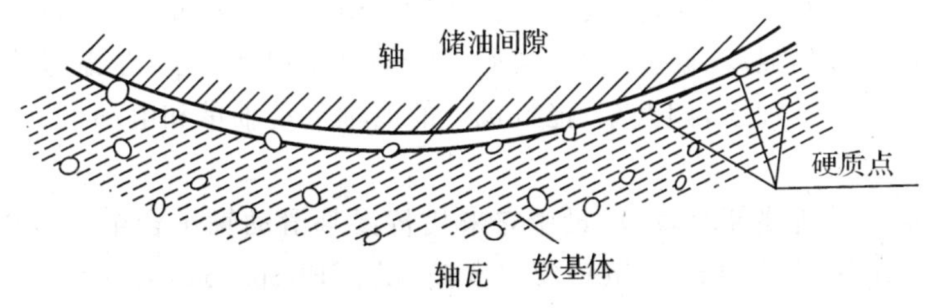

图 6-16　滑动轴承合金的理想组织示意图

这两种显微组织都可以使滑动轴承在工作时,软的显微组织部分很快地被磨损,形成下凹区域并储存润滑油,使磨合表面形成连续的油膜,硬质点则凸出并支承轴颈,使轴与轴瓦的实际接触面积减少,从而减少对轴颈的摩擦和磨损。软基体组织有较好的磨合性、抗冲击性和抗振动能力,但是,这类甚微组织的承载能力较低。在硬基体(其硬度低于轴颈硬度)上分布着软质点的显微组织,能承受较高的负荷,但磨合性较差,属于此类显微组织的滑动轴承合金有铜基滑动轴承合金和铝基滑动轴承合金等。

二、常用滑动轴承合金

常用滑动轴承合金有锡基、铅基、铜基、铝基滑动轴承合金。

铸造滑动轴承合金牌号由字母“z＋基体金属元素＋主添加合金元素的化学符号＋主添加合金元素平均质量分数的数字＋辅添加合金元素的化学符号＋辅添加合金元素平均质量分数的数字”组成。

如果合金元素的质量分数不小于1%，该数字用整数表示，如果合金元素的质量分数小于1%，一般不标数字，必要时可用一位小数表示。例如，ZSnSb11Cu6 表示平均锑的质量分数是11%、铜的质量分数是6%、其余锡的质量分数是83%的铸造锡基滑动轴承合金。

1. 锡基滑动轴承合金(或锡基巴氏合金)

锡基滑动轴承合金是以锡为基，加入锑(Sb)、铜等元素组成的合金，锑能溶入锡中形成仅固熔体，又能生成化合物(SnSb)，铜与锡也能生成化合物(Cu6Sn)。

图6-17为锡基滑动轴承合金的显微组织。图中暗色基体为仅固熔体，作为软基体；白色方块为SnSb化合物，白色针状或星状的组织为Cu6Sn，化合物，它们作为硬质点。

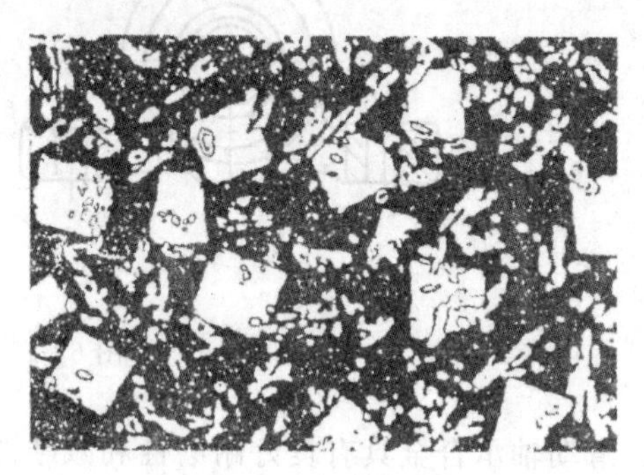

图6-17　ZSnSbl 1 Cu6 的显微组织

锡基滑动轴承合金具有适中的硬度、低的摩擦系数、较好的塑性和韧性、优良的导热性和耐蚀性，常用于制造重要的滑动轴承，如制造汽轮机、发动机、压缩机等高速滑动轴承。由于锡是稀缺贵金属，成本较高，因此，其应用受到一定限制。常用锡基滑动轴承合金有：ZSnSbl2Pbl0Cu4，ZSnSb8Cu4，ZSnSbl 1 Cu6，ZSnSb4Cu4 等。

2. 铅基滑动轴承合金(铅基巴氏合金)

铅基滑动轴承合金是以铅为基，加入锑、锡、铜等元素组成的滑动轴承合金。它的组织中软基体为共晶组织(α+β)，硬质点是白色方块状的SnSb化合物及白色针状的Cu Sn化合物。

铅基滑动轴承合金的强度、硬度、韧性均低于锡基滑动轴承合金，摩擦系数较大，故只用于制作中等负荷的低速滑动轴承，如汽车、拖拉机中的曲轴滑动轴承和电动机、空压机、减速器中的滑动轴承等。

铅基滑动轴承合金价格便宜，应尽量用它来代替锡基滑动轴承合金。常用铅基滑动轴承合金有：ZPbSbl6Snl 6Cu2，ZPbSbl5SnlO，ZPbSbl5Sn5，ZPbSbl0Sn6 等。

3. 铜基滑动轴承合金(锡青铜和铅青铜)

铜基滑动轴承合金是指以铜合金作为滑动轴承材料的合金，如锡青铜、铅青铜、铝青铜、铍青铜、铝铁青铜等均可作为滑动轴承材料。

铜基滑动轴承合金是锡基滑动轴承合金的代用品，常用牌号是ZCuPb30，ZCuSnl0P，ZCuSn5Pb5Zn5 等。其中铸造铅青铜 ZCuPb30 $w_{Pb}=30\%$，铅和铜在固态时互不溶解，室温显微组织是Cu+Pb，Cu为硬基体，颗粒状Pb为软质点，是硬基体加软质点类型的滑动轴承合金，可以承受较大的压力。铅青铜具有良好的耐磨性、高导热性(是锡基滑动轴承合金的6倍)、高疲劳强度，并能在较高温度下(300～320℃)工作。广泛用于制造高速、重载荷下工作的滑动轴承，如航空发动机、大功率汽轮机、高速柴油机等机器的主滑动轴承和连杆滑动轴承。

4. 铝基轴承合金

铝基滑动轴承合金是以铝为基体元素，加入锑、锡或镁等合金元素形成的滑动轴承合金。与锡基、铅基滑动轴承合金相比，铝基滑动轴承合金具有原料丰富、价格低廉、导热性好、疲劳强度高和耐蚀性好等优点，而且能轧制成双金属，故广泛用于高速重载下工作的汽车、拖拉机及柴油机的滑动轴承。它的主要缺点是线膨胀系数较大，运转时易与轴咬合，尤其在冷起动时危险性更大。同时铝基滑动轴承合金硬度相对较高,轴易磨损,需相应提高轴的硬度。常用铝基滑动轴承合金有铝锑镁合金和铝锡合金,如高锡铝基轴承合金 ZAl－Sn6Cul Nil 就是以 Al 为硬基体,粒状的 Sn 为软质点的滑动轴承合金。

除上述滑动轴承合金外,灰铸铁也可以用于制造低速、不重要的滑动轴承。其组织中的钢基体为硬基体,石墨为软质点并起一定的润滑作用。

*第五节　粉末冶金材料

粉末冶金,是指用金属粉末或金属与非金属混合粉末作原料,通过配料压制成形、烧结和后处理等工艺过程,不经熔炼和铸造,直接获得零部件的工艺,通过粉末冶金工艺过程制成的材料,称为粉末冶金材料。

一、粉末冶金的特点

(1)适应性强。粉末冶金不仅可以选用传统加工的各种原材料,而且还可选用传统方法难以加工的各种原材料,如高熔点的钨、钼制品,高硬度的金属碳化物制品(WC,TiC,MoC 等)。

(2)可以生产特殊性能产品。如多孔含油制品、耐磨减摩制品、多孔过滤制品、摩擦制品、高熔点高硬度制品、磁性制品、复合制品等,以及其他加工工艺难以完成的制品。

(3)工艺过程和设备简明易于实现机械化、自动化,效率高,成本低,适合成批大量生产。

(4)金属利用率高。可直接生产无切削或少切削金属制品,金属废损少且易于回收再生。

但是,粉末冶金材料和制品还有力学性能还不很高,大型工件的压制成形和烧结受到限制,成品的再加工困难等问题存在。

二、常用粉末冶金材料

工业中常用的粉末冶金材料有硬质合金、含油轴承材料、铁基结构材料等。

1. *硬质合金*

硬质合金是将一些难熔的碳化物粉末和 Co 等金属黏结剂混合加压成形,再经烧结而成的材料,其硬度高(86～93HRA),热硬性好(可达 900～1 000℃),耐磨性优良。

与高速钢相比,切削速度可提高 4～7 倍,刀具寿命高 5～8 倍。图 6－18 所示为各种刀具材料的硬度和热硬性温度比较。

硬质合金可切削淬硬钢、奥氏体钢。由于硬质合金硬度太高、质脆,很难进行机械加工,常做成一定规格的刀片镶焊在刀体上制刀具及作模具使用。硬质合金牌号、化学成分、密度及力学性能见表 6－4。

硬质合金分以下几种:

(1)钨钴类硬质合金(YG 类)。它是由 WC 粉末和起黏结作用的 Co 粉末混合烧结

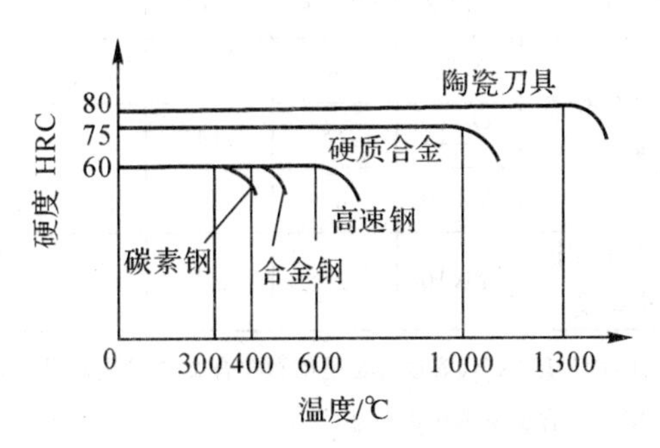

图 6－18　各种刀具材料的硬度和热硬性温度比较

制成。牌号用 YG("硬钴"的汉语拼音字头)加数字表示,数字表示 Co 的质量分数。如 YG8 表示 Co 质量分数为 8%的硬质合金,其余为 WC。

(2)钨钴钛类硬质合金(YT 类)。它是以 TiC,WC 和 Co 粉末混合烧结制成。牌号用 YT("硬钛"汉语拼音字头)加数字表示,数字表示 TiC 的质量分数。如 YT5 表示 TiC 质量分数为 5 9/6,其余为 WC 和 Co 的硬质合金。

(3)通用硬质合金(YW 类)。它也可替代 YG 类合金加工铸铁等脆性材料,还可用于加工耐热钢、高锰钢、不锈钢等难加工钢材。所以,它又称"万能硬质合金",其牌号用 "硬、万"两汉字的拼音字头"YW"加顺序号表示。

(4)钢结硬质合金。这是一种新型工模具材料,是以 WC,TiC,VC 为硬化相,以高速钢或铬钢粉作为黏结剂,用烧结法制成的合金。与前两类硬质合金相比,其碳化物粉末的含量较少,因而韧性好,热硬性、耐磨性较低,但比高速钢高。这种合金可以进行冷、热加工及热处理,适用于制造各种复杂刀具,如麻花钻、铣刀等,也可制造模具及耐磨件。

表 6-4　硬质合金牌号、化学成分、密度及力学性能(Ys/T 400—94)

类别	牌号	化学成分/(%)				密度 g/cm³	力学性质	
		碳化钨	碳化钛	碳化钽(铌)	钴		弯曲强度 (≥)/(MPa)	洛氏硬度 HRA(≥)
钨钴合金类	YG3X	96.5		<0.5	3	15~15.3	1 079	91.5
	YG6X	93.5		<0.5	6	14.6~15	1 373	91
	YG6A	92		2	6	14.5~15	1 373	91.5
	YG6	94			6	14.6~15	1 422	89.5
	YG8N	91		1	8	14.5~14.9	1 471	89.5
	YG8	92			8	14.5~14.9	1 471	89
	YG4C	96			4	14.9~15.2	1 422	89.5
钨钴合金类	YG8C	92			8	14.5~14.9	1 716	88
	YG11C	89			11	14~14.4	2 059	86.5
	YG15	85			15	13.0~14.2	2 059	87
钨钴钛钽(铌)合金类	YW1	84~85	6	3~4	6	12.6~13.5	1 177	91.5
	YW2	82~83	6	3~4	8	12.4~13.5	1 324	90.5
钨钛钴合金类	YT5	85	5		10	12.5~13.5	1 373	89.5
	YT14	78	14		8	11.2~12.0	1 177	90.5
	YT30	66	30		4	9.3~9.7	883	92.5
碳化钛镍钼合金类	YN10	15	62	1	Ni12 Mo10	>6.3	1 079	98

注:牌号尾"X"代表该合金是细颗粒合金;"C"表示是粗颗粒合金;不加字的为一般颗粒合金。"A"表示含少量碳化钽合金;"N"表示含少量碳化铌合金。

2.含油轴承材料

含油轴承材料是一种多孔性的粉末冶金材料,用于制造含油轴承零件。含油轴承材料通过粉末冶金成形后,放在润滑油中浸润,通过毛细现象吸附大量润滑油(含油率可达12%~30%),故称含油轴承。含油轴承工作时,由于发热膨胀和摩擦表面的空气压强降低,压力差使润滑油溢出孔隙;停止工作,润滑油又回渗入孔隙,起到“自动润滑作用”。

常用的含油轴承材料有铁基和铜基两类。

(1)铁基含油轴承材料:有铁—石墨和铁—硫—石墨等粉末合金材料。铁—石墨粉末合金,石墨含量约为0.5%~3%,组织为珠光体(>40%)、铁素体、渗碳体(<5%)、石墨和孔隙,硬度为30~110 HBS。铁硫石墨粉末合金,硫含量为0.5%~1%,石墨含量为1%~2%,组织较铁—石墨粉末合金多硫化物,有利于减摩、润滑,但硬度较低,约35~70HBS。

(2)铜基含油轴承材料:常用的是青铜—石墨粉末合金,具有较好的热导性、耐蚀性和抗咬合性,但承压能力不如铁基含油轴承材料。

含油轴承材料一般用作轻载中速轴承,特别适合不能经常加油润滑的轴承,如纺织、电影、食品机械,家用电器等轴承,在汽车、拖拉机、机床、电机、电器、仪表中得到广泛运用。

3.铁基结构材料

铁基结构材料,是以碳钢或合金钢为主要原料,采用粉末冶金方法制造结构零件用的材料。

采用铁基结构材料制造的工件,精度高、表面粗糙度值小,可无切削或少切削加工,材料利用率高,生产率高,还可通过热处理强化、提高耐磨性。

铁基粉末合金结构材料已广泛用于制造各种机械零件,如油泵齿轮、差速器齿轮、活塞环、偏心轮、法兰盘、调整垫圈等。

复　习　题

6-1　与钢相比,铝合金主要优缺点是什么?

6-2　铝合金的分类方法是什么?

6-3　何种铝合金宜采用时效硬化?何种铝合金宜采用变形强化?

6-4　何种铝合金宜于铸造?

6-5　形变铝合金包括哪几类?航空发动机活塞、飞机大梁、飞机蒙皮应选用哪类铝合金?

6-6　什么是黄铜?什么是青铜?各有何性能特点?

6-7　对滑动轴承合金材料有什么性能要求?常用的滑动轴承合金有哪些?高速大型机床主轴轴承和高速柴油机轴承选用哪些轴承合金?为什么?

6-8　什么叫粉末冶金和粉末冶金材料?特点有哪些?

6-9　硬质合金有哪些性能特点?常用硬质合金有哪几类?

6-10　为什么含油轴承材料有“自动润滑作用”?

6-11　解释H68,ZCuPb30,ZLl02,2All,YT5,YG3X的意义。

第七章　铸　造

铸造是将液态金属注入铸型中，待其冷凝获得零件或毛坯的方法，其产品叫铸件。多数铸件需要机械加工才能使用，叫作铸造毛坯；也有的铸件不经过机械加工直接装配到机器上使用。

铸造具有下列优点。

(1)能够生产形状复杂的毛坯。特别是内腔形状复杂的毛坯，如各种机器的底座、箱体、壳体和支架，以及暖气包等。

(2)适应性广。一方面，可以生产小至几克，大至数百吨的铸件；另一方面，钢、铸铁、铜合金与铝合金等不同金属都可以铸成毛坯或零件，而有些合金只能用铸造方法制成零件，如高锰钢。

(3)节省金属材料和机械加工的工作量。这是因为铸件的形状、尺寸与零件很接近。

(4)生产成本较低。因为其原材料来源广泛，价格低廉；还可利用废旧的金属，如废的机件、废钢和切屑等；其设备投资也比较少。

但是，铸造生产存在着工序复杂，铸件容易产生缺陷，废品率较高；铸件的力学性能低于锻件；劳动条件较差等问题。

近年来，随着科学技术与精密铸造的发展，电子计算机的应用，铸造生产已实现了机械化、自动化，铸件的质量与生产率得到很大的提高，劳动条件也得到改善。

鉴于上述特点，铸造在各类机器制造业中获得了广泛的应用。

铸造方法分为砂型铸造和特种铸造两大类。特种铸造包括熔模铸造、金属型铸造、压力铸造、离心铸造和磁型铸造等。

第一节　砂型铸造工艺

砂型铸造是利用具有一定性能的原砂作为主要造型材料，用型砂紧实成铸型的铸造方法。其适应性强，几乎不受铸件材质、形状尺寸、质量及生产批量的限制，因此，它是目前最基本、应用最普遍的铸造方法。

一、砂型铸造的工艺过程及特点

砂型铸造的主要工序包括制造模样、制备造型材料、造型、造芯、合型、熔炼、浇注、落砂、清理和检验等。如图 7-1 所示，砂型铸造首先是根据零件图设计出铸件图或模型图，制出模型及其他工装设备，并用模型、砂箱等和配制好的型砂制成相应的砂型，然后把熔炼好的合金液浇入型腔。等合金液在型腔内凝固冷却后，破坏铸型，取出铸件。最后清除铸件上附着的型砂及浇冒系统，经过检验即可获得所需铸件。

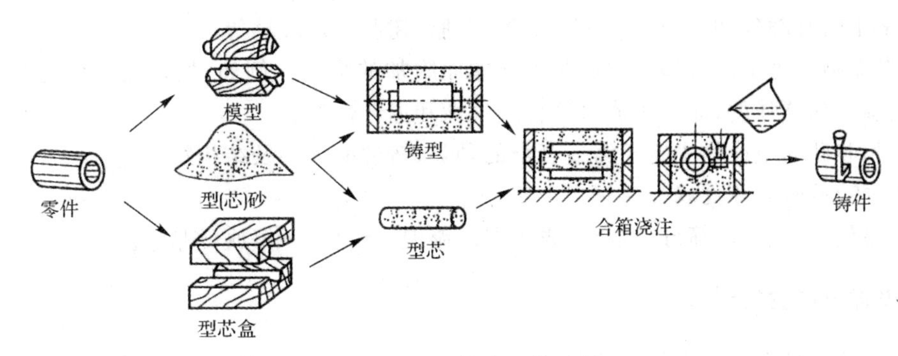

图 7-1　砂型铸造工艺过程

二、造型材料

制造铸型或型芯用的材料，称为造型材料。它由型砂、芯砂、黏结剂、水和附加物配制而成。

由于铸件中常见的气孔、砂眼、粘砂、夹砂和裂纹等缺陷都和型(芯)砂有关，为保证铸件质量，型(芯)砂应具备下列基本性能。

(1)流动性。流动性是指型(芯)砂在外力或本身重量作用下，沿模样表面和砂粒间相对移动的能力。流动性不好的型(芯)砂不易造出轮廓完整、清晰而准确的砂型(芯)。

(2)强度。型(芯)砂制成铸型或型芯后受到外力作用而不易破坏的性能，称为强度。强度低时，易使铸件产生砂眼、冲砂等缺陷，严重时甚至使铸件报废。型(芯)砂的强度随黏土含量和紧实程度的增加而增大。砂的粒度和含水量对强度也有很大的影响。

(3)透气性。紧实后的砂型和型芯，能使浇注金属液时产生的气体通过和逸走的性能，称为透气性。透气性差时，易使铸件产生气孔。透气性与型砂的砂粒形状、粗细和黏土含量的多少有关。当砂粒粗、均匀、黏土含量和紧实度适当时，透气性较好。

(4)耐火性。型(芯)砂在高温金属液体作用下不软化、不熔融、不黏附于铸件表面的性能，称为耐火性。耐火性差时，会使铸件表面粘砂，形成难于切削加工的硬皮，严重时甚至使铸件报废。型(芯)砂中石英(SiO_2)含量高而杂质少时，其耐火性好。

(5)退让性。型(芯)砂具有随着铸件的凝固及冷却收缩而其体积被压缩的性能，称为退让性。退让性差的铸件冷却收缩时会受到大的阻力而产生内应力，严重时甚至使铸件产生裂纹而报废。退让性与型砂的黏结剂有关，用黏土作黏结剂的型砂，退让性较差，为了改善退让性，可在型(芯)砂中加入少量木屑等附加物，或采用其他黏结剂(如桐油、树脂等)。

在浇注过程中，由于型芯四周被金属液包围，故要求型芯砂应具有比型砂更好的性能，同时还必须具有不易吸潮、产生气体少和易于出砂等性能。

三、型(芯)砂的组成及配制过程

1. 型(芯)砂的组成

(1)原砂。它是型砂和芯砂的主要组成部分，其主要成分是 SiO_2 及其他氧化物。砂粒均匀且呈圆形的好，一般采自山地、沙漠、河滩和海滨。

(2)黏结剂。其作用是将砂粒互相黏结在一起，使型(芯)砂具有一定的强度和可塑性。种类很多，常用的有陶（高岭）土、膨润土、油类、合脂、树脂与水玻璃等。

（3）附加物。为了改善型（芯）砂某些性能而附加的物质。例如，加入煤粉可提高耐火性，加入水玻璃可提高强度，加入木屑可改善透气性和退让性等。

型砂和芯砂的组成物决定于铸造合金的种类、铸件的大小及结构特征等。

2.型（芯）砂的制备过程

它主要包括：烘干→筛分→混砂（先干混后湿混）→松砂→停放（焖砂）。

四、模样及芯盒的制造

模样与芯盒是铸造生产的工艺装备之一。模样用来形成砂型的型腔；芯盒用来制造型芯，以形成铸件的内腔。

1.模样的制造

一般模样的外形与铸件的外形相似，其尺寸要大于铸件。这是因为金属有冷却收缩。

（1）模样。它应具有足够的强度和刚度，以及与铸件相适应的表面粗糙度和尺寸精度。根据制造模样所用材料的不同，分为木模样、金属模样和塑料模样等，可根据铸件的要求、造型方法与生产批量等，经济合理地选用。

（2）木模样。它是模样中应用最广泛的一种，具有质轻、价廉和容易加工等优点。但强度低，容易变形和损坏，一般用于单件与中、小批量生产。常用木材有红松、杉木、银杏等。

（3）金属模样。它是用铸铁、铜合金和铝合金等金属材料制造的模样，铝模样为多见。金属模样的强度高、尺寸精确、表面光洁、寿命长。但制造时生产周期长、成本高，用于大批、大量生产。

2.芯盒的制造

芯盒的腔型与铸件的内腔、孔洞相似。其尺寸应考虑铸件内腔的加工余量和收缩量。根据制造芯盒的材质不同，也分为木芯盒和金属芯盒，金属芯盒的材料一般是铸造铝合金。

五、造型工艺

造型是指用型砂及模样等工艺装备制造铸型的过程，可采用手工操作和机器来完成。

手工造型操作灵活，不需要复杂的造型设备，只需简单的造型平板、砂箱和一些手工造型工具，但生产效率低，因此适合单件或小批量生产。机器造型指用机器完成全部或至少完成紧砂和起模操作的造型方法。它提高了生产率、改善了劳动条件，便于组织生产流水线，且铸件质量高，但需要造型设备，投资大，只适于大批量生产。

1.手工造型

全部用手工或手动工具完成的造型工序，叫作手工造型。手工造型的关键是起模问题。对于形状较复杂的铸件，需将模型分成若干部分或在几只砂箱中造型。根据模型特征，常用的手工造型方法可分为整模造型、分模造型、挖砂造型、活块造型、刮板造型等。这里仅以较简单的整模造型为例，介绍其工艺过程。

整模造型的模样是一个整体，其造型工艺特点为铸型简单、造型简易，适用于形状简单的铸件。图7-2为整模造型的工艺过程，光将模样置于下砂箱（步骤1），再填砂（步骤2）、紧实（步骤3），制作出气道（步骤4），翻转下砂箱（步骤5），制作上砂箱（步骤6、步骤7）和浇冒系统（步骤8、步骤9），起模和完成浇冒系统、修整（步骤10、步骤11），合箱（步骤12），浇注后得铸件(步骤13)。

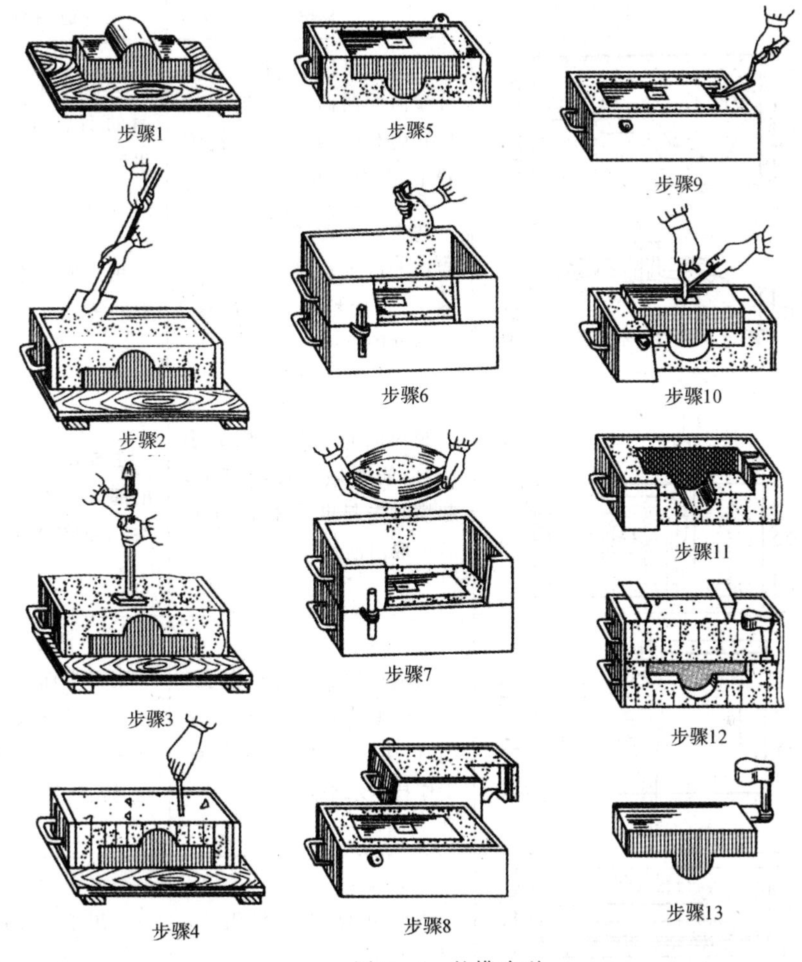

图7-2　整模造型

常用手工造型方法的特点和应用见表7-1。

表7-1　常用手工造型方法的特点和应用

造型方法		简图	主要特点	适用范围
按模样特征分	整模造型		模型是整体的，分界面是平面，型腔全在半个铸型内，造型简单，不会产生错箱	适用于铸件最大截面靠一端且为平面的铸件
	分模造型		模型沿最大截面处分为两半，型腔位于上、下砂箱内。模型制造较为复杂，造型方便	最大截面在中部(或圆形)的铸件

续表

造型方法		简图	主要特点	适用范围
按模样特征分	挖砂造型	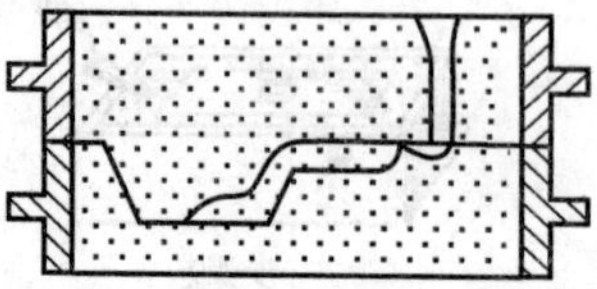	模型是整体的,但铸件的分型面为曲面,造型时需挖出妨碍起模的型砂,其造型费工,生产率低	用于分开进面不是平面的件,小批铸件的生产
	假箱造型	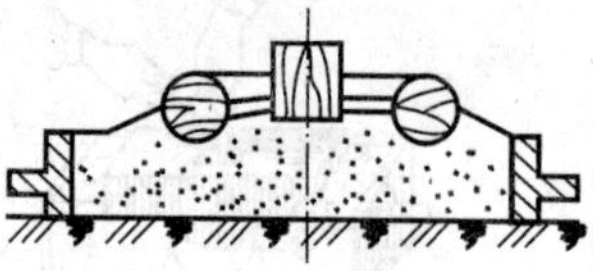	造型前先做了假箱,再在假箱上造下箱,假箱不参加浇注,它比挖砂操作简便,且分型面整齐	用于成批生产需要挖砂的铸件
按砂型特征分	活块造型	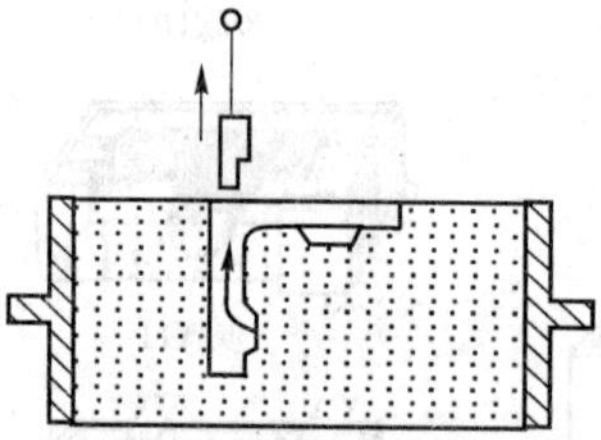	制模时将妨碍起模的小凸台、筋条做成活动部分,起模时先起出主体模型,然后再取出活块	主要用于生产带有突出部分且难以起模的单件、小批铸件的生产
	刮板造型	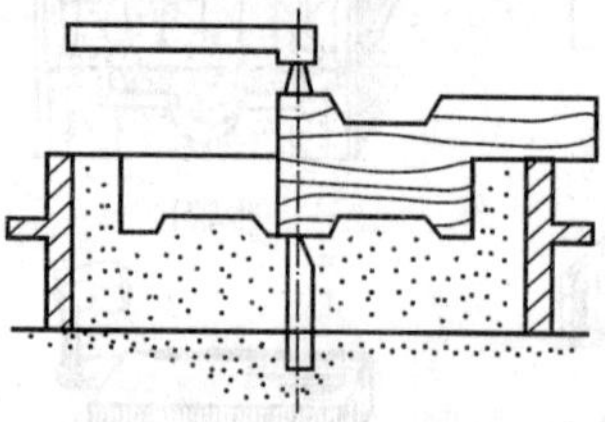	用刮板代替实体模造型,降低模型成本,缩短生产周期,但生产率低、要求操作工作技术水平高	用于等面或问转体的大、中型铸件的单件、小批量生产,如带轮、飞轮、铸管、弯头等
	两箱造型	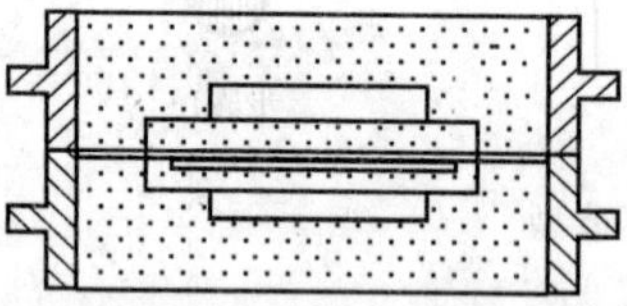	铸型由上、下砂箱组成,便于操作	适用于各种批量和各种尺寸的铸件
	三箱造型	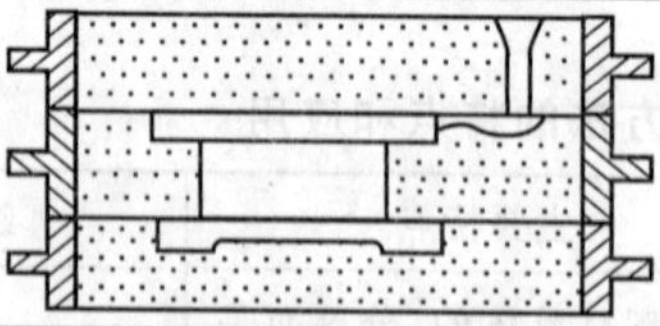	上、中、下三个砂箱组成铸型,中箱高度与两个分型面间的距离适应。造型费工时	主要用于手工造型,生产有两个分型面的铸件
	地坑造型	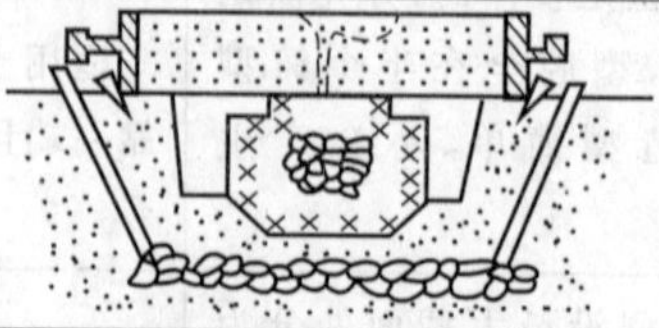	用地面砂床作为下砂箱,大铸件还需在砂床下铺焦炭、埋出气管,以便浇注时引气	常用于砂箱不足的条件下或制造批量不大的大、中型铸件
	组芯造型	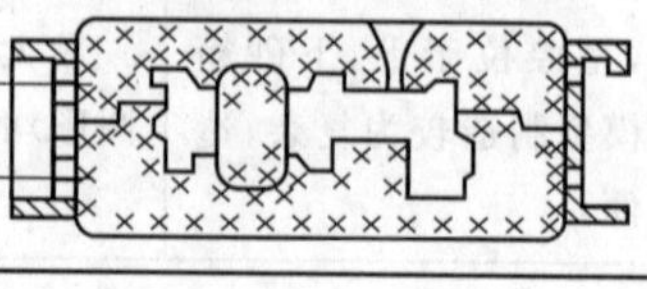	用多块砂芯组合成铸型,而无需砂箱。可提高铸件精度,但成本高	适用于大批量生产形状复杂的铸件

2.机器造型

机器造型是用机器全部地完成或至少完成紧砂操作的造型工序，其实质就是用机器代替了手工紧砂件，是现代化铸造生产的基本造型方法。通常适合于大批量生产。

机器造型用的机器，称为造型机，多以压缩空气为动力。按其紧实型砂的方式，造型机分为压式、振击式、振压式、抛砂式和射压式等多种类型，各自具有其特点及应用范围。图 7-3 为常用振压式造型机的工作原理。

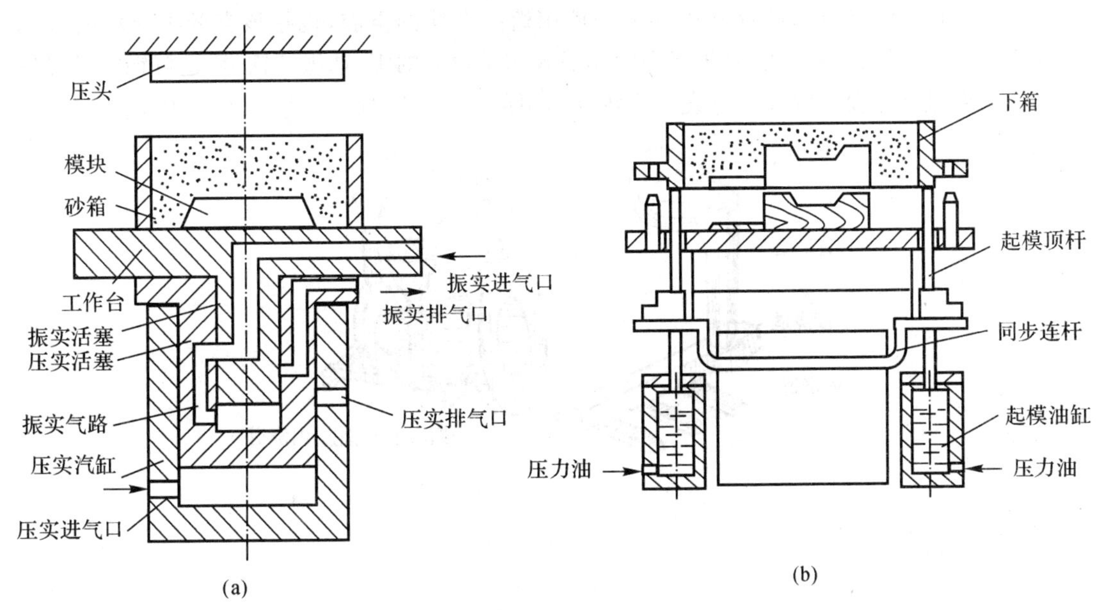

图 7-3　振压式造型机的工作原理

(a)紧实型砂示意图；(b)顶杆式起模示意图

六、造芯工艺

制造型芯的过程，称为造芯，或叫作制芯。其方法也分为手工造芯和机器造芯两类。一般情况下采用手工造芯，大量生产时采用机器造芯。图 7-4 为用简单芯盒手工造芯示意图。也可用刮板造芯，如图 7-5 所示。

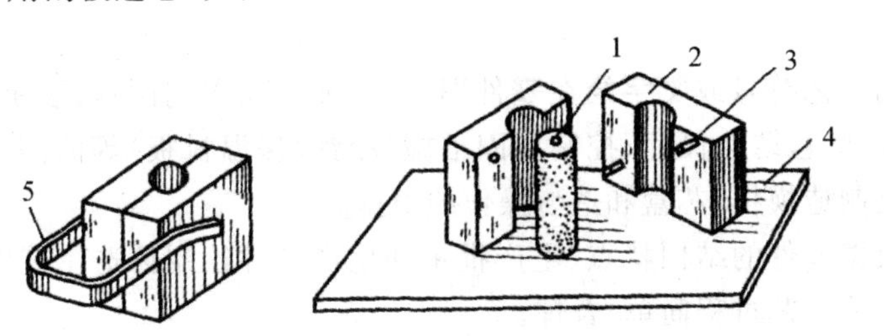

图 7-4　芯盒造芯

1—型芯；2—芯盒；3—定位销；4—底板；5—夹钳

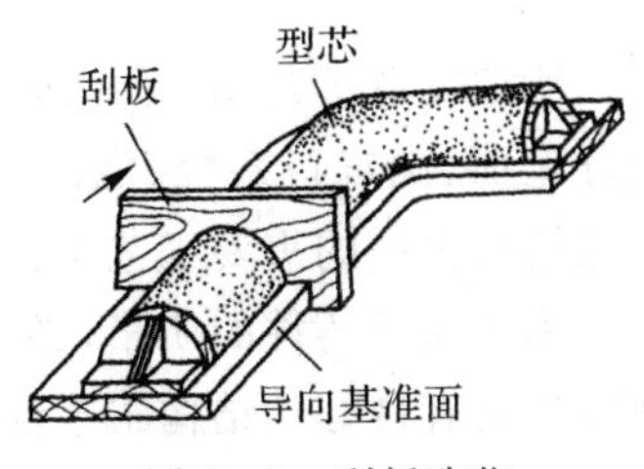

图 7-5　刮板造芯

七、浇注系统与冒口

在造型过程中，开设浇注系统与冒口是重要的操作。

(1)浇注系统。将液态金属平稳地导入、填充型腔与冒口的通道，称为浇注系统。通常由浇口杯、直浇道、横浇道和内浇道组成，如图 7－6(a)所示。除导入液态金属外，浇注系统还起到挡渣、补缩与调节铸件的冷却顺序等作用。

(2)冒口。在铸型内，储存和供补缩铸件用熔融金属的空腔，也指该空腔中充填的金属。其作用是补缩、排气和除渣。对于凝固时体积收缩量较大的钢、球墨铸铁、铸造黄铜等，冒口的补缩作用更显得重要一些。冒口设置于铸件的顶部或“热节”处，如图 7－6(b)所示。

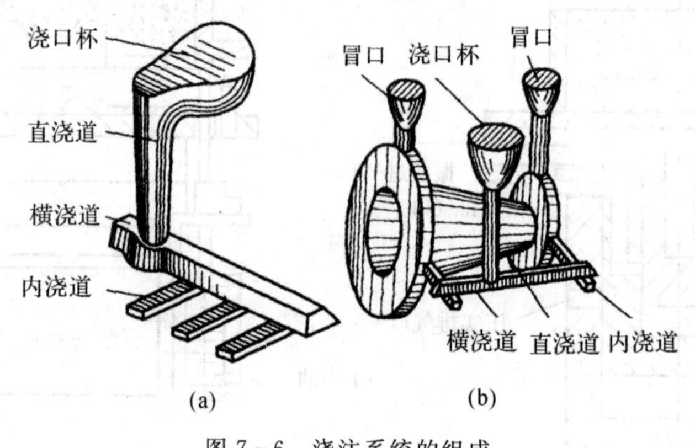

图 7－6　浇注系统的组成

八、铸型、型芯的烘干及合箱

(1)铸型和型芯的烘干。烘干的目的是提高铸型与型芯的强度、透气性，以及减少其挥发性气体。通常，型芯都要进行烘干，而铸型是在不能保证铸件质量时，才进行烘干。

(2)合箱。把铸型的各部分以及型芯装配在一起的操作，称为合箱。其工艺要点是要保证铸型型腔的尺寸与形状，以及型芯相对位置的稳固。

第二节　铸造工艺图

所谓铸造工艺图，是用规定的工艺符号或文字绘在零件图样上，或另绘工艺图样，表示铸型分型面、浇冒口系统、浇注位置、型芯结构尺寸、控制凝固措施(冷铁、保温衬板)等的图样。它是铸造生产的重要工艺文件，是制造模样、芯盒和造型操作的根据。

为了保证铸件的质量，必须根据零件的结构特点、生产批量和生产条件绘制铸造工艺图，使铸件具有良好的结构工艺性，铸造工艺过程简单、合理。

一、浇注位置的确定

浇注时，铸件在铸型中所处的位置，叫作铸件的浇注位置。其确定原则如下：

(1)铸件主要的加工面与工作面应朝下，或者使其处于侧面。这是因为浇注时，液态金属中的气体、夹渣、砂粒等易上浮，使铸件上部的质量变差。

(2)铸件的大平面应朝下，这样不仅减少产生气孔夹渣的可能，而且型腔上表面因长时间受合金的烘烤，容易拱起或开裂，造成夹砂。

(3)将铸件薄而大的平面放在铸型的下部、侧面或倾斜的位置，以利于液态合金充填铸型，防止浇不足、冷隔等缺陷。

(4)对于容易产生缩孔的铸件，浇注时，将铸件厚壁处放在上部或侧面，以保证铸件自下而上顺序凝固，使冒口充分发挥作用。

二、分型面的选择

制造铸型时，为便于取出模样，将铸型做成几部分，其结合而称为分型面。选择时，尽量做到既保证铸件质量，又简化操作工艺。通常考虑以下几个方面。

(1)尽可能将铸件的全部或大部分置于同一砂型内，以避免错箱和产生较大的缝隙与毛刺。

(2)分型面的数目应少，且为平面。图 7－7 为槽轮的分型面，图(c)比较合理，只有一个分型面，采用了整体模两箱型。这样，既简化了造型操作，又保证了铸件质量，还提高了生产率。

(3)尽量减少型芯与活块的数目。

(4)分型面的选择应有利于下芯、合箱，使型芯安放稳固，便于检查型腔尺寸。

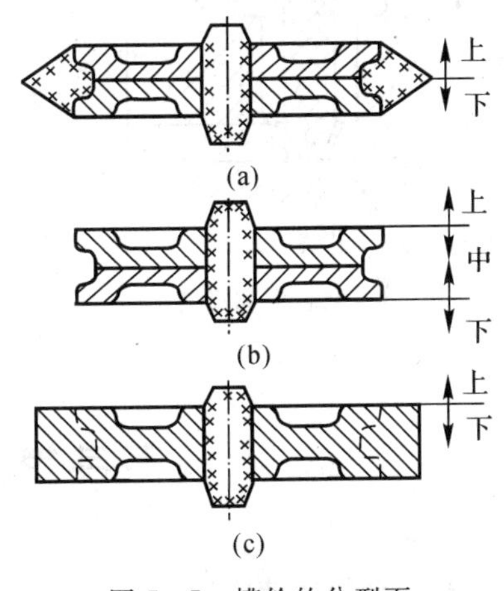

图 7－7　槽轮的分型面

分型面与浇注位置的关系，尽量做到二者统一。一般来说，对质量要求高的铸件，浇注位置的确定处于主导地位；对质量要求不高的铸件，简化造型工艺是主要的，应优先考虑分型面的选择。

三、工艺参数的确定

通常情况，铸件的形状、尺寸与零件是不一样的，模样的尺寸、形状与铸件也不一样。零件、模样与铸件三者之差异量，称为工艺参数，主要有下列各项。

(1)切削加工余量。铸件为进行机械加工而加大的尺寸，称为切削加工余量。零件凡是要切削加工的表面，都要留加工余量。

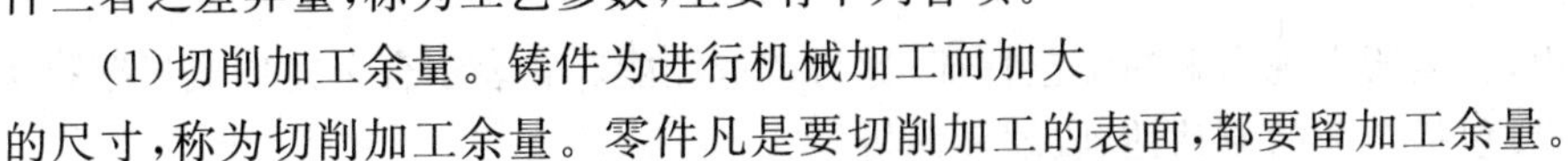

另外，零件上一些细小的沟槽、孔眼与台肩等不宜铸造出来，用机械加工方法制作更为经济。

(2)起模斜度。为了便于从铸型中取出模样，或者型芯自芯盒中脱出，平行于起模方向模壁都要制成倾斜的，该斜度叫作起模斜度，又叫拔模斜度。

(3)收缩量。铸件冷却后，由于合金的收缩而使其尺寸减小。为此，模样的尺寸要比铸件略大些，以补偿铸件的收缩。其“放大”量因合金的种类而异。

(4)铸造圆角。设计铸件与制造模样时，铸件壁的连接和转角处，都要做成圆弧过渡，称为铸造圆角。这样，可以防止铸件产生裂纹、砂眼和粘砂等缺陷。铸造圆角分为内圆角与外圆角。铸件上内壁相交构成内圆角，外表面相交则形成外圆角。

(5)型芯头。型芯是由型芯本体和型芯头组成的。型芯本体铸成铸件的内腔，型芯头是用来支承和固定型芯的。因此，制作模样与芯盒时，都必须做出型芯头。造型时，模样上的型芯头在铸型中做出型芯座。下型时，将型芯上的型芯头放入铸型的型芯座内，以保证型芯的位置准确、牢固，如图 7－8 所示。型芯头的尺寸取决于型芯的大小，要便于铸型的装配。同时，型芯头与型芯座之间要有一定的间隙。

图 7－9 是一压盖的零件图、铸造工艺图、铸件图、模样图及芯盒图，根据此图可进一步全面了解零件、模样及铸件的形状和尺寸的差异，以及铸造工艺图的主要内容及其在砂型铸造生产过程中的重要作用。

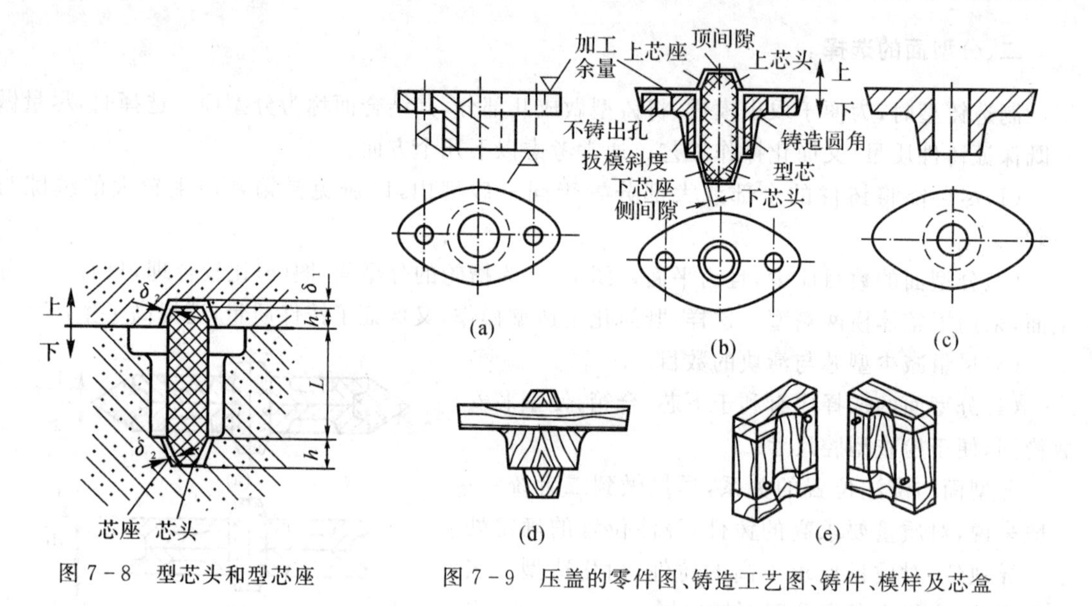

图 7－8　型芯头和型芯座

图 7－9　压盖的零件图、铸造工艺图、铸件、模样及芯盒

第三节　合金的熔炼与浇注

一、合金的铸造性能

在铸造过程中，合金所表现出来的工艺特征，称为铸造性能。它表示合金铸造成形获得优质铸件的能力，主要包括合金的流动性、收缩和偏析等。

1. 合金的流动性

液态合金的流动能力，称为合金的流动性，即液态合金充满铸型的能力。合金的流动性好，填充铸型能力强，可获得轮廓清晰和尺寸精确、形状复杂的薄壁铸件；同时，有利于液态合金中气体的逸出，熔渣容易上浮与排除，冒口的补缩能力也强。

影响合金流动性的因素如下：

(1)合金的成分。它影响合金的结晶(凝固)温度的高低和结晶的温度范围。在浇注温度相同的条件下，结晶温度低与凝固范围窄的合金，黏度低，其流动性好。

(2)浇注温度。浇注温度高，液态合金的含热量多，在相同的冷却条件下，保持液态的时间长，铸型温度高，降低了合金冷却速度，液态合金便于流动。

(3)铸型的结构特征。铸型的结构简单，型腔表面光滑，透气和排气能力强，可降低合金的流动阻力，改善合金的流动性。

2. 合金的收缩

铸件在凝固冷却过程中，体积与尺寸减小的现象，称为合金的收缩。

合金从浇注温度冷却到室温，经历三个阶段的收缩：液态收缩、凝固收缩和固态收缩。从浇注温度至开始凝固的收缩为液态收缩，表现为合金液面的降低。凝固开始到凝固终止的收缩为凝固收缩。凝固终止至室温的收缩为固态收缩，表现为铸件尺寸的减小。液态收缩和凝固收缩称为体收缩，固态收缩称为线收缩。

体收缩是铸件产生缩孔、缩松的根本原因；线收缩是铸件产生应力、变形与裂纹的根本原因。

影响合金收缩的因素如下：

(1)合金的化学成分。当浇注温度不变时，碳钢随碳含量的逐渐增加，其体收缩相应地增加，线收缩略有减小，总的收缩是增大的。灰铸铁，由于石墨的比容大，抵消了部分收缩。故铸铁中，促进石墨化的元素（碳、硅）含量愈多，收缩量愈小；阻碍石墨化的元素（如硫）愈多，收缩量就愈大。总之，不同的合金，化学成分不同，它们的收缩是不一样的。通常用收缩率（体收缩率、线收缩率）来衡量比较合金的收缩。表 7－2 为常用合金的收缩率。

表 7－2　常用合金的收缩率

合金种类 / 收缩率/(%)	碳钢	百口铸铁	灰铸铁	球铁	锡青铜
体收缩率	10～14	12～14	5～8		
线收缩率	2.17	2.18		0.5～1.2	1～1.6

(2)浇注温度。合金的浇注温度愈高，液态的收缩量增加，故其收缩愈大。

(3)铸型工艺特征。它是指铸件结构和铸型条件。铸件在铸型中是受阻收缩，而不是自由地收缩。其阻力来自铸型、型芯以及支铸件的壁厚不均，各处的冷却速度不同，收缩不一致，相互制约而产生阻力，使收缩带减小。

3. 铸造应力

铸件的凝固收缩时，受到阻碍而引起的应力，称为铸造应力。它主要包括热应力与机械应力。铸件的壁厚不均，冷却不一致导致的应力，称为热应力。当铸件收缩时，受到铸型和型芯的机械阻碍而产生的应力，称为机械应力，如图 7－10 所示。这两种应力得不到及时消除，同时产生作用会引起铸件的变形。若超过铸件材料的强度极限，将使铸件产生裂纹。

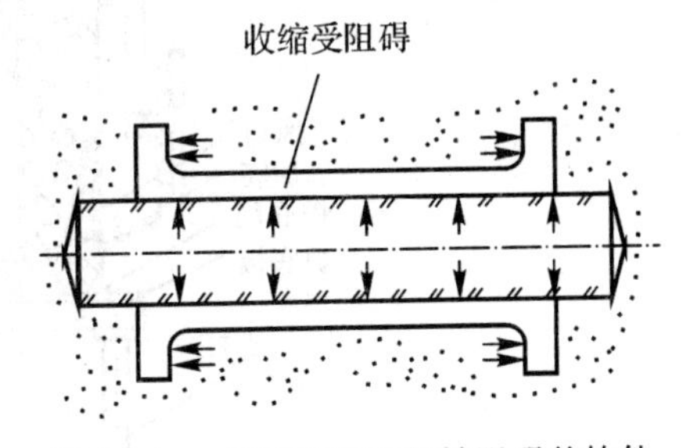

图 7－10　铸型和型芯机械阻碍的铸件

减小与消除应力的方法：一是铸造工艺方面采用退让性好的型砂和（或）芯砂，合理设置浇注系统与冒口，使铸件各部分冷却温差减小；二是及时对铸件进行消除应力退火，以消除其铸造应力。

二、铸铁的熔炼与浇注

铸铁的熔炼是获得优质铸铁的基本环节，也是生产合格铸铁件的重要工序之一。

1. 熔炼炉

铸铁的熔炼炉有冲天炉、电弧炉和感应电炉，其中以冲天炉应用最广泛。冲天炉是以焦炭为燃料的竖式化铁炉。其大致结构及熔化过程如图 7－11 所示。主要由炉体、支撑风系统和前炉等组成。其大小以每小时熔炼的铁水量来表示，常用的为 1.5～10t/h。

目前，国内 95%以上的铸铁是冲天炉熔炼的。它具有热效率高、熔化率高、设备简单、成本较低和连续熔化等优点。

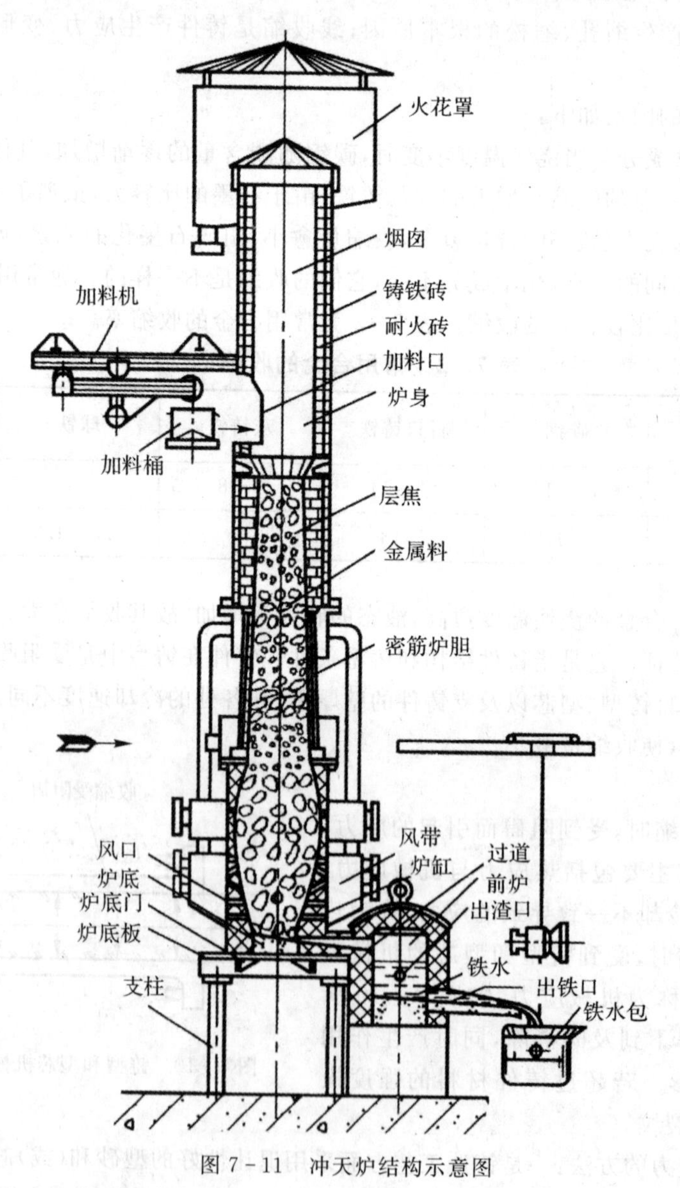

图 7－11　冲天炉结构示意图

2. 冲天炉炉料及其作用

为熔炼一定化学成分的铸铁，需要往炉内装入各种原料，称为冲天炉炉料。它包括金属料、燃料和熔剂，按比例配备，分批加入炉内。

金属料包括铸造生铁（Z14，Z18，Z22…）、铁合金（硅铁、锰铁、铬铁等）、废钢和回炉铁、浇冒口、废铸件)。铸造生铁是由炼铁厂的高炉熔炼的,它是冲天炉熔炼各种铸铁的主要原料:加入废钢,用以降低铸铁的碳含量;加硅铁、锰铁等铁合金,可以调节铸铁的硅、锰含量,加回炉铁,是利用废料降低铸铁的生产成本,符合节能减排的国策。

冲天炉通常用焦炭作为燃料。近年来,我国有些部门用煤粉作燃料。

熔剂熔炼铸铁时,熔剂与焦炭的灰分、夹杂物(砂子、土)等形成金属氧化物,再与炉衬(高熔点酸性氧化物)相互作用,形成低熔点的熔渣,与铁水分离,排出炉外。常用熔剂有石灰石、萤石。

3.熔炼过程

炉料从加料口装入,在自上而下运动中被上升的炉气预热,在底焦(底层焦炭)顶部(温度约 1 200℃)开始熔化,铁水顺着灼热的焦炭空隙下滴,又被进一步加热,温度可达 1 600℃,再经过过道(又称过桥)流入前炉储存。从风口吹入的空气与底焦燃烧后形成高温炉气,自下而上运动后变成废气,从烟囱排入大气。

炉料与吹入的空气(风),在冲天炉内进行一系列物理化学变化。

(1)焦炭的燃烧。实际是底焦的燃烧,生成 CO_2 与 CO,变为炉气。

(2)金属料的熔化及其化学成分的变化。金属料熔化后变为铁水,下滴时,流经炽热的焦炭,使其碳含量增加。硅、锰因被氧化而部分减少。焦炭中的硫溶入铁水,增加了铁水中的硫含量。铁水中的磷含量基本不变化。

(3)造渣。在金属料熔化的同时,还进行着造渣过程。原金属料表面的砂粒、氧化物,

焦炭中的灰分和铁及合金元素烧损形成的氧化物等物质,一起与熔剂(石灰石等)作用生成熔渣随同铁水聚积到前炉,这个过程称为造渣。因为熔渣的质量比铁水轻,浮在铁水的上面。最后由前炉的出渣口排出炉外。

4.炉前铁水质量的控制

为了获得所要求的铸铁种类,并保证其化学成分与力学性能,除了有合理的铸造工艺和炉料配比计算之外,炉前控制铁水质量是重要的工艺环节。其主要工艺措施如下:

(1)铁水出炉温度。根据铸铁的种类、牌号,铸件结构及工艺特点,应合理地确定铁水的出炉温度。一般来说,球墨铸铁的出炉温度比灰铸铁高灰,铸铁要进行变质(孕育)处理的比不处理的出炉温度高一些。

(2)孕育处理与球化处理。孕育处理又叫变质处理。生产高强度铸铁,需要进行孕育处理,即先熔炼碳、硅含量比较低的原铁水,用硅铁做孕育(变质)剂。在出铁时,将粉碎的硅铁均匀地加入出铁槽中,被铁水冲入浇包内,再经过搅拌、扒渣,就能够浇注出高强度铸铁。

在生产球墨铸铁时,要求熔炼的铁水有足够高的碳含量,同时严格控制硫、磷含量,还要加入球化剂和孕育剂。目前,国内应用最广泛的球化剂是稀土硅铁镁合金。将其放在浇包底部特制的槽内,上面盖上硅铁粉与稻草灰,如图 7-12 所示。或者在铸型内进行处理,以降低球化剂的用量,并且可提高球墨铸铁的力学性能。

(3)用三角试块炉前控制铁水质量。目前在国内多数铸造车间,仍采用三角试块控制铁水质量。即在浇注铸型前,先浇注一个三角试块,将其打断,测量其顶部产生白口的宽度及观察断面的组织结构,如图 7-13 所示,以判断铸铁的成分与性能的情况。这种方法简单易行,且比较准确。

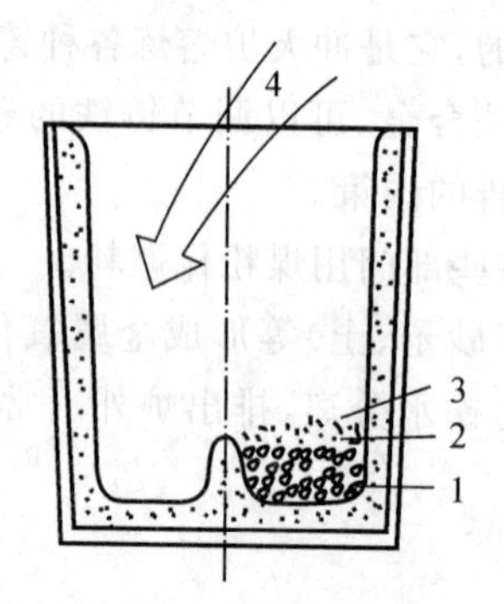

图 7-12 球化处理冲入法示意图

1—球化剂； 2—硅铁粉； 3—稻草灰； 4—铸铁

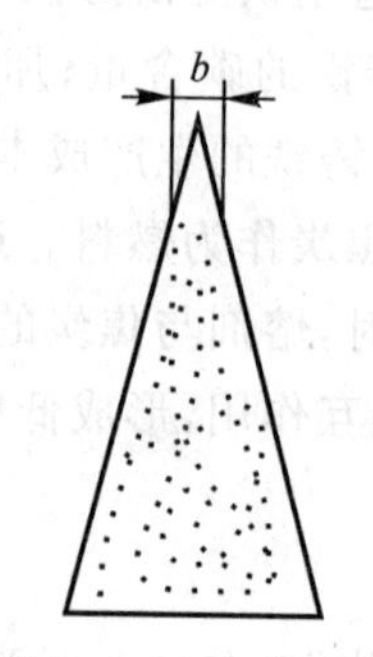

图 7-13 三角试块

5. 浇注工艺要点

将铁水从浇包注入铸型的操作，称为浇注。正确地进行浇注，不仅可以减少废品，而且是安全生产的必要条件。其工艺中主要掌握浇注温度与浇注速度。

(1)浇注温度。铁水注入铸型时所测量到的温度，称为浇注温度。控制浇注温度的原则是:保证铁水有足够流动性的前提下，尽量降低浇注温度。铁水温度高，流动性好，有利于熔渣的聚积与排除，因而减少铸件夹渣的可能性。但是，温度过高，会使铸件产生缩孔和缩松，组织的晶粒粗大，力学性能下降。温度过低，铁水流动性差。容易产生浇注不足和冷隔等缺陷。

(2)浇注速度。即单位时间内浇入铸型中的金属液质量，单位为 kg/s。一般情况，用浇注时间来控制浇注速度，以分钟计算，也可通过浇注系统进行控制。

*三、铸钢的熔炼与浇注简介

对于力学性能要求高的，或要求具有特殊力学、物理、化学性能的重要铸件，要用铸钢(ZG 200—400，……)制造，如汽车后桥壳，轧钢机机座，化工设备的泵壳、阀体，以及推土机、坦克的履带板等。铸钢在铸造生产中的应用，仅次于铸铁，居第二位。

1. 铸钢的工艺特点

由于铸钢的流动性比铸铁低，所以，铸钢件的壁厚不得太薄，其截面尺寸比铸铁的大些，浇注系统的结构应力求简单。铸钢的熔点高，收缩大，要求型砂、芯砂具有较高的耐火性，好的透气性与退让性，铸件壁厚尽量均匀，冒口要大一些。铸钢件多采用砂型铸造。

2. 铸钢的熔炼和浇注工艺要点

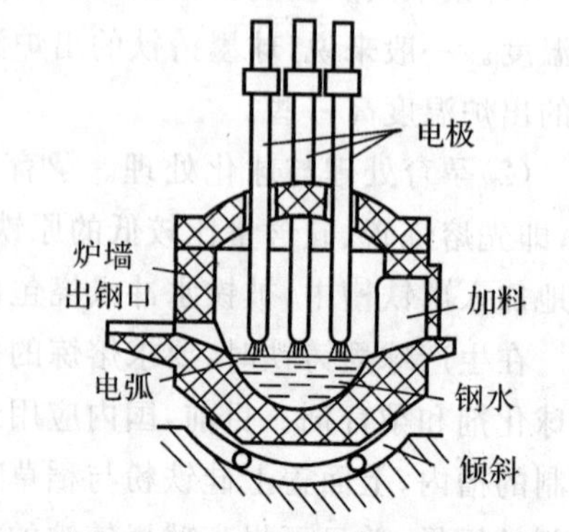

图 7-14 三相电弧炉的构造示意图

铸钢的熔炼一般采用电弧炉(见图 7-14)，利用电弧热进行钢的熔炼。其特点是熔炼周期短，操作方便，可以严格控制钢的化学成分，并且容易获得高温钢水。近年来，感应电炉已用于钢的熔炼，其熔化速度快，合金元素回收率高，钢水温度、成分都比较均匀，质量好，能源损耗少，适用于中、小型铸钢件的生产。

电弧炉炼钢，大致要经过补炉、装料(主要是废钢)、熔化期、氧化期、还原期和出钢等几个阶段。整个过程要严格控制钢水的碳含量及降低杂质中的硫、磷含量。与此同时，不得使钢水中的氧与氧化铁太多，所以炉料熔化后，要经过氧化期与还原期，以降低钢水的碳含量与硫、磷含量，以及去除氧，达到要求后，方可出钢浇注。

由于钢的熔点高，铸钢的浇注温度一般为 1 500～1 600℃，小的薄壁及形状复杂的铸钢件，浇注温度还要高些。若浇注温度过高，浇注速度又低，铸型表面会受钢水的热辐射，产生剥落和开裂。但浇注速度过快，会造成钢水喷溅，因而控制铸钢的浇注速度比铸铁严格。

* 四、有色铸造合金的熔炼与浇注简介

由于有色金属及其合金具有钢和铸铁所没有的一些特殊性能，使其成为制造业不可缺少的材料。常用的有色铸造合金有铸造铝合金、铸造铜合金和铸造轴承合金等。

熔炼铸造铝合金和铸造铜合金的设备有坩埚炉、电弧炉和感应电炉等，使用较多的是坩埚炉(见图 7-15)。近年来，感应电炉也被广泛采用。

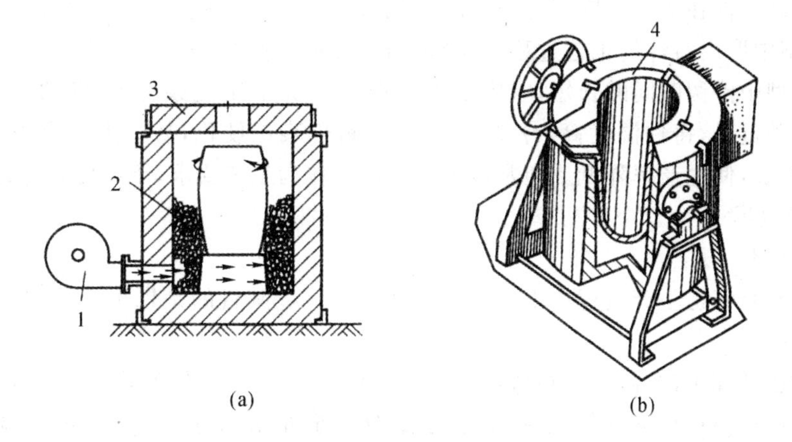

图 7-15 铝、铜合金的熔炉

(a)固定式坩埚炉； (b)回转式坩埚炉

1— 炉盖； 2—焦炭； 3—鼓风机； 4—坩埚

1. 铸造铝合金的熔炼和浇注工艺要点

在熔炼铝合金时，铝氧化生成 Al_2O_3，呈固态夹杂物悬浮在合金液中，很难去除，既破坏了铝合金的铸造性能，又降低了力学性能。与此同时，合金液容易吸气(主要是氢气)，在铸件凝固时形成细长的气孔，使铸件致密性降低，从而使铝合金的熔炼工艺控制较为复杂。主要工艺措施是使铝合金在熔剂层下熔炼和进行精炼。

将炉料(铝锭、回炉废铸铝件与中间合金)紧密地放入坩埚中，上面撒入熔剂(NaCl，KCl 或 Na_2 $A1F_6$ 等)。当合金熔化后，熔剂浮在合金液的上面，从而使合金液与炉气隔离。即便是这样，也难以完全避免吸收与溶解气体，因为气体的来源是多方面的。

为此，需要进行精炼。常用 ZnCl2(氯化锌)或通入氯气精炼。氯化锌加入铝合金液后，生成 $AlCl_3$ 气体，在其上浮过程中将铝合金液中的气体，以及 Al_2O_3，$Si0_2$ 等夹杂物带动液体表面，而后可方便除掉。

熔炼好的铝合金液，一般在 730～740℃ 出炉，然后加入氯化物(NaCl，KCl)和氟化物(NaF)等，进行变质处理，以 690～730℃浇注成铝铸件。

2. 铸造铜合金的熔炼和浇注工艺要点

熔炼铸造铜合金时，应使金属料不与燃烧的火焰直接接触，以减少铜及合金元素的氧化。为防止氧化，熔炼青铜时，加入玻璃或硼砂等作为熔剂，覆盖液面，熔炼后期，加磷、铜脱氧。熔炼黄铜时，由于本身含锌，就能够脱氧，所以不需要另加熔剂与脱氧剂。熔炼过程，尽量缩短熔化时间，快速熔炼，减少氧化和吸气。

铸造铜合金要控制浇注温度，锡青铜的浇注温度为 1 120～1 200℃，铝青铜为 1 100～1 180℃，特殊黄铜为 1 000～1 060℃。浇注前应充分搅拌，以防止偏析。但如果合金中含有易氧化、易挥发的合金元素，则不宜过分搅动，而应注意扒渣，并覆盖一层草灰或干燥的碎木炭。同时，在浇注时注意挡渣，便可浇注成铜铸件。

五、铸件的落砂、清理及常见缺陷

1. 铸件的落砂和清理

铸件的落砂铸件在完全凝固，并经充分冷却后，用手工或机械使铸件与型砂、砂箱分开的操作(即从铸型中取出铸件的工艺过程)，叫作落砂，又叫出砂。

铸件在铸型中停留时间的长短，取决于铸件的大小、形状的复杂程度、壁的厚薄以及合金的种类等。落砂过早，铸件温度高，冷却太快，会使铸件表层硬化，易产生变形，甚至开裂；反之，生产周期加长，使生产率降低。通常以铸件的温度作为工艺要求，予以控制，如铸铁件的落砂温度在 400℃以下。

2. 铸件的检验

铸件的检验是铸造生产过程中重要的工艺环节之一。其目的是剔出废品和次品，找出原因，降低废品率。

铸件检验包括如下内容：①检查铸件的尺寸、形状是否符合图样的要求。②检查铸件有无缺陷。③重要铸件要进行力学性能试验，化学成分与金相组织分析。④致密性检验：不能漏气、漏水的铸件要进行致密性检验，如暖气包等。还有灼铸件要进行水压、气压试验。

3. 铸件的常见缺陷

在铸造生产过程中，由于其工艺繁杂，铸件很容易产生缺陷。产生缺陷的原因十分复杂，主要是铸件结构设计不当，铸造工艺不完全合理，或者违反操作规程等多种原因造成的。为了确保铸件的质量，减少和防止铸件缺陷的产生，了解各种缺陷的特征及其造成的原因，以便采取相应的工艺预防措施是非常必要的。

表 7-3 为铸件常见缺陷、特征，产生的主要原因及预防措施。

表 7-3　铸件的常见缺陷、特征. 产生的主要原因及预防措施

类型	名称	图例及特征	产生的主要原因	预防的主要措施
形状类缺陷	错箱	铸件在分型面处有错移	(1)合箱时上、下砂箱未对准； (2)上、下砂箱未夹紧； (3)模样上、下半模有错移	(1)按定位标记，定位销合箱； (2)合箱后应锁紧或加压铁； (3)在搬运传送中不要碰撞上、下砂箱； (4)分开模样用定位销定位； (5)可能时采用整模两箱造型

续表

类型	名称	图例及特征	产生的主要原因	预防的主要措施
形状类缺陷	偏芯	e 铸件上孔偏斜或轴心线偏移	(1)型芯放置偏斜或变形； (2)浇口位置不对，液态金属冲歪了型芯； (3)合箱时碰歪了型芯； (4)制模样时，型芯头偏心	(1)制模时芯头的形状位置应准确； (2)型芯最好安置在下砂箱，以便检查； (3)水平分型时，应垂直向下合箱； (4)合理地旋转浇口位置； (5)装有型芯的铸型合箱后尽量避免转动
	变形	铸件向上、向下或向其他方向弯曲或扭曲等	(1)铸件结构设计不合理，壁厚不均匀； (2)铸件冷却不当，冷缩不均匀	(1)合理设计铸件结构，一般应使壁厚均匀，使铸件在铸型中能均匀冷缩； (2)在模样上做出相应于铸件变形旱的反挠度； (3)铸件是变形部位加拉肋； (4)使铸件在铸型中同时凝固； (5)铸件开箱后立即退火
	浇不足	液态金属未充满铸型，铸件形状不完整	(1)铸件壁太薄，铸型散热太快； (2)合金流动性不好或浇注温度太低； (3)浇口太小，排气不畅； (4)浇注速度太慢； (5)浇包内液态金属不够	(1)合理设计铸件，最小壁厚应限制； (2)复杂件选用流动性好的合金； (3)适当提高浇注温度和浇注速度； (4)烘干、预热铸型； (5)合理设计浇注系统，改善排气
孔洞类缺陷	缩孔	铸件的厚大部分有不规则的较粗糙的孔形	(1)铸件结构设计不合理，壁厚不均匀，局部过厚； (2)浇、冒口位置不对，冒口尺寸太小； (3)浇注温度太高	(1)合理设计的铸件避免铸壁过厚，可采用T形、工字形等截面； (2)合理放置浇注系统，实现顺序凝固加冒口补缩； (3)根据合金种类等不同，设置一定数量和相应尺寸的冒口； (4)选择合适浇注温度和速度
	气孔	析出气孔多而分散，尺寸较覫，侠于铸件各断面上； 侵入气孔数量较少，尺寸较大，存在于铸件局部地方	(1)熔炼工艺不合理地，金属液吸收了很多的气体； (2)铸型中的气体侵入金属液； (3)起模时刷水过多，型芯未干； (4)铸型透气差； (5)浇注温度偏低； (6)浇包工具未烘干	(1)遵守合理的熔炼工艺，加熔剂保护，进行脱气处理等； (2)铸型、型芯烘干，避免吸潮； (3)湿型起模时，刷水不要过多，减少铸型发气量； (4)发送铸型透气性； (5)适当提高浇注温度； (6)浇包，工具要烘干； (7)将金属液进行镇静处理

续表

类型	名称	图例及特征	产生的主要原因	预防的主要措施
夹杂类缺陷	砂眼	铸件表面上或内部有型砂充填的小凹坑	(1)型砂，芯砂强度不够，紧实较松，合箱时松落或被液态金属冲垮；(2)型腔或浇口内散砂未吹净；(3)铸件结构不合理、无圆角或圆角大小	(1)合理设计铸件圆角；(2)提高砂型强度；(3)合理设置浇口，减小液态金属对型腔的冲刷力；(4)控制砂型的烘干温度；(5)合箱前应吹净型腔内散砂，合箱动作要轻、合箱后应及时浇注

第四节 特种铸造

砂型铸造虽然是当前铸造生产中应用最普遍的一种方法，具有实用性广、生产准备简单等优点，但有铸件精度低、表面粗糙度差、内部质量不理想、生产过程不易实现机械化等缺点。

对于一些特殊要求的铸件，不用砂型铸造铸出，而采用特种铸造。通常将砂型铸造以外的铸造方法统称为特种铸造，如熔模铸造、金属型铸造、压力铸造、离心铸造、低压铸造、壳型铸造、陶瓷型铸造和磁型铸造等。这些铸造方法在提高铸件精度和表面质量，改善合金性能、提高劳动生产率、改善劳动条件和降低铸造成本等方面，各有其特点，有其适宜的应用范围，选用得当，会得到较高的经济效益。近些年来，特种铸造在我国发展相当迅速，其地位和作用日益提高。下面介绍几种常用的特种铸造方法。

一、熔模铸造

熔模铸造也称“失蜡铸造”或“精密铸造”，是指用易熔材料(通常用蜡料)制成模样，然后在模样上涂挂耐火涂料，经硬化后，再将模样熔化、排出型外，从而获得无起模斜度、无分型面、带浇注系统的整体铸型进行铸造的方法。

1.熔模铸造的工艺过程

熔模铸造的工艺过程如图 7-16 所示，主要过程如下：

(1)蜡模制造。为制出蜡模要经过如下步骤。

1)压型制造。压型是用来制造蜡模的专用模具。为了保证蜡模质量，压型必须有高的精度和低的粗糙度，而且型腔尺寸必须包括蜡料和铸造合金的双重收缩率。当铸件精度高或大批量生产时，压型常用钢或铝合金经切削加工而成；小批量生产时，可采用易熔合金（Sn、Pb，Bi 等组成的合金)、塑料或石膏直接在模样(母模)上浇注而成。

2)蜡模的压制。制造蜡模的材料有石蜡、蜂蜡、硬脂酸、松香等，常采用 50%石蜡和 50%硬脂酸的混合料。

压制时，将蜡料加热至糊状后，在 0.2～0.3 MPa 压力下，将蜡料压入到压型内[见图7-16(d)]，待蜡料冷却凝固后取出，然后修去分型面上的毛刺，即得单个蜡模[见图 7-16(e)]。

3)蜡模组装。熔模铸件一般均较小，为提高生产率、降低铸件成本，通常将若干个蜡模焊在一个预先制好的直浇口棒上构成蜡模组[见图 7-16(f)]，从而实现一箱多铸。

(2)结壳。它是在蜡模组上涂挂耐火材料,以制成一定强度的耐火型壳过程。由于型壳质量对铸件的精度和表面粗糙度有着决定性的影响,因此,结壳是熔模铸造的关键环节。结壳要经过几次浸挂涂料、撒砂、硬化、干燥等工序。

为了使型壳具有较高的强度,结壳过程要重复进行 4～6 次,最后制成 5～12mm 厚的耐火型壳。

(3)脱模、焙烧和造型:

1)脱模。为了取出蜡模以形成铸型空腔,必须进行脱模。最简便的脱模方法是将附有型壳的蜡模组浸泡于 85～95℃的热水中,使蜡料熔化、并经朝上的浇口上浮而脱除[见图 7-16(g)]。脱出的蜡料经过回收处理仍可重复使用。

2)焙烧和造型。脱模后的型壳必须送入加热炉内加热到 800～1 000℃进行焙烧,以去除型壳中的水分、残余蜡料和其他杂质。通过焙烧,可使型壳的强度增高,型腔更为干净。

(4)浇注、落砂和清理。为提高合金的充型能力,防止浇不足、冷隔等缺陷,常在焙烧出炉后趁热(600～700℃)进行浇注。待铸件冷却之后,将型壳破坏,取出铸件,然后,去掉浇口、清理毛刺。

对于铸钢件还需进行退火和正火,以便获得所需的力学性能。

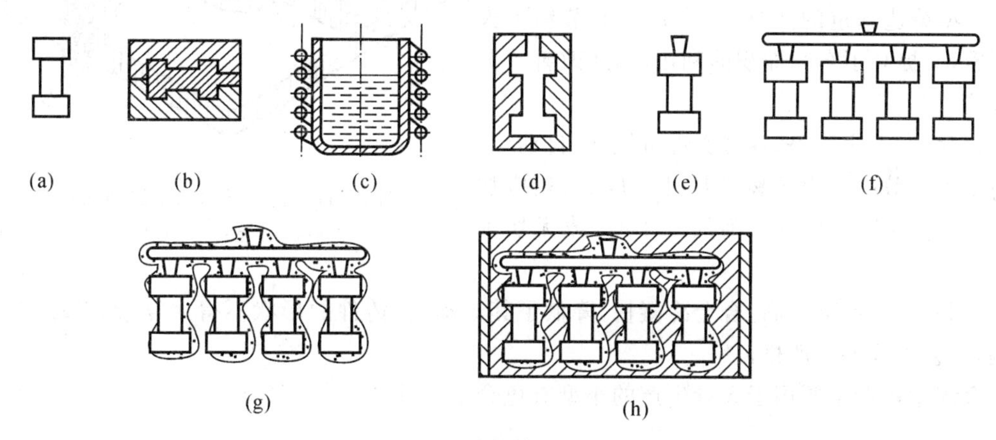

图 7-16　熔模铸造工艺过程

(a)母模; (b)压型; (c)熔蜡; (d)充满压型; (e)一个蜡模; (f)蜡模组; (g)结壳、倒出熔蜡; (h)填砂浇注

2. 熔模铸造的特点和使用范围

熔模铸造有如下优点。

(1)熔模铸造生产的铸件形状、尺寸精确,公差等级为 IT11～IT14 级,表面光洁,粗糙度 Ra 值为 12.5～1.6 μm,可实现少、无切削加工。

(2)由于型壳用高级耐火材料制成,因此能适应各种合金的铸造。这对于那些高熔点合金及难切削加工合金(如高锰钢、磁钢、耐热合金)的铸造尤为可贵。

(3)可铸出形状复杂的薄壁铸件以及不便分型的铸件。其最小壁厚可达 0.3 mm,铸出的最小孔径为 0.5 mm。

(4)生产批量不受限制,除适于成批、大量生产外,也可用于单件生产。

熔模造型的主要缺点是材料昂贵、工艺过程复杂、生产周期长(4～15 天),成本比较高,以砂型铸造高数倍。加之蜡模容易变形,铸件尺寸、重量都不能太大。

因此，对于形状复杂和难以切削加工的铸件更适于熔模铸造。目前，熔模铸造在机械、动力、航空、汽车、拖拉机及仪表等工业部门有着广泛的应用，适用于大量生产的小型铸件。

二、金属型铸造

铸型是用金属制造的，称为金属型铸造。这种铸型一般用铸铁和碳钢制造，这样，铸型可以反复使用，即"一型多铸"，故又称为永久型铸造。如图 7-17 所示为发动机铸造铝合金活塞的金属型示意图。在工作时，将底板上的活动半型向固定半型合扰锁紧，把液体金属浇入到金属型的空腔中待其冷却凝固后，即可取出铸件。

金属型铸造有如下优点。

(1)铸件精度高。尺寸精度可达公差等级 IT12～14，表面粗糙度 Ra 值 12.5～6.3 μm。金属型热导性强，铸件冷却快，组织致密，力学性能明显提高，例如，铜合金与铝合金的金属型铸件的 σ_b 比砂型铸造的生产提高 10%～20%。

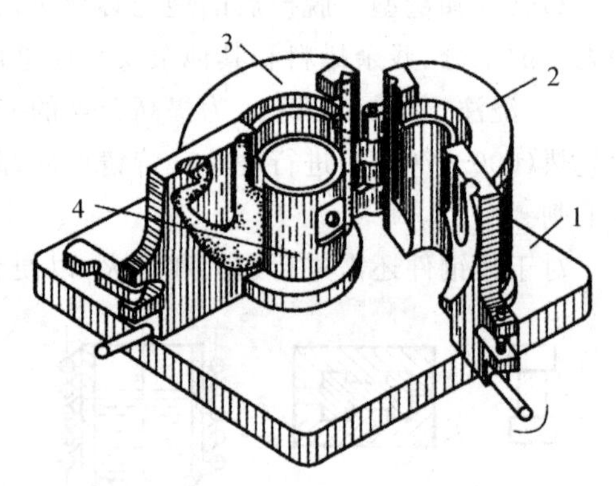

图 7-17　铸造活塞的金属型示意图

1—底板；　2—活动半型；　3—固定半型；　4—铸件

(2)"一型多铸"。金属铸型可铸造上万次，避免了砂型铸造繁重的造型工作，这样既节约了大量型砂，又提高了车间面积的利用率，还改善了劳动条件。

(3)生产工序简单，容易实现机械化、自动化，提高了生产效率。由于铸件尺寸精度高，相应加工余量小，因此可节省切削加工工时，或无切削加工。

但是，金属型造价高，合金冷凝快，降低了其流动性，铸件的形状不得太复杂，壁厚也受到限制，工艺过程要求严格。

金属型铸造主要用于大量生产的小型有色合金铸件。

三、压力铸造

在高压下，将液态合金迅速地压入金属铸型，并在压力作用下凝固而获得铸件的一种方法，简称压铸。常用压铸的压强为几兆帕至几十兆帕，金属液流速很高，充填速度在 0.5～70 m/s范围内。

高压力和高速度是压铸时液体金属充填压型过程的两大特点，也是压铸与其他铸造方法最根本区别之所在。此外，压型具有很高的尺寸精度和很低的表面粗糙度值。由于具有这些特点，因此压铸的工艺和生产过程，压铸件的结构、质量和有关性能都具有自己的特征。这些操作是在专用的压铸机上进行的。

1. 压力铸造的工艺方法

压铸机是压铸生产最基本的设备，它所用的铸型称为压型。压铸机分热压室式和冷压室式两类。

热压室式压铸机的工作原理如图 7-18 所示。其特点是压室和熔化合金的坩埚连成一体，压室浸在液体金属中，大多只能用于低熔点合金，如铅、锡、锌合金等。

冷压室压铸机分立式和卧式两类。

卧式冷压室压铸机的工作原理如图 7－19 所示。其工作过程如下：先闭合压型，用定量勺将金属液通过压室上的注液孔注入压室[见图 7－19(a)]；活塞左行，将金属液压入铸型[见图 7－19(b)]；稍停片刻，抽芯机构将型腔两侧型芯同时抽出，动型左移开型[见图 7－19(c)]；活塞退回，铸件被顶杆推出[见图 7－19(d)]。

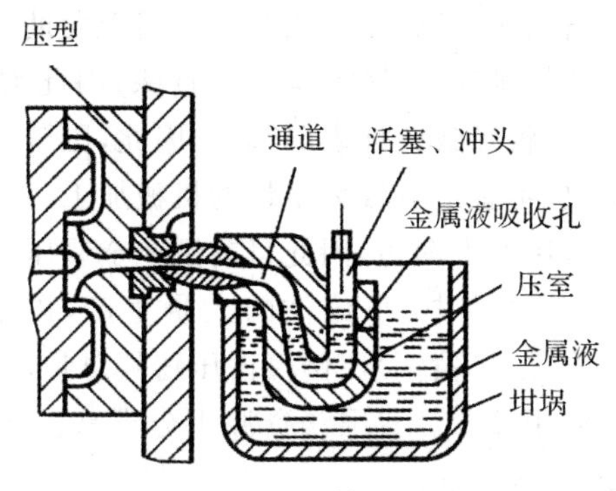

图 7－18　热压室压铸机的工作原理

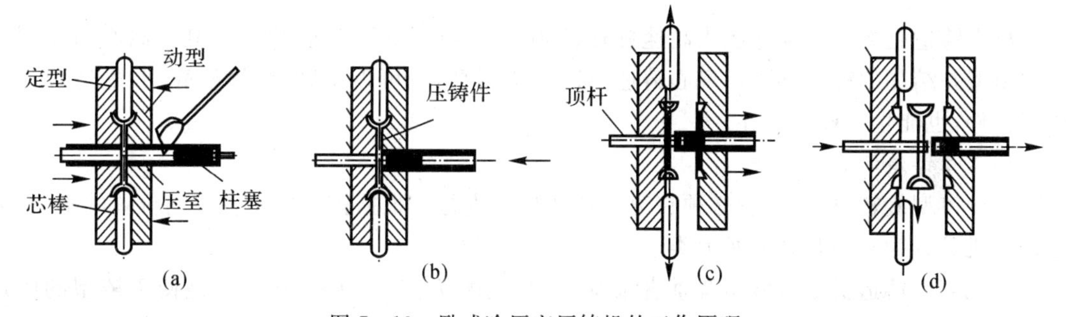

图 7－19　卧式冷压室压铸机的工作原理

(a)合型，向压室注入液态金属；(b)将液态金属压入铸型；(c)芯棒退出，压型分开；(d)柱塞退回，推出铸件

为了制出高质量铸件，压型型腔的精度和表面质量必须很高。压型要采用专门的合金工具钢(如 5Cr2W8V)来制造，并需严格的热处理。在压铸时，压型应保持 120～280℃的工作温度，并喷刷涂料。

2. 压力铸造的特点和适用范围

压力铸造有如下优点。

(1)铸件的精度及表面质量较其他铸造方法均高。尺寸精度 ITll～IT13，表面粗糙度 Ra 为 3.2～0.8，因此压铸件不经机械加工或仅个别部位加工即可使用。

(2)铸件的强度和硬度都较高。如拉伸强度比砂型铸造提高 25％～30％。因压型的激冷作用，且在压力下结晶，所以表层结晶细密。

(3)可压铸出形状复杂的薄壁件或镶嵌件。这是由于压型精密，因此在高压下浇注，极大地提高了合金充型能力。可铸出极薄件，或直接铸出细小的螺纹、孔、齿槽及文字等。铸件的最小壁厚，锌合金为 0.3 mm，铝合金为 0.5 mm；最小铸孔直径，锌合金为 1 mm，铝合金为 2.5 mm；可铸螺纹最小螺距，锌合金为 0.75 mm，铝合金为 1.0 mm。此外压铸可实现嵌铸，即压铸前先将其他材质的零件嵌放在铸型内,经压铸可将其与另外一种金属合铸为一体。

(4)生产率极高。在所有铸造方法中,压铸生产率最高,且随着生产工艺过程机械化、自动化程度进一步发展而提高。如我国生产的压铸机生产能力为 50～150 次/h,最高可达 500 次/h。

压铸虽是实现少、无屑加工非常有效的途径,但也存在许多不足。

(1)由于压铸型加工周期长、成本高,因此压铸只适用于大批量生产。

(2)由于压铸的速度极高,型腔内气体很难完全排除,因此常以气孔形式存留在铸件中。在热处理加热时,孔内气体膨胀将导致铸件表面起泡,因此,压铸件一般不能进行热处理,也不宜在高温条件下工作。同样,也不宜进行较大余量的机械加工,以防孔洞的外露。

(3)由于黑色金属熔点高,压型寿命短,因此目前黑色金属压铸在实际生产中应用不多。

压力铸造主要用于有色金属的中、小铸件的大量生产,以铝合金压铸件比例最高(约 30%～35%),锌合金次之。铜合金(黄铜)比例仅占压铸件总量的 19/6～2%。镁合金铸件易产生裂纹,且工艺复杂,过去使用较少。我国镁资源十分丰富。随着汽车等工业的发展,预计镁合金压铸件将会逐渐增多。

四、离心铸造

离心铸造是将液态合金浇入高速旋转(250～1 500r/min)的铸型中,使其在离心力作用下充填铸型并结晶的铸造方法。离心铸造可以用金属型,也可以用砂型、熔模壳型;既适合制造中空铸件,也能生产成形铸件。

1. 离心铸造的基本方法

为使铸型旋转,离心铸造必须在离心铸造机上进行。根据铸型旋转轴空间位置的不同,离心铸造机可分为立式和卧式两大类。

立式离心铸造机上铸型是绕垂直轴旋转的[见图 7－20(a)]。其优点是便于铸型的固定和金属的浇注,但其自由表面(即内表面)呈抛物线状,使铸件上薄下厚。它主要用于高度小于直径的圆环类铸件,如活塞环。

卧式离心铸造机上的铸型绕水平轴旋转[见图 7－20(b)],铸件各部分的冷却条件相近,铸件沿轴向和径向的壁厚均匀,因此适于生产长度大于直径的套筒、管类铸件(如铸铁水管、煤气管),是最常用的离心铸造方法。

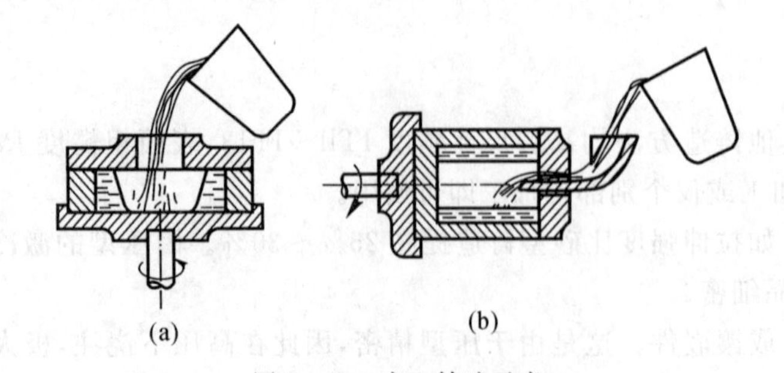

图 7－20 离心铸造示意
(a)立式离心铸造机; (b)卧式离心铸造机

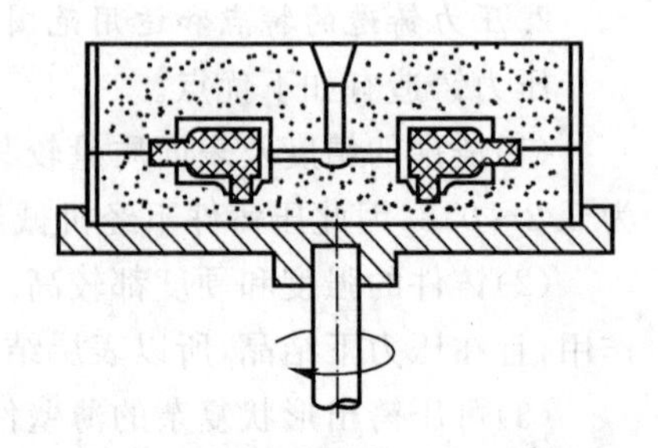

图 7－21 成形铸件的离心铸造

离心铸造也可用于生产成形铸件,此时,多在立式离心铸造机上进行。如图 7－21 所示,铸型紧固于旋转工作台上,浇注时金属液填满型腔,故不形成自由表面。成形铸件的离心铸造虽未省去型芯,但在离心力的作用下,提高了金属液的充型能力,便于薄壁铸件的形成,而且浇口可起补缩作用,使铸件组织致密。

2. 离心铸造的特点和适用范围

由于液体金属是在旋转状态下离心力的作用下完成充填、成形和凝固过程的,因而离心铸造具有如下一些优点:

(1)铸型中的液体金属能形成中空圆柱形自由表面,可省去型芯和浇注系统,因而省工、省料,降低了铸件成本。

(2)合金的充型能力强,可用于浇注流动性较差的合金和薄壁件的生产。

(3)铸件自外向内定向凝固,补缩条件好。液体金属中的气体和夹杂物因密度小易向内腔(自由表面)移动而排除。因此,离心铸件的组织致密、缩松及夹杂等缺陷较少,力学性能好。

(4)可生产双金属铸件,如铜套镶铜轴承、复合轧辊等,从而降低成本。

离心铸造的缺点如下:

(1)对于某些合金(如铅青铜、铅合金、镁合金等)容易产生重度偏析。

(2)在浇注中空铸件时,其内表面较粗糙,尺寸难以准确控制。

(3)因需要较多的设备投资,故不适宜单件、小批生产。

离心铸造发展至今已有几十年的历史。我国 20 世纪 30 年代开始采用离心铸造生产铸铁管。现在离心铸造已是一种应用广泛的铸造方法,常用于生产铸管、铜套、缸套、双金属钢背铜套等。对于像双金属轧辊、加热炉滚道、造纸机干燥滚筒及异形铸件(如叶轮等),采用离心铸造也十分有效。目前已有高度机械化、自动化的离心铸造机,有年产量达数十万吨的机械化离心铸管厂。

*第五节 几种铸造方法特点与经济性的比较

各种铸造方法均有其特点,在实际生产中,根据铸件的生产批量,铸件的材料、大小、形状及精度要求,结合具体设备条件,进行全面的技术经济分析,正确地选择铸造方法。表 7 - 4 为几种铸造方法特点的比较,表 7 - 5 为几种铸造方法经济性的比较。

表 7 - 4 几种铸造方法特点的比较

比较面目 \ 铸造方法	砂型铸造	熔模铸造	金属型铸造	压力铸造	离心铸造
适用金属的范围	任意	不限制,但以铸钢为主	不限制,但以有色合金为主	铝、锌等低熔点合金	以铸铁、铜合金为主
适合铸件的大小及质量	任意	一般小于 25 kg	以中、小铸件为主,也可用于数吨大件	一般为 10 kg 以下小件,也可用于中等铸件	不限制
生产批量	不限制	成批、大量也可单件生产	大批、大量	大批、大量	成批、大量
铸件尺寸精度	IT15～14	IT14～11	IT14～12	IT13～11	IT14～12

续表

比较面目 \ 铸造方法	砂型铸造	熔模铸造	金属型铸造	压力铸造	离心铸造
铸件表面粗糙度/μm	粗糙	$R_a 1.6 \sim 12.5$	$R_a 6.3 \sim 12.5$	$R_a 0.8 \sim 3.2$	内孔粗糙
铸件内部质量	结晶粗	结晶粗	结晶细	结晶细	缺陷很少
铸件加工余量	大	小或不加工	小	不加工或精加工	内孔加工量大
生产率(一般机械化程度)	低、中	低、中	中、高	最高	中、高
设备费用	中、低	中	中	高	中
应用举例	各种铸件	刀具、叶片、自行车零件、机床零件、刀杆、风动工具等	铝活塞、水暖器材、水轮机叶片,一般有色合金铸件等	汽车化油器、喇叭、电器、仪表、照相机零件等	各种铁管、套筒、环、辊、叶轮、滑动轴承等

表 7-5　几种铸造方法经济性的比较

比较项目	砂型铸造	金属型铸造	压力铸造	熔模铸造	离心铸造
小批生产时的适应性	最好	良好	不好	良好	不好
大量生产时的适应性	良好	良好	最好	良好	良好
模样或铸型制造成本	最低	中等	最高	较高	中等
铸件的机械加工余量	最大	较大	最小	较小	内孔大
金属利用率(铸件箦篓掌龕冒口)	较差	较好	较差	较差	较好
切削加工费用	中等	较小	最小	较小	中等
设备费用	较高(机器造型)	较低	较高	较高	中等

复　习　题

7-1　铸造生产的特点是什么？举一两个生产、生活用品的零件是铸造生产的，并进行分析。

7-2　简述砂型铸造的生产过程。

7-3　型砂、芯砂应具有哪些性能？若铸件表面比较粗糙，且带有难以清除的砂粒，这可能与型砂、芯砂的哪些因素有关?

7-4　为什么对芯砂的要求高于型砂?有哪些黏结剂可配制芯砂?

7-5　模样的形状、尺寸与铸件是否一样?为什么?在制造模样时,在零件图样上加了哪些工艺参数?

7-6　手工造型方法有哪几种?选用的主要依据是什么?

*7-7　机器造型的实质是什么?紧砂与起模有哪些方式?

7-8　浇注系统有哪几部分组成?其主要作用是什么?

7-9　冒口的作用是什么?其设置的原则是什么?

*7-10　何谓铸造工艺图?砂型铸造工艺图包括哪些主要内容?

7-11　区别下列名词(术语)的概念。

铸件与零件、模样与型腔、芯头与芯座、分型面与分模面、起模斜度与结构斜度、浇注位置与浇道位置、型砂与砂型、出气口与冒口、缩孔与缩松、砂眼与渣眼、气孔与出气孔、浇不足与冷隔。

7-12　何谓浇注位置?确定铸件浇注位置的基本原则是什么?

7-13　何谓分型面?何谓分模面?确定分型面的原则是什么?

7-14　在你的学习、实习与生活环境中,举出两个砂型铸造的零件,找出其分型面和内浇道、冒口的位置。

7-15　何谓冲天炉?其大致结构如何?

7-16　合金的铸造性能有哪些?其影响因素是什么?

7-17　在熔炼合金时,有哪几种熔炼炉?其规格是什么?

7-18　何谓铸造应力?产生的主要原因是什么?

*7-19　下列铸件大批量生产时,宜采用何种铸造方法?

车床床身、煤气罐安全阀、缝纫机头、污水管、汽缸套、名人纪念铜像。

7-20　检验铸件质量的方法有哪些?检验的内容是什么?

7-21　铸件有哪些常见缺陷?它们产生的主要原因是什么?

7-22　什么是熔模铸造?试简述其工艺过程,它有哪些优越性?

7-23　金属型铸造的主要特点是什么?其应用如何?

7-24　压力铸造与金属型铸造的主要区别是什么?压力铸造适用于何种金属和产品?

7-25　举出生产、生活设施中用离心铸造的产品或零件。

第八章 金属压力加工

金属压力加工是利用压力使金属产生塑性变形,使其改变形状、尺寸和改善性能,获得型材、棒材、板材、线材或锻压件的加工方法。属于金属塑性加工范畴,故又可称为金属塑性加工,包括锻造、冲压、挤压、轧制、拉拔等。其中最常用的是锻造和板料冲压,简称为锻压。

金属压力加工生产具有以下优点:

(1)金属的力学性能得到提高。金属经过塑性变形以后,晶粒细化,并使原始铸态的缺陷(微裂纹、气孔、缩松等)压合,从而改善了金属的力学性能。

(2)生产效率高。除自由锻外,其他塑性加工方法都具有较高的生产效率。

(3)节省金属。塑性变形过程是使金属在固态下体积重新分配的过程,金属消耗少;有些方法加工的产品,其尺寸精度和表面粗糙度已接近成品零件,从而节省了金属。

(4)生产范围广。可以生产各种类型与不同重量的产品,从不足 1 g 的冲压件,到重达数百吨的大型锻件都可以生产。

但是,锻压生产也存在着不足之处,例如各种锻压设备费用普遍较高,与铸造、焊接比较,产品的形状比较简单。

应当注意,必须具有一定塑性的金属方可进行压力加工。如钢、铜、铝等金属材料可压力加工成所需形状和尺寸的板料、管料、线材,及各种截面形状的型材(圆钢、角钢、槽钢等)。75%以上的钢通过塑性加工成为各种型材,供应各工业部门使用。生铁系脆性材料,不能够压力加工。

第一节 金属压力加工的基本原理

金属的塑性变形不仅改变了零件的外形和尺寸,同时也改善了金属的组织和性能。例如,通过锻压可以击碎铸态组织中的粗大晶粒,细化晶粒;消除铸态组织不均匀和成分偏析等缺陷,对于直径小的线材,由于拉丝成形而使强度显著提高。

因此,了解金属塑性变形的实质和组织变化规律,不仅可改进金属材料的加工工艺,而且对发挥材料的性能潜力,对提高产品质量具有实际的重要意义。

一、金属塑性变形的实质

压力加工的实质是在外力的作用下,使金属产生塑性变形。

一般金属材料是多晶体。多晶体的塑性变形较单晶体复杂得多,除晶内滑移变形外,还伴随着晶粒间的滑移和转动,如图 8-1 所示。

在外力作用下,单晶体的塑性变形是金属晶体内部原子沿某些晶面相对移动了一个或若干个原子间的距离。这种移动的方式称为滑移。

在外力去除后,原子在新的平衡位置上稳定下来,其弹性变形部分随之消失,而塑性变形部分保留下来。由于金属的实际晶体总是存在着位错等缺陷，因此滑移就可通过位错在切应力的作用下逐步移动进行，如图 8-2 所示。当一条位错移至晶体表面时，就产生一个原子间距的滑移量。因此，滑移过程并不需要整个滑移面上的原子一起移动，而只是少数原子做小距离的移动，所以用较小的切应力就可以产生滑移。

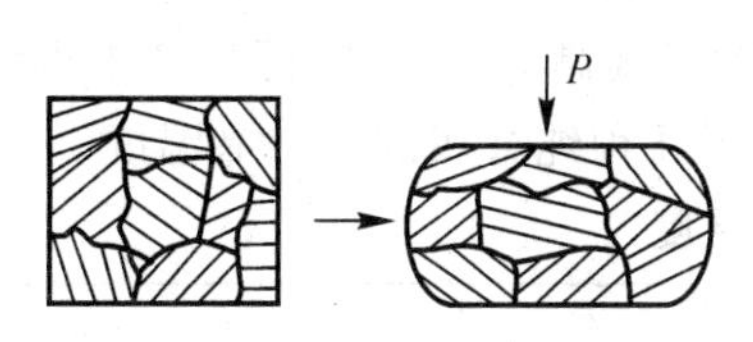

图 8-1　多晶体塑性变形示意图

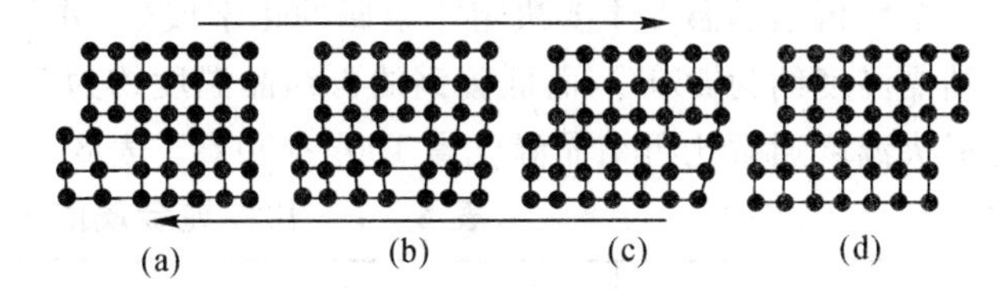

图 8-2　位错运动引起塑性变形

二、金属塑性变形对金属组织和性能的影响

当金属塑性变形之后，其组织和性能发生很大变化，其规律如下。

1. 加工硬化

加工硬化是金属低于再结晶温度时，由于塑性应变而产生强度和硬度增加的现象。金属在再结晶温度以下进行塑性变形时，随着变形程度的增加，其强度和硬度提高，塑性和韧性下降。塑性变形对金属力学性能的影响如图 8-3 所示。

加工硬化产生的原因是，由于塑性变形在滑移面附近引起晶格的严重畸变，甚至使晶粒碎化，同时存在较大的内应力，阻碍了金属内部继续滑移。

金属的加工硬化还会使金属材料的理化性能发生变化，如电阻升高，导电性、导热性、导磁性和耐蚀性降低。

2. 回复和再结晶

将冷变形后的金属加热至一定温度[约为(0.25～0.30)$T_{熔}$，$T_{熔}$为金属的熔点]后，使原子回复到平衡位置，晶内残余应力大大减少的现象称为回复(或称为恢复)。在回复时不改变晶粒形状。冷变形金属的显微组织无显著变化，强度、硬度略有下降，塑性、韧性有所回升，内应力明显减少。该温度称为回复温度。

塑性变形后金属被拉长了的晶粒重新生核、结晶，变为等轴晶粒称为再结晶。再结晶使金属的组织和性能恢复到变形前的状况，加工硬化现象完全消失。回复与再结晶对金属的组织及力学性能的影响如图 8-4 所示。

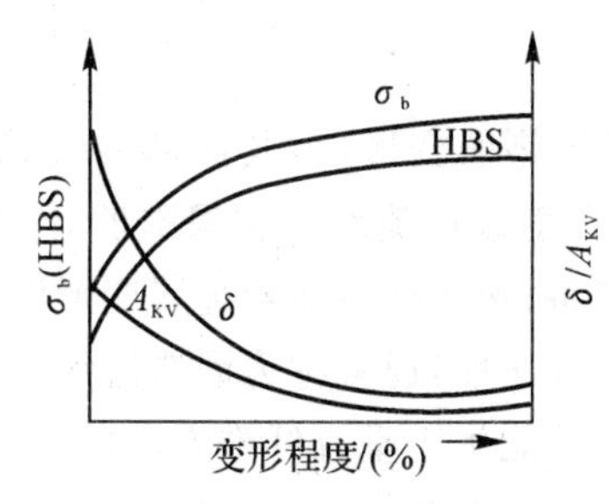

图 8-3　常温下塑性变形对低碳钢力学性能的影响

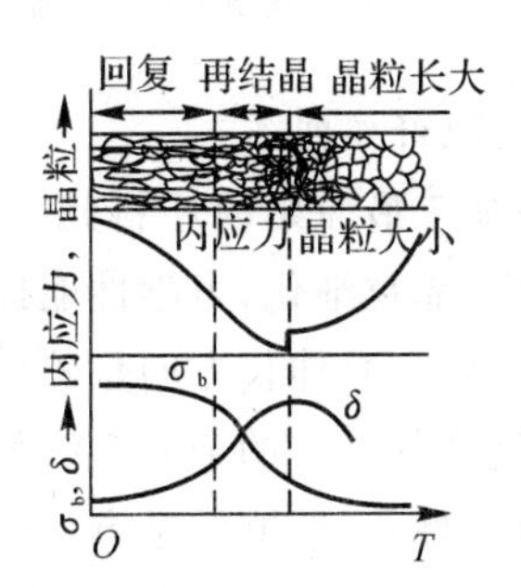

图 8-4　金属在热轧过程中的组织及力学性能变化

开始再结晶的温度称为再结晶温度。各种金属的再结晶温度和回复温度与其熔点大致有如下关系：

$$T_{回} \approx (0.25 \sim 0.30) T_{熔}$$

$$T_{再} \approx 0.4 T_{熔}$$

金属再结晶温度主要决定于金属的化学成分，并与变形量及加热时间有关。例如纯铁的再结晶温度约为 450℃，而低碳钢的再结晶温度约为 540℃，为了提高生产率，实际生产中再结晶退火温度通常比再结晶温度高 100～200℃。表 8－1 列举了几种纯金属的再结晶温度。

表 8－1 几种纯金属的再结晶温度

金属	钨	铁	铜	铝	锌	铅	锡
熔化温度/℃	3 400	1 535	1 083	660	419	327	232
再结晶温度/℃	1 200	450	230	100	室温	低于室温	低于室温

3. 金属的冷成形与热成形

金属坯料在室温（T 再以下）下的一种成形方法，称为冷成形。通常在变形过程中会出现加工硬化，如冷轧、冷冲压等。对于钢和多数金属材料，冷成形是在室温条件进行的，工件无氧化现象，可获得较高的尺寸精度和表面质量，同时还能提高工件的强度和硬度，是强化金属的重要手段之一。目前冷成形主要应用于低碳钢、非铁金属及其合金的薄板料加工。

金属在加热（$T_{再}$以上）后进行的成形称为热成形。变形后无加工硬化现象，如热轧、热锻等。热变形过程中，加工硬化现象也是不可避免的，但由于加工温度高于再结晶温度，加工硬化组织很快会被再结晶组织而取代。因此，热成形的变形抗力小，使变形过程易于进行，且能获得综合力学性能较好的再结晶组织。锻造成形主要采用热成形方式。金属在热轧过程中组织的变化如图 8－5 所示。

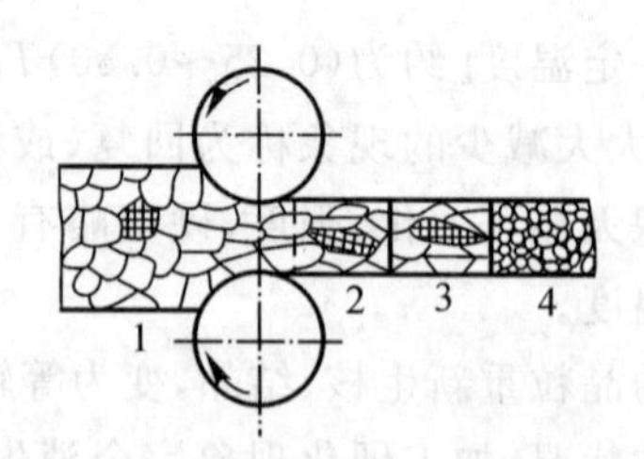

图 8－5 金属热轧过程中组织的变化

1—铸态组织； 2—加-工硬化组织； 3—回复组织； 4—再结晶组织

4. 锻造流线（纤维组织）

金属压力加工最原始的坯料是铸锭。为铸锭经热锻变形后，其内部的气孔、缩松等被锻合，使组织致密，晶粒细化，力学性能提高，同时会产生锻造流线。在锻造时，金属的脆性杂质被打碎，顺着金属主要伸长方向呈碎粒状或链状分布；塑性杂质随着金属变形沿主要伸长方向呈带状分布，这样热锻后的金属组织就具有一定的方向性，通常称为锻造流线。锻造流线使金属性能具有方向性，一般顺纤维方向（纵向）的力学性能优于垂直纤维方向（横向）的力学性能。如 45 钢在纵向的 $\sigma_b = 700$ MPa，$\sigma_S = 460$ MPa，$\delta = 17.5\%$，$a_{KU} = 49.6$ J。在横向的 $\sigma_b = 658$ MPa，$\sigma_S = 431$ MPa，$\delta = 10.0\%$，$A_{KU} = 24$ J。所以设计零件时正应力方向与流线方向一致，切应力方向与流线方向垂直，材料才能充分发挥作用。

锻造流线的稳定性很高，不能用热处理方法消除，但可在热变形过程中，改变其分布方向和形状。在机械零件的设计和制造时，锻造流线合理分布的基本原则如下：

(1)使零件工作时的最大正应力的方向与纤维方向重合；

(2)最大剪应力方向与流线方向垂直；

(3)锻造流线与零件轮廓走向一致而不被切断。

不同成形方法制成齿轮的纤维分布状况如图 8-6 所示。

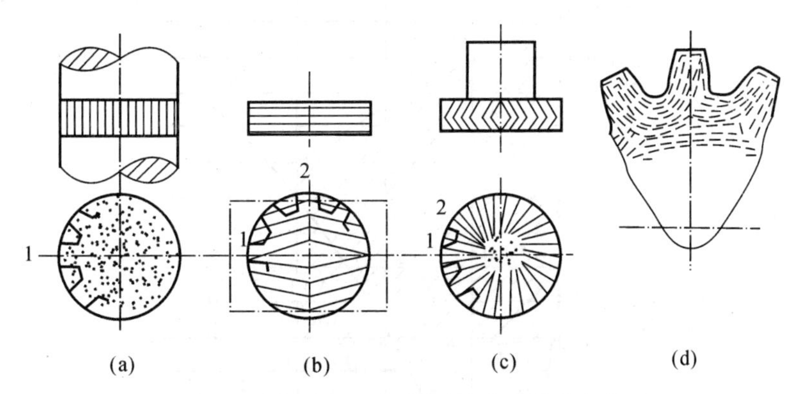

图 8-6 不同成形方法制成齿轮的纤维分布状况

(a)圆钢切削； (b)扁钢模锻； (c)圆钢镦粗； (d)轧制齿轮

5. 锻造比

锻造比是在锻造时变形程度的一种表示方法。通常用变形前后的截面比、长度比、高度比来表示，例如：

拔长时
$$y=\frac{F_0}{F}=\frac{L}{L_0}$$

镦粗时
$$y=\frac{F}{F_0}=\frac{H_0}{H}$$

式中，y 为拔长(镦粗)时的锻造比；F_0、F 为锻坯变形前后的横截面积，mm^2；L_0，L 为锻坯变形前后的长度，mm；H_0，H 为锻坯变形前后的高度，mm。

锻造时具有一定的锻造比，它关系到锻件性能改善的程度。对结构钢而言，当锻造比 $y \geqslant 3$ 时，金属内部即呈现较明显的纤维组织。

第二节 金属锻造时的加热与冷却

金属锻造加热的目的是提高金属的塑性，降低变形抗力，以便金属锻造时容易变形。

金属锻造加热应满足以下要求：金属在加热过程中不产生裂纹、不过热和过烧、温度要均匀、氧化脱碳少、加热时间短和节约燃料等。总之，在保证加热质量的前提下，力求加热过程越快越好。

一、锻造温度范围

锻造温度范围是锻件由始锻温度到终锻温度的区间。锻造温度范围宽，增加锻造的操作时间，有利于锻造的顺利进行。锻造温度范围如图 8－7 所示。

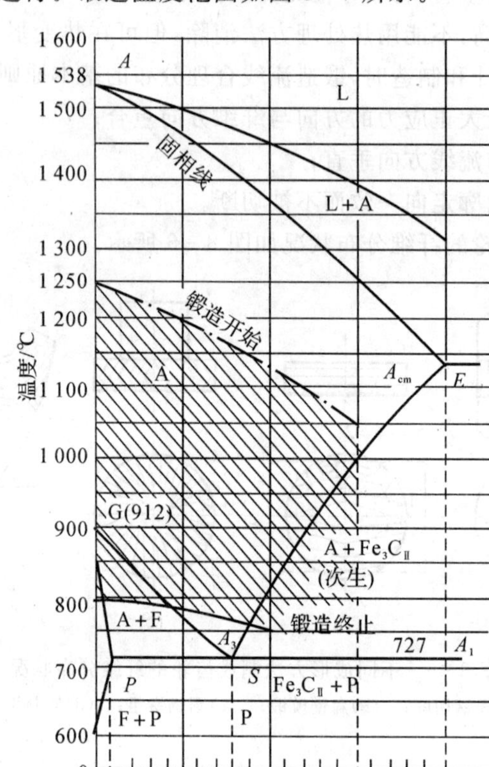

图 8－7 碳钢的锻造温度范围

1. 始锻温度

开始锻造时坯料的温度称始锻温度，也是允许的最高加热温度。

始锻温度高，金属塑性好，易进行锻造，提高生产效率。但始锻温度的提高，它要受过热和过烧的制约，对碳钢而言，通常限制在铁碳合金状态图固相线以下 200℃左右。

从图 8－7 中可以看出，碳钢的始锻温度随含碳量的增加而降低。

2. 终锻温度

坯料经过锻造成形，在停锻时的瞬时温度称终锻温度。

在保证锻造时金属具有足够的塑性，以及锻后能获得再结晶组织的前提下，终锻温度应该低些，以利保证锻件的质量。但终锻温度太低时，金属塑性差，变形困难，产生加工硬化，甚至开裂。

对于亚共析钢的终锻温度应控制在 GS 线（A_3 线）以上，但 GS 线以下，增加的仅是铁素体，也有很好的塑性，为扩大锻造温度范围，减少加热次数，终锻温度可扩大至 800℃左右。对于过共析钢如控制在 ES 线（A_m 线）以上时，终锻冷却时可能会析出网状渗碳体，为了打碎网状渗碳体，在 ES 线（A_{cm} 线）以下还应继续锻造，一般应控制在高于 A_1 线（PSK 线）以上约 50～100℃结束锻造，也常取 800℃左右。表 8－2 为碳钢的锻造温度范围。

表 8－2　碳钢的锻造温度范围

合　金　种　类	温度/℃	
	始锻	终锻
含碳 0.3%以下的碳钢	1 200～1 250	800
含碳 0.3%～0.5%的碳钢	1150～1 200	800
含碳 0.5%～0.9%的碳钢	1 100～1 150	800
含碳 0.9%～1.5%的碳钢	1 050～1 100	800
合金结构钢	1 150～1 200	850
低合金工具钢	1 100～1 150	850
高速钢	1 100～1 15Q	900
硬铝	470	380

3. 烧损与脱碳

钢在加热时，铁与炉气中的氧化性介质会发生氧化反应，生成氧化铁皮。坯料在加热过程中因生成氧化皮而造成的损失称烧损，又称火耗。每次加热的烧损量可达坯料质量的 1%～5%。

钢在高温状态下，不仅金属表面被强烈氧化，表层金属的碳也会因氧化而损失。坯料在加热过程中，其表层因氧化而损失碳通常称为脱碳。脱碳严重时，脱碳层厚度可达 1.5～2 mm。

加热时必须控制温度、时间和炉气成分，防止出现严重的氧化烧损及脱碳现象。

4. 过热与过烧

过热是金属由于加热温度过高或高温下保持时间过长引起晶粒粗大的现象。过热影响锻件的力学性能，生产中常采用退火热处理将钢的过热组织细化。

过烧是加热温度超过始锻温度过高，使晶粒边界出现氧化及熔化的现象。过烧的金属塑性完全丧失，一锻即碎。过烧是一种无法挽救的加热缺陷。

生产中必须严格控制加热温度和保温时间，以防止过热和过烧。

二、锻件的冷却

锻件的冷却也是锻造生产的一个重要环节。若冷却方法不当，也会出现变形、裂纹等缺陷。在生产中根据锻件的化学成分、形状、尺寸的特点，采用不同的冷却工艺方法。

(1)空冷。热态锻件在静止空气中冷却的方法，冷却速度较快。适合于非合金钢的中、小锻件及含碳量≤0.3%的低合金钢的中、小锻件。

(2)灰砂冷。将热态锻件埋入炉渣、灰或砂中缓慢冷却的一种冷却方法。适合于中碳钢、碳素工具钢和大多数低合金钢的中型锻件。

(3)炉冷。锻后锻件放入炉中缓慢冷却的一种冷却方法。一般在 500～700℃的加热炉中。适合于中、高碳钢及合金钢的大型锻件。

一般地说，锻件的碳及合金元素含量越高，体积越大，形状越复杂，冷却速度越要缓慢。

第三节　锻　　造

锻造是在加压设备及工(模)具的作用下,使坯料产生局部或全部的塑性变形,以获得一定几何尺寸、形状和质量的锻件的加工方法。锻件其力学性能比铸件好,在整个机械制造生产过程中,锻造占有重要位置,是重要加工方法之一。

锻造分为自由锻、模锻和胎模锻等,模锻又分为锤上模锻、压力机模锻和平锻机模锻等。

一、自由锻

自由锻是只用简单的通用性工具,或在锻造设备的上、下砧间直接使坯料变形而获得所需的几何形状及内部质量锻件的方法。

自由锻时金属能在垂直于压力的方向自由伸展变形,而锻件的形状和尺寸主要由人操作来控制。自由锻造工艺灵活,适应性强,适用于各种大小的锻件生产。由于采用通用设备和工具,生产准备周期短,故费用低。但自由锻生产率低,只适于形状简单的单件、小批量生产,而且锻件精度低,机加工余量大,对工人的操作技术要求高,劳动强度大,劳动条件较差。

1. 自由锻造设备

自由锻造时所用的设备有两类:一类是产生冲击力的锻锤,如空气锤、蒸汽-空气锤;另一类是产生静压力的压力机,如水压机和油压机。

(1)锻锤。锻锤的吨位按落下部分质量(kg)计算。空气锤的吨位有 40 kg,75 kg,100 kg,750 kg,1 000 kg 等规格;蒸汽-空气锤最小的为 630 kg,最大的有 5 t,一般常用者为 1～3 t,大于 5t 的被大型水压机代替。

1)空气锤。是锻造小型锻件的常用设备,其外形和工作原理如图 8－8 所示。电动机经由曲轴连杆机构带动压缩缸活塞上下运动,压缩缸内空气通过气阀进入工作汽缸,使工作活塞上下运动而完成锻击工件。

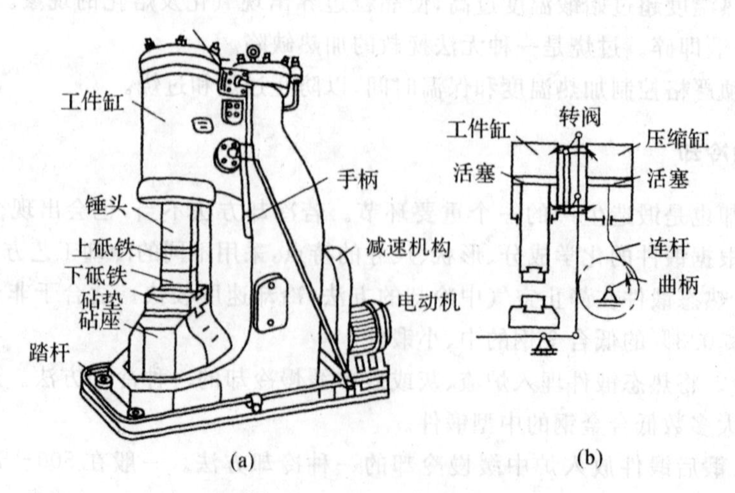

图 8－8　空气锤示意图

(a)外形图；(b)工作原理

2)双柱式蒸汽-空气锤。双柱式蒸汽-空气锤的吨位都在 1t 以上,其型式有拱式和桥式。拱式锻锤的锤身由两个立柱组成拱门形,结构紧凑,锤身位置稳定,是应用很普遍的一种。但只能从两面接近下砧,锻制复杂大锻件时不方便,落下质量为 1～5 t。桥式锻锤的锤身由两个立柱和一个横梁铆成或焊成桥架式。轮廓尺寸及重力都比拱式大,操作空间大,能从四面接受下砧,锻造一些形状复杂质量一般为 3～5 t。图 8－9 为双柱拱式蒸汽-空气锤示意图。

(2)水压机。

1)水压机的特点。用锻锤锻造,以打击力迫使金属发生塑性变形。操作时震动大,噪声大。为了防止下砧的跳动,需要极重的砧座(为锻锤落下部分质量的 15～20 倍),这就限制了锻锤向更大的吨位发展。大型和特大型锻件只有依靠压力机。自由锻造使用的压力机一般是水压机。

水压机属于用无冲击的静压力使金属变形的一种机械。上砧所施加的压力能深入到锻件的内部而把金属锻透,剩余部分压力便由机柱承受,地面不受震动,因此,水压机的使用效率高于锻锤。水压机的吨位可以做得很大,由几十吨到几万吨,常用的水压机是 500～50 000 t。我国于 1961 年就制造了 12 000 t 水压机,如图 8－10 所示。目前我国已有 30 000 t 自由锻造水压机问世。

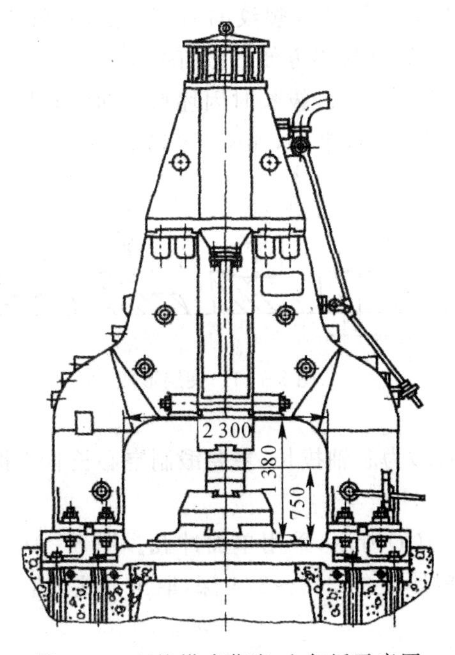

图 8－9　双柱拱式蒸汽-空气锤示意图

图 8－10　12 000 t 水压机锻压 100 t 钢锭

2)水压机的应用。压力机的规格是用最大作用力来表示的。自由锻造水压机的压力为 800～12 000 t。压力机工作平稳,用于锻造重型锻件。

2. 自由锻基本工序

自由锻的基本工序有镦粗、拔长、冲孔、弯曲、扭转、错移、切割等。实际生产中较常用的是镦粗、拔长和冲孔三种。

(1)镦粗。镦粗是使坯料高度减小,横截面积增大的锻造工序。

镦粗有完全镦粗和局部镦粗两种,如图 8－11(a)所示为完全镦粗。若在坯料某一部分进行的镦粗叫局部镦粗，如图 8－11(b)所示。镦粗主要用于制造高度小、截面大的工件，如齿轮、圆盘等毛坯或作为冲孔前的准备工序。完全镦粗时，坯料尽量用圆柱形，且长、径比不能太大(小于 2.5～3)，端面应平整并垂直于轴线，镦粗时的打击力要足，否则容易产生弯曲、凹腰、歪斜等缺陷。

(2)拔长。拔长是使坯料横截面积减小，长度增加的锻造工序。如图 8－12 所示。拔长主要用于制造各种轴类和杆类锻件。

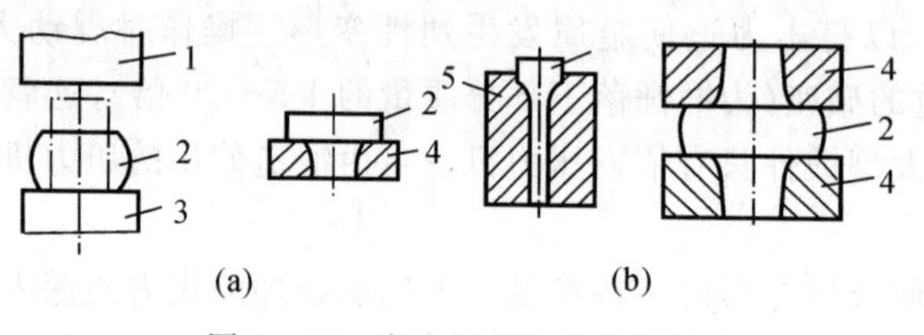

图 8－11　完全镦粗和局部镦粗

1—上砧；　2—坯料；　3—下砧；　4—垫环；　5—模具

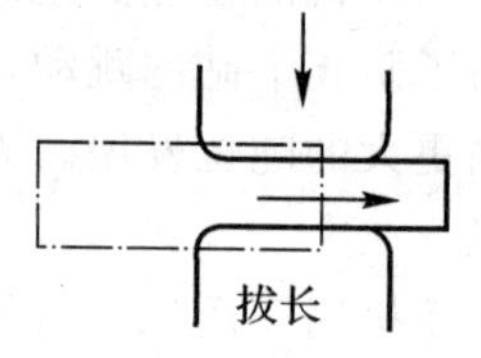

图 8－12　拔长示意图

拔长时需坯料不断地绕轴心翻转，翻转的方法有三种，如图 8－13 所示。图 8－13(a)是通常的锻打方法。图(b)为四面均匀锻压，防止不均匀变形造成裂纹的锻打方法，一般应用于锻造性能较差的高合金钢。图(c)为锻压大型锻件频繁翻转不方便的锻打方法。

拔长时，一般送进量 $l=(0.5\sim0.75)b$(砧宽)。l 太大，拔长时因坯料横向流动增大，效率反而不高，其单边压量 $\Delta h/2$ 应小于送进量 l，否则易形成夹层，如图 8－14 所示。

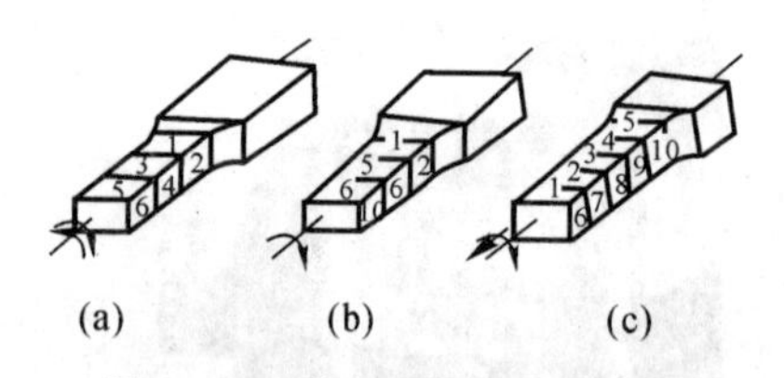

图 8－13　拔长时坯料翻转方式

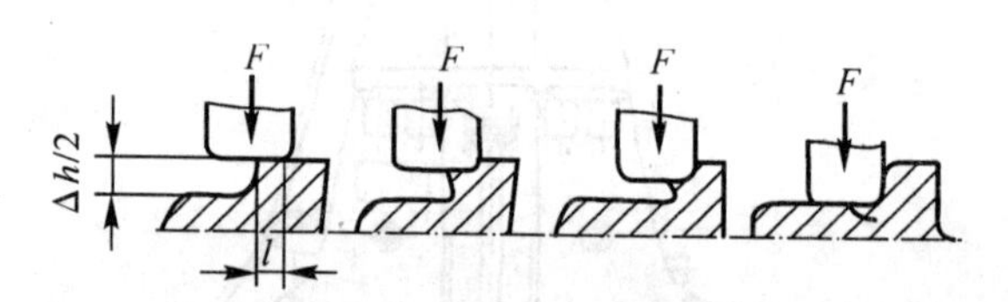

图 8－14　夹层形成

常用的几种变相拔长，如图 8－15 所示。图(a)为芯轴拔长，主要锻制空心长管类锻件；图(b)为芯轴扩孔，主要用于圆环形锻件。

1)实心冲头冲孔。薄坯料冲孔时，如图 8－16(a)所示，采用单面冲孔。图 8－16(b)为实心冲头双面冲孔，冲头小头朝下，先将孔冲到坯料厚度的 2/3～3/4 深，取出冲头，然后翻转坯料，从反面将孔冲透。此法不受坯料厚度限制。

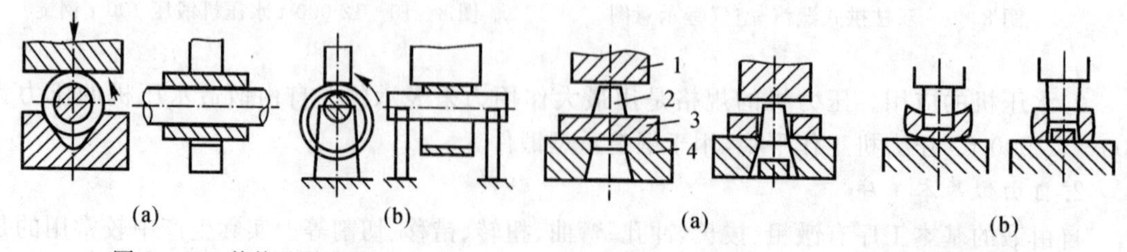

图 8－15　其他几种变相拔长　　图 8－16　实心冲子单面冲孔和双面冲孔

1—上砧；　2—冲子；　3—坯料；　4—漏盘

2)空心冲头冲孔。要在大型钢锭上得到大直径的孔,如冲孔直径大于 300～500 mm,而且必须去除中央偏析区时,则用空心冲头冲孔。除去偏析区可以提高锻件质量,这是此种方法的主要优点。空心冲头冲孔工艺如图 8-17 所示。

(4)弯曲。弯曲是将板料、型材或管材在弯矩作用下弯成具有一定曲率和角度的制件的成形方法。弯曲与其他工序联合使用,得到各种弯曲形状的锻件,如图 8-18 所示。

(5)扭转。将毛坯的一部分相对另一部分绕其轴线旋转一定角度的锻造工序。如图 8-19 所示。

(6)切割。将坯料分成几部分或部分地割开,或从坯料的外部割掉一部分,或从内部割出一部分的锻造工序,如图 8-20 所示。

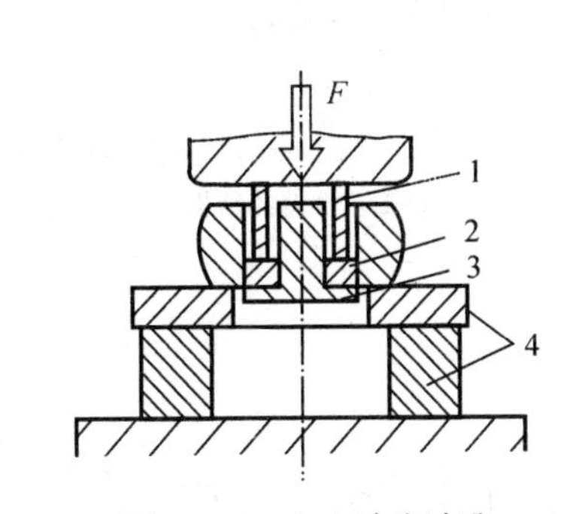

图 8-17　空心冲头冲孔

1—上垫；　2—空心冲头；　3—芯料；　4—漏盘

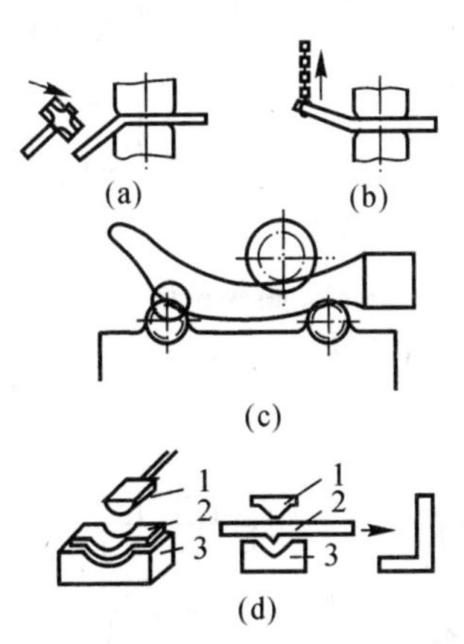

图 8-18　常用弯曲方法

1—成形压铁；　2—坯料；　3—胎模

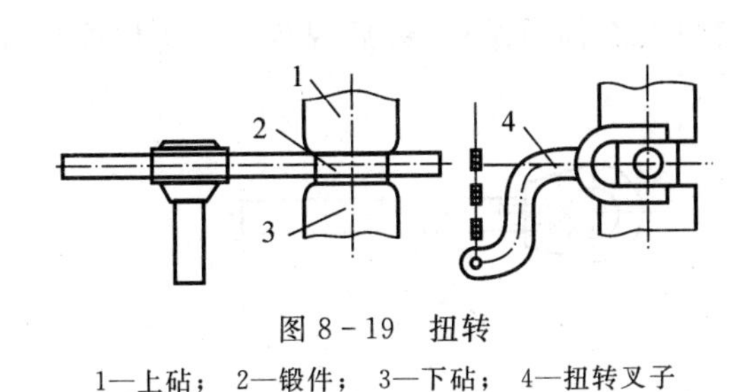

图 8-19　扭转

1—上砧；　2—锻件；　3—下砧；　4—扭转叉子

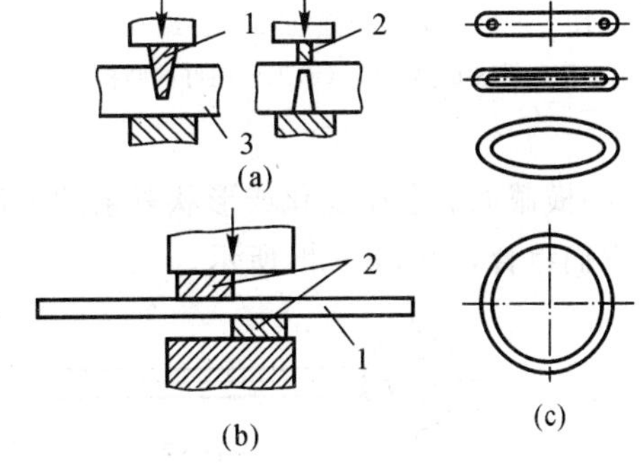

图 8-20　常用的切割方法

1—剁刀；　2—方铁；　3—坯料

3. 自由锻件结构工艺性

自由锻件若结构不合理,会使操作困难,浪费材料,甚至使锻造无法进行。因此在设计锻件时,除满足使用性能要求外,还必须考虑自由锻设备和工具的特点,使锻件结构符合自

由锻的工艺特点,以达到方便锻造、节省金属和提高生产率、降低成本的目的。为此,自由锻件在设计时应注意以下原则。

(1)自由锻的形状应尽量平直、简单、对称、工件表面应尽量用平面、圆柱面组成,避免用锥面和斜面，如图 8-21 所示。

(2)锻件上的相交的表面应采用平面与平面相交、平面与圆柱面相交，尽量避免曲面相交，如图 8-22 所示。

(3)自由锻件不允许设置加强筋和小凸台，如图 8-23 所示。

(4)锻件窄的凹槽、小孔等不易锻出的部分，可用添加敷料的方法简化锻件形状，以便锻造，如图 8-24 所示。

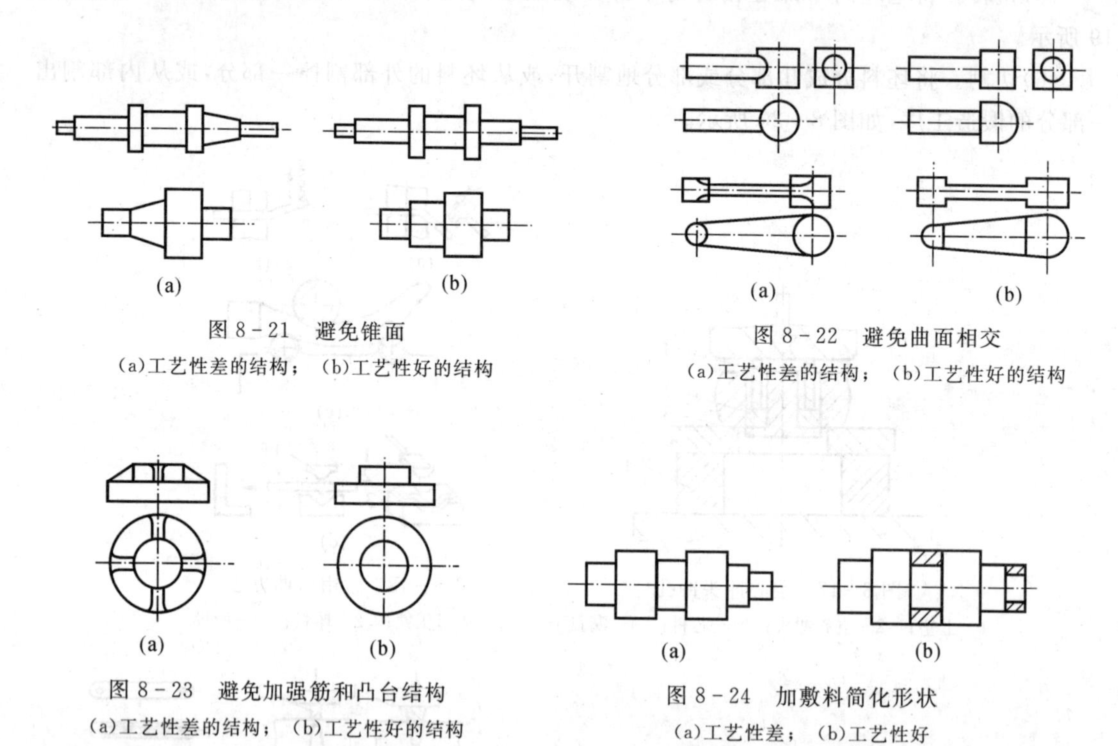

图 8-21　避免锥面

(a)工艺性差的结构；(b)工艺性好的结构

图 8-22　避免曲面相交

(a)工艺性差的结构；(b)工艺性好的结构

图 8-23　避免加强筋和凸台结构

(a)工艺性差的结构；(b)工艺性好的结构

图 8-24　加敷料简化形状

(a)工艺性差；(b)工艺性好

(5)横截面有急剧变化或形状复杂的零件，宜分几个简单结构，锻后焊接或用机械连接方法将它们组合，如图 8-25 所示。

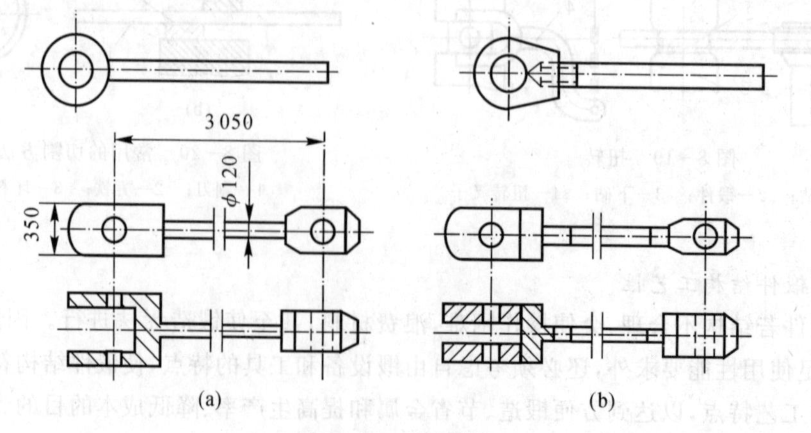

图 8-25　组合结构

(a)工艺性差；(b)工艺性好

二、模型锻造

在模锻设备上，利用模具使加热后的金属坯料在模膛内塑性流动，从而获得锻件的锻造方法称为模锻。模锻与自由锻相比具有以下特点：

(1) 可锻造形状较为复杂的锻件(见图8-26)。

(2)锻件的形状和尺寸准确，且锻造流线较完整，有利于提高零件的力学性能。

(3)机械加工余量少，节省加工工时，材料利用率高，达到少、无切削的目的。

(4)坯料在锻模内成形，操作简单，生产率高，劳动强度得到一定改善。

但模锻设备投资大，模具制造周期长、成本高，且模锻生产还受到设备吨位的限制。因此，模锻适合于中小型锻件的大批量生产。目前，模锻成形已广泛应用于汽车、航空航天、国防工业和机械制造业。

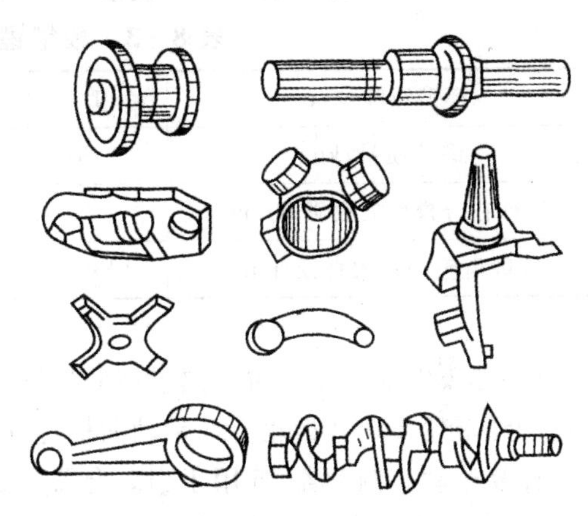

图 8-26　模锻件

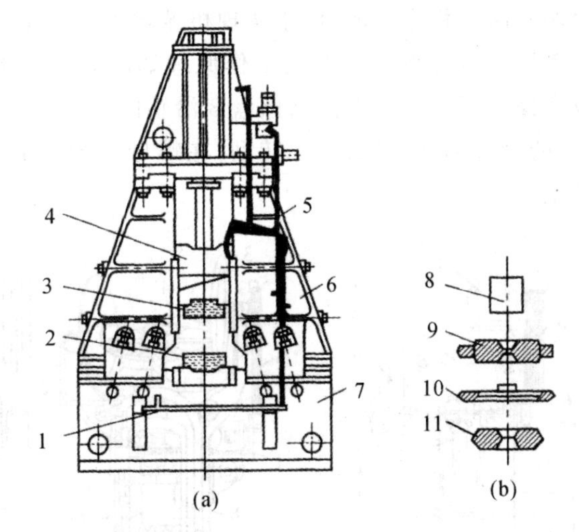

图 8-27　蒸汽-空气模锻锤及其工作原理

1—踏杆；2—下模；3—上模；4—锤头；5—操纵系统；6—锤身；7—砧座；8—坯料；9—带飞边和连皮的锻件；10—飞边和连皮；11—锻件

1. 模锻设备

模锻设备主要有蒸汽-空气模锻锤、热模锻曲柄压力机、摩擦压力机和平锻机等。

(1)蒸汽-空气模锻锤。蒸汽-空气模锻锤在生产中应用较广，图 8-27 所示为蒸汽-空气模锻锤及其工作原理。

其结构与蒸汽-空气自由锻锤基本相似，主要区别是：模锻锤的锤身直接安装在砧座上，形成一个整体；模锻锤的砧座较重；导轨较长，且锤头与导轨间的配合也较精密。这些都保证了在打击时上下模的对准。模锻锤的吨位(落下部分的质量)为1～16 t,可用于0.5～150 kg的模锻件。蒸汽-空气锤最大的吨位达16t。锤一般由一名模锻工操作,操作工除了掌钳之外,还同时踩踏板带动操纵系统控制锤头行程及打击力的大小。

各种吨位模锻锤所能锻制的模锻件质量见表8-3。

表8-3 模锻锤吨位选择的概略数据

模锻锤吨位/t	1	2	3	5	10	16
锻件质量/kg	2.5	6	17	40	80	120
锻件在分模面处投影 R/cm	13	380	1 080	1 260	1 960	2 830
能锻齿轮的最大直径/mm	130	220	370	400	500	600

(2)热模锻曲柄压力机。热模锻曲柄压力机的结构与传动原理如图8-28所示。电动机的运动经带轮2、3和齿轮5、6带动曲柄连杆机构的曲轴8和连杆9,再带动滑块10沿导轨做上下往复运动。制动器15用于当离合器7脱开后使曲轴8停止转动。锻模的上模固定在滑块上,而下模固定在下部的楔形工作台上。

热模锻曲柄压力机锻造时工作用于金属坯料上的变形力为静压力;且变形力由机架本身承受,因此,热模锻压力机工作时震动和噪声小,劳动条件大为改善。工作时滑块行程大小不变,每个变形工步可在滑块一次行程中完成,便于实现机械化和自动化,具有很高的生产率。

(3)摩擦压力机。摩擦压力机外形结构及其工作原理如图8-29所示。电动机1经三角带2使摩擦盘3旋转,改变操作杆位置可以使摩擦盘3沿轴向运动,于是飞轮4可分别与两摩擦盘接触而获得不同方向的旋转,并带动螺杆5转动,在螺母6的约束下,螺杆的转动变为滑块的上下滑动,实现模锻生产。

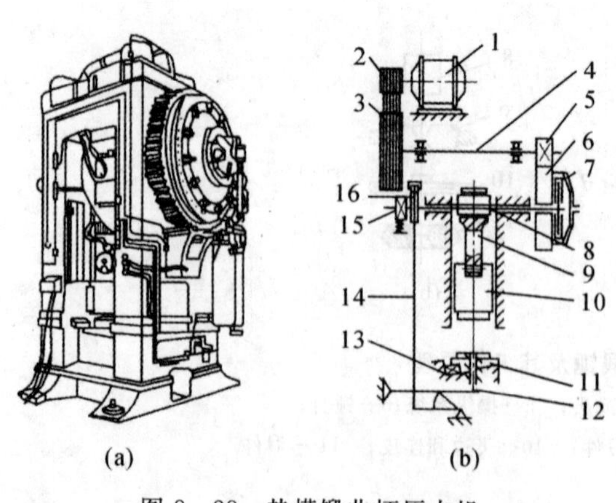

图8-28 热模锻曲柄压力机

1—电动机; 2—三角带; 3—摩擦盘; 4—飞轮;
5—螺杆; 6—螺母; 7—滑块; 8—导轨;
9—机架; 10—工作台; 11—操纵机构

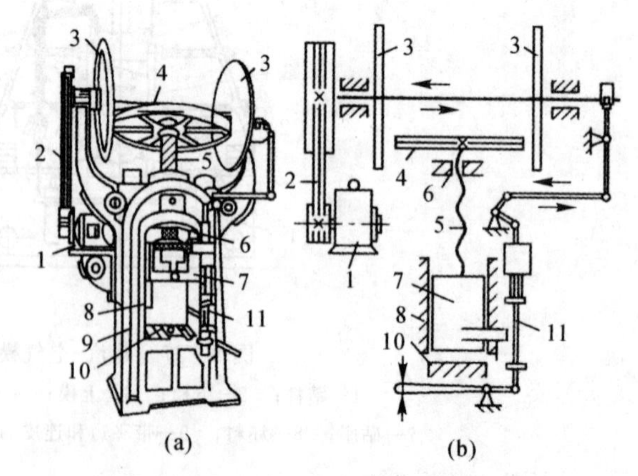

图8-29 摩擦压力机

1—电动机; 2—小带轮; 3—大带轮(飞轮);
4—轴; 5—小齿轮; 6—大齿轮; 7—离合器;
8—偏心轴(曲轴); 9—连杆; 10—滑块;
11—楔形工作台; 12—顶杆; 13—楔铁;
14—顶出机构; 15—制动器; 16—凸轮

摩擦压力机结构简单，其行程速度介于模锻锤和曲柄压力机之间，为 0.5～1.0 m/s，有一定的冲击作用，且滑块行程和打击能量可控，这与锻锤相似。而坯料变形中的抗力由封闭框架承受，又有压力机的特点，所以摩擦压力机具有锻锤和压力机工作。

摩擦压力机的工艺适用性好，既可完成镦粗、成形、弯曲和模锻等成形工序，又可进行校正、精整、切边和冲孔等后续工序的操作。但摩擦压力机承受偏心载荷的能力差，一般情况下只进行单模膛锻造，由于打击速度比锻锤低，较适合要求变形速度低的有色合金的模锻。压力机工作台下装有顶出装置，很适合模锻带有头部和杆部的回转体小锻件。

摩擦压力机有效机械效率低，生产率不高，吨位较小，为 63～1 000 kg，我国中小型工厂应用较多。

2. 模锻工艺过程

(1)工艺过程。图 8-30 所示为一般锤上模锻工艺过程。

(2)锻模结构。锤上模锻用的锻模(见图 8-30)是由带有燕尾的上模 2 和下模 4 两部分组成的。下模用紧固锲铁 7 固定在模垫 5 上，上模 2 靠锲铁 10 紧固在锤头 1 上，随锤头一起做上下往复运动。上、下模合在一起，形成完整的模膛 9。

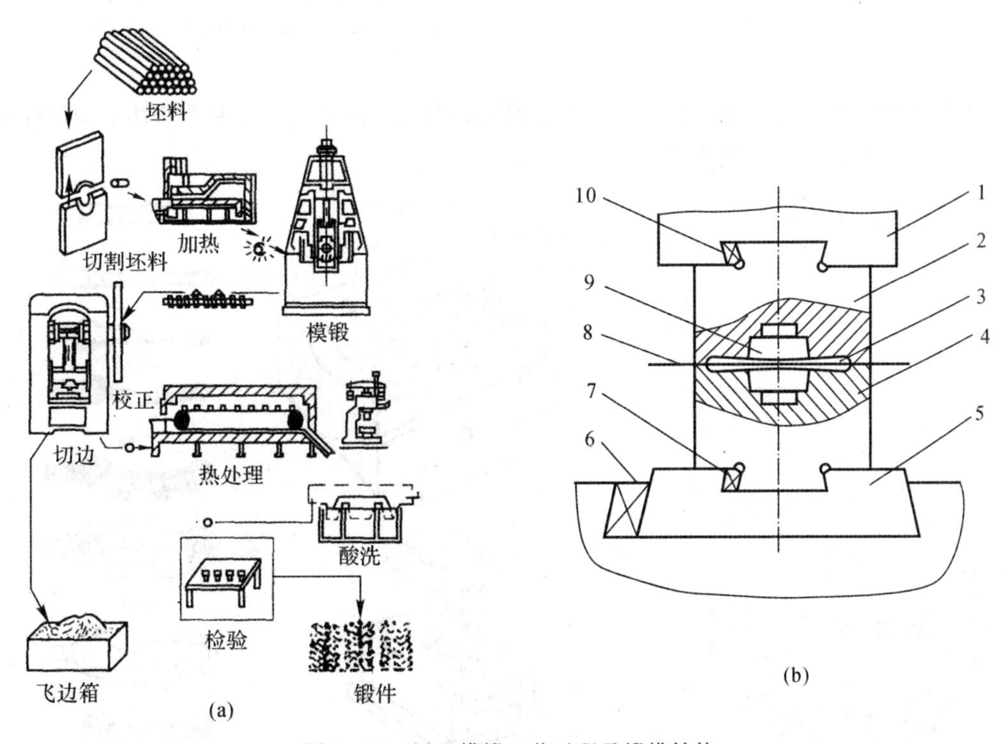

图 8-30　锤上模锻工艺过程及锻模结构

(a)模锻工艺过程；(b)锻模结构

1—锤头；2—上模；3—飞边槽；4—下模；5—模垫；6,7,10—紧固锲铁；8—分模面；9—模膛

模膛根据其功用不同可分为制坯模膛及模锻模膛两大类。

制坯模膛的作用是使坯料预变形而达到合理分配，使其形状基本接近锻件形状，以便更好地充满模锻模膛。模锻模膛的作用是使坯料变形到锻件所要求的形状和尺寸。

对于形状复杂、精度要求较高、批量较大的锻件，还要分为预锻模膛和终锻模膛。对于形状简单或批量不大的模锻件可不设置预锻模膛。

终锻模膛四周设有飞边槽，锻件终锻成形后还须在切边压力机上切去飞边。飞边槽的形状如图 8－31 所示，宽度约为 30～100 mm。槽的桥部较窄，可以限制金属流出，使之首先充满模膛，全部用以容纳多余金属，对于具有通孔的锻件，由于不可能靠上、下模的突起部分把金属完全挤压掉，故终锻后在孔内留下一薄层金属，称为冲孔连皮（见图 8－32）。把冲孔连皮和飞边冲掉后，才能得到有通孔的锻件。

根据模锻件的复杂程度不同，所需变形的模膛数量不等，可将锻模设计成单膛锻模或多膛锻模。单膛锻模是在一副锻模上只具有终锻模膛一个模膛。如齿轮坯模锻件就可将截下的圆柱形坯料，直接放入单膛锻模中成形。

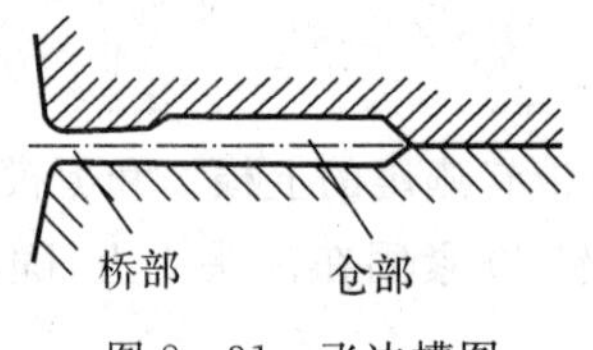

图 8－31　飞边槽图

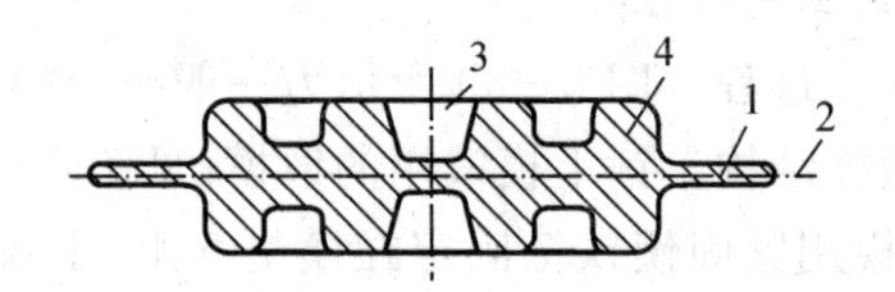

图 8－32　带有冲孔连皮及飞边的模锻件

1—飞边；　2—分模面；　3—冲孔连皮；　4—锻件

多膛模锻是在一副锻模上具有两个以上模膛的锻模。图 8－33 是典型的锤上多模膛模锻加工弯曲连杆的锻模及模锻过程。

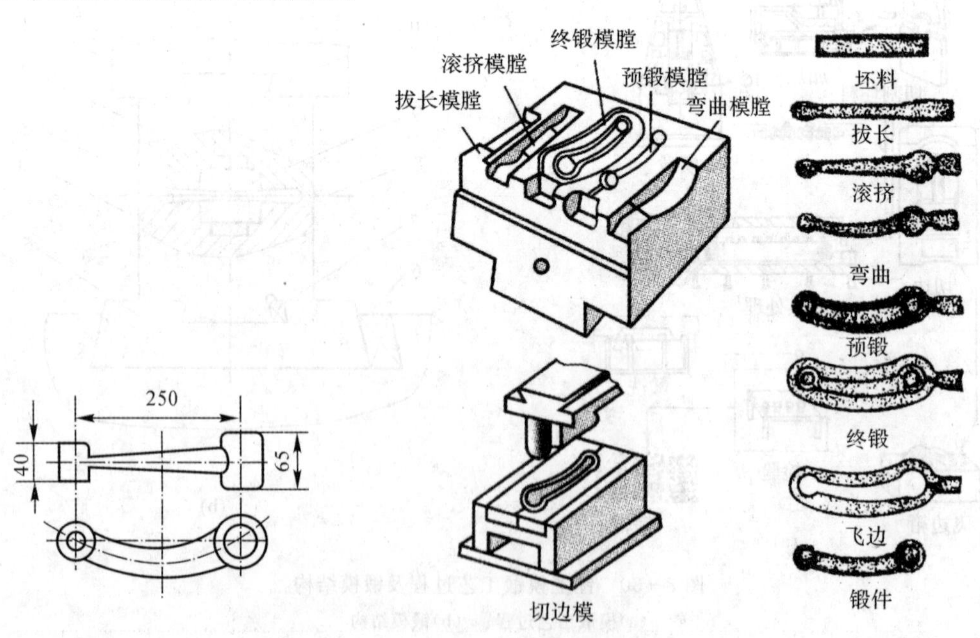

图 8－33　弯曲连杆的多模膛模锻及锻造过程

三、胎模锻

胎模锻是在自由锻设备上用可移动的简单锻模（胎模）生产锻件的一种工艺方法。一般过程是先用自由锻方法使毛坯初步成形，然后在胎模中终锻成形。

胎模的结构形式很多，主要可分为扣模、套筒模和合模等，如图 8－34 所示。

胎模锻造工具简单、工艺灵活、适用性广、生产效率高，广泛应用在中、小批量锻件的生产中。

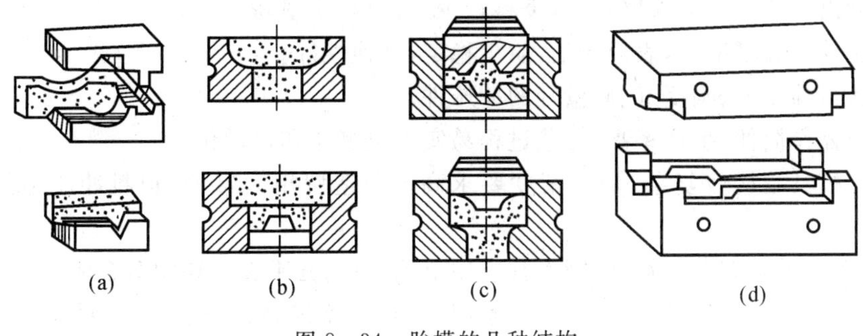

图 8－34　胎模的几种结构

四、模锻方法的选择

采用不同的模锻设备，就有不同的模锻方法。如除了锤上模锻外，还有曲柄压力机上模锻、摩擦压力机上模锻、胎模锻等模锻方法。与锤上模锻比较，这些模锻方法都有各自的特点。关于各种模锻方法的特点可归纳见表 8－4，供选择模锻方法时参考。

表 8－4　常用模锻方法的特点和应用

锻造方法		锻造力性质	设备费用	工模具特点	锻件精度	生产室	劳动条件	锻件尺寸形状特征	适用批量
胎模锻		冲击力	较低	模具较简单，模具不固定在锤上	中	中	差	形状较简单的中小件	中、小批量
模锻	锤上	冲击力	较高	整体式模具，无导向及顶出装置	较高	较高	差	各种形状的中小件	大、中批量
	曲柄压力机上	静压力	高	装配式模具，有导向及顶出装置	高	高	较好	同上，但不能对杆类件进行拔长和滚挤加 T	大批量
	平锻机上	压力	高	装配式模具，由一个凸模与两个凹模组成，有两个分模面	局	高	较好	有头的杆件及有孔件	大批量
	摩擦压力机上	介于冲击力与压力之间	较低	单模膛模具，下模常有顶出装置	高	较高	较好	各种形状的小锻件	中等批量

第四节　板料冲压

板料冲压是金属塑性加工的基本方法之一。它是通过装在压力机上的模具对板料施压，使之产生分离或变形，从而获得一定形状、尺寸和性能的零件或毛坯的加工方法。因为通常是在常温条件下加工，故又称为冷冲压。

一、板料冲压的特点

(1)可冲出形状复杂的薄壁零件，废料较少，材料利用率高。

(2)冲压件尺寸精度高，表面光洁，质量稳定，互换性好。

(3)可获得强度高、刚度好、质量轻的冲压件。

(4)冲压操作简便，生产率高，工艺过程易实现机械化和自动化。

(5)冲压模具结构较复杂，加工精度要求高。制造费用大，因此板料冲压适用于大批量生产。

由于冲压加工具有上述特点，因而其应用范围极广，几乎在一切制造金属成品的工业部门中都广泛采用，尤其在现代汽车、拖拉机、家用电器、仪器仪表、飞机、导弹、兵器以及日用品生产中占有重要地位。

二、冲压设备

冲压设备主要有冲床和剪床。

1.剪床

图 8-35 为剪床及其工作原理图。剪床是由电动机经皮带轮、齿轮、离合器使曲轴转动并带动滑块上下运动，装在滑块上的刀片与装在工作台上的刀片相互运动而实现剪切。制动器与离合器配合，控制滑块运动，可使上刀片剪切后停在最高处。

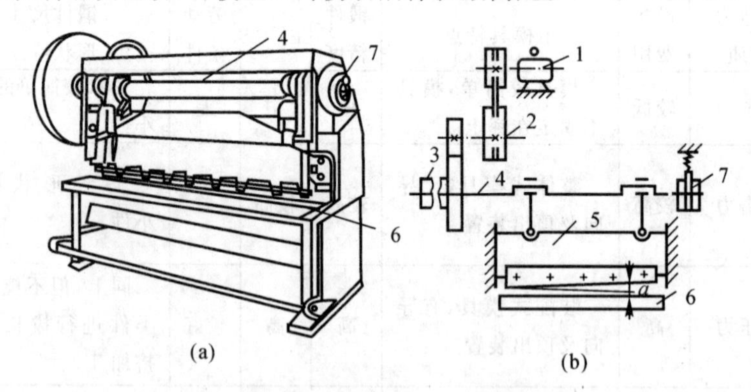

图 8-35　剪床及其工作原理

1—电动机；2—轴；3—离合器；4—轴；5—滑块；6—工作台；7—制动器

2.冲床

冲床的传动机构多为曲柄连杆滑块机构，故亦称曲柄压力机。图 8-36 所示为开式双柱可倾斜式冲床的外形和传动示意图。电动机 1 带动皮带轮 2、3 旋转，经离合器 6 使曲轴 7 转动，并通过连杆 9 带动滑块 10。滑块连着上模，从而使上模做上、下滑动，与下模 12 相配合，完成对板材冲压任务。

3.冲压模具

冲模是使板料分离或变形的工具，它可分为简单模、连续模及复合模三种。

(1)简单模。简单模是在冲床的一次行程中只完成一道工序的模具。如图 8-37 所示为落料用的简单冲模。凹模用压板固定在下模板上，下模板用螺栓固定在冲床的工作台上。凸模用压板固定在上模板上，上模板则通过模柄与冲床的滑块连接，凸模可随滑块做上下运动。为了使凸模向下运动时能对准凹模孔，并在凹模孔之间保持均匀间隙，通常用导柱和套筒来保证。条料在凹模上沿两个导板之间送进，碰到定位销为止。凸模向下冲压时，冲下部分进入凹模孔，而条料则夹住凸模一起回程向上运动，条料碰到卸料板时被推下，这样，条料继续在导板间送进。重复上述动作，即可连续冲压。

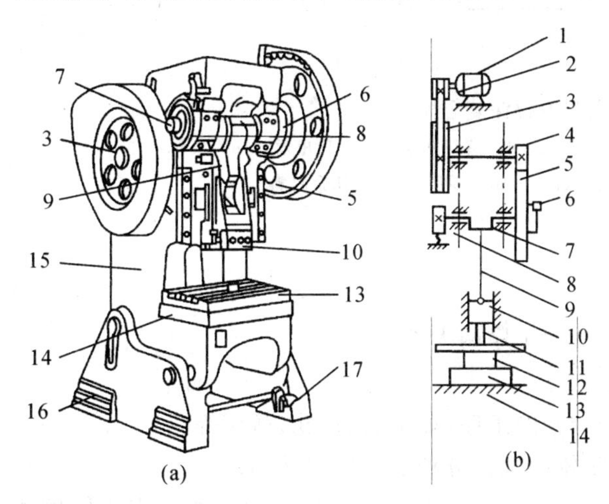

图 8－36　开式双柱可倾斜式冲床

1—电动机；　2,3—带轮；　4,5—齿轮；　6—离合器；
7—曲轴；　8—制动器；　9—连杆；　10—滑块；
11—上模；　12—下模；　13—垫板；　14—工作台；
15—床身；　16—底座；　17—脚踏板

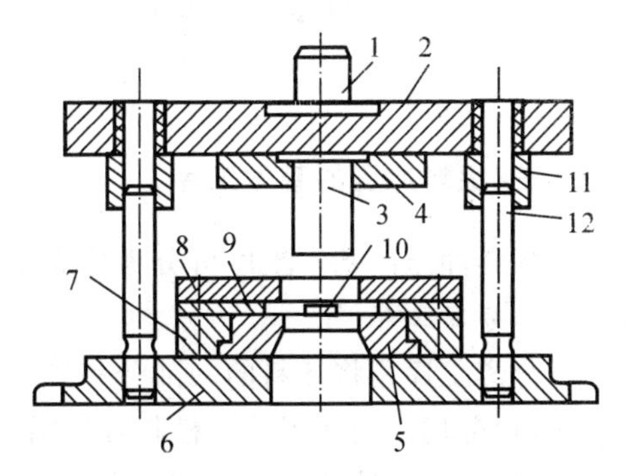

图 8－37　简单冲模

1—横柄；　2—上模板；　3—凸模；
4,7;5—凹模；　6—T 模板；
8—卸料板；　9—导板；　10—定位销；
11—套筒；　12—导柱

(2)连续模。连续模是把两个或两个以上的简单模安装在一个模板上，在压力机一次行程内于模具不同部位上同时完成两个以上冲压工序。此种模具生产效率高，易于实现自动化。但要求定位精度高，制造比较麻烦，成本也较高。图 8－38 为冲孔、落料连续冲模。

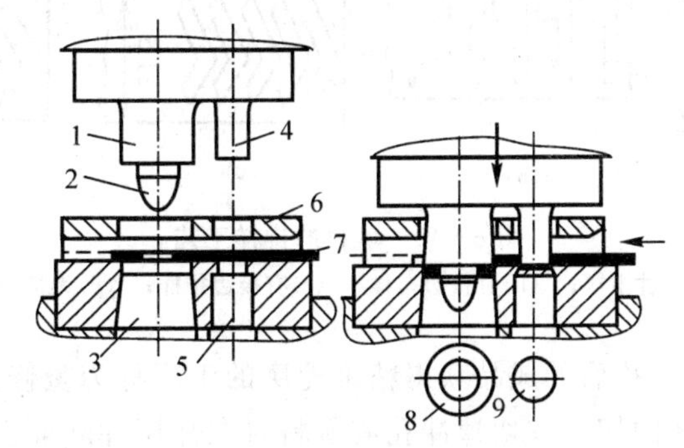

图 8－38　冲孔落料连续冲模

1—落料凸模；　2—导正销；　3—落料凹模；　4—冲孔；　5—冲孔凹模；
6—卸料板；　7—坯料；　8—成品；　9—废料

(3)复合模。复合模是利用冲床的一次行程，在模具的同一位置完成数道工序的模具，适用于产量大、精度高的冲压件。图 8－39 为落料及拉深复合模。

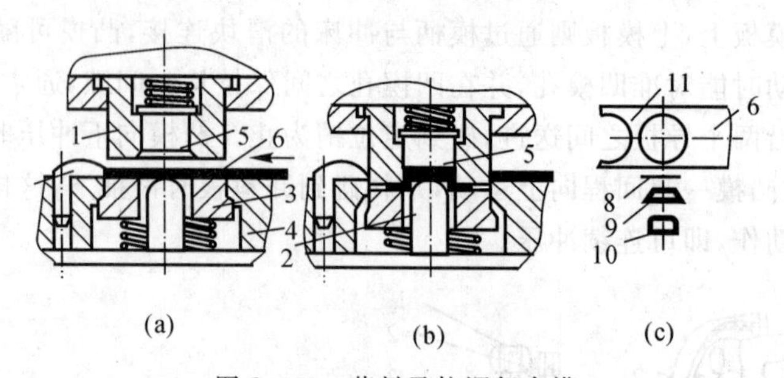

图 8-39　落料及拉深复合模

1—凸凹模；　2—拉深凸模；　3—压板(卸料器)；　4—落料凹模；　5—顶出器；　6—条料；
7—挡料销；　8—坯料；　9—拉深件；　10—零件；　11—切余材料

三、板料冲压的基本工序

板料冲压的基本工序可分为分离工序和变形工序两大类。

1. 分离工序

分离工序是将坯料的一部分和另一部分分开的工序,如落料、冲孔、剪切等。

(1)剪切。用剪刃或冲模将板料沿不封闭轮廓进行分离的工序叫剪切。

(2)落料和冲孔。落料和冲孔都是将板料按封闭轮廓分离的工序。这两个工序的模具结构与坯料变形过程都是一样的,只是用途不同。落料是被分离的部分为成品或坯料,周边是废料;冲孔则是被分离的部分为废料,而周边是带孔的成品。

(3)排样。排样是落料工作中的重要工艺问题。合理的排样可减少废料,节省金属材料。如图 8-40 所示,无接边的排样法可最大限度地减少金属废料,但冲裁件的质量不高,所以通常都采用接边的排样法。

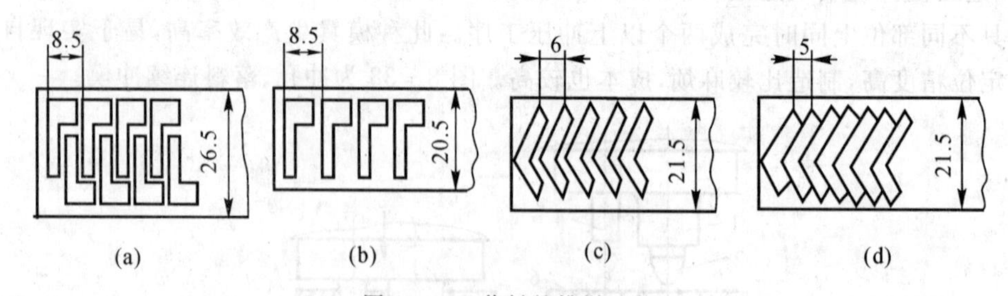

图 8-40　落料的排样工艺

(a)有接过排样；　(b)有接边排样；　(c)有接边排样；　(d)无接边排样

(4)整修。使落料或冲孔后的成品获得精确轮廓的工序称为整修。利用整修模沿冲压件外缘或内孔刮削一层薄薄的切屑或切掉冲孔或落料时在冲压件断面上存留的剪裂带和毛刺,从而提高冲压件的尺寸精度和降低表面粗糙度值。

2. 变形工序

变形工序是使坯料的一部分相对于另一部分产生塑性变形而不破裂的工序,如弯曲、拉深、翻边、成形等

(1)弯曲。使坯料的一部分相对于另一部分弯曲成一定角度的工序叫弯曲。图 8-41 为弯曲变形过程简图。

弯曲时材料内侧受压缩，而外侧受拉伸。当外侧拉应力超过坯料的拉伸强度时，即会造成金属破裂。

*(2)拉深。使坯料变形成开口空心零件的工序叫拉深(或拉伸)。图 8-42 为拉深过程简图。为减少坯料断裂，拉深模的凸模和凹模边缘都不能是锋利的刃口，而应做成圆角。

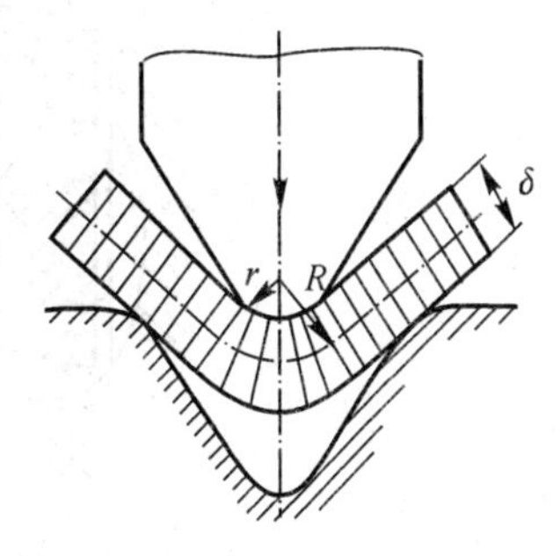

图 8-41　弯曲变形过程简图

其中凸模(冲头)的圆角半径 $r_{凸}$ 要小些，即 $r_{凸} \leqslant (5 \sim 10)\delta$($\delta$ 为坯料厚度)。凸凹模间隙要比落料(冲孔)模的大，一般为$(1.1 \sim 1.2)\delta$。为避免拉穿，拉深件直径 d 与坯料直径 D 相比，即 $m = d/D$(m 为拉深系数)应在一定范围之内，一般 $m = 0.5 \sim 0.8$。m 越小，表明拉深件直径越小，变形程度越大，越容易出现拉穿现象。如果拉深系数过小，不允许一次拉得过深，应分几次进行，逐渐增加工件的深度，减小工件的直径，即所谓多次拉深。

(3)翻边。使带孔坯料孔口周围获得凸缘的工序称为翻边，如图 8-43 所示。

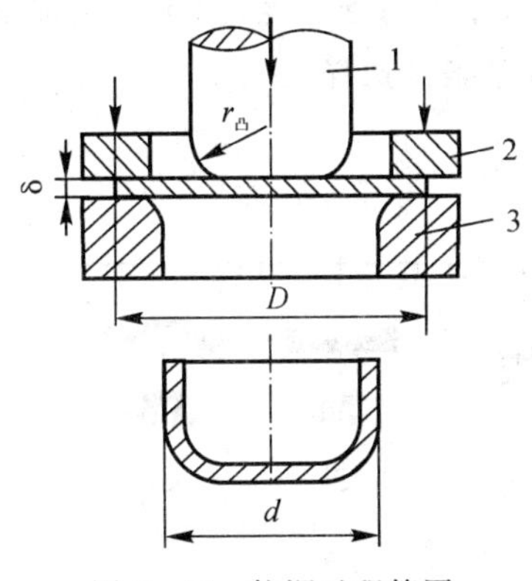

图 8-42　拉深过程简图

1—冲头；　2—压板；　3—凹模

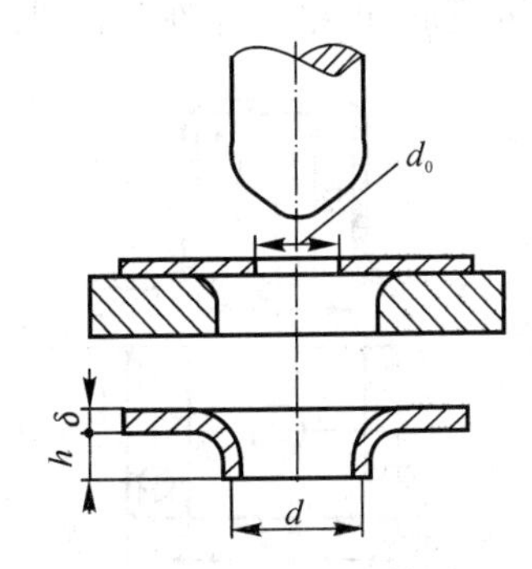

图 8-43　图翻边简图

d_0—坯料上孔的直径；　d—坯料厚度；

d—凸缘平均直径；　h—凸缘的高度

(4)成形。利用局部变形使坯料或半成品改变形状的工序称为成形。图 8-44 为鼓肚容器成形简图。用橡皮芯子来增大半成品的中间部分，在凸模轴向压力作用下，对半成品壁产生均匀的侧压力而成形。凹模是可以分开的。

四、板料冲压件的结构工艺性

冲压件的设计不仅应保证它具有良好的使用性能，而且也应具有良好的工艺性能，以减少材料的消耗、延长模具寿命、提高生产率、降低成本、保证冲压件质量。

冲压件的设计应满足结构工艺性要求，如落料件的外形和冲孔件的孔形应力求简单对称，尽量采用圆形、矩形等规则形状，并应使排样时的废料降低到最低限度。应避免长槽及细长悬臂结构。图 8-45 中图(b)设计要较图(a)设计合理，材料利用率可达 79%。

再如，拉深件外形应力求简单对称，且不宜太高，以便使拉深次数尽量少并容易成形。对形状复杂件可采用冲压焊接复合结构。

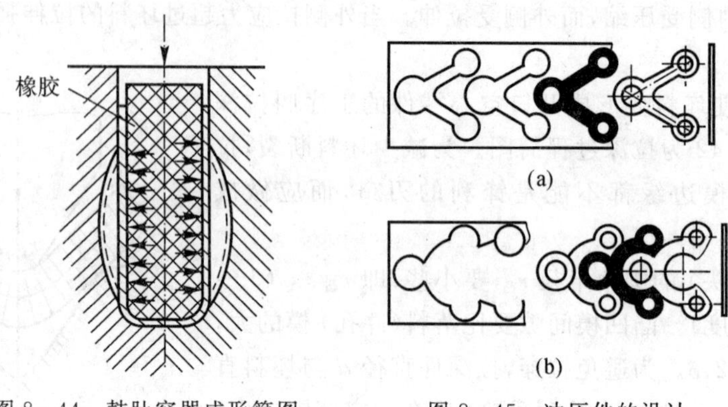

图 8-44　鼓肚容器成形简图　　　　图 8-45　冲压件的设计

五、典型零件冲压工艺示例

实际生产中，根据零件的具体情况，将冲压基本工序经过恰当的选择与组合，确定一个比较合理的工艺方案，图 8-46 为一托架零件及其冲压工艺方案。图(a)为一次成形，图(b)(c)为预成形后再成形，可根据零件材料、技术要求和设备条件选择。

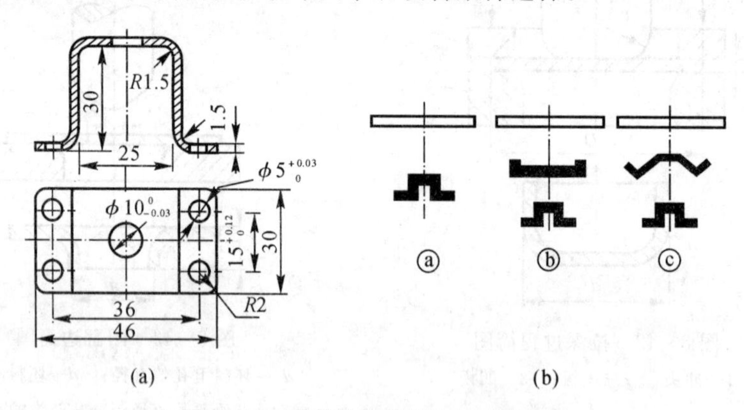

图 8-46　零件形状与节约材料的关系

*第五节　其他常用压力加工方法简介

一、轧制

轧制是将金属材料在旋转轧辊的压力作用下变形的加工方法。如图 8-47 所示，金属坯料依靠摩擦力被连续带入轧辊的间隙中，轧辊对金属坯料施加压力并使其产生塑性变形，获得要求的截面形状。轧制时所用的原始坯料是铸锭。

轧制是重要的压力加工方法。图 8-48 所示的各种截面形状的型钢以及其他诸如钢板、钢带、无缝钢管、建筑用钢筋以及钢球等都是用轧制方法生产的。轧制也可直接用于生产零件，如辊锻变截面杆形零件和热轧齿轮等。

轧制是在专用的轧制机上进行的。轧制机的轧辊分为光轧辊与型孔轧辊两类，如图 8-

49 所示。型孔轧辊有特殊的轧槽，上、下两轧辊对合构成一定形状的孔型，可轧制不同截面形状的轧材。

对于不同截面形状的型材或零件需要用带有相应形状的槽轧辊轧制。各种板材可用平轧辊经多次轧制达到要求的厚度。

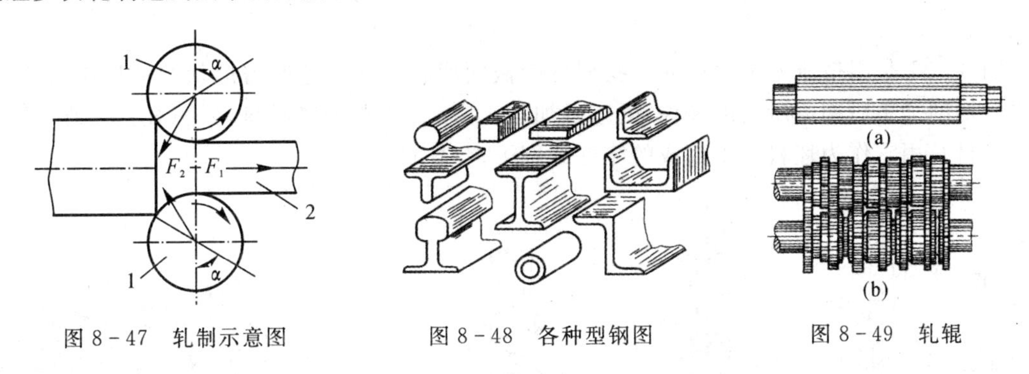

图 8-47　轧制示意图　　图 8-48　各种型钢图　　图 8-49　轧辊

1. 型材的轧制

型材通常是指圆钢、方钢、扁钢、角钢、工字钢、T 字钢、钢轨以及有色金属的各类型材。型材轧制机上装有型孔轧辊(见图 8-49)，轧制时，加热后的坯料顺次通过一系列孔型，最后得到所要求截面形状的型材，其具体尺寸规格要符合国家标准。

型材轧制完成后，切成一定的长度，涂上标记。直径 6～9 mm 的圆钢则卷成盘条，俗称盘圆。

型材广泛用于各种结构上，也相当普遍地用作锻造或机械加工的坯料。

2. 钢板的轧制

钢板按厚度分为薄钢板与厚钢板两类，厚度≤4 mm 的为薄钢板，厚度>4 mm 的为厚钢板。薄钢板通常是优质钢。按最后一道次轧制加热与否，钢板又分为热轧板与冷轧板。冷轧板的强度高于热轧板，但塑性差。

厚钢板都是热态轧制的。其轧制工艺过程为：

钢锭→板坯→厚板坯→厚板→矫正→检验→截切→热处理。

薄钢板的轧制是先由钢锭轧制成为厚板，然后再轧制成为薄板。通常也是在热态下进行，若需要冷轧，则热轧后，立即卷成卷，送至冷轧车间，继续轧制变薄，最后按要求的规格尺寸切成钢板。

3. 钢管的轧制

钢管分为有(焊)缝管与无缝管两类。有缝管成本低，强度较低，只能在受低压的情况下使用。承受高压的管子，如锅炉蒸汽管、高压输油管、钻探机的钻管等，都必须使用无缝钢管。

无缝钢管是用圆钢坯，经穿孔、轧管、整径和定径等工序制成，可制得壁厚 0.5～40 mm，直径 5～45 mm，长达 10 m 以上的钢管。

二、挤压

挤压是以强大的压力作用于模腔内的坯料，使其从模具的孔口或缝隙挤出从而获得所需形状型材或零件的加工方法(见图 8-50)。

挤压时金属流动方向与凸模运动方向一致的称为正挤压[见图 8-50(a)]，相反则称为反挤压[见图 8－50(b)]，同时兼有正挤压和反挤压时称为复合挤压，如图 8－50(c)所示。

按照挤压温度的不同可分为热挤压、温挤压和冷挤压。热挤压的温度与锻造温度相同，冷挤压则在室温下进行。冷挤压的产品精度高，表面粗糙度低，但所需的挤压力大。

挤压生产不仅用于有色金属，也可将钢、合金钢等挤压成各种复杂截面外形的棒材、管材和型材。

图 8－51 是用挤压方法生产的一些型材的截面形状。亦可把所需形状的型材作为坯料，经少量切削加工后制成所需的零件，既减少加工工时，又节省金属材料，如图 8－52 所示即为这类型材及用它作为坯料加工而成的零件的例子。

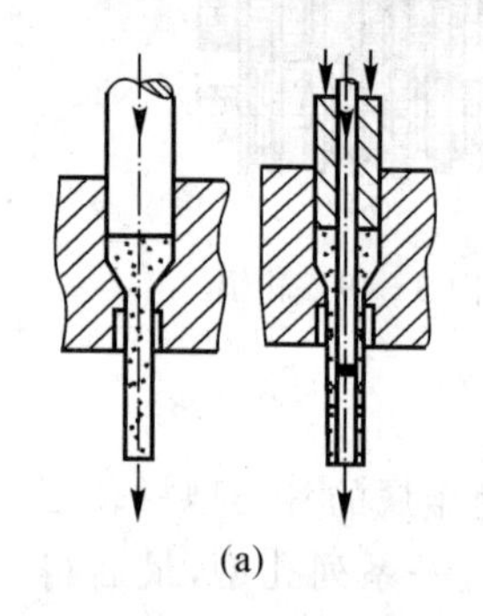

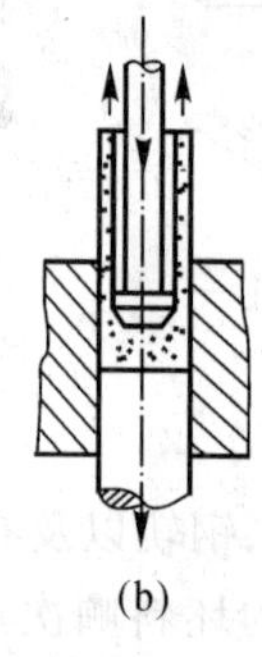

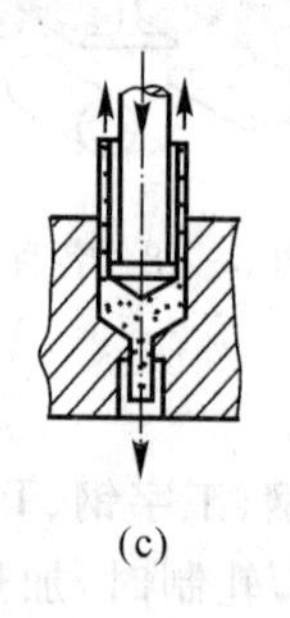

图 8－50　挤压方法

(a)正挤压；(b)反挤压；(c)复合挤压

图 8－51　挤压产品截面形状图

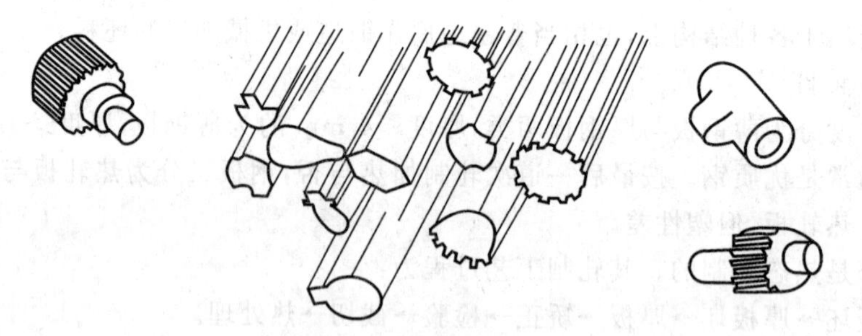

图 8－52　挤压产品

三、拉拔

金属坯料在拉力作用下通过比其原来截面小的模孔，从而产生塑性变形的加工方法称为拉拔。拉拔后坯料的截面减少，长度增加。常温下的拉拔称为冷拔。图 8－53 是拉拔示意图。由图可见，拉拔模包括如下几个部分。

(1)锥角：$\beta=40°\sim60°$的润滑锥，其作用是便于润滑剂进入。

(2)工作锥。锥角 $2\alpha=6°\sim14°$，坯料主要在工作锥内变形。

(3)平直的精整环：其作用是使产品尺寸精确，表面光洁。

拉拔的优点是产品尺寸精确，表面光洁，因而常用于型材和管子轧制后的精校加工，并可生产用轧制方法无法获得的直径小于 6 mm 的线材和管子，线材的最小直径可达 0.002 mm。也可拉拔如图 8－54 中所示的具有特殊截面形状的各种型材。

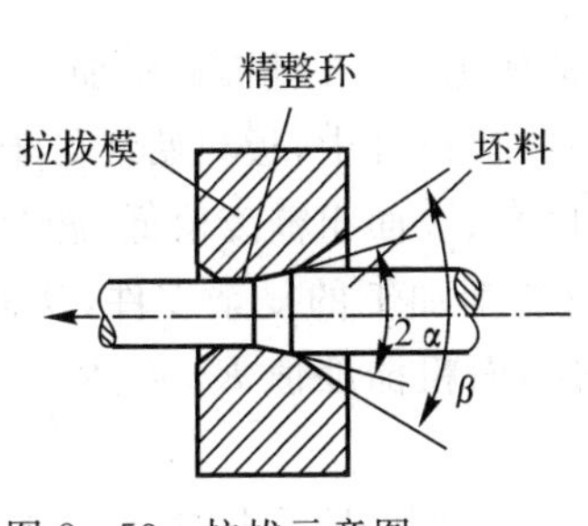

图 8－53　拉拔示意图

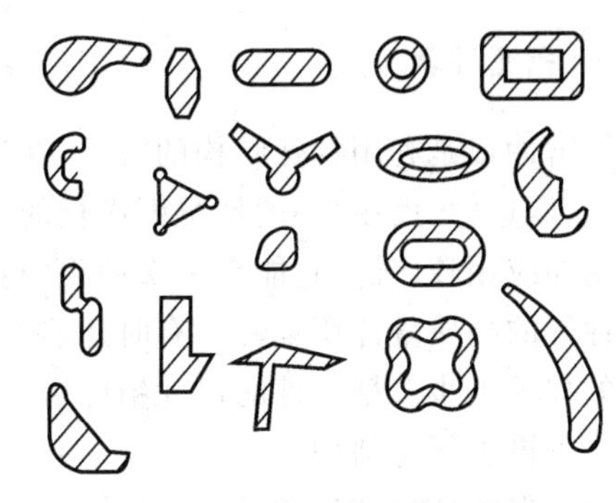
图 8－54　拉拔产品截面形状

*第六节　锻压新工艺简介

随着工业的不断发展，对锻压加工提出了越来越高的要求，出现了许多先进的锻压工艺方法。如精密模高速锤锻造、精密冲裁、旋压、数控冲裁和数控折弯等。

这些先进的特种锻压工艺的主要特点如下：

(1)锻件的形状、尺寸几乎与产品零件一致，因而达到少切削或无切削的目的。既节省原材料并减少机械加工的工作量，又保证了零件的锻造纤维组织不被破坏，提高了零件的力学性能。

(2)有些新工艺所采用的设备虽较简单，却巧妙地用高速、高效的方法代替了传统的锻压方法。

(3)由于广泛采用了电加热和少、无氧化加热方法，从而提高了锻件的质量，改善了劳动条件。

(4)采用了由传统机床和数控技术相结合而形成的数控机床，实现了自动化、大批量生产。

一、精密模锻

精密模锻能在模锻设备上锻造出一些形状复杂、精度要求高的零件，如伞齿轮、发动机叶片等。这些零件无需机械加工，而且纤维组织合理，力学性能好。

要锻出精密模锻件，必须采取以下措施：模锻的设备要刚度大、精度高，锻模的制造要精密；下料质量要精确，坯料表面要清理干净；采用少、无氧化加热法，尽量减少氧化皮；对锻模要进行良好的润滑和冷却。

二、高速锤锻造

高速锤锻造利用高压气体的突然膨胀来推动锤头实现对毛坯锻打。由于打击速度高，金属变形速度亦很快，使金属能够均匀地充满模膛，从而能锻造出形状复杂、高筋薄壁的零件。

高速锤锻造与采用少、无氧化加热相配合，可以使锻件精度达 0.02 mm，表面粗糙度值 Ra 达到 3.2 μm，而且锻件的脱模斜度和圆角都较小。

三、精密冲裁

精密冲裁是利用特殊结构的模具，在三动专用精冲压力机上，对板料施加三个作用力（即冲裁力、压边力、反压力）的情况下进行的冲裁，并且在冲裁过程中，板料始终处于被压紧状态。

精冲应用较广泛，它能在一次冲程中获得尺寸精度高、表面粗糙度值低、翘曲小、垂直度和互换性好的高质量冲压零件。有时还能冲出无法进行切削加工的复杂零件，从而推动了产品设计的技术进步。精冲件的尺寸精度可达 IT6～8，剪切面粗糙度值 Ra 可达 2.5～0.63 μm，因而无需再进行切削加工。

为了保证精冲件的质量，一般采取下列措施：冲裁前，要用 V 形压边圈压住板料；精冲间隙要小，凸、凹模的制造精度高；凸模或凹模的刃口要倒圆角；材料预先进行软化处理，或采用适宜精冲的材料；采用适用于不同材料的精冲润滑剂。

四、旋压

旋压是一种新型特种成形方法，它愈来愈广泛地应用于制造回转体形状的空心零件。

1. 一般旋压

旋压是在专用的旋压机上进行，如图 8-55 所示为一般旋压的工作原理简图。旋压时，先将预先切好的坯料用顶柱的压力压在模型的端部顶面上，通常用木制的模型固定在旋转卡盘上。推动压杆，使坯料在压力作用下变形，最后获得与模型形状一样的成品。

一般旋压的成形方法属于半手工生产方式。这种方法的优点是不需要复杂的冲模，变形力较小。但生产率较低。故一般用于中、小批量生产，如飞机上零件、螺旋桨帽、副油箱整流罩、灯座、法兰盘及仪表盘等。

2. 强力旋压

强力旋压在成形原理上与普通旋压是不相同的。它是一种借助于金属的塑性变形而成形的工艺方法，由较厚的坯料，旋制出较薄的零件。

这种方法的实质是：在旋转中，利用滚轮加高压于坯料，使其沿钢制的旋压胎进行局部逐渐辗轧，也可看作是旋转挤压的过程。

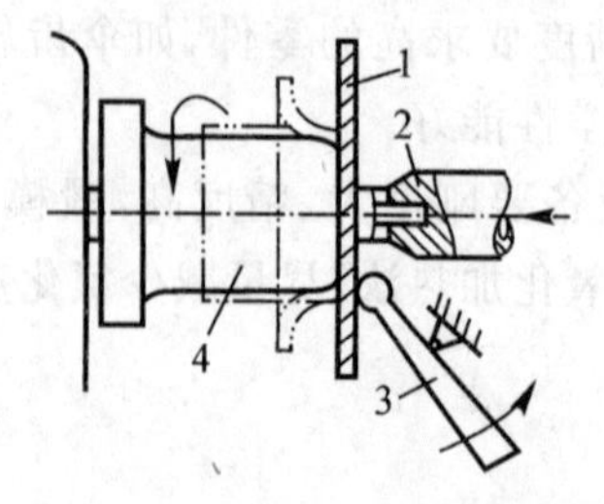

图 8-55 旋压的工作原理简图

1—坯料； 2—顶柱； 3—压杆； 4—木模型

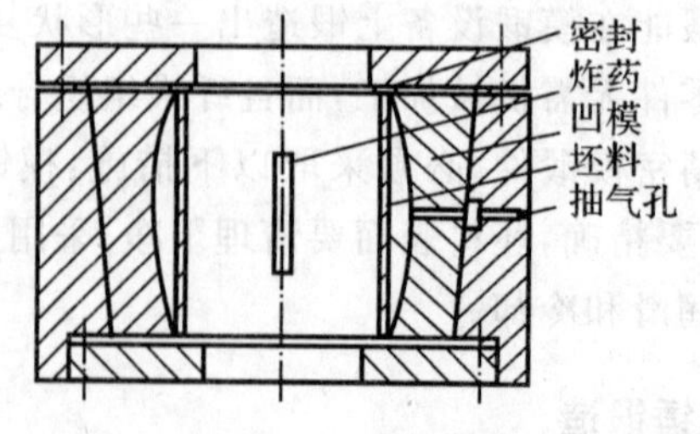

图 8-56 爆炸成形

与其他工艺方法相比较，强力旋压具有许多独特的优点：毛坯料凸缘不发生变形，没有凸缘起皱的可能，对坯料的几何尺寸（直径与厚度之比）没有限制；为无切削加工（旋制后，有时要切边、切底），节省原材料；精度高，一般说来强力旋压件的直径精度可达 4 级精度，内外表面粗糙度值 Ra 值为可达 3.2 μm 以上；材料内部隐患完全可以在旋制中暴露；材料的强度、硬度及疲劳强度均有显著提高；工装制造简单；可以对高强度合金、各种难加工金属(钛、钼及钨等)进行热旋制。

强力旋压的缺点是，旋压的工时要大于冲压工时；工件的塑性有所降低；旋制后工件底部较厚，需要进一步加工。

五、高能成形

在极短时间内，将电能、化学能或机械能传递给被加工的金属材料，使之迅速塑性成形的加工方法，称为高能成形。它包括爆炸成形、电液成形和电磁成形等。

(1)爆炸成形。利用炸药爆炸所产生的化学能，使金属塑性成形得到所要求的制品，叫作爆炸成形。其成形装置及原理如图 8－56 所示。

(2)电液成形。借助于水中两电极之间的放电所产生的冲击波及液流冲击，使金属塑性成形，称为电液成形。图 8－57 为电液成形原理。交流电源电压升至 20～40 kV，经整流变为高压直流，并向电容器充电。当充电电压达到一定数值时，辅助间隙与主间隙依次被击穿，产生高压放电。在放电回路中，形成强大的冲击电流，电极周围的介质形成冲击波及液流冲击，使金属板料成形。

(3)电磁成形。在变化的磁场作用下，坯料内产生感应电流，同时形成的磁场与线圈形成的磁场相互作用，使坯料产生塑性变形的加工方法，叫作电磁成形。图 8－58 为管子缩颈的电磁成形原理。若把成形线圈置于管内，则可完成成形工艺。

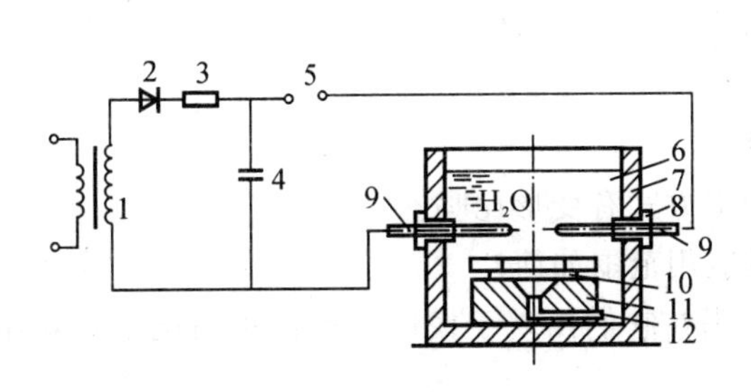

图 8－57　电液成形原理

1—升压变压器；　2—整流器；　3—充电电阻；　4—电容器；
5—辅助间隙；　6—水；　7—水槽；　8—绝缘；　9—电极；
10—板料；　11—阳模；　12—排气孔

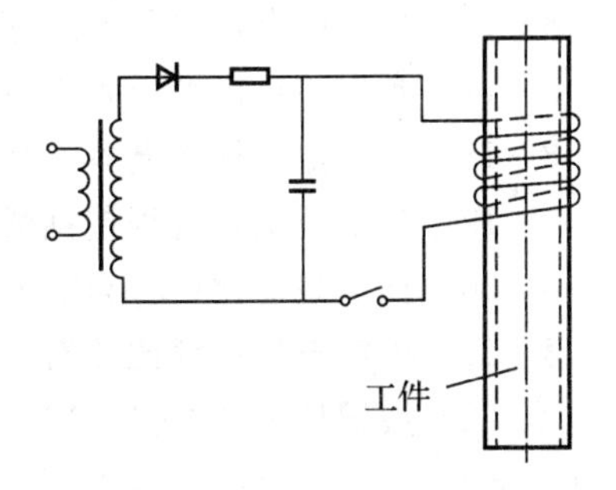

图 8－58　电磁成形原理

六、超塑性成形

超塑性是指某些金属或合金在特定条件(低变形速率、一定的变形温度和晶粒度)下，其伸长率为百分之几百，甚至达 1 000％以上的特性。这种特性更易于成形加工，称为超塑性成形。

目前，用这种加工方法加工的材料有锌铝合金、铝合金、铜合金与钛合金等。可进行深拉深成形，为一般拉深深度的 15 倍。

复 习 题

8-1 何谓塑性加工？其特点是什么？它有哪些加工方式？

8-2 举例说明适于锻压生产的金属及零件或毛坯。

8-3 钢经过锻造后为什么能改善其力学性能？

8-4 何谓塑性变形？其机理是什么？

8-5 何谓加工硬化(形变强化)？其利、弊各是什么？

*8-6 在室温下，可否对低碳钢和紫铜连续进行塑性加工？为什么？

8-7 何谓再结晶？其晶格类型是否发生变化？为什么？

8-8 何谓冷变形加工？何谓热变形加工？

*8-9 在室温下能够将铅(熔点为 327℃)丝折断吗？为什么？

*8-10 20 钢在其锻造温度范围内锻打时，是否有加工硬化现象？为什么？

8-11 “趁热打铁”的含义是什么？锻造工为什么忌讳打黑铁？

8-12 何谓纤维组织？它是怎样形成的？其存在的利弊是什么？

*8-13 纤维组织能够清除吗？为什么？

8-14 何谓金属的锻造性能？其影响因素是什么？

8-15 何谓自由锻？有哪几类？其适用范围如何？

8-16 自由锻有哪些基本工序？锻制木工斧头需要哪些基本工序？

8-17 常用的自由锻设备有哪几类？它们的规格是什么？

*8-18 简述空气锤的基本工作原理。

8-19 自由锻工艺规程包括哪些主要内容？

*8-20 何谓锻造比(变形比)？其他塑性加工方式有变形比吗？

8-21 模锻与自由锻比较有哪些特点？其应用范围如何？

*8-22 模锻件上的“飞边”“连皮”是一回事吗？它们出现于模锻件的何种情况下？其作用是什么？

8-23 胎模锻属于模锻吗？其实质是什么？应用如何？

*8-24 举例说明压力机模锻机模锻的应用。

8-25 何谓板料冲压？其特点是什么？你知道哪些冲压制品？

8-26 常用的冲压设备有哪些？生产平垫圈必备哪些冲压设备？

8-27 板料冲压有哪些基本工序？生产一个搪瓷脸盆要经过哪几个基本工序？

8-28 何谓挤压？它能生产哪些产品？

8-29 冲模有哪几类？简单冲模的结构包括哪几部分？

8-30 型钢是怎样生产的？

8-31 钢板是怎样生产的？分哪几种？冷轧板的基本工艺过程是什么？

8-32 塑性加工有哪些新工艺、新技术？

第九章　金属的焊接成形技术与切割

第一节　焊接概述

一、焊接的概念

焊接是指通过加热或加压或同时加热加压，并且用或不用填充材料使工件达到结合的一种工艺方法。被焊物体可以是同种或异种金属、非金属，也可以是金属与非金属。

在现代工业中，金属的焊接具有非常重要意义。据工业发达国家统计，每年仅需要进行焊接的钢材约占钢总产量的1/2左右。本书仅讨论金属的焊接成形技术与切割。

二、金属的焊接方法的分类

金属的焊接方法的种类很多，而且新的方法仍在不断涌现，目前应用的已有数十种，按焊接工艺特征可将其分为熔焊、压焊、钎焊三大类。

(1)熔焊。熔焊是熔化焊的简称，它是将两个焊件的连接部位加热至熔化状态，加入（或不加入）填充金属，在不加压力的情况下，使其冷却凝固成一体，从而完成焊接的方法。

(2)压焊。焊接过程中，必须对焊件施加压力（加热或不加热）以完成焊接的焊接方法，称为压焊。

(3)钎焊。采用比母材熔点低的金属材料作钎料，将焊件和钎料加热到高于钎料熔点，低于母材熔化温度，利用液态钎料润湿母材，填充接头间隙并与母材相互扩散实现连接焊件的工艺方法，称为钎焊。

常用焊接方法的分类见表9-1。其中，熔化焊是应用最普遍的焊接方法，亦是本章的重点。

三、焊接的特点

焊接与传统的铆接方法相比，具有以下一些突出特点：

(1)减轻结构重量，节省金属材料。焊接与传统的铆接方法相比，一般可以节省金属材料15%～20%。减轻金属结构自重。

(2)利用焊接可以制造双金属结构。例如，利用对焊、摩擦焊等方法，可以将不同金属材料焊接，制造复合层容器等，以满足高温、高压设备、化工设备等特殊性能要求。

(3)能化大为小，由小拼大。在制造形状复杂的结构件时常常先把材料加工成较小的部分，然后采用逐步装配焊接的方法由小拼大，最终实现大型结构，如轮船体等的制造都是通过由小拼大实现的。

(4)结构强度高，产品质量好。在多数情况下焊接接头能达到与母材等强度，甚至接头强度高于母材强度，因此，焊接结构的产品质量比铆接要好，目前焊接已基本上取代了铆陵。

(5)焊接时的噪声较小，工人劳动强度较低，生产率较高，易于实现机械化与自动化。

(6)容易产生焊接应力、焊接变形及焊接缺陷等。由于焊接是一个不均匀的加热过程，所以，焊接后会产生焊接应力与焊接变形。同时，由于工艺或操作不当，还会产生多种焊接缺陷，降低焊接结构的安全性。如果在焊接过程中采取合理的措施后，可以消除或减轻焊接应力力、焊接变形及焊接缺陷。

表 9-1　常用的焊接方法

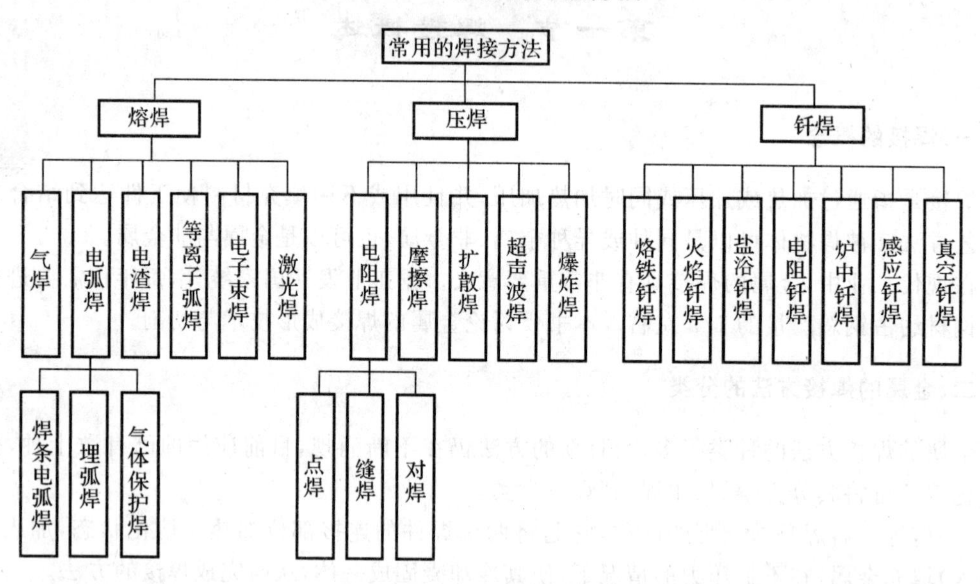

四、焊接的应用

焊接在桥梁、容器、舰船、锅炉、管道、车辆、起重机械、电视塔、金属桁架、石油化工结构件、冶金设备、航天设备等的制造中应用广泛，并且随着焊接技术的发展，焊接质量及生产率不断提高，焊接在国民经济建设中的应用也将更加广泛。

第二节　熔化焊成形基本原理

熔化焊一般需要对焊接区域进行加热，使其达到或超过材料的熔点(熔焊)，或接近点的温度(固相焊接)，随后在冷却过程中形成焊接接头。这种加热和冷却过程称为焊接热过程，它贯穿于材料焊接过程的始终，对于后续涉及的焊接冶金、焊缝凝固结晶、母材热影响区的组织和性能、焊接应力变形以及焊接缺陷(如气孔、裂纹等)的产生都有着重要的影响。

典型焊条电弧焊的焊接过程如图 9-1(a)所示。焊条与被焊工件之间燃烧产生的电弧热使工件(基本金属)和焊条同时熔化成为熔池。药皮燃烧产生的 CO_2 气流围绕电弧周围，连同熔池中浮起的熔渣可阻挡空气中的氧、氮等侵入，从而保护熔池金属。电弧焊的冶金过程如同在小型电弧炼钢炉中进行炼钢，焊接熔池中进行着熔化、氧化、还原、造渣、精炼和渗合金等一系列物理、化学过程。电弧焊过程中，电弧沿着工件逐渐向前移动，并对工件局部进行加热，使工件和焊条金属不断熔化成为新的熔池，原先的熔池则不断地冷却凝固，形成连续焊缝。焊缝连同熔合区和热影响区组成焊接接头，图 9－1(b)是焊接接头横截面示意。

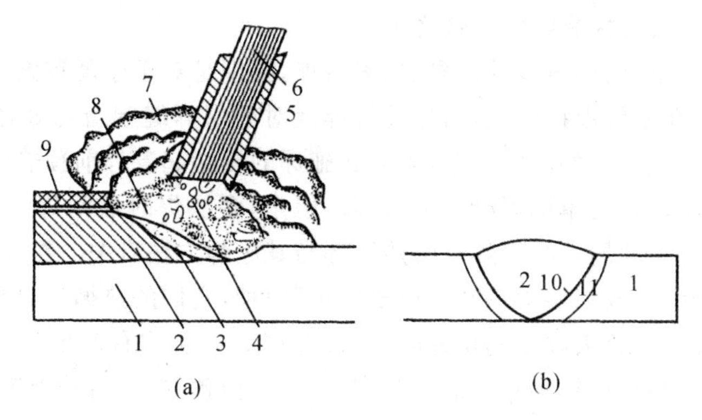

图 9－1　低碳钢电弧焊焊接过程及其形成的焊接接头

(a)电弧焊焊接过程；(b)焊接接头示意

1—工件；2—焊缝；3—熔池；4—金属熔滴；5—药皮；6—焊心；7—气体；8—熔融熔渣；9—固态渣壳；10—合熔区；11—热影响区

一、焊接热过程基础

1. 焊接热过程的特点

焊接热过程包括焊件的加热、焊件中的热传递及冷却三个阶段。焊接热过程具有如下特点：

(1)加热的局部性。熔焊过程中，高度集中的热源仅作用在焊件上的焊接接头部位，焊件上受到热源直接作用的范围很小。由于焊接加热的局部性，焊件的温度分布很不均匀，特别是在焊缝附近，温差很大，由此而带来了热应力和变形等问题。

(2)焊接热源是移动的。焊接时热源沿着一定方向移动而形成焊缝，焊缝处金属被连续加热熔化，同时又不断冷却凝固。因此，焊接熔池的冶金过程和结晶过程均不同于炼钢和铸造时的金属熔炼和结晶过程。同时，移动热源在焊件上所形成的是一种准稳定温度场，对它作理论计算也比较困难。

(3)具有极高的加热速度和冷却速度。

2. 焊接热循环

焊接过程中，焊缝附近母材上各点，当热源移近时，将急剧升温，当热源离去后，则迅速冷却。母材上某一点所经受的这种升温和降温过程叫做焊接热循环。

焊接热循环具有加热速度快、温度高、高温停留时间短和冷却速度快等特点。焊接热循环可以用图 9－2 所示的温度—时间曲线来表示。

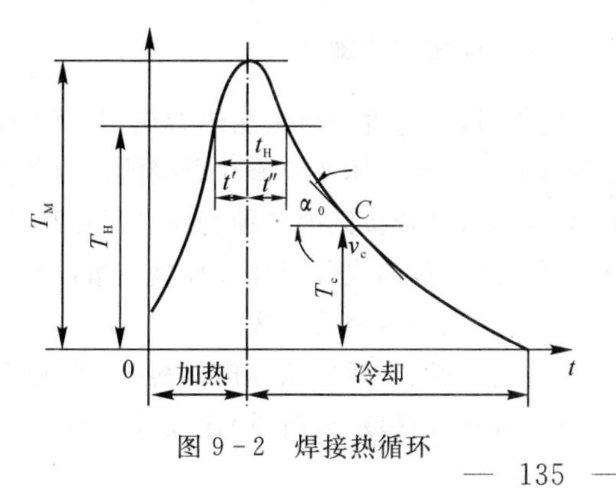

图 9－2　焊接热循环

反映焊接热循环的主要特征，并对焊接接头性能影响较大的 4 个参数是：加热速度 ω_H 加热的最高温度 T_M、相变点以上停留时间 t_H 和冷却速度 v_c。焊接过程中加热速度极高，在一般电弧焊时，可以达到 200～300℃/s

左右，远高于一般热处理时的加热速度。最高温度 T_M 相当于焊接热循环曲线的极大值，它是对金属组织变化具有决定性影响的参数之一。

在实际焊接生产中，应用较多的是多层、多道焊，特别是对于厚度较大的焊件，有时焊接层数可以高达几十层，在多层焊接时，后面施焊的焊缝对前层焊缝起着热处理的作用，而前面施焊的焊缝在焊件上形成一定的温度分布，对后面施焊的焊缝起着焊前预热的作用。因此，多层焊时近缝区中的热循环要比单层焊时复杂得多。但是，多层焊时层间焊缝相互的热处理作用对于提高接头性能是有利的。多层焊时的热循环与其施焊方法有关。在实际生产中，

多层焊的方法有“长段多层焊”和“短段多层焊”两种，它们的热循环也有很大差别。

一般来说，在焊接易淬火硬化的钢种时，长段多层焊各层均有产生裂纹的可能。为此，在各层施焊前仍需采取与所焊钢种相应的工艺措施，如焊前预热，焊后缓冷等。短段多层焊

虽然对于防止焊接裂纹有一定作用，但是它操作工艺较繁琐，焊缝接头较多，生产率也较低，一般较少采用。

3. 焊接电弧

电弧是一种气体放电现象。一般情况下，气体是不导电的。但是，一旦在具有一定电压的两电极之间引燃电弧，电极间的气体就会被电离，产生大量能使气体导电的带电粒子（电子、正负离子）。在电场的作用下，带电粒子向两极作定向运动，形成很大的电流，并产生大量的热量和强烈的弧光。

焊接电弧稳定燃烧所需的能量来源于焊接电源。电弧稳定燃烧时的电压称为电弧电压，一般焊接电弧电压在 16～35V 范围之内，具体取决于电弧的长度（即焊条与焊件之间的距离）电弧越长，电弧电压就越高。

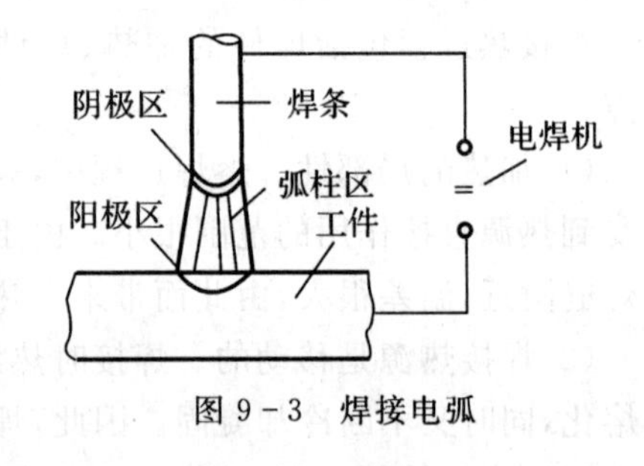

图 9－3　焊接电弧

焊接电弧由阴极区、阳极区和弧柱区三部分组成，如图 9－3 所示。用钢焊条焊接时，阴极区的温度约为 2 400 K，放出的热量约占电弧总热量的 36%；阳极区的温度可达 2 600 K，放出的热量约占电弧总热量的 43%；弧柱区中心温度可达 6 000～8 000 K，放出的热量仅占电弧总热量的 21%。

电弧的热量与焊接电流和电弧电压的乘积成正比。电流越大，电弧产生的总热量就越大。焊条电弧焊只有 65%～85% 的热量用于加热和熔化金属，其余的热量则散失在电弧周围环境和飞溅的金属滴中。

二、焊接化学冶金

熔焊时，伴随着母材被加热熔化，在液态金属的周围充满了大量的气体，有时表面上还覆盖着熔渣。这些气体及熔渣在焊接的高温条件下与液态金属不断地进行着一系列复杂的物理化学反应，这种焊接区内各种物质之间在高温下相互作用的过程，称为焊接化学冶金过程。该过程对焊缝金属的成分、性能、焊接质量以及焊接工艺性能都有很大的影响。

1. 焊接化学冶金反应区

焊接化学冶金反应从焊接材料（焊条或焊丝）被加热、熔化开始，经熔滴过渡，最后到达熔池，该过程是分区域（或阶段）连续进行的。不同焊接方法有不同的反应区。

以焊条电弧焊为例，可划分为三个冶金反应区：药皮反应区、熔滴反应区和熔池反应区（见图 9－4）。

（1）药皮反应区。焊条药皮被加热时，固态下其组成物之间也会发生物理化学反应。其反应温度范围从 100℃至药皮的熔点，主要是水分的蒸发、某些物质的分解和铁合金的氧化等。

当加热温度超过 100℃时，药皮中的水分开始蒸发。再升高到一定温度时，其中的有机物、碳酸盐和高价氧化物等逐步发生分解，析出 H_2，CO_2 和 O_2 等气体。这些气体，一方面机械地将周围空气排开，对熔化金属进行了保护，另一方面也对被焊金属和药皮中的合金产生了很强的氧化作用。

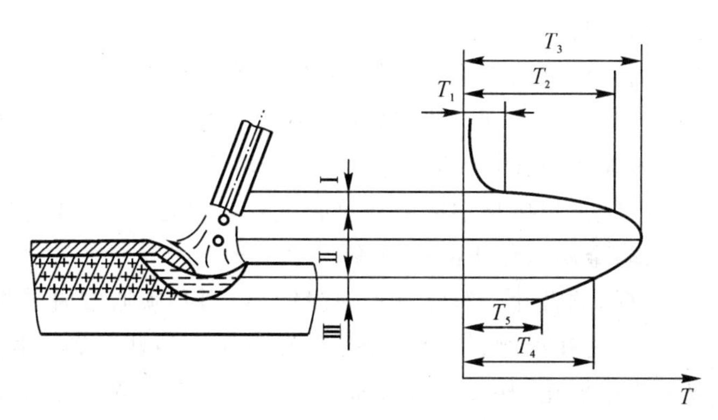

图 9－4 焊条电弧焊的冶金反应区

1—药皮反应区； Ⅱ—熔滴反应区； Ⅲ—熔池反应区； T_1—药皮始反应温度；
T_2—焊条端熔滴温度； T_3—弧柱间熔滴温度； T_4—熔池表面温度； T_5—熔池凝固温度

（2）熔滴反应区。它包括熔滴形成、长大到过渡至熔池中的整个阶段。在熔滴反应区中，反应时间虽短，但因温度高，液态金属与气体及熔渣的接触面积大，并有强烈的混合作用，所以冶金反应最激烈，对焊缝成分的影响也最大。在此区进行的主要物理化学反应有气体的分解和溶解，金属的蒸发，金属及其合金成分的氧化、还原以及焊缝金属的合金化等。

（3）熔池反应区。熔滴金属和熔渣以很高的速度落入熔池，并与熔化后的母材金属相混合或接触，同时各相间的物理化学反应继续进行，直至金属凝固，形成焊缝。这个阶段即属熔池反应区，它对焊缝金属成分和性能具有决定性作用。与熔滴反应区相比，熔池的平均温度较低，约为 1 600～1 900℃，比表面积较小，约为 3～130 cm^2/kg，反应时间较长。熔池反应区的显著特点之一是温度分布极不均匀。由于在熔池的前部和后部存在着温度差，因此化学冶金反应可以同时向相反的方向进行。此外，熔池中的强烈运动，有助于加快反应速度，并为气体和非金属夹杂物的外逸创造了有利条件。

2. 气相对焊缝金属的影响

焊接过程中，在熔化金属的周围存在着大量的气体，它们会不断地与金属产生各种冶金反应，从而影响着焊缝金属的成分和性能。

焊接区内的气体主要来源于焊接材料。例如，焊条药皮、焊剂和焊心中的造气剂、高价氧化物和水分都是气体的重要来源。热源周围的空气也是一种难以避免的气源。此外还有一些冶金反应也会产生气态产物。

气体的状态（分子、原子和离子状态）对其在金属中的溶解和与金属的作用有很大的影响。

主要有简单气体的分解和复杂气体的分解，焊接区气相中常见的简单气体有 N_2，H_2，O_2 等双原子气体，CO_2 和 H_2O 是焊接冶金中常见的复杂气体。

焊接时，焊接区内气相的成分和数量与焊接方法、焊接规范、焊条药皮或焊剂的种类有关。用低氢型焊条焊接时，气相中 H_2 和 H_2O 的含量很少，故有“低氢型”之称。埋弧焊和中性火焰气焊时，气相中 CO_2 和 H_2O 的含量很少，因而气相的氧化性也很小。而焊条电弧焊时气相的氧化性则较强。

氮、氢、氧在金属中的溶解及扩散都会对焊接质量产生一定的影响，当然也有相应的控制措施，在此不一一介绍。

3.熔渣及其对金属的作用

熔渣在焊接过程中的作用有保护熔池、改善工艺性能和冶金处理三个方面。根据焊接熔渣的成分和性能可将其分为三大类，即：盐型熔渣、盐一氧化物型熔渣和氧化物型熔渣。熔渣的性质与其碱度、黏度、表面张力、熔点和导电性都有密切的关系。

焊接时的氧化还原问题是焊接化学冶金涉及的重要内容之一，主要包括焊接条件下金属及合金元素的氧化与烧损、金属氧化物的还原等。

氧对焊接质量有严重的危害性。对已进入焊缝的氧，则必须通过脱氧将其去除。脱氧是一种冶金处理措施，它是通过在焊丝、焊剂或焊条药皮中加入某种对氧亲和力较大的元素，使其在焊接过程中夺取气相或氧化物中的氧，从而来减少被焊金属的氧化及焊缝的含氧量。钢的焊接常用 Mn，Si，Ti，Al 等元素的铁合金或金属粉（如锰铁、硅铁、钛铁和铝粉等）作脱氧剂。

焊缝中硫和磷的质量分数超过 0.04 %时，极易产生裂纹。硫、磷主要来自基本金属（焊件），也可能来自焊接材料，一般选择含硫、磷低的原材料，并通过药皮（或焊剂）进行脱硫脱磷，以保证焊缝质量。

三、焊接接头的金属组织和性能

熔焊是在局部进行短时高温的冶炼、凝固过程，这种冶炼和凝固过程是连续进行的。与此同时，周围未熔化的基本金属则受到短时的热处理。因此，焊接过程会引起焊接接头组织和性能的变化，直接影响焊接接头的质量。熔焊的焊接接头由焊缝区、熔合区和热影响区组成。

1.焊缝区

焊缝是熔池金属结晶形成的焊件结合部分。焊缝金属的结晶是从熔池底壁开始的，由于结晶时各个方向冷却速度不同，因而形成的晶粒是柱状晶，柱状晶粒的生长方向与最大冷却方向相反，它垂直于熔池底壁，如图 9-5 所示。由于熔池金属受电弧吹力和保护气体的吹动，熔池壁的柱状晶生长受到干扰，使柱状晶呈倾斜状，晶粒有所细化。熔池结晶过程中，由于冷却速度很快，已凝固的焊缝金属中的化学成分来不及扩散，易造成合金元素分布的不均匀。如硫、磷等有害元素易集中到焊缝中心区，将影响焊缝的力学性能。所以焊条心必须采用优质钢材，其中硫、磷的含量应很低。此外由于焊接材料所渗合金的作用，焊缝金属中锰、硅等合金元素的含量可能比基体金属高，所以焊缝金属的力学性能可高于基体金属。

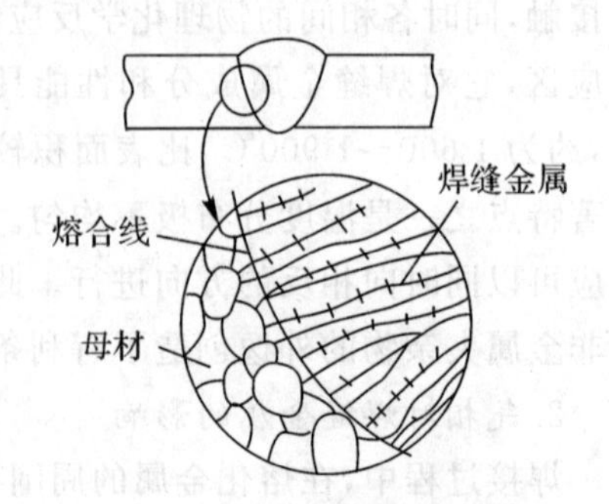

图 9-5　焊缝的柱状晶组织

2.熔合区

熔合区是焊接接头中焊缝与母材交接的过渡区，这个区域的焊接加热温度在液相线和固相线之间，又称为半熔化区，是焊缝向热影响区过渡的区域。熔合区的化学成分及组织极不均匀，晶粒粗大，强度下降，塑性和冲击韧性很差。尽管熔合区的宽度不足 1 mm，但它对焊接接头性能的影响很大。

3.热影响区

在电弧热的作用下，焊缝两侧处于固态的母材发生组织和性能变化的区域，称为焊接热影响区。由于焊缝附近各点受热情况不同，其组织变化也不同，不同类型的母材金属，热影响区各部位也会产生不同的组织变化。

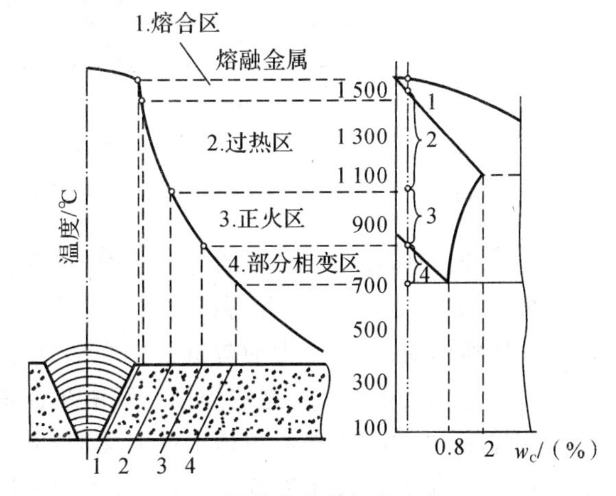

图 9-6　焊接接头的组织变化

图 9-6 左图所示为低碳钢焊接时焊接接头的组织变化示意。按组织变化特征，其热影响区可分为过热区、正火区和部分相变区。过热区紧靠熔合区，低碳钢过热区的最高加热温度在 1 100℃至固相线之间，母材金属加热到这个温度，结晶组织全部转变成为奥氏体，奥氏体急剧长大，冷却后得到过热粗晶组织，因而，过热区的塑性和冲击韧度很低。

焊接刚度大的结构和含碳量较高的易淬火钢材时，易在此区产生裂纹。正火区紧靠过热区，是焊接热影响区内相当于受到正火热处理的区域。一般情况下，焊接热影响区内的正火区的力学性能高于未经热处理的母材金属。部分相变区紧靠正火区，是母材金属处于 $A_{C1} \sim A_{C3}$ 之间的区域，加热和冷却时，该区结晶组织中只有珠光体和部分铁素体发生重结晶转变，而另一部分铁素体仍为原来的组织形态。因此，已相变组织和未相变组织在冷却后的晶粒大小不均匀对力学性能有不利影响。

4.改善焊接接头组织性能的方法

焊接热影响区在焊接过程中是不可避免的。低碳钢焊接时因其塑性很好，热影响区较窄，危害性较小，焊后不进行处理就能保证使用。焊后不能进行热处理的金属材料或构件，正确选择焊接方法可减少焊接接头内不利区域的影响，以达到提高焊接接头性能的目的。

四、焊接应力和变形

焊件在焊接过程中局部受到不均匀的加热和冷却是产生焊接应力的主要原因，应力严重时，会使焊件发生变形或开裂。因此，在设计和制造焊接结构时，必须首先弄清产生焊接应力与变形的原因，掌握其变形规律，找出减少焊接应力和过量变形的有效措施。

1.焊接应力与变形的原因

以平板对接焊为例，在焊接加热时，焊缝和近缝区的金属被加热到很高的温度，离焊缝中心距离越近，温度越高。因焊件各部位加热的温度不同，受热胀冷缩的影响，焊件将产生大小不等的纵向膨胀。假如这种膨胀不受阻碍，这时钢板自由伸长的长度将按图 9-7(a)中的虚线变化。但平板是一个整体，各部位不可能自由伸长，这时被加热到高温的焊缝金属的自由伸长量必然会受到两侧低温金属的限制，因而产生了压应力(－)，两侧的低温金属则要承受拉应力(＋)。当这些应力超过金属的屈服点时，就会发生塑性变形。此时，整个平板存在着相互平衡的压应力和拉应力，平板最终只能伸长 Δl。

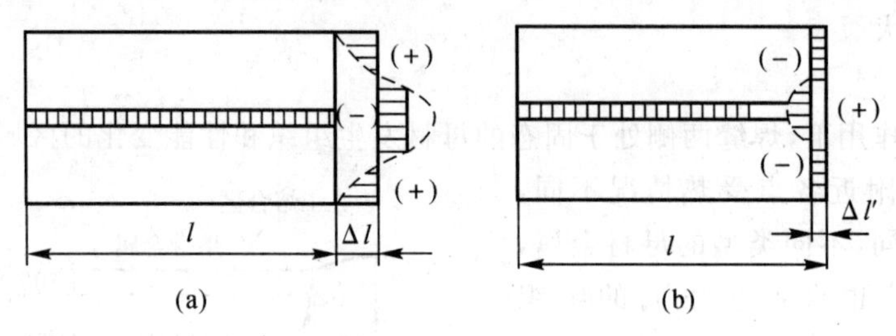

图 9－7　平板对接焊时产生的应力和变形

(a)焊接加热时；(b)焊接冷却时

同样的道理，在平板随后的冷却过程中，冷却到室温时焊缝区中心部分应该较其他区域缩得更短些，如图 9－7(b)所示虚线位置。但由于平板各部位的收缩相互牵制，平板只能如实线所示那样整体缩短 $\Delta l'$。此时焊缝区中心部分受拉应力，两侧金属内部受到压应力，并且拉应力与压应力也互相平衡。这些焊接后残留在金属内部的应力称为焊接应力。

在焊接生产中，焊接应力是不可避免的，对一些残留应力大的重要焊件要在 550～650℃下进行去应力退火，以消除或减小焊件内部的残留应力。

2.焊接的变形与防止措施

焊件因结构形状不同、焊缝数量和分布位置不同等因素的影响，变形的形式也不相同，最基本的变形形式有收缩变形、角变形、弯曲变形、扭曲变形和波浪变形等(见图 9－8)。

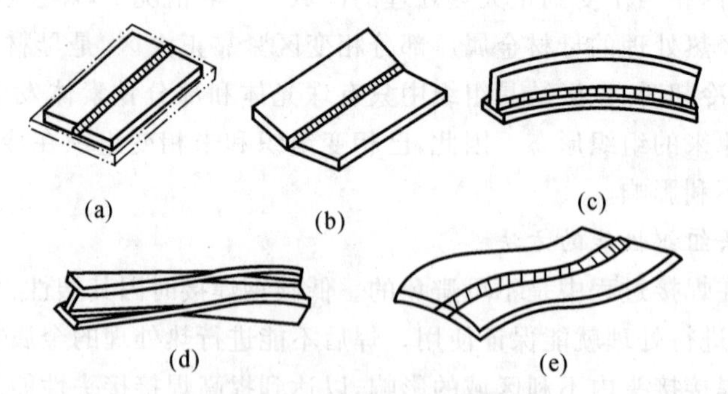

图 9－8　焊接变形的基本形式

(a)收缩变形；(b)角变形；(c)弯曲变形；(d)扭曲变形；(e)波浪变形

(1)收缩变形。焊接后，由于焊缝纵向和横向收缩而引起焊件的纵向和横向尺寸缩短。

(2)角变形。V 形坡口对接焊时，由于焊缝截面形状上下不对称、焊缝横向收缩沿板厚方向分布不均匀而引起的角度变化。

(3)弯曲变形。T 形梁焊接后，由于焊缝布置不对称，引起焊件向焊缝多的一侧弯曲。

(4)扭曲变形。工字梁焊接时，由于焊接顺序不合理，致使焊件产生纵向扭曲变形。

(5)波浪变形。焊接薄板时，由于焊缝收缩产生较大的压应力，使薄板失稳而造成的变形。

为了减小焊接应力和变形，除合理设计焊接结构外，焊接时还可根据实际情况采取以下相应的工艺措施：

(1)反变形法。根据经验估计焊接变形的方向和大小，焊前组装时使焊件处于反向变形位置，焊后即可抵消焊后所发生的变形(见图 9－9)。

(2)刚性固定法。焊前将焊件固定夹紧，限制其变形，焊后会大大减小变形量(见图 9－10)。但刚性固定法会产生较大的焊接残留应力，故只适用于塑性较好的焊接构件。

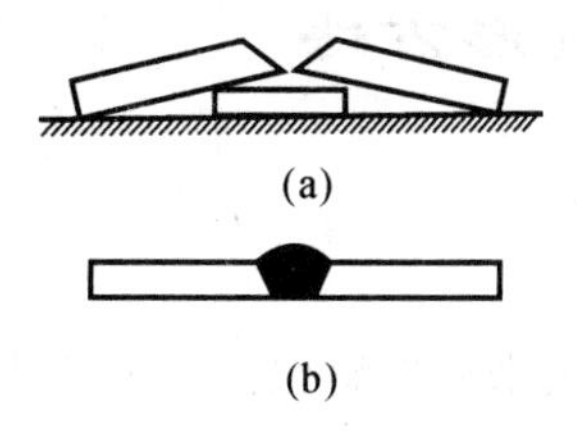

图 9－9 平板焊接的反变形

(a)焊前反变形；(b)焊后

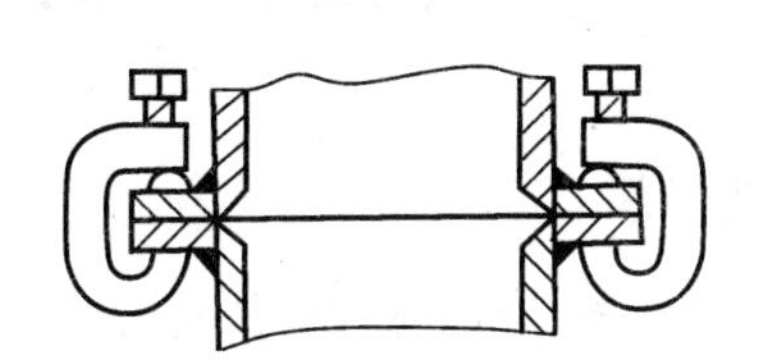

图 9－10　刚性固定防止法兰变形

(3)合理的焊接顺序。长焊缝焊接可采用“逆向分段焊法”[见图 9－11(a)]，即把长焊缝分成若干小段，每段施焊方向与总的焊接方向相反。厚板 X 形坡口对接焊应采取双面交替施焊[见图 9－11(b)]。对称截面的工字梁和矩形梁焊接应采取对称交叉焊，如图 9－11(c)所示。

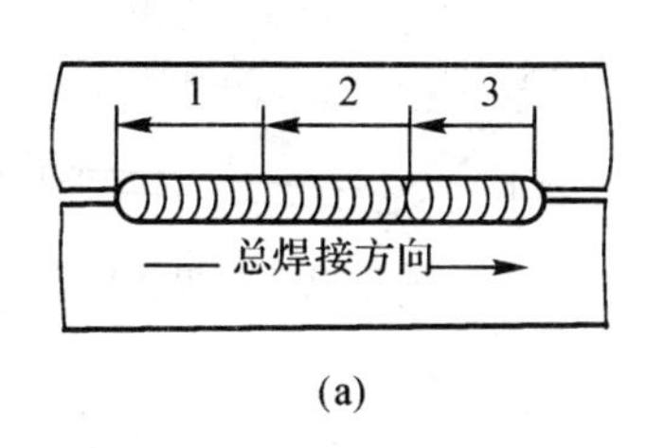

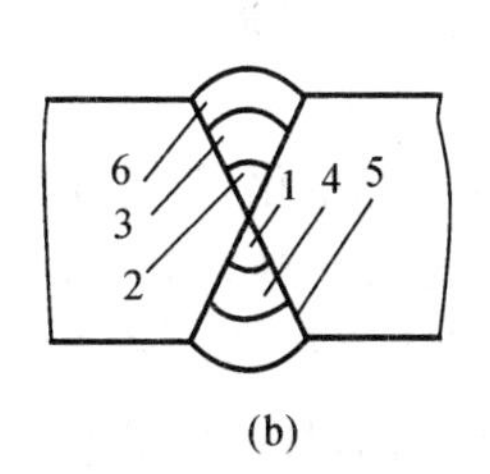

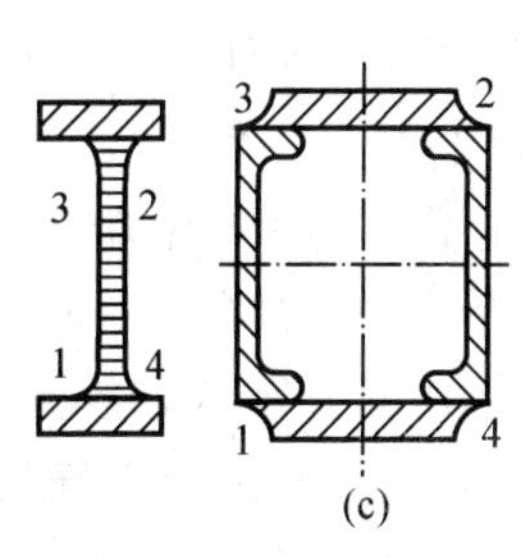

图 9－11　合理的焊接顺序

(a)逆向分段焊法；(b)X 形坡口焊接顺序；(c)对称截面梁焊接顺序

3. 焊接变形的矫正

当焊接构件变形超过允许值时要对其进行矫正。矫正变形的原理是利用新变形抵消原来的焊接变形。常用的焊件矫正方法有机械法和局部火焰加热法(见图 9－12)。

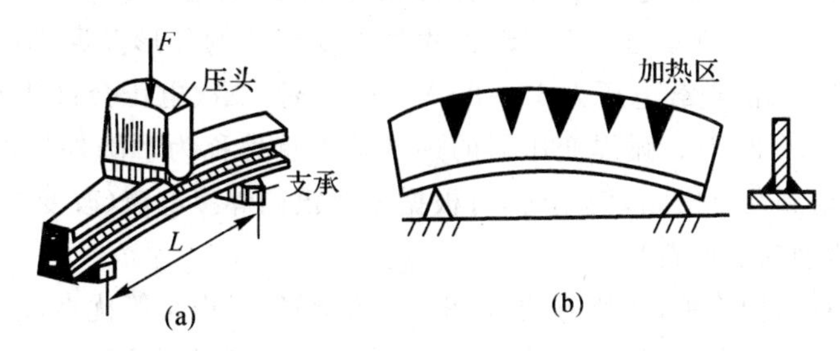

图 9－12　矫正焊接变形

(a)机械矫正法；(b)火焰矫正法

(1)机械矫正法。在机械力的作用下矫正焊接变形，使焊件产生与焊接变形相反的塑性变形[见图 9－12(a)]。机械矫正法适用于低碳钢和低合金钢等塑性比较好的金属材料。

(2)火焰矫正法。利用气焊火焰加热焊件上适当的部位,使焊件在冷却收缩时产生与焊接变形反方向的变形,以矫正焊接变形[见图 9－12(b)]。火焰矫正法适用于低碳钢和没有淬硬倾向的低合金钢,加热温度一般在 600～800℃。

第三节　常用焊接成形方法

一、手工电弧焊

手工电弧焊又称焊条电弧焊,是利用电弧产生的热量来局部熔化被焊工件及填充金属,冷却凝固后形成牢固接头,焊接过程依靠手工操作完成。

手工电弧焊设备简单,操作灵活方便,适应性强,并且配有相应的焊条,可适用于碳钢、不锈钢、铸铁、铜、铝及其合金等材料的焊接。但其生产率低,劳动条件较差,所以随着埋弧自动焊、气体保护焊等先进电弧焊方法的出现,手工电弧焊的应用逐渐有所减少,但目前在焊接生产中仍占很重要的地位。

1. 焊成过程

焊条电弧焊焊缝的形成过程如图 9－13 所示。焊接时,将焊条与焊件接触短路,接着将焊条提起约 3 mm 引燃电弧。

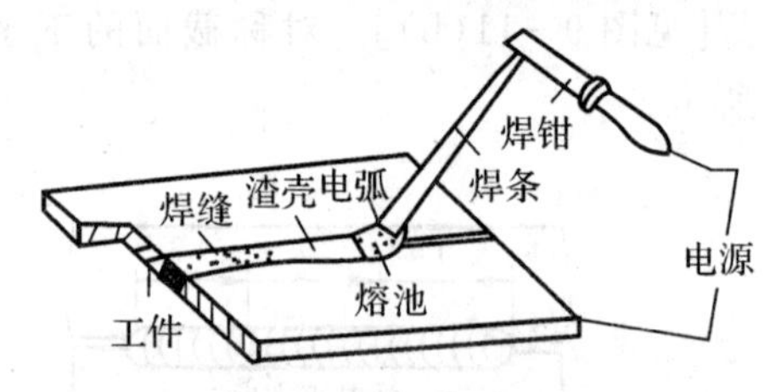

图 9－13　手工电弧焊焊缝形成过程

电弧的高温将焊条末端与焊件局部熔化,熔化了的焊件和焊条熔滴融合在一起形成金属熔池,同时焊条药皮熔化并发生分解反应,产生的大量气体和液态熔渣,不仅起到隔离周围空气的作用,而且与液态金属发生一系列的冶金反应,保证了焊缝的化学成分及性能。随着焊条不断地向前移动,焊条后面被熔渣覆盖的液态金属逐渐冷却凝固,最终形成焊缝。

2. 焊接设备

为焊接电弧提供电能的设备叫电焊机。焊条电弧焊焊机有交流电焊机和直流电焊机两大类。

(1)交流电焊机,又称弧焊变压器,是一种特殊的降压变压器。弧焊变压器有抽头式、动铁式和动圈式三种,图 9－14 所示是 BX 型动铁式弧焊变压器的外形及原理图。变压器的次电压为 220 V 或 380 V,二次空载电压为 60～80 V。焊接时,二次电压会自动下降到电弧正常燃烧所需的工作电压 20～35 V。弧焊变压器的这种输出特性称为下降外特性。交流电焊机的输出电流为几十安培到几百安培,使用时,可根据需要粗调焊接电流(改变二次线圈抽头)或细调焊接电流(调节活动铁心位置)。

交流电焊机具有结构简单、维修方便、体积小、质量轻、噪声小等优点,应用比较广泛。

(2)直流电焊机,有发电机式、硅整流式、晶闸管式和逆变式等几种。其中发电机式的结构复杂、噪声大、效率低,已属于被淘汰的产品。硅整流式和晶闸管式弥补了交流弧焊机电弧稳定性较差和弧焊发电机效率低、噪声大等缺点,能自动补偿电网电压波动对输出电压、电流的影响,并可以实现远距离调节焊接电流,目前已成为主要的直流焊接电源。逆变式直流电焊机是把 50 Hz 的交流电经整流后，由逆变器转变为几万赫兹的高频交流电，经降压、整流后输出供焊接用的直流电。图 9－15 所示为逆变式直流电焊机原理方框图。逆变式直流电焊机体积小，质量轻，整机质量仅为传统电焊机的 1/5～1/10，效率高达 90％以上。另外，逆变式直流电焊机容易引弧，电弧燃烧稳定，焊缝成形美观，飞溅少，是一种比较理想的焊接电源。

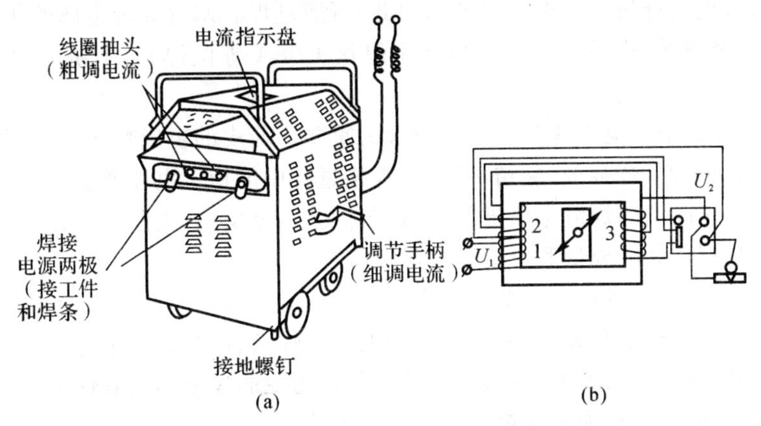

图 9－14　BX 型动铁式交流电焊机外形及原理

(a)外形图；(b)原理

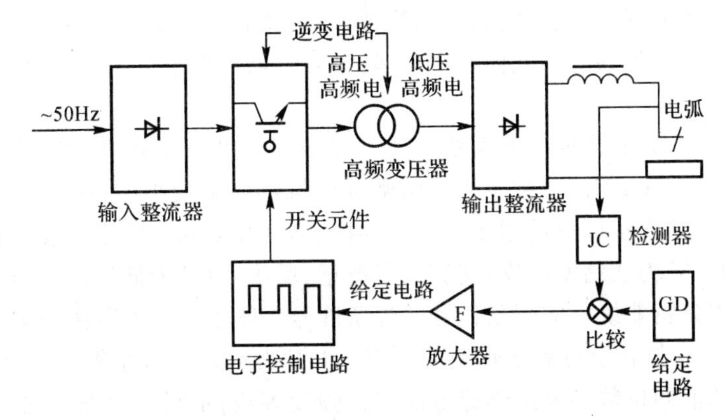

图 9－15　逆变式直流电焊机原理

由于电弧产生的热量在阳极和阴极上有一定差异，因此在使用直流电焊机焊接时，有正接和反接两种接线方法(见图 9－16)。当焊件接电源正极、焊条接负极时为正接法，主要用于厚板的焊接；反之则称为反接法，适用于薄钢板焊接和低氢焊条的焊接。

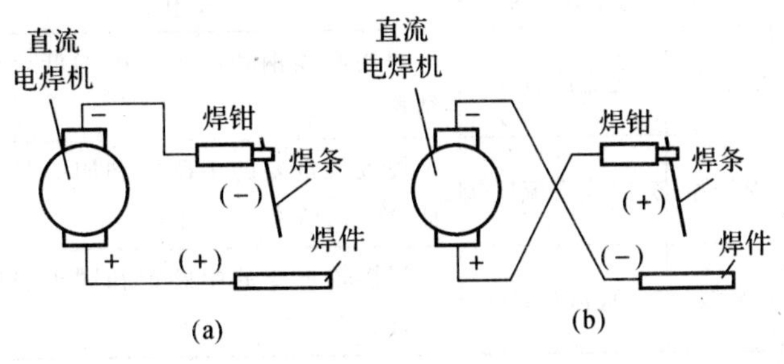

图 9－16　正接和反接线方法

(a)正接；(b)反接

3. 焊条

(1)焊条的组成及其作用。焊条由焊心和涂层(药皮)组成。常用焊心直径(即为焊条直径)有 1.6 mm,2.0 mm,2.5 mm,3.2 mm,4 mm,5 mm 等,长度常在 200~450 mm 之间。

手工电弧焊时,焊心的作用:一是作为电极,起导电作用,产生电弧提供焊接热源;二是作为填充金属,与熔化的母材共同形成焊缝。因此,可通过焊心调整焊缝金属的化学成分。焊心采用焊接专用的金属丝(称焊丝),碳钢焊条用焊丝 H08A 等做焊心,不锈钢焊条用不锈钢焊丝做焊心。

焊条药皮对保证手工电弧焊的焊缝质量极为重要。药皮的组成物按其作用分,有稳弧剂、造气剂、造渣剂、脱氧剂、合金剂、黏结剂等,在焊接过程中能稳定电弧燃烧,防止熔滴和熔池金属与空气接触,防止高温的焊缝金属被氧化,进行焊接冶金反应,去除有害元素,增添有用元素等,以保证焊缝具有良好的成形和合适的化学成分。

(2)焊条的种类、型号和牌号。焊条的种类按用途分为碳钢焊条、低合金焊条、不锈钢焊条、铸铁焊条、堆焊焊条、镍和镍合金焊条、铜和铜合金焊条、铝和铝合金焊条等。

焊条按熔渣性质分为两大类:熔渣以酸性氧化物为主的焊条称为酸性焊条;熔渣以碱性氧化物和氟化钙为主的焊条称为碱性焊条。

碱性焊条和酸性焊条的性能有很大差别,使用时要注意,不能随便地用酸性焊条代替碱性焊条。碱性焊条与强度级别相同的酸性焊条相比,其焊缝金属的塑性和韧性高,含氢量低,抗裂性强。但碱性焊条的焊接工艺性能(包括稳弧性、脱渣性、飞溅等)较差,对锈、油、水的敏感性大,易出气孔,并且产生的有毒气体和烟尘多。因此,碱性焊条适用于对焊缝塑性、韧性要求高的重要结构。

焊条型号是国家标准中的焊条代号。碳钢焊条型号见 GB 5117—85,如 E4303、E5015、E5016 等。"E"表示焊条;前两位数字表示熔敷金属抗拉强度最小值;第三位数字表示焊条的焊接位置,如"0"及"1"表示焊条适用于全位置焊接;第三和第四位数字组合时表示焊接电流种类及药皮类型,如"03"为钛钙型药皮,交流或直流正、反接;"15"为低氢钠型药皮,直流反接。

焊条牌号是焊条行业统一的焊条代号。焊条牌号一般用一个大写拼音字母和三个数字表示,如 J422,J507 等。拼音字母表示焊条的大类,如"J"表示结构钢焊条,"Z"表示铸铁焊条等;结构钢焊条牌号的前两位数字表示焊缝金属抗拉强度等级;最后一个数字表示药皮类型和电流种类,如"2"为钛钙型药皮,交流或直流;"7"为低氢钠型药皮,直流反接。其他焊条牌号表示方法,见国家机械工业委员会编《焊接材料产品样Ⅰ本》。J422 符合国标 E4303。J507 符合国标 E5015。几种常用的结构钢焊条型号与牌号对照见表 9-2。

表 9-2 几种常用的结构钢焊条型号与牌号对照表

型号	牌号	药皮类型	电源种类	主要用途	焊接位置
E4303	J422	钛钙型	交流或直流	焊接低碳钢和同等强度的低合金钢结构	全位置焊接
E5016	J506	低氢钾型	交流或直流反接	焊接较重要的中碳钢和同等强度的低合金钢结构	全位置焊接
E5015	J507	复钠型	直流反接	焊接较重要的中碳钢和同等强度的低合金钢结构	全位置焊接

(3)焊条的选用。焊条的选用原则是要求焊缝和母材具有相同水平的使用性能。

选用结构钢焊条时，一般是根据母材的抗拉强度，按“等强度”原则选用焊条。例如 1 6Mn 的抗拉强度为 520 MPa，故应选用 J502 或 J507 等。对于焊缝性能要求较高的重要结构或易产生裂纹的钢材和结构(厚度大、刚性大、施焊环境温度低等)焊接时，应选用碱性焊条。

选用不锈钢焊条和耐热钢焊条时，应根据母材化学成分类型选择相同成分类型的焊条。

4. 手工电弧焊工艺

(1)接头和坡口形式。由于焊件的结构形状、厚度及使用条件不同，所以其接头和坡口形式也不同。常用接头形式有对接、角接、T 字接和搭接等。当焊件厚度在 6 mm 以下时，对接接头可不开坡口；当焊件较厚时，为保证焊缝根部焊透，则要开坡口。焊接接头和坡口的基本形式见表 9－3。

表 9－3　熔焊焊接的接头形式与坡口形式

对接接头	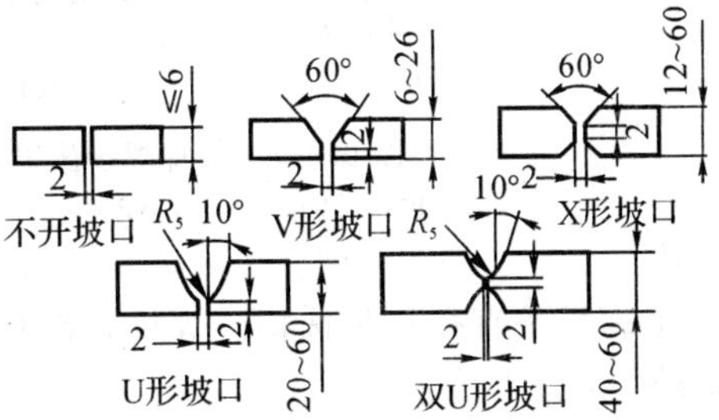 不开坡口　V形坡口　X形坡口　U形坡口　双U形坡口
T 形接头	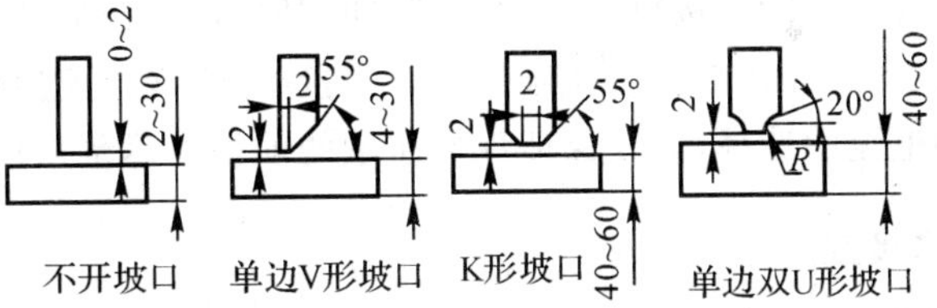 不开坡口　单边V形坡口　K形坡口　单边双U形坡口
角接接头	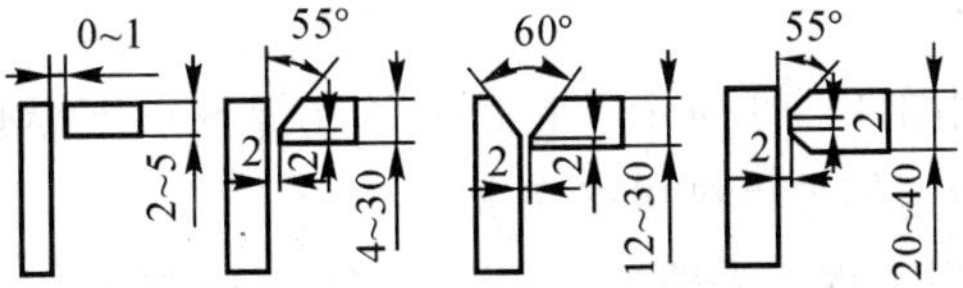
搭接接头	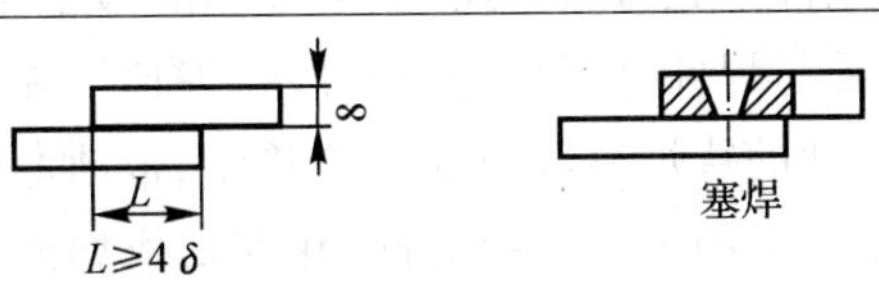 $L \geq 4\delta$　塞焊

(2)焊缝的空间位置。根据焊缝所处空间位置的不同可分为平焊、立焊、横焊和仰焊，如图 9－17 所示。不同位置的焊缝施焊难易不同。平焊时，最有利于金属熔滴进入熔池；熔渣和金属液不易流焊时，则应适当减小焊条直径和焊接电流，并采用短弧焊等措施以保证焊接质量。

(3)焊接工艺参数。手工电弧焊的焊接工艺参数通常为焊条直径、焊接电流、焊缝层数、电弧电压和焊接速度，其中最主要的是焊条直径和焊接电流。

1)焊条直径。为了提高生产率，应尽量选用直径较大的焊条。但焊条直径过大，易造成未焊透或焊缝成形不良等缺陷。因此应合理选择焊条直径。焊条直径一般根据工件厚度选择，可参考表 9－4。对于多层焊的第一层及非平焊位置的焊接，应采用较小的焊条直径。

表 9-4 焊条直径的选择

焊件厚度/mm	≤4	4～12	>12
焊条直径/mm	不超过工件厚度	3.2～4	≥4

2)焊接电流。焊接电流的大小对焊接质量和生产率影响较大。电流过小,电弧不稳,会造成未焊透、夹渣等焊接缺陷,且生产率低。电流过大易使焊条涂层发红失效并产生咬边、烧穿等焊接缺陷。因此焊接电流要适当。

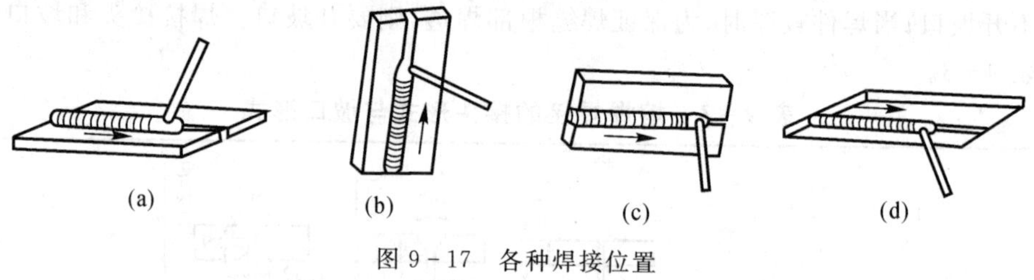

图 9-17 各种焊接位置

(a)平焊; (b)立焊; (c)横焊; (d)仰焊

焊接电流一般可根据焊条直径初步选择。焊接碳钢和低合金钢时,焊接电流 I(A)与焊条直径 d(mm)的经验关系式为 $I=(35\sim55)d$。

依据上式计算出的焊接电流值,在实际使用时,还应根据具体情况灵活调整。如焊接平焊缝时,可选用较大的焊接电流。在其他位置焊接时,焊接电流应比平焊时适当减小。

总之焊接电流的选择,应在保证焊接质量的前提下尽量采用较大的电流,以提高生产率。

二、其他焊接方法

1.埋弧自动焊

埋弧自动焊如图 9-18 所示。它是电弧在焊剂层下燃烧,将手工电弧焊的填充金属送进和电弧移动两个动作都采用机械来完成。

焊接时,在被焊工件上先覆盖一层 30～50 mm 厚的由漏斗中落下的颗粒状焊剂,在焊剂层下,电弧在焊丝端部与焊件之间燃烧,使焊丝、焊件及焊剂熔化,形成熔池,如图 9-19 所示。由于焊接小车沿着焊件的待焊缝等速地向前移动,带动电弧匀速移动,熔池金属被电弧气体排挤向后堆积。覆盖于其上的焊剂,一部分熔化后形成熔渣,电弧和熔池则受熔渣和焊剂蒸气所包围,因此有害气体不能侵入熔池和焊缝。随着电弧移动,焊丝与焊剂不断地向焊接区送进,直至完成整个焊缝。

埋弧焊时焊丝与焊剂直接参与焊接过程的冶金反应,因而焊前应正确选用,并使之相匹配。埋弧自动焊的设备主要由三部分组成。

(1)焊接电源:多采用功率较大的交流或直流电源。

(2)控制箱:主要用来保证焊接过程稳定进行,可以调节电流、电压和送丝速度,并能完成引弧和熄弧的动作。

(3)焊接小车:主要作用是等速移动电弧和自动送进焊丝与焊剂。

埋弧自动焊与手弧焊相比,有如下优点。

(1)生产率高。由于焊丝上没有涂料和导电嘴距离电弧近,因而允许焊接电流可达 1 000 A,所以厚度在 20 mm 以下的焊件可以不开坡口一次熔透;焊丝盘上可以挂带 5 kg 以下的焊丝,焊接时焊丝可以不间断地连续送进,这就省去许多在手工电弧焊时因开坡口、更换焊条而花费的时间和浪费掉的金属。因此,埋弧自动焊的生产率比手工电弧焊可提高 5～10 倍。

(2)焊接质量好而稳定。由于埋弧自动焊电弧是在焊剂层下燃烧,焊接区得到较好的保护,施焊后焊缝仍处在焊剂层和渣壳的保护下缓慢冷却,因此冶金反应比较充分,焊缝中的气体和杂质易于析出,减少了焊缝中产生气孔、裂纹等缺陷的可能性。另外,埋弧自动焊的焊接参数在焊接过程中可自动调节,因而电弧燃烧稳定,与手工电弧焊相比,焊接质量对焊工技艺水平的依赖程度可大大降低。

(3)劳动条件好。埋弧自动焊无弧光,少烟尘,焊接操作机械化,改善了劳动条件。

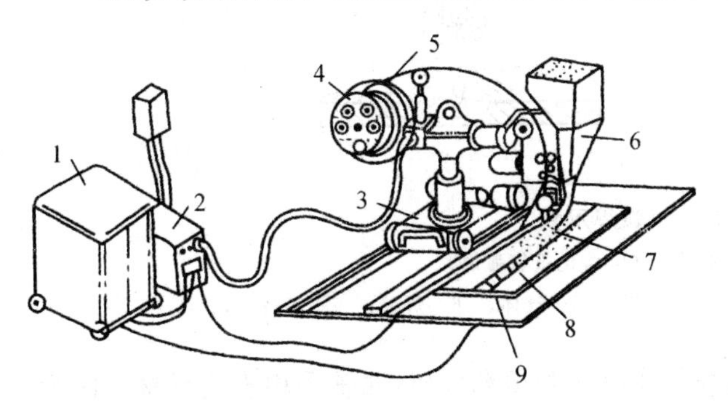

图 9-18　埋弧自动焊示意

1—焊接电源；　2—控制盘；　3—焊接小车；
4—控制箱；　5—焊丝盘；　6—焊剂斗；
7—焊剂；　8—工件；　9—焊缝

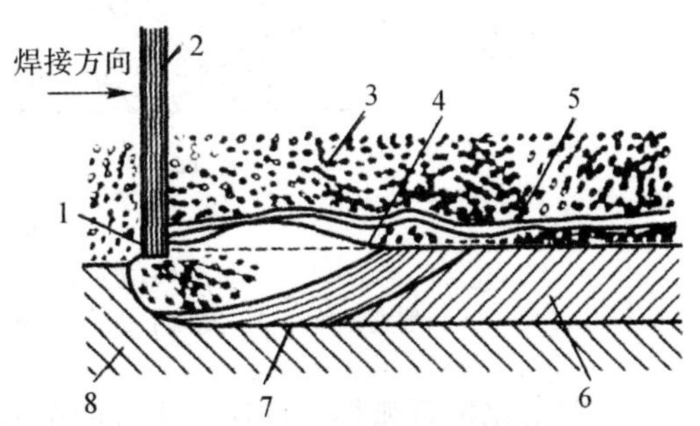

图 9-19　埋弧焊时焊缝的纵截面

1—电弧；　2—焊丝；　3—焊剂；　4—熔化的焊剂；
5—渣壳；　6—焊缝；　7—金属熔池；　8—基体金属

埋弧自动焊的不足之处是由于采用颗粒状焊剂,一般只适于平焊位置;对其他位置的焊接需采用特殊措施,以保证焊剂能覆盖焊接区;埋弧自动焊因不能直接观察电弧和坡口的位置,易焊偏,因此对工件接头的加工和装配要求严格;它不适于焊接厚度小于 1 mm 的薄板和焊缝数量多而短的焊件。

由于埋弧自动焊有上述特点,因而适于焊接中厚板结构的长直焊缝和较大直径的环形焊缝。当工件厚度增大和批量生产时,其优点显著。它在造船、桥梁、锅炉与压力容器、重型机械等部门有着广泛的应用。

2. 气体保护焊

气体保护焊是利用外加气体作为保护介质的一种电弧焊方法。焊接时可用作保护气体的有氩气、氦气、氮气、二氧化碳气体及某些混合气体等。本节主要介绍常用的氩气保护焊(简称氩弧焊)和二氧化碳气体保护焊。

(1)氩弧焊。氩弧焊是以惰性气体氩气(Ar)作为保护介质的电弧焊方法。氩弧焊时,电弧发生在电极和工件之间,在电弧周围通以氩气,形成气体保护层隔绝空气,防止其对电极、熔池及邻近热影响区的有害影响,如图 9-20 所示。在焊接高温下,氩气不与金属发生化学反应,也不溶于液态金属,因此对焊接区的保护效果很好,可用于焊接化学性质活泼的金属,并能获得高质量的焊缝。

氩弧焊按电极不同分为非熔化极氩弧焊和熔化极氩弧焊。

1)非熔化极氩弧焊。采用熔点很高的钨棒作电极,所以又称钨极氩弧焊。焊接时电极只起发射电子、产生电弧的作用,本身不熔化,不起填充金属的作用,因而一般要另加焊丝。焊接过程可采用手工或自动方式进行。焊接低合金钢、不锈钢和紫铜时,为减少电极损耗,应采用直流正接,同时焊接电流不能过大,所以钨极氩弧焊通常适于焊接 3 mm 以下的薄板或超薄材料。若用于焊接铝、镁及其合金时,一般采用交流电源,这既有利于保证焊接质量,又可延长钨极使用寿命。

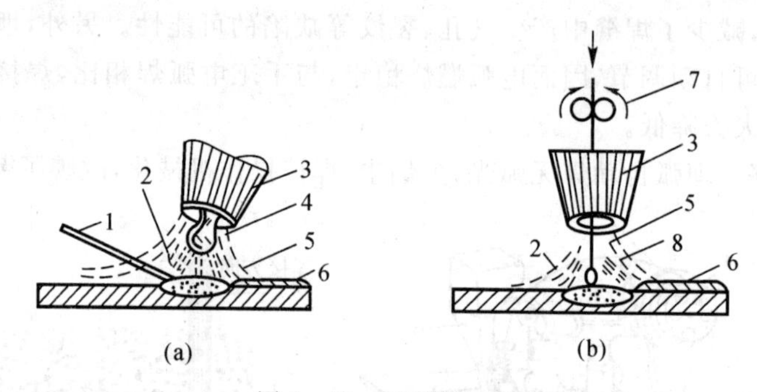

图 9-20　氩弧焊示意

(a)非熔化极氩弧焊；(b)熔化极氩弧焊

1—填充焊丝；2—熔池；3—喷嘴；4—钨极；5—气体；6—焊缝；7—送丝滚轮

2)熔化极氩弧焊。以连续送进的金属焊丝作电极和填充金属,通常采用直流反接。因为可用较大的焊接电流,所以适于焊接厚度在 3～25mm 的焊件。焊接过程可采用自动或半自动方式。自动熔化极氩弧焊在操作上与埋弧自动焊类似,所不同的是它不用焊剂。焊接过程中氩气只起保护作用,不参与冶金反应。

氩弧焊的主要优点是氩气保护效果好,焊接质量优良,焊缝成形美观,气体保护无熔渣,明弧可见,可进行全位置焊接。氩弧焊可用于几乎所有金属和合金的焊接,但由于氩气较贵,焊接成本高,通常多用于焊接易氧化的、化学活泼性强的有色金属(如铝、镁、钛、铜)以及不锈钢、耐热钢等。

(2)CO_2 气体保护焊。CO_2 气体保护焊是以 CO_2 作为保护介质的电弧焊方法。它是以焊丝作电极和填充金属,有半自动和自动两种方式,如图 9-21 所示。

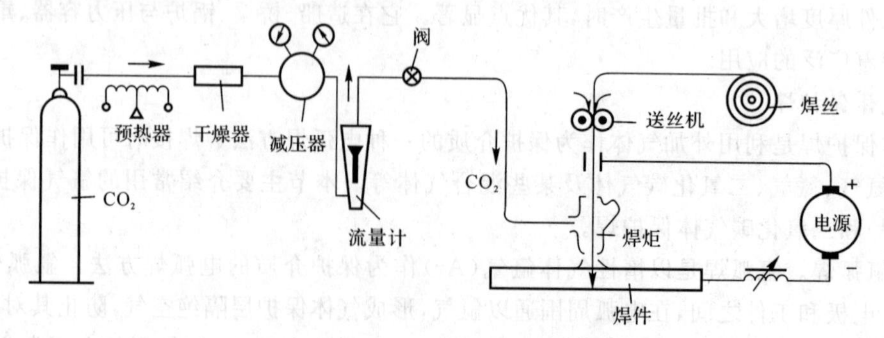

图 9-21　CO_2 气体保护焊示意

CO_2是氧化性气体,在高温下具有较强烈的氧化性。其保护作用主要是使焊接区与空气隔离,防止空气中氮气对熔化金属的有害作用。在焊接过程中,由于 CO_2 气体会使焊缝金属氧化,并使合金元素烧损,从而使焊缝力学性能降低,同时氧化作用导致产生气孔和飞溅等。因此需在焊丝中加入适量的脱氧元素,如硅、锰等。

目前常用的CO_2气体保护焊分为两类:

1)细丝CO_2气体保护焊　焊丝直径为0.5～1.2 mm,主要用于0.8～4 mm的薄板焊接;

2)粗丝CO_2气体保护焊　焊丝直径为1.6～5 mm,主要用于3～25 mm的中厚板焊接。

CO_2气体保护焊的主要优点是CO_2气体便宜,因此焊接成本低;CO_2保护焊电流密度大,焊接速度快,焊后不需清渣,生产率比手工电弧焊提高1～3倍;采用气体保护,明弧操作,可进行全位置焊接;采用含锰焊丝,焊缝裂纹倾向小。

CO_2气体保护焊的不足之处是飞溅较大,焊缝表面成形较差;弧光强烈,烟雾较大;不宜焊接易氧化的有色金属。

CO_2气体保护焊主要用于焊接低碳钢和低合金钢。在汽车、机车车辆、机械、造船、石油化工等行业中得到广泛的应用。

3. 电阻焊

电阻焊是利用电流通过焊件及接触处产生的电阻热作为热源,将焊件局部加热到塑性状态或熔化状态,然后在压力下形成接头的焊接方法。

电阻焊与其他焊接方法相比较,具有生产率高,焊接应力变形小,不需要另加焊接材料,操作简便,劳动条件好,并易于实现机械化等优点;但设备功率大,耗电量高,适用的接头形式与可焊工件厚度(或断面)受到限制。

电阻焊方法主要有点焊、缝焊、对焊,如图9-22所示。

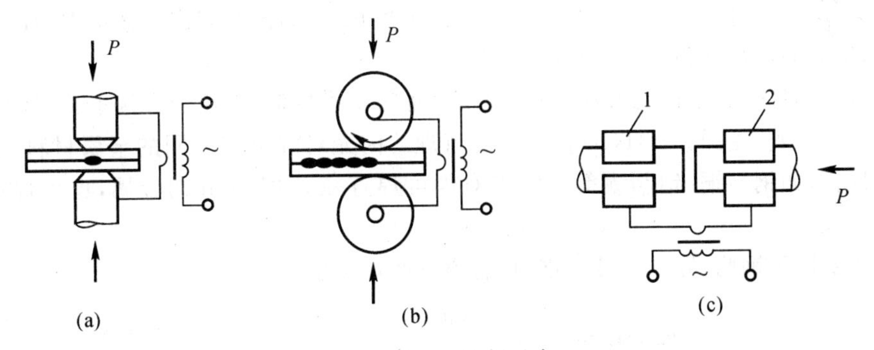

图9-22　电阻焊示意

(a)点焊;　(b)缝焊;　(c)对焊

1—固定电极;　2—移动电极

(1)点焊。点焊是利用柱状电极,将焊件压紧在两电极之间,以搭接的形式在个别点上被焊接起来[见图9-22(a)]。焊缝是由若干个不连续的焊点所组成。

每个焊点的焊接过程是:电极压紧焊件→通电加热→断电(维持原压力或增压)→去压。通电过程中,被压紧的两电极(通水冷却)间的贴合面处金属局部熔化形成熔核,其周围的金属处于塑性状态。断电后熔核在电极压力作用下冷却、结晶,去掉压力后即可获得组织致密的焊点,如图9-23(a)所示。如果焊点的冷却收缩较大,如铝合金焊点,则断电后应增大电极压力,以保证焊点结晶密实。焊完一点后移动焊件(或电极),依次焊接其他各点。

点焊是一种高速、经济的焊接方法,主要用于焊接薄板冲压壳体结构及钢筋等。焊件的厚度一般小于 4 mm,被焊钢筋直径小于 25 mm。点焊可焊接低碳钢、不锈钢、铜合金及铝镁合金等材料。在飞机、汽车、火车车厢、钢筋构件、仪器、仪表等制造中得到广泛应用。

(2)缝焊。缝焊过程与点焊相似,只是用旋转的盘状滚动电极代替了柱状电极[见图 9-22(b)],焊接时,滚盘电极压紧焊件并转动,配合断续通电,形成连续焊点互相接叠的密封性良好的焊缝,如图 9-23(b)所示。

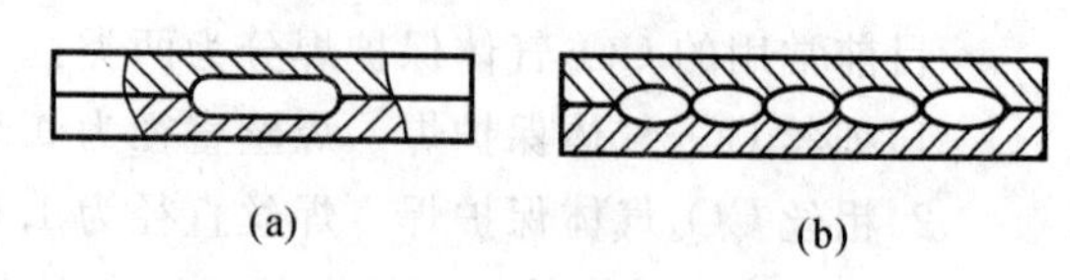

图 9-23 点焊、缝焊接头比较

(a)点焊; (b)缝焊

缝焊主要用于制造密封的薄壁结构件(如油箱、水箱、化工器皿)和管道等。一般只用于 3 mm 以下薄板的焊接。

(3)对焊。对焊是利用电阻热使两个工件以对接的形式在整个端面上焊接起来的电阻焊方法[见图 9-22(c)]。根据工艺过程的不同,又可分为电阻对焊和闪光对焊。

1)电阻对焊。焊接时先将两焊件端面接触压紧,再通电加热,由于焊件的接触面电阻大,大部分热量就集中在接触面附近,因而迅速将焊接区加热到塑性状态。断电的同时增压顶锻,在压力作用下使两焊件的接触面产生一定量的塑性变形而焊接在一起。

电阻对焊的接头外形光滑无毛刺[见图 9-24(a)],但焊前对端面的清理要求高,且接头强度较低。因此,一般仅用于截面简单、强度要求不高的杆件。

2)闪光对焊。焊接时先将两焊件装夹好,双方不接触,然后再加电压,逐渐移动被焊工件使之轻微接触。由于接触面上只有某些点真正接触,当强大电流通过这些点时,其电流密度很大,接触点金属被迅速熔化、蒸发,再加上电磁作用,液体金属即发生爆破,并以火花状射出,形成闪光现象。经多次闪光加热后,端面均匀达到半熔化状态,同时多次闪光把端面的氧化物也清除干净,这时断电加压顶锻,形成焊接接头。

闪光对焊的接头力学性能较高,焊前对端面加工要求较低,常用于焊接重要零件。闪光对焊接头外表有毛刺[见图 9-24(b)],焊后需清理。闪光对焊可焊相同的金属材料,也可以焊异种金属材料,如钢与铜、铝与铜等。闪光对焊可焊直径 0.01 mm 的金属,也可焊截面积为 0.1 m^2的钢坯。

对焊主要用于钢筋、导线、车圈、钢轨、管道等的焊接生产。

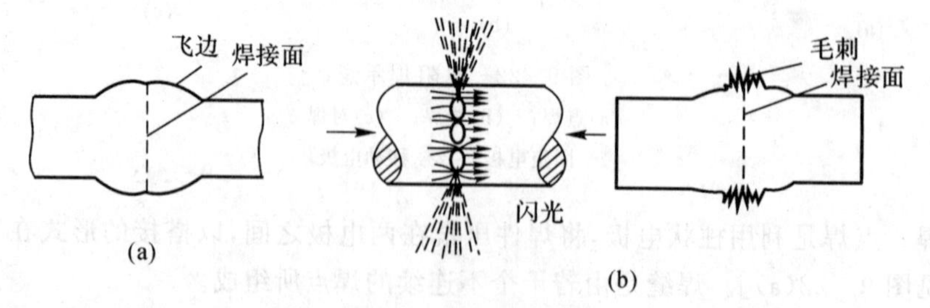

图 9-24 对焊接头形状

(a)电阻对焊接头; (b)闪光对焊接头

4. 钎焊

钎焊是采用比母材熔点低的金属作钎料,将焊件加热到使钎料熔化,利用液态钎料润湿母材填充接头间隙,并与母材相互溶解和扩散实现连接的焊接方法。

钎焊时先将工件的待连接处清理干净,以搭接形式装配在一起,把钎料放在装配间隙附近或装配间隙处，并要加钎剂（钎剂的作用是去除氧化膜和油污等杂质，保护焊件接触面和钎料不受氧化，并增加钎料润湿性和毛细流动性）。当工件与钎料被加热到稍高于钎料的熔化温度后（工件未熔化），液态钎料充满固体工件间隙内，焊件与钎料间相互扩散，凝固后即形成接头。

钎焊多用搭接接头，钎焊的质量在很大程度上取决于钎料。钎料应具有合适的熔点与良好的润湿性，能与母材形成牢固结合，得到一定的力学性能与物理化学性能的接头。钎焊按钎料熔点分为两大类：软钎焊和硬钎焊。

(1)软钎焊。钎料的熔点低于450℃的钎焊。常用钎料是锡铅钎料。常用钎剂是松香、氯化锌溶液等。软钎焊接头强度低（一般小于70 MPa），工作温度低，主要用于电子线路的焊接。

(2)硬钎焊。钎料的熔点高于450℃的钎焊。常用钎料是铜基钎料和银基钎料等。常用钎剂有硼砂、硼酸、氯化物、氟化物等。硬钎焊接头强度较高（可达500 MPa），工作温度较高，主要用于机械零、部件和刀具的钎焊。

(3)钎焊与熔化焊相比有如下优缺点：

1)焊接质量好。因加热温度低，焊件的组织性能变化很小，焊件的应力变形小，精度高，焊缝外形平整美观。适宜焊接小型、精密、装配件及电子仪表等工件。

2)生产率高。钎焊可以焊接一些其他焊接方法难以焊接的特殊结构（如蜂窝结构等）。可以采用整体加热，一次焊成整个结构的全部（几十条或成百条）焊缝。

3)用途广。钎焊不仅可以焊接同种金属，还可以焊接异种材料，甚至金属与非金属之间也可焊接（如原子反应堆中金属与石墨的钎焊，电子管的玻璃罩壳与可伐合金的钎焊等）。

钎焊也有其缺点，如接头强度比较低，耐热能力较差，装配要求较高等。但由于它有独特的优点，因而在机械、电子、无线电、仪表、航空、原子能、空间技术及化工、食品等部门都有应用。

第四节　常用金属材料的焊接

一、金属材料的焊接性

1.焊接性的概念

一定焊接技术条件下，获得优质焊接接头的难易程度，即金属材料对焊接加工的适应性称为金属材料的焊接性。衡量焊接性的主要指标有两个：一是在一定的焊接技术条件下接头产生缺陷，尤其是裂纹的倾向或敏感性；二是焊接接头在使用中的可靠性。

金属材料的焊接性与母材的化学成分、厚度、焊接方法及其他技术条件密切相关。同一种金属材料采用不同的焊接方法、焊接材料、技术参数及焊接结构形式，其焊接性都有较大差别。如铝及铝合金采用焊条电弧焊时，难以获得优质焊接接头，但如采用氩弧焊则接头质量好，此时焊接性好。

金属材料的焊接性是生产中设计、施工准备及正确拟定焊接过程技术参数的重要依据，因此，当采用金属材料尤其是新的金属材料制造焊接结构时，了解和评价金属材料的焊接性是非常重要的。

2.焊接性的评价

影响金属材料焊接性的因素很多，焊接性的评价一般是通过估算或试验方法确定。通常用碳当量法和冷裂纹敏感系数法。

(1)碳当量法。实际焊接结构所用的金属材料大多数是钢材，而影响钢材焊接性的主要因素是化学成分。因此碳当量是评价钢材焊接性最简便的方法。

碳当量是把钢中的合金元素(包括碳)的含量，按其作用换算成碳的相对含量。国际焊接学会推荐的碳当量(w_{CE})公式为

$$w_{CE}=w_C+\frac{w_{Mn}}{2}+\frac{w_{Cr}+w_{Mo}+w_V}{5}+\frac{w_{Ni}+w_{Cu}}{15}$$

式中，w_C，w_{Mn} 等为碳、等相应成分的质量分数，%。

一般碳当量越大，钢材的焊接性越差。硫、磷对钢材的焊接性影响也极大，但在各种合金钢材中，硫、磷一般都受到严格控制，因此，在计算碳当量时可以忽略。

当 $w_{CE}<0.4\%$时，钢材的塑性良好，淬硬倾向不明显，焊接性良好。在一般的焊接技术条件下，焊接接头不会产生裂纹，但对厚大件或在低温下焊接，应考虑预热；当 w_{CE}在 0.4 %～0.6%时，钢材的塑性下降，淬硬倾向逐渐增加，焊接性较差，焊前工件需适当预热，焊后注意缓冷，才能防止裂纹；当 $w_{CE}>0.6\%$时，钢材的塑性变差，淬硬倾向和冷裂倾向大，焊接性更差，工件必须预热到较高的温度，要采取减少焊接应力和防止开裂的技术措施，焊后还要进行适当的热处理。

(2)冷裂纹敏感系数法。由于碳当量法仅考虑了钢材的化学成分，忽略了焊件板厚、焊缝含氢量等其他影响焊接性的因素，因此无法直接判断冷裂纹产生的可能性大小。由此提出了冷裂纹敏感系数的概念，其计算式为

$$P_W=\left(w_C+\frac{w_{Si}}{30}+\frac{w_{Cr}+w_{Mn}+w_{Cu}}{20}+\frac{w_{Ni}}{6}+\frac{w_{Mo}}{15}+\frac{w_V}{10}+5w_B+\frac{[H]}{60}+\frac{h}{600}\right)\times 100\%$$

式中，P_W 为冷裂纹敏感系数；h 为板厚，mm；[H] 为 100g 焊缝金属扩散氢的含量，ml。

冷裂纹敏感系数越大，则产生冷裂纹的可能性越大，焊接性越差。

二、常用金属材料的焊接

1. 低碳钢的焊接

低碳钢的 w_{CE}小于 0.4 %，塑性好，一般没有淬硬倾向，对焊接热过程不敏感，焊接性良好。通常情况下，焊接不需要采取特殊技术措施，使用各种焊接方法都易获得优质焊接接头。但是，低温下焊接刚度较大的低碳钢结构时，应考虑采取焊前预热，以防止裂纹的产生。厚度大于 50 mm 的低碳钢结构或压力容器等重要构件，焊后要进行去应力退火处理。电渣焊的焊件，焊后要进行正火处理。

2. 中、高碳钢的焊接

中碳钢的 w_{CE}一般为 0.4%～0.6%，随着 w_{CE}的增加，焊接性能逐渐变差。高碳钢的 w_{CE}一般大于 0.6%，焊接性能更差，这类钢的焊接一般只用于修补工作。焊接中、高碳钢存在的主要问题是焊缝易形成气孔；焊缝及焊接热影响区易产生淬硬组织和裂纹。为了保证中、高碳钢焊件焊后不产生裂纹，并具有良好的力学性能，通常采取以下技术措施。

(1)焊前预热、焊后缓冷。其主要目的是减小焊接前后的温差，降低冷却速度，减少焊接应力，从而防止焊接裂纹的产生。预热温度取决于焊件的含碳量、焊件的厚度、焊条类型和焊接规范。焊条电弧焊时，一般预热温度在 150～250℃之间，碳当量高时，可适当提高预热温度，

加热范围在焊缝两侧 150～200 mm 为宜。

(2)尽量选用抗裂性好的碱性低氢焊条，也可选用比母材强度等级低一些的焊条以提高焊缝的塑性。当不能预热时，也可采用塑性好、抗裂性好的不锈钢焊条。

(3)选择合适的焊接方法和规范，降低焊件冷却速度。

3.普通低合金钢的焊接

普通低合金钢在焊接生产中应用较为广泛，按屈服强度分为六个强度等级。

屈服强度 294～392 MPa 的普通低合金钢，其 w_{CE} 大多小于 0.4%，焊接性能接近低碳钢。焊缝及热影响区的淬硬倾向比低碳钢稍大。常温下焊接，不用复杂的技术措施，便可获得优质的焊接接头。当施焊环境温度较低或焊件厚度、刚度较大时，则应采取预热措施，预热温度应根据工件厚度和环境温度进行考虑。焊接 16Mn 钢的预热条件见表 9－5。

表 9－5　焊接 16Mn 钢的预热条件

工件厚度/mm	不同气温的预热温度	
＜16	不低于－10℃不预热	－10℃以下预热 100～150℃
16～24	不低于－5℃不预热	－5℃以下预热 100～150℃
25～40	不低于 0℃不预热	0℃以下预热 100～150℃
＞40	预热 100～150℃	

强度等级较高的低合金钢，其 $w_{CE}=0.4\%\sim0.6\%$，有一定的淬硬倾向，焊接性较差。应采取的技术措施是尽可能选用低氢型焊条或使用碱度高的焊剂配合适当的焊丝；按规范对焊条进行烘干，仔细清理焊件坡口附近的油、锈、污物，防止氢进入焊接区；焊前预热，一般预热温度超过 150℃；焊后应及时进行热处理以消除内应力。

4.奥氏体不锈钢的焊接

奥氏体不锈钢是实际应用最广泛的不锈钢，其焊接性能良好，几乎所有的熔焊方法都可采用。焊接时，一般不需要采取特殊措施，主要应防止晶界腐蚀和热裂纹。

为避免晶界腐蚀，不锈钢焊接时，应该采取的技术措施是选择超低碳焊条，减少焊缝金属的含碳量，减少和避免形成铬的碳化物，从而降低晶界腐蚀倾向；采取合理的焊接过程和规范，焊接时采用小电流、快速焊、强制冷却等措施防止晶界腐蚀的产生。可采用两种方式进行焊后热处理：第一种是固溶化处理，将焊件加热到 1 050～1 150℃，使碳重新溶入奥氏体中，然后淬火，快速冷却形成稳定奥氏体组织；第二种是进行稳定化处理，将焊件加热到 850～950℃保温 2～4 h，使奥氏体晶粒内部的铬逐步扩散到晶界。

奥氏体不锈钢由于本身热导率小，线膨胀系数大，焊接条件下会形成较大的拉应力，同时晶界处可能形成低熔点共晶，导致焊接时容易出现热裂纹。因此，为了防止焊接接头热裂纹，一般应采用小电流、快速焊，不横向摆动，以减少母材向熔池的过渡。

5.铸铁件的焊接

铸铁含碳量高，组织不均匀，焊接性能差，所以应避免考虑铸铁材质的焊接件。但铸铁件生产中出现的铸造缺陷及铸件在使用过程中发生的局部损坏和断裂，如能焊补，其经济效益也是显著的。铸铁焊补的主要困难是焊接接头易产生白口组织，硬度很高，焊后很难进行机械加工；焊接接头易产生裂纹，铸铁焊补时，其危害性比形成白口组织大；铸铁含碳量高，焊接过程中熔池中碳和氧发生反应，生成大量CO气体，若来不及从熔池中逸出而存留在焊缝中，焊缝中易出现气孔。以上问题在焊补时，必须采取措施加以防止。

铸铁的焊补，一般采用气焊、焊条电弧焊，对焊接接头强度要求不高时，也可采用钎焊。铸铁的焊补过程根据焊前是否预热，可分为热焊和冷焊两类。

6.有色金属及其合金的焊接

(1)铝及铝合金的焊接。工业纯铝和非热处理强化的变形铝合金的焊接性较好，而可热处理强化变形铝合金和铸造铝合金的焊接性较差。

铝及铝合金焊接的困难主要是铝容易氧化成Al_2O_3，由于Al_2O_3氧化膜的熔点高(2 050℃)，而且密度大，在焊接过程中，会阻碍金属之间的熔合而形成夹渣；此外，铝及铝合金液态时能吸收大量的氢气，但在固态时几乎不溶解氢，熔入液态铝中的氢大量析出，使焊缝易产生气孔；铝的热导率为钢的4倍，焊接时，热量散失快，需要能量大或密集的热源，同时铝的线膨胀系数为钢的2倍，凝固时收缩率达6.5%，易产生焊接应力与变形，并可能产生裂纹；铝及铝合金从固态转变为液态时，无塑性过程及颜色的变化，因此，焊接操作时，很容易造成温度过高、焊缝塌陷、烧穿等缺陷。

铝和铝合金的焊接常用氩弧焊、气焊、电阻焊和钎焊等方法。其中氩弧焊应用最广，气焊仅用于焊接厚度不大的一般构件。

氩弧焊电弧集中，操作容易，氩气保护效果好，且有阴极破碎作用，能自动除去氧化膜，所以焊接质量高，成形美观，焊件变形小。氩弧焊常用于焊接质量要求较高的构件。

电阻焊时，应采用大电流、短时间通电，焊前必须彻底清除焊件焊接部位和焊丝表面的氧化膜与油污。

气焊时，一般采用中性火焰。焊接时，必须使用溶剂以溶解或消除覆盖在熔池表面的氧化膜，并在熔池表面形成一层较薄的熔渣，保护熔池金属不被氧化，排除熔池中的气体、氧化物和其他杂质。

铝及铝合金的焊接无论采用哪种焊接方法，焊前都必须进行氧化膜和油污的清理。清理质量的好坏将直接影响焊缝质量。

(2)铜及铜合金的焊接。铜及铜合金焊接性较差，焊接接头的各种性能一般均低于母材。

铜及铜合金焊接的主要困难是铜及铜合金的导热性很好，焊接时热量很快从加热区传导出去，导致焊件温度难以升高，金属难以熔化，以致填充金属与母材不能很好地熔合；铜及铜合金的线膨胀系数及收缩率都较大，并且由于导热性好，而使焊接热影响区变宽，导致焊件易产生变形；另外，铜及铜合金在高温液态下极易氧化，生成的氧化铜与铜的易熔共晶体沿晶界分布，使焊缝的塑性和韧度显著下降，易引起热裂纹；铜在液态时能溶解大量氢，而凝固时，溶解度急剧下降，焊接熔池中的氢气来不及析出，在焊缝中形成气孔。同时，以溶解状态残留在固态金属中的氢与氧化亚铜发生反应，析出水蒸气，而水蒸气不溶于铜，却以很高的压力状态分布在显微空隙中导致裂缝，产生所谓氢脆现象。

导热性强、易氧化、易吸氢是焊接铜及铜合金时应解决的主要问题。目前焊接铜及铜合金较理想的方法是氩弧焊。对质量要求不高时，也常采用气焊、焊条电弧焊和钎焊等。

采用各种方法焊接铜及铜合金时，焊前都要仔细清除焊丝、焊件坡口及附近表面的油污、氧化物等杂质。气焊、钎焊或电弧焊时，焊前应对焊剂、钎剂或焊条药皮做烘干处理。焊后应彻底清洗残留在焊件上的溶剂和熔渣，以免引起焊接接头的腐蚀破坏。

第五节　焊接工艺及结构设计

一、焊接接头与坡口形式

焊接接头的基本形式有对接、T形接、角接和搭接等。坡口的形式有I形坡口、V形坡口、U形坡口和X形坡口。坡口的形式取决于焊件的厚度，目的是当焊件较厚时，应能保证焊缝根部焊透。表9－3是常用熔焊焊接的接头形式与坡口形式及其基本尺寸。

当两块厚度差别较大的板材进行焊接时，因接头两边受热不均容易产生焊不透等缺陷，而且还会产生较大的应力集中，这时应在较厚的板料上加工出如图9－25所示的单面或双面斜边的过渡形式。

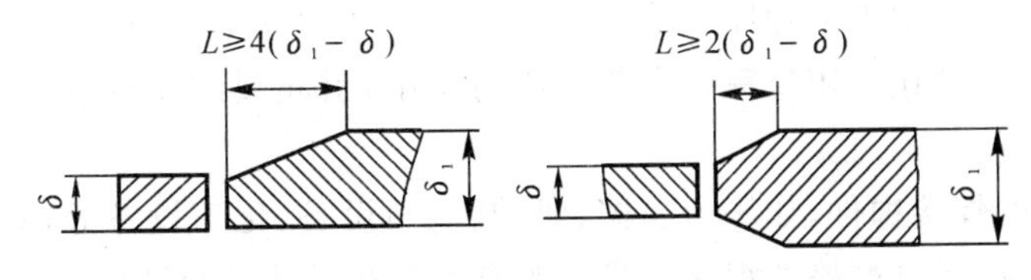

图9－25　不同厚度板材对接时的过渡形式

二、焊缝的布置

焊接构件的焊缝布置是否合理，对焊接质量和生产效率都有很大的影响。对具体焊接结构件进行焊缝布置时，应便于焊接操作，有利于减小焊接变形，提高结构强度。表9－6是几种常见焊接结构工艺设计的一般原则。

表9－6　焊接结构工艺设计的一般原则

设计原则	不良设计	改进设计
焊条电弧焊时要考虑操作空间	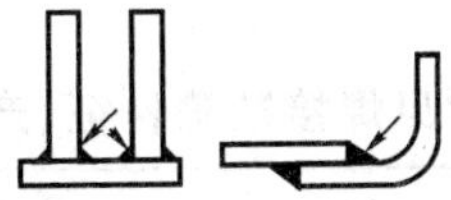	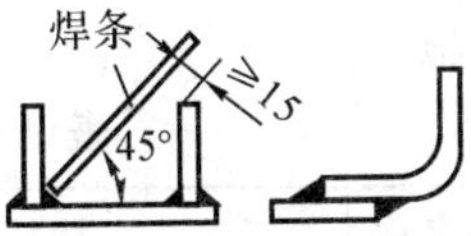
焊缝应尽量避开最大应力和应力集中处	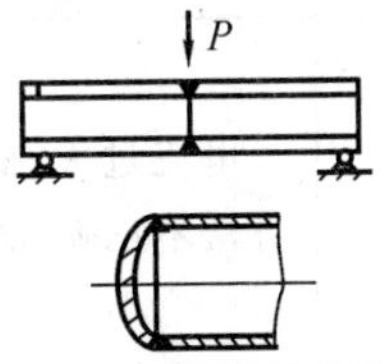	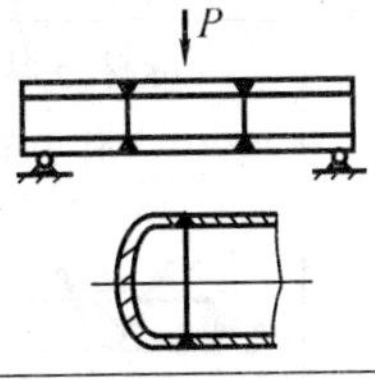
焊缝位置应有利于减小焊接应力与变形： ①避免焊缝过分密集交叉和端部锐角； ②减小焊缝数量； ③裂缝应尽量对称分布		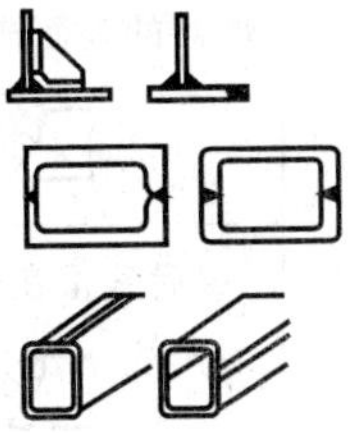

续 表

设计原则	不良设计	改进设计
焊缝应避开加工表面	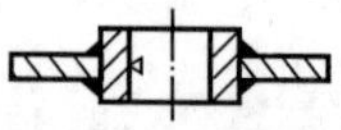	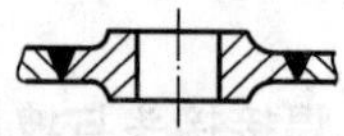
焊缝拐弯处应平缓过渡	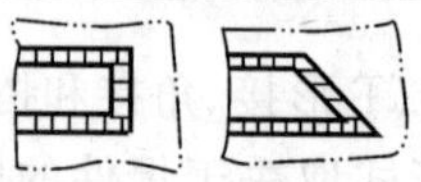	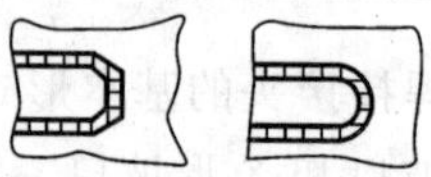

第六节 焊接缺陷与焊接质量检验

在焊接结构生产中，常因种种原因使焊接接头产生各种缺陷。焊接缺陷主要是减少了焊缝有效的承载面积，焊件在使用过程中易造成应力集中，引起裂纹而导致焊接结构破坏，影响焊接结构的安全使用。

对于一些重要的焊接构件，如压力容器、船舶、电站设备、化工设备等，对焊缝中存在的缺陷有严格的要求，只有经过严格的焊接质量检验合格的产品才能允许出厂。

一、焊接缺陷及预防措施

在焊接过程中，若想获得无缺陷的焊接接头在技术上是相当困难的。对于不同使用场合的焊接构件，为了满足焊接构件的使用要求，对焊缝中存在的缺陷种类、大小、数量、形态、分布等都有严格的要求。在允许范围内的焊接缺陷，一般都不会对焊接构件的使用造成危害；但若存在超出允许范围的焊接缺陷，则必须将缺陷消除，然后再进行补焊修复。

常见的熔焊焊接缺陷有焊缝外形尺寸不符合要求、咬边、气孔、夹渣、未焊透和裂纹等，其中以未焊透和裂纹的危害性最大。表 9－7 是熔焊常见的几种焊接缺陷特征、产生原因及其预防措施。

表 9－7 常见焊接缺陷特征、产生原因及其预防措施

缺陷名称	特征	产生原因	预防措施
咬边	母材与焊缝交界处有小的沟槽 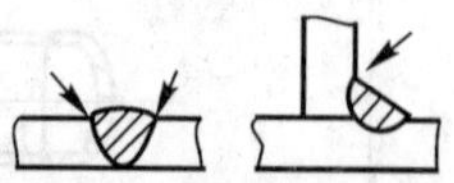	电流过大，焊条角度不对，运条方法不正确，电弧过长	选择合适的焊接电流和焊接速度，合适的焊条角度和弧长
气孔	焊颖的表面或内部存在气泡 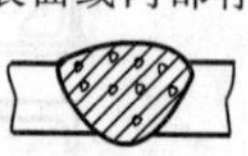	焊件清理不干净，焊条潮湿，电弧过长，焊接速度过快	清理焊缝附近的工件表面，选择合理的焊接规范，碱性焊条使用前要烘干
夹渣	焊后残留在焊缝中的熔渣 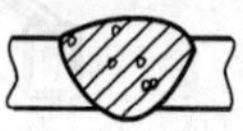	焊件清理不干净，电流过小，焊缝冷却速度过快，多层时各层熔渣未清除干净	合理选择焊接规范，正确的操作工艺，清理好焊道两侧及焊层间的熔渣

续 表

缺陷名称	特征	产生原因	预防措施
未焊透	焊接时接头根部未完全熔透	坡口间隙太小，电流过小，裂条未对准焊缝中心	选择合适的焊接规范，正确的坡口形式，尺寸和间隙，正确的操作工艺
裂纹	焊缝或焊接热影响区的表面或内部存在裂纹	被焊金属含碳、硫、磷高，接结构设计不合理，缝冷却速度过快，焊接应力过大	选择合理的焊接规范，适合的焊接材料及合适的焊序，必要时焊件要预热

二、焊接质量检验

焊接质量检验是焊接结构生产过程中必不可少的组成部分，焊接产品只有在经过检验并证明已达到设计要求的质量标准后，才能以成品形式出厂。

焊接质量检验方法可分为外观检验、无损检验、致密性检验和破坏性检验等。

1. 外观检验

一般通过肉眼，借助标准样板、量规和低倍放大镜等工具观察焊件的表面，主要是发现焊缝表面的缺陷和焊缝尺寸上的偏差，如咬边、表面气孔、焊缝加强高的高度等。

焊缝外观检验方法简便，是焊接质量检验最基本的方法之一。

2. 焊缝内部的质量进行检验

它也称为无损探伤。几种常用的焊缝内部质量的检验方法及特点见表 9－8。这些检验方法的质量评定标准都可按相应的国家标准执行。

表 9－8　几种常用焊接无损检验方法比较

检验方法	能探出的缺陷	可检验的厚度	灵敏度	其他特点	质量判断
着色检验	表面及近表面有开口的缺陷，如微细裂纹、气孔、夹渣、夹层等	表面	与渗透剂性能有关，可验出 0.005～0.01 mm 的微裂缝，灵敏度高	表面打磨到 *Ra* 12.5μm，环境温度在 15℃以上，可用于非磁性材料，适合各种位置单面检验	可根据显示剂上的红色条纹，形象地看出缺陷位置和大小
磁粉检验	表面及近表面的缺陷，如微细裂缝、未焊透、气孔等	表面与近表面，深度不大于 6 mm	与磁场强度大小及磁粉质量有关	被检验表面最好与磁粉正交，限于磁性材料	根据磁粉分布情况判定缺陷位置，但深度不能确定

续表

检验方法	能探出的缺陷	可检验的厚度	灵敏度	其他特点	质量判断
超声波检验	内部缺陷，如裂缝、未焊透、气孔及夹渣等	焊件厚度的上限几乎不受限制，下限一般应大于 8～10 mm	能探出直径大于 1 mm 的气孔、夹渣，探裂缝较灵敏，对表面及近表面的缺陷不灵敏	检验部位的表面应加工到 $Ra6.3$～1.6 μm，可以单面探测	根据荧光信号，可当场判断有无缺陷、缺陷位置及大小，但较难判断缺陷的种类
X射线检验	内部缺陷，如裂缝、未焊透、气孔及夹渣等	150 kV 的 X 射线机可检验厚度不大于 25 mm；250 kV 的 X 射线机可检验厚度不大于 60 mm	能检验出尺寸大于焊缝厚度 1% 的各种缺陷	焊接接头表面不需加工，但正反两面都必须是可以接近的	从底片上能直接形象地判断缺陷种类和分布。对平行于射线方向平面形缺陷不如超声波灵敏

3. 致密性检验

(1)煤油检验。先在焊缝的一面刷上石灰水，待干燥泛白后，再在焊缝另一面涂煤油，利用煤油穿透力强的特点，若焊缝有穿透性缺陷，石灰粉上就会有黑色的煤油斑痕出现。

(2)气密性检验。将压缩空气压入焊接容器，在焊缝的外侧涂抹肥皂水，若焊缝有穿透性缺陷，缺陷处的肥皂水就会有气泡出现。

(3)耐压试验。将水、油、气等充入容器内并逐渐加压到规定值，以检查其是否有泄漏和压力的保持情况。耐压试验不仅可检验焊接容器的致密性，而且也可用来检验焊缝的强度。

(4)破坏性检验。从焊件或焊接试件上切取试样，用于评定焊缝的金相组织和焊缝金属的力学性能等。

复 习 题

9-1 能将焊条和工件接在普通变压器的两端来起弧和焊接吗？

9-2 焊条的焊心和药皮各起什么作用？用敲掉了药皮的焊条(或光焊丝)进行焊接时，将会产生什么问题？

9-3 下列焊条型号或牌号的含义是什么？

E4303，E5015，J422，J507

9-4 酸性焊条和碱性焊条的性能有什么不同？如何选用？

9-5 $\phi3.2$ mm 和 $\phi4$ mm 焊条的焊接电流大致应选多少安？

9-6 既然埋弧自动焊比手工电弧焊效率高、质量好、劳动条件也好，为什么手工电弧焊现在应用仍很普遍？

9-7 CO_2气体保护焊与埋弧自动焊比较各有什么特点？

9-8　氩弧焊和 CO_2 气体保护焊比较有何异同？各自的应用范围如何？

9-9　电阻焊有何特点？点焊、缝焊、对焊各应用于什么场合？

9-10　钎焊与熔化焊相比有何根本区别？

9-11　焊接接头包括哪几个部分？什么叫焊接热影响区？低碳钢焊接热影响区分哪几个区？

9-12　焊接应力是怎样产生的？减小焊接应力有哪些措施？消除焊接残余应力有什么方法？

9-13　减小焊接变形有哪些措施？矫正焊接变形有哪些方法？

9-14　常见焊接缺陷主要有哪些？它们有什么危害？

9-15　焊接结构工艺性要考虑哪些内容？焊缝布置不合理及焊接顺序不合理可能引起什么不良影响？

第二篇 金属冷成形工艺基础

金属材料在再结晶温度以下的切削加工,称为冷成形工艺,通常称为切削加工。切削加工是用刀具从毛坯(或型材)上切除多余的材料,以便获得形状、尺寸、精度和表面质量等都符合要求的零件的加工过程。由于切削加工一般是在常温下进行的,不需要加热,因此传统上也称为冷加工。

切削加工分为钳工和机械加工(机加工)两类。目前,绝大部分零件都是通过切削加工的方法,来保证零件的加工质量要求。

切削加工之所以获得广泛的应用,是因为它与其他一些加工方法比较,具有以下优点:

(1)加工精度高。切削加工可以达到的精度和表面粗糙度范围很广,并且可以获得很高的加工精度和很低的表面粗糙度。现代切削加工技术已经可以达到尺寸公差 ITl 2～3 的精度,表面粗糙度 Ra 可达 0.008～25.000 mm。

(2)适应面广。切削加工零件的材料、形状、尺寸和重量范围较大。切削加工多用于金属材料的加工,如各种碳钢、合金钢、铸铁、有色金属及其合金等,也可用于某些非金属材料的加工,如石材、木材、塑料和橡胶等。而且它们的尺寸从小到大不受限制,小至 0.1 mm 以下,大至数 10 m,质量可以达数百吨。目前世界上最大的立式车床可加工直径 26 m 的工件。

下面介绍各种切削加工的基础知识,重点是机械加工。

第十章 金属机械加工基础

金属机械加工一般是指通过操作机床,利用刀具从金属毛坯上切去多余的金属材料,从而获得符合规定技术要求的机械零件的加工方法,主要有车削、钻削、刨削、铣削、磨削和齿轮加工等。如图 10-1 所示。

第一节 金属机械加工的基础知识

一、切削运动

为了实现切削加工,刀具与工件之间必须有相对的切削运动,根据在切削加工中所起的作用不同，切削运动可分为主运动和进给运动。

(1)主运动。如图 10－1 所示，主运动工是切除多余材料所需的基本运动，它的运动速度最高，在切削运动中消耗功率最多。主运动的形式有旋转运动和往复运动(由工件或刀具进行)两种。如车削、铣削、磨削加工时，主运动是旋转运动。刨削、插削加工时，工件或刀具主运动是往复直线运动。

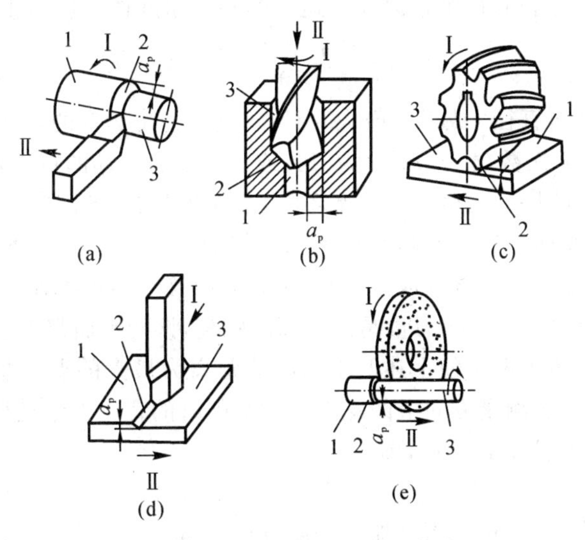

图 10－1　切削加工主要方式

(a)车削；(b)钻削；(c)铣削；(d)刨削；(e)磨削

Ⅰ—主运动；Ⅱ—进给运动

1—待加工表面；2—过渡表面；3—已加工表面

(2)进给运动。由机床或人力提供的运动，如图 10－1 所示，进给运动Ⅱ使刀具与工件之间产生附加的相对运动，即可不断地或连续地切除切屑，并得出具有所需几何特性的已加工表面。进给运动的形式有连续和断续两种类型，当主运动为旋转运动时，进给运动是连续的，如车削、钻削。当主运动为直线运动时，进给运动是断续的，如刨削、插削等。

进给运动Ⅱ是使待加工金属材料不断投入切削的运动，使切削工作可连续反复进行。对于任何切削过程，主运动工只有一个，进给运动Ⅱ则可以有一个或几个。

在金属的切削加工过程中，工件上会形成三个不断变化的表面。以外圆车削为例，形成的三个表面是待加工表面(工件上有待切除的表面)；已加工表面(工件上经刀具切削后产生的表面)；过渡表面(由车刀切削刃形成的那部分表面)如图 10－2 所示。

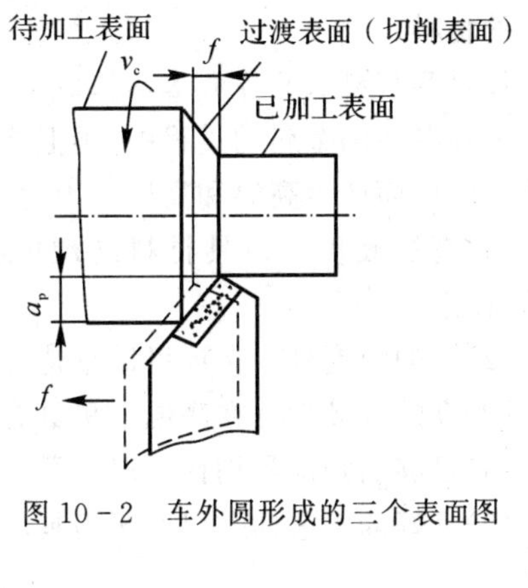

待加工表面　过渡表面(切削表面)　已加工表面

图 10－2　车外圆形成的三个表面图

2. 切削用量三要素

切削用量三要素是切削加工过程中对切削速度、进给量和背吃刀量(切削深度)的总称。车削时的切削用量三要素如图 10－2 所示。

(1)切削速度 v_c。切削刃上选定点相对于工件主运动的瞬时速度,即刀具和工件在主运动方向的相对位移,单位为 m/s。当主运动为旋转运动(车削、钻削、镗削、铣削和磨削加工)时,切削速度为加工表面的最大线速度,即

$$v_c = \frac{\pi D n}{1\,000 \times 60} \quad (\text{m/s})$$

当主运动为往复直线运动时,则常以往复运动的平均速度作为切削速度,即

$$v_c = \frac{2Ln}{1\,000 \times 60} \quad (\text{m/s})$$

式中,D 为工件待加工表面直径 ,或刀具鼓大直径,mm;n 为主运动的转速,r/min 和往复运动(由工件或刀具进行) 往复次数次 /min;L 为刀具或工件往复运动的行程长度,mm。

(2)进给量 f。进给量是主运动的一个循环内,刀具在进给运动方向上相对于工件的位移量。车削时的进给量为每转一转,刀具沿进给方向移动的距离,单位为 r/min。刨削时,进给量为刨刀(或工件)每往复一次,工件(或刨刀)沿进给方向移动的距离,mm/次。

(3)背吃刀量(切削深度)α_P。吃刀量是两平面间距离,该两平面都垂直于所选定的测量方向,并分别通过作用切削刃上两个使上述两平面间的距离为最大的点。背吃刀量指在通过切削刃基点并垂直于工作平面测量方向上的吃刀量。车削时的背吃刀量是待加工表面与已由加工表面的垂直距离(mm),按下式计算,即

$$a_p = (D - d)/22$$

式中,D 为待加工表面直径,mm;d 为已加工表面直径,mm。

切削用量要素反映的是机床切削运动及吃刀辅助运动的大小,它是切削加工的基本参数。在切削加工中合理选择切削用量要素,对保证加工质量,提高生产率有重要的意义。

第二节　金属切削刀具

一、刀具材料

任何刀具都是由刀头(含切削部分)和刀柄(即夹持部分)两部分组成。这里主要介绍刀头部分的材料。

1. 刀具材料应具备的基本性能

刀具在切削金属的过程中,不但要承受很大的切削力和冲击力,而且还处于刀具与工件之间剧烈摩擦而产生高温和高压。因此,刀具材料应具备以下性能:

(1)高的硬度。刀具材料的硬度必须高于工件材料的硬度。一般要求常温下应在 60 HRC 以上。

(2)高的耐磨件。保证可以维持一定的切削时间。

(3)高的红硬性。在高温下仍具有高的硬度,保持较好的切削性能。

(4)足够的强度和韧性。以承受切削力和振动。

(5)良好的工艺性。以便于刀具的制造。工艺性包括锻造、轧制、焊接、切削加工及热处理性能等。

2. 常用刀具材料

(1)碳素工具钢. 碳素工具钢红硬性差,但工艺性能好,强度较高,价格便宜。碳素工具钢

热处理后的硬度可达 60～64HRC。所允许的切削速度很低 v_c<10m/min。常用于制造低速切削和消耗量大的手动工具，如锉刀、手用锯条等。牌号有 T7，T8，T9，T10，T12A 等。

(2)合金工具钢。这类钢热处理后的硬度为 60～65 HRC，与碳素工具钢差别不大，但红硬性较碳素工具钢有所提高，它的红硬性温度约为 300～350℃，允许的切削速度为 10～12 m/min。由于淬透性好，热处理变形小，适用于制造要求热处理变形小的手动或机动低速刀具，如丝锥、板牙等。常用牌号有 9CrSi，CrWMn 等。

(3)高速工具钢。高速钢有很高的强度和韧性，热处理后的硬度为 63～69 HRC，红硬性温度达 500～650℃，允许的切削速度为 40m/min 左右，适用于制造切削速度不高的精加工刀具和形状复杂的刀具，如铰刀、钻头、车刀等。常用的牌号有 W18Cr4V 和 W6M05Cr4V2 等。

(4)硬质合金。硬质合金是用硬度和熔点都很高的碳化钨(WC)、碳化钛(TiC)等金属碳化物作基体，用作黏结剂，采用粉末冶金法制成的合金。与高速钢比较，具有很高的硬度(87～92HRC)，其红硬性温度高达 800～1 000℃，允许采用的切削速度可达 100～300 m/min，甚至更高，约为高速钢的 4～10 倍。但是硬质合金的弯曲强度低、冲击韧性差，相当于高速钢的 1/4～1/3 和 l/4～1/2，因此不能承受大的冲击载荷。硬质合金主要用于高速切削，制造各种简单刀具，如车刀、刨刀片等。

硬质合金可分为钨钴(YG)和钨钛钴(YT)两大类。

(5)陶瓷材料。陶瓷材料的主要成分是氧化铝(A1203)，刀片硬度可达 86～96 HRC，能耐 1200℃高温，所以能承受较高的切削速度；又因 A1203 的价格较低、原料丰富，因此很有发展前途。但陶瓷材料性脆怕冲击，所以如何提高它的弯曲强度，已成为各国研究工作的重点。

陶瓷材料目前主要用于高硬度钢材的半精加工和精加工。

(6)人造金刚石。人造金刚石的硬度极高，接近量 HV10000(硬质合金为 HV1300～1 800)，耐热性为 700～800℃，其颗粒一般小于 0.5 mm。可用于加工硬质合金、陶瓷、玻璃、有色金属及其合金等，但不宜加工钢铁材料，因铁和金刚石的碳原子的亲和力强易产生黏附作用而加快刀具磨损。用细颗粒金刚石制成的砂轮是磨削硬质合金特别有效的工具。

二、车刀的种类和结构

车刀的种类很多，如图 10－3 所示。根据工件和被加工表面的不同，合理的选用不同种类的车刀能保证加工质量，提高生产率，降低生产成本，延长刀具使用寿命。

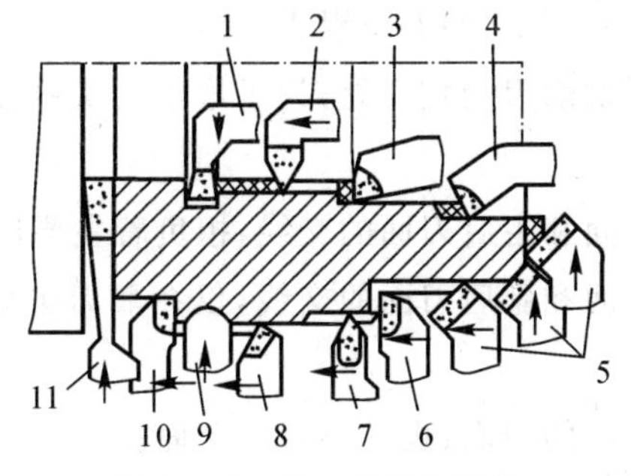

图 10－3　车刀种类和用途

1—刃槽镗刀；　2—内螺纹车刀；　3—盲孔镗刀；　4—通孔镗刀；　5—弯头外圆车刀；　6—左刃偏刀；
7—外螺纹车刀；　8—左刃直头外螺纹车刀；　9—成形车刀；　10—右刃偏刀；　11—切断刀

按车刀结构的不同,又可分为如图 10-4 所示四种类型,其特点及用途见表 10-1。

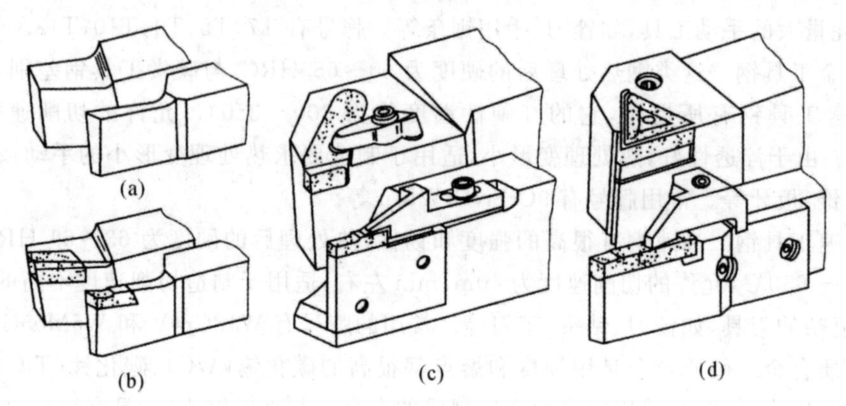

图 10-4　车刀的结构类型

(a)整体式；(b)焊接式；(c)机变式；(d)弓转位式

表 10-1　车刀结构类型特点及用途

名称	特　点	适用场合
整体式	用整体高速钢制造,刃口可磨得较锋利	小型车床或加工有色金属
焊接式	焊接硬质合金或高速钢刀片,结构紧凑,使用灵活	各类车刀特别是小刀具
机夹式	避免了焊接产生的应力、裂纹等缺陷,刀杆利用率高。刀片可集中刃磨获得所需参数,使用灵活方便	外圆、端面、镗孔、割断、螺纹车刀等
可转位式	避免了焊接刀的缺点,切削刃磨钝后刀片可快速转位,无需刃磨刀具,生产率高,断屑稳定,可使用涂层刀片	大中型车床加工外圆、端面、镗孔、特别适用于自动线、数控机床

按车刀刀头材料的不同,还可分为常用的高速钢车刀和硬质合金车刀等。

三、车刀的组成和几何角度

车刀由刀杆和刀头组成,如图 10-5 所示。刀杆用来将车刀夹固在车床方刀架上,刀头用来切削金属。刀头主要由一尖二刃三面五角组成。

(1)刀尖。主切削刃和副切削刃的相交处,为了增加刀尖强度,实际上刀尖处都磨成一小段圆弧过渡刃或直线。

(2)主切削刃。它是前刀面和主后刀面的交线,担负着主要切削任务。

(3)副切削刃。它是前刀面和副后刀面的交线,仅在靠刀尖处担负着少量的切削任务,并起一定修光作用。

(4)前面。切屑沿着它流动的刀面,也是车刀的上面。

(5)主后刀面。与工件过渡(加工)表面相对的刀面。

(6)副后刀面。与工件已加工表面相对的刀面。

刀具的几何形状、刀具的切削刃及前后面的空间位置都是由刀具的几何角度所决定的,角度的变化会影响切削加工质量和刀具的寿命，为确定车刀的角度，需要建立辅助平面，车刀的辅助平面为基面、切削平面与正交平面三个互相垂直的平面所构成，如图 10－6 所示。

基面是通过切削刃上选定点且平行于刀杆底面的平面，车刀的基面平行于车刀底面，即水平面，切削平面在是通过主切削刃上选定点且与切削刃相切，并垂直于基面的平面。正交平面是通过切削刃选定点并垂直于基面和切削平面的平面。

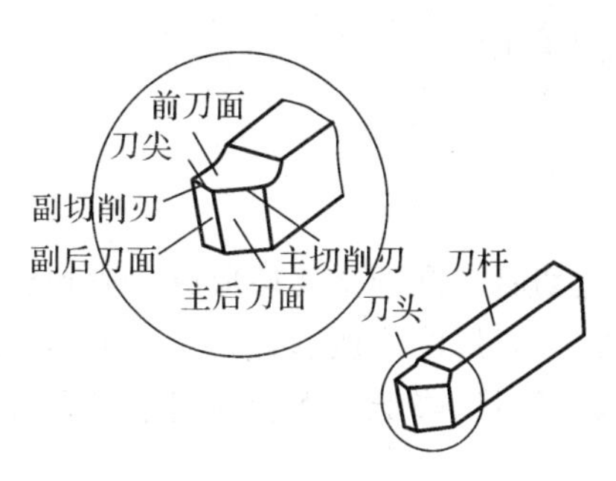

图 10－5　车刀的组成

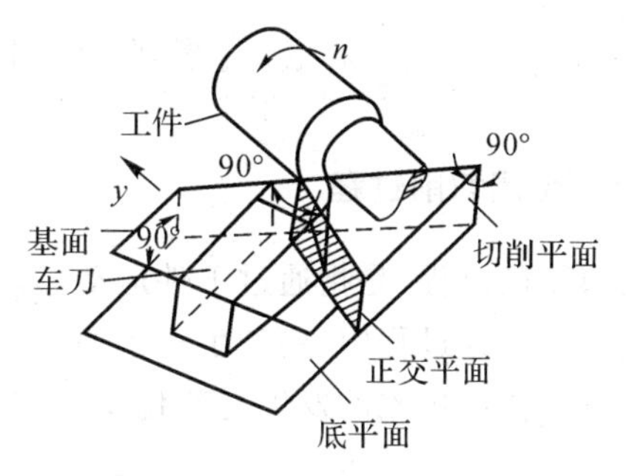

图 10－6　车刀的辅助平面

如图 10－7 所示，车刀切削部分的主要角度有前角 γ_0后角 α，主偏角 k_r，副偏角 k'_r，和刃倾角 λ_s。

(7)前角 γ_0。在正交平面中测量的前面与基面的夹角。前角越大刀具越锋利，切削力减小，有利于切削，工件表面质量好，但前角太大会降低切削刃强度，容易崩刃，前角一般为 5°～20°，加工塑性材料和精加工时选大值，加工脆性材料和粗加工时选较小值。

(8)后角 α。它也是在正交平面中测量的主后刀面与切削平面的夹角，其作用是减小车削时主后刀面与工件的摩擦，后角一般为 6°～12°，粗加工时选较小值，精加工时选较大值。

(9)主偏角 k_r。主切削刃与进给方向在基面上投影的夹角。主偏角减小，刀尖强度增加，主切削刃参加切削的长度也增加。切削条件得到改善，刀具寿命也延长，但主偏角减小会引起背向力 F。增大(见图 10－8)，切削时易产生振动，加工细长轴时易将工件顶弯，常用的有 45°，60°，75°和 90°几种。

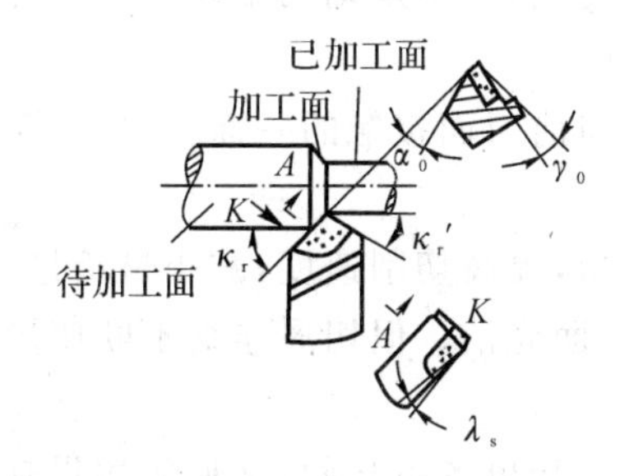

图 10－7　车刀的主要角度

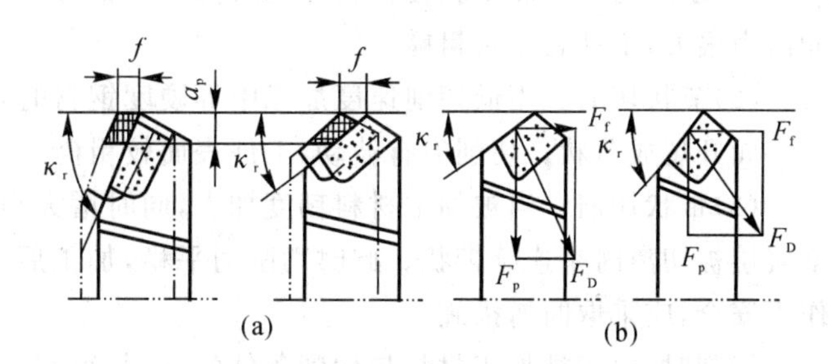

图 10－8　主偏角对切削宽度、厚度及背向力 F_p的影响

(a)对切削宽度和厚度的影响；(b)对背向力气的影响

(10)副偏角 k'_r。它是副切削刃与进给反方向的夹角为副偏角。副偏角越小，残留面积和振动越小，加工表面的粗糙度越低(见图 10－9)。

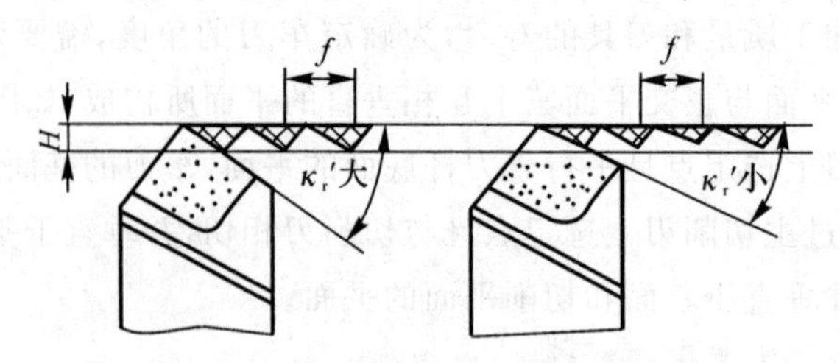

图 10-9　副偏角对残留面积的影响

* 四、金属切削过程

金属切削过程，是指通过工件运动，刀具从工件上切除多余的金属层形成切屑和已加工表面的过程。在这过程中，要产生一系列的物理现象，诸如切屑的形成、切削力、切削热及刀具磨损等。掌握这些现象的发生与变化规律，对于保证加工质量、降低成本和提高生产率有着重要意义。

1. 切屑的形成

金属层被切离前，刀刃在力的作用下克服了材料的分子内聚力挤入刀刃前面的材料，材料产生裂纹，刀刃继续挤入，直至被挤裂的金属层脱离工件本体，沿着刀具前面流出而成切屑。图 10-10 表示了切屑形成过程。

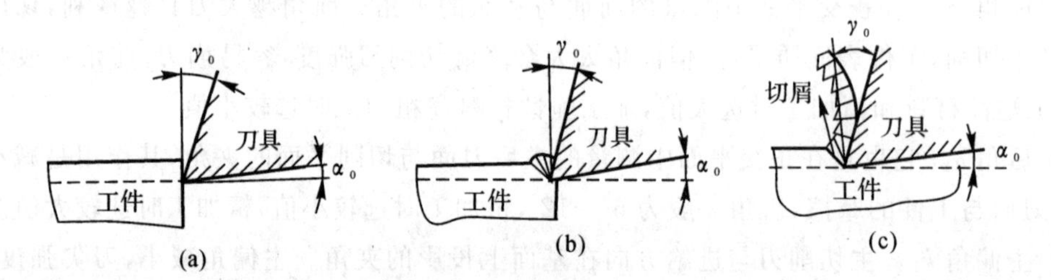

图 10-10　切屑形成过程

(a)弹性变形；(b)塑性变形；(c)挤裂

(1)崩碎切屑。加工脆性材料时，如铸铁、黄铜等，切屑不连续，呈不规则的细粒。切削时冲击力很大，工件表面较粗糙。

(2)节状切屑。用低切削速度加工中等硬度钢材时，切屑与前刀面接触的一面较光洁，而另一面开裂成节状。切削力有波动，工件表面较粗糙。

(3)带状切屑。当被加工材料韧度加大，同时增大刀具前角，提高切削速度，减小进给量，金属层被切离时呈连续带状。此时切削力平稳，加工后工件表面光洁。但切屑连绵不断使操作不安全，应采取断屑措施。

切削时，由于被加工材料与切削条件的不同，得到的切屑形状也各不相同，常见的切屑有以下三种(见图 10-11)。

2. 积屑瘤(刀瘤)

切削韧度较大的材料时，切屑流经前刀面，在一定的温度与高压作用下，摩擦阻力增大，使贴近前刀面处切屑底层流速降低。当摩擦阻力超过这层金属与切屑本身分子间聚合力时，这部分金属便堆积于刀刃之上，形成积屑瘤，俗称“刀瘤”(见图 10-12)。随切削继续进行，积屑瘤逐渐长大，但受外力或振动的作用，又可能发生局部断裂或脱落。有资料表明，积屑瘤的产生→成长→脱离这一过程是在瞬间内进行的，是个周期性的动态过程。

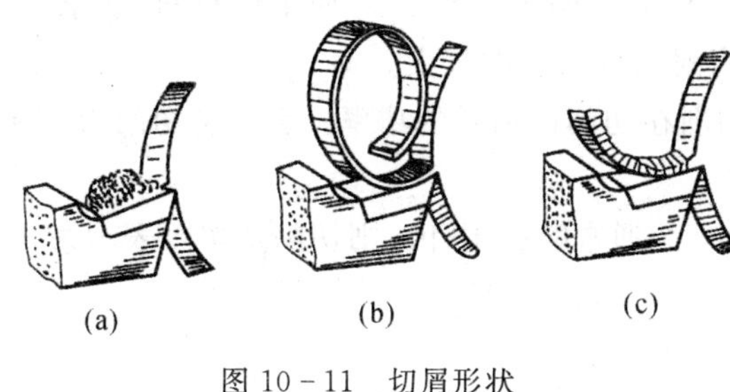

图 10－11　切屑形状

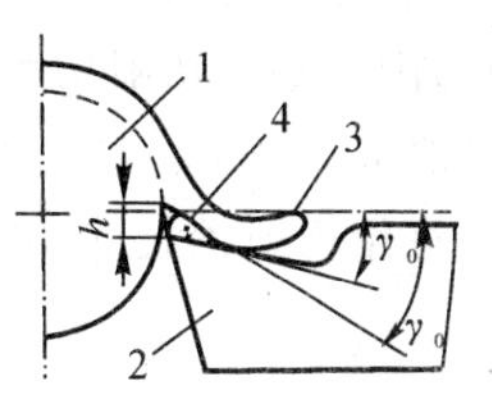

图 10－12　积屑瘤

1—工件；　2—刀具；　3—切屑；　4—积屑瘤

经测定积屑瘤的硬度是金属母体硬度的 2～3 倍。积屑瘤有保护刀尖，增大前角，使切削轻快的作用，但它的顶部凹凸不平和脱落后又易于黏附在已加工表面上，使得表面粗糙程度增加。所以，精加工时应避免。

3. *切削力和切削功率*

(1)切削力的来源和分解。在切削过程中，刀具上所有参与切削的各切削部分所产生的总切削力的合力称作刀具总切削力；一个切削部分切削工件时所产生的全部切削力称作一个部分总切削力，用 F_T 表示。

1)切削力的来源。刀具要切下金属，必须使被切金属产生弹性变形、塑性变形，以及克服金属对刀具的摩擦。切削力来源于两个方面：切削层金属变形产生的变形抗力和切屑、工件与刀具间的摩擦力。

2)切削力的分解。总切削力 F_r 是个空间力，为了便于测量和计算，通常将总切削力分解成三个互相垂直的分力，如图 10－13(a)和图 10－13(b)所示。

a. 主切削力 F_Z。总切削力在主运动方向上的正投影，大小约占总切削力的 80%～90%。F_Z 是计算机床动力，设计主传动系统的零件和夹具的依据；也是计算刀杆、刀头强度和选择切削用量的依据；F_Z 太大，可能使刀具崩刃或使机床产生“闷车”现象。

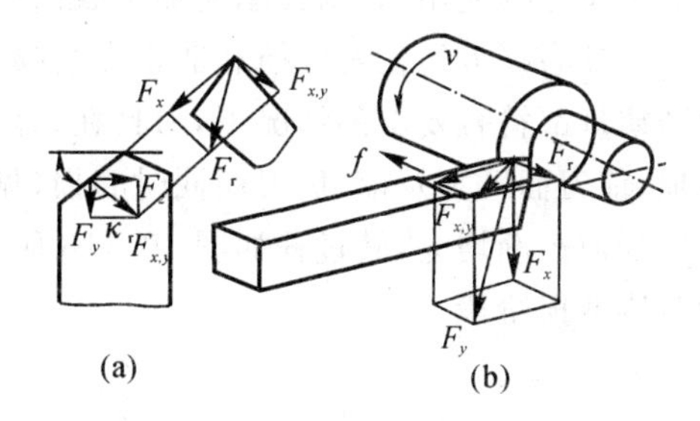

图 10－13　作用在刀具上的切削合力与分解

b. 进给力 F_x。总切削力在进给运动方向上的正投影，是设计和验算进给机构所必需的数据。在车削过程中，零件受其影响而产生弹性变形。例如，在车端面时，表面可能呈凹心或凸肚状态。

c. 背向力 F_y。总切削力在垂直于工作平面上的分力。在三个分力中，F_y 对工件的加工精度影响最大。在车削过程中，该力具有将工件顶弯的趋势。在利用尾顶尖加工细长轴时，可使车削后的工件呈腰鼓形。车悬臂轴时，可使工件呈喇叭形。当工艺系统刚度不足时，还容易引起振动。

总切削力 F_r 与各切削分力的关系为

$$F_r=\sqrt{F_z^2+F_x^2+F_y^2}$$

在切削过程中，切削力能使工艺系统变形，影响加工精度。为了提高加工精度，应设法减小切削力、增加工艺系统刚度。影响切削力大小的因素很多，如工件材料、切削用量、刀具角度、切削液和刀具材料等。其中，前两者对切削力影响较大。

(2)切削功率。切削功率 P 是指切削在切削区消耗的功率。它是主切削力 E 和进给力 B 消耗功率之和。

由于进给力所消耗的功率一般很小，故通常略去不计。则切削功率可表示为

$$P_c=\frac{(F_z v_c\times 10^{-3})}{60}$$

式中，P_c 为切削功率，kW；F_z 为主切削力，N；v_c 为切削速度，m/min。

4. 切削热

(1)切削热的来源。在切削过程中，由于绝大部分的切削功都转变为热能，所以有大量的热产生，称为切削热。如图 10-14 所示，切削热的主要来源是被切削层金属的变形、切屑与刀具前刀面的摩擦和工件与刀具后刀面的摩擦，因而三个变形区也是产生切削面的的三个热源区。其中，由切屑传出的热量约占 50%～86 %，由刀具传出的热量约占 40 %～10%，由工件传出的热量约占 9%～3%左右。

(2)切削热的传导。切削热产生后，由切屑、工件、刀具和周围介质(如空气、切削液等)传导出去。各部分传导的比例随切削条件的改变而不同。切削热产生与传散的综合结果影响着切削区域的温度，过高的温度不仅使工件产生热变形，影响加工精度，还影响刀源和传导具的寿命。因此，在切削加工中应采取措施，减少切削热的产生、改善散热条件以减少高温对刀具和工件的不良影响。

5. 刀具的磨损

切削过程中，刀具一直受着机械摩擦和热效应的作用，使刀具磨损。刀具磨损到一定程度后便不能继续使用，否则会恶化加工表面质量，增大动力消耗，缩短刀具寿命等。

刀具磨损分为正常磨损和非正常磨损两大类。正常磨损是指在刀具设计与使用、制作与刃磨质量都符合要求的情况下，刀具在切削过程中逐渐产生的磨损。主要有三种形式：后刀面磨损、前刀面磨损及前、后刀面同时磨损(见图 10-15)。磨损过程中，刀具的磨损量随切削时间增长而逐渐增大，其过程如图 10-16 所示，可分为三个阶段：初期磨损阶段、正常磨损阶段和急剧磨损阶段。

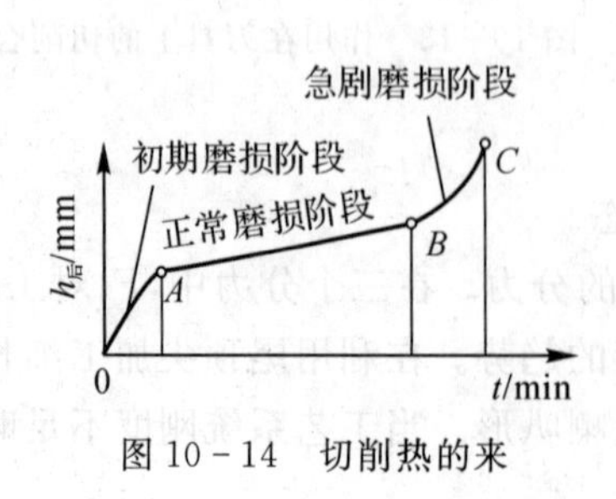

图 10-14　切削热的来

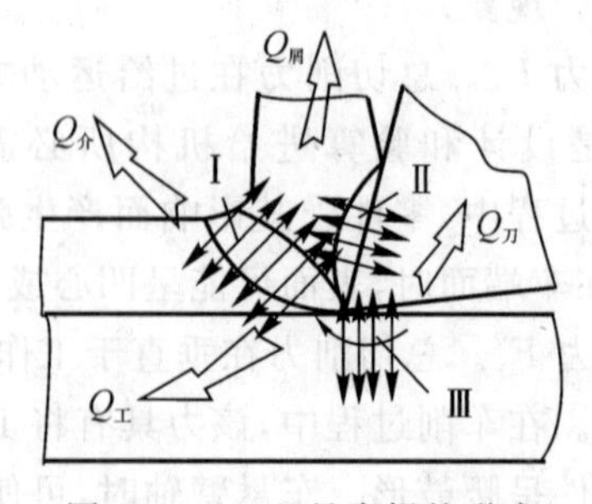

图 10-15　刀具磨损的形式

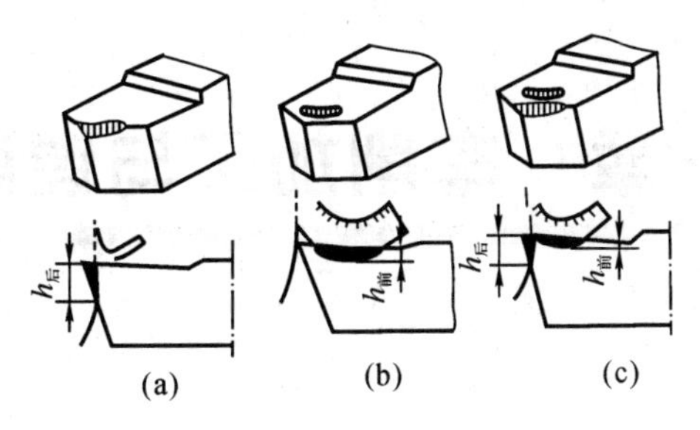

图 10-16　磨损过程

复　习　题

10-1　试说明下列加工方法的主运动和进给运动：

(1)车端面；(2)在车床上钻孔；(3)在钻床上钻孔；(4)在牛头刨床上刨平面；(5)在铣床上铣平面。

10-2　说明切削用量三要素的意义(包括名称、定义、代号和单位)。切削速度怎样计算?

10-3　对刀具材料的性能有哪些基本要求?

10-4　碳素工具钢、高速钢和硬质合金在性能上的主要区别是什么? 各适合制造何种刀具?

*10-5　何谓积屑瘤? 它是如何形成的? 对切削加工有哪些影响?

*10-6　说明切屑的形成过程。切屑可分为哪几种? 它们对切削过程有何影响?

10-7　切削热是如何产生的? 它对切削加工有何影响?

10-8　何谓材料的切削加工性? 其衡量指标主要有哪几个? 各适用于何种场合?

第十一章　车削加工与镗削加工

第一节　车削加工

车削是指在车床上用车刀进行切削加工，是金属切削加工中最基本的一种方式。

切削时，工件做旋转运动，刀具做纵向或横向进给运动。车削加工范围很广，可以加工圆柱面、圆锥面、成形面及螺纹等，因此在机械加工中占有很大比例。

一、车削加工的工艺特点

(1)加工范围广。只要能在车床上装夹的工件，其回转面均可用车削加工；车削适于加工各种金属材料和非金属材料，例如钢、铸铁、有色金属、有机玻璃、橡胶等，甚至对硬度不太高的淬火钢也可加工；车削既适于单件小批量生产，也适于中、大批量生产。

(2)生产率高。大多数切削过程是连续的，切削面积不变(不考虑毛坯余量不均匀)，切削力变化很小，切削过程平稳，刀杆刚性大。因此，可采用较大的切削用量，例如，高速切削和车削等。而且加工过程工件和车刀始终相接触，基本无冲击现象，因而可以采用很高的切削速度。

(3)生产成本低。车刀制造、刃磨和装夹很方便，便于按加工要求选用合理角度。车床附件较多，可满足大多数工件的加工要求，生产准备时间短，与其他加工方法相比成本低。

(4)加工精度范围大。车削的精度范围较大，可获得低、中精度和相当高的加工精度。

二、车床

在机械加工中，车床是各种工作母机中应用最广泛的机床，约占金属切削机床总数的50%。车床的种类和规格很多，主要有普通卧式车床、六角车床、落地车床、仿形车床、自动车床、仪表车床和数控车床等。普通卧式车床是各类车床的基础，如图 11－1 所示，以 C6132 卧式车床为例，介绍它的主要组成部分。

(1)床身及底座。用于支承所有固定的和移动部件，并承受所有的切削力。

(2)主轴箱。内有主轴和主变速系统。电机通过主变速系统把动力及运动传给主轴，使其带动工件旋转。

(3)进给箱。它是进给运动的调速装置，改变箱内齿轮搭配关系，进给量便得以调整。

(4)溜板箱。用于安装变向机构，把进给机构的旋转运动变为床鞍的纵向直线运动和中滑板的横向直线运动。

(5)刀架。装在床身导轨上，由几层刀架组成。用于夹持刀具。

(6)尾座。用来装后顶针以支持工件，还可以安装刀具，如钻头、铰刀等进行加工。

(7)附件。车床还备有一套附件以适应各种加工需要，常用的附件有：顶尖、拨盘、鸡心夹头、卡盘、中心架、跟刀架及花盘等。

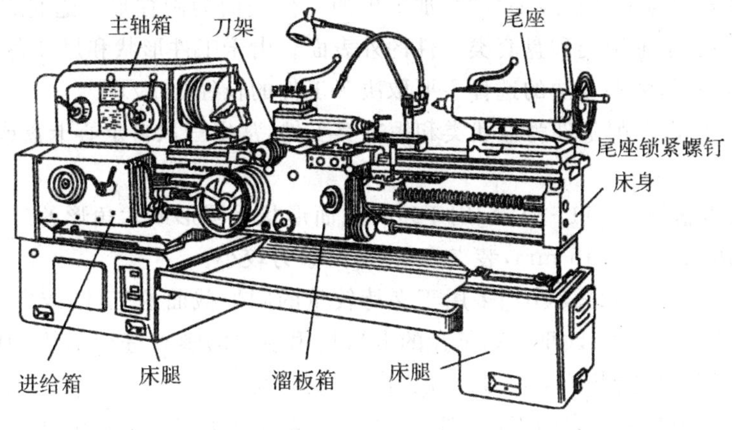

图 11-1　车床外观

三、车削基本工艺

车削加工能方便地加工出如图 11-2 所示的各种表面。

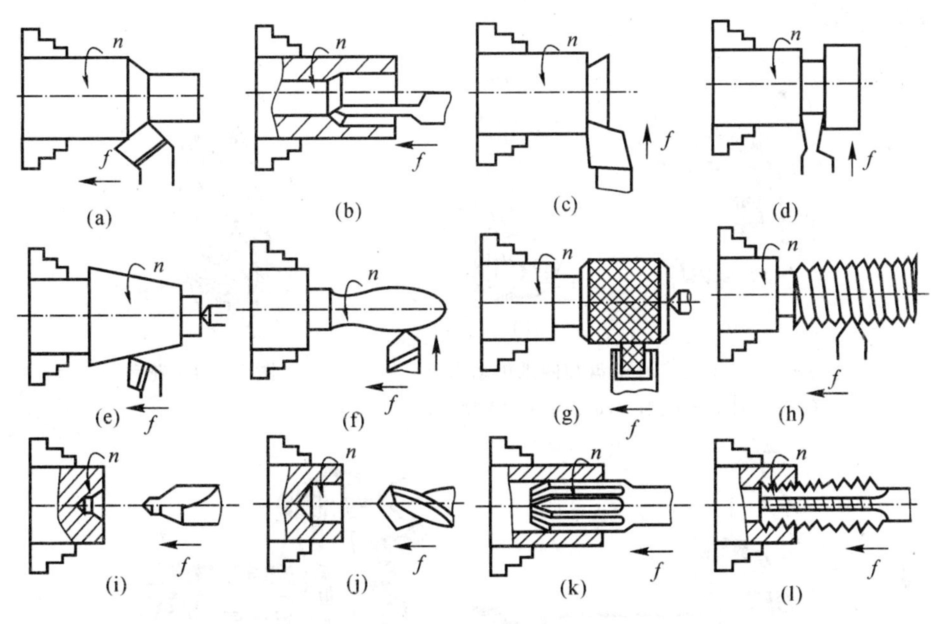

图 11-2　车削加工各种表面

车削加工按其性质可分为粗车、精车和半精车。粗车主要目的是尽快切除毛坯上多余的部分，因而，在加工中采用较大的背吃刀量和进给量。粗车后还留有一定的精加工余量。精车则是以获得零件要求的尺寸、形状和表面质量为目的。半精车是介于二者之间，多用于精度要求高、工艺过程较复杂的工件，为精加工做准备。

车削加工精度一般可达 IT8～IT7 级，精密车床可达 IT7～IT6 级，精加工对表面粗糙度 Ra 值为 3.2～1.6 μm。

1. 车外圆

刀具的运动方向与工件轴线平行时,加工出的工件表面为圆柱形。这是最常用的一种车削方法,经常用来加工轴销类和盘套类工件的外表面。由于工件形状和尺寸各异,因而采用的装夹方法也各不相同,装夹方法的选择主要取决于工件的长径比 L/D。

当 $L/D<4$ 时,即车削工件为盘状类和短轴类工件,常用三爪自定心卡盘或四爪单动卡盘装夹。

三爪自定心卡盘[见图 11-3(a)]用于装夹截面形状为圆形或六角形的工件,它能自动定心,定心精度可达 0.05~0.15 mm,装夹方便,但夹紧力较小。

四爪单动卡盘[见图 11-3(b)]多用于夹持较重的圆形截面的工件,或方形截面、椭圆形截面及不规则的工件。由于四爪单动卡盘的卡爪是用独立的螺纹进行调整,因此加工前必须对工件进行"找正"。其优点是夹紧力大,但"找正"费时间。

对于形状不规则或大而扁的工件,则宜安装在花盘上进行加工,如图 11-4 所示。

当 $L/D>4$,即车削中长度轴类工件时,应采用顶尖夹持工件。这又有两种方式,一种是工件一端用三爪自定心卡盘夹持,另一端用顶尖支承[见图 11-5(a)];另一种是工件两端都用顶尖支持[见图 11-5(b)]。前一种方式宜于在加工过程中,安装基准不需重复使用的情况,而且卡盘所夹持的长度不宜过长,否则易造成变形;后一种方式能获得较高的安装精度,适用于重复安装的情况。

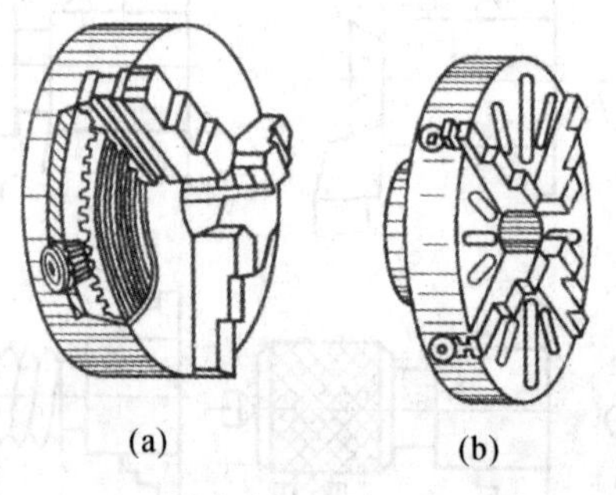

图 11-3 三爪自定心卡盘和四爪单动卡盘

(a)三爪自定心卡盘; (b)四爪单动卡盘

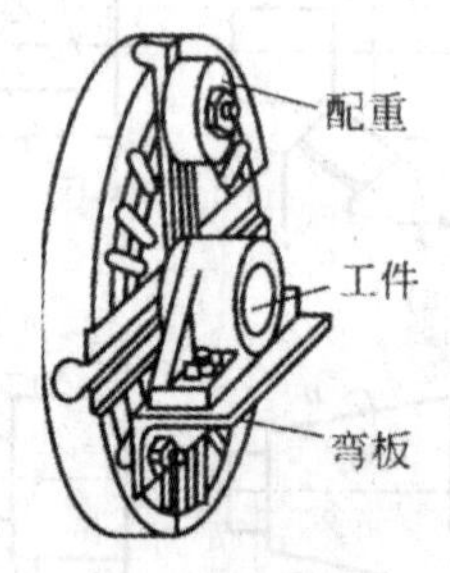

图 11-4 花盘

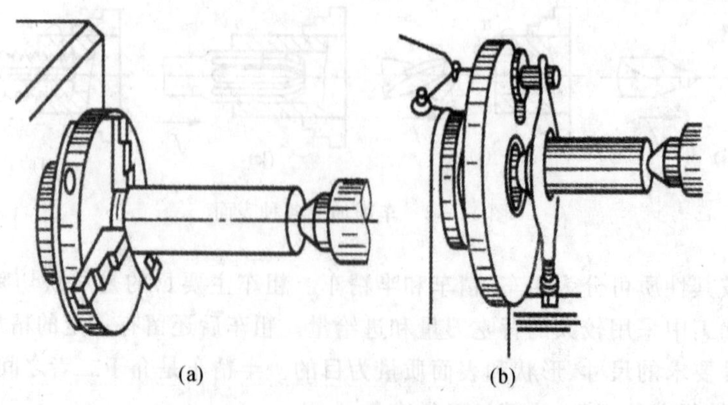

图 11-5 车床上工件的安装

(a)用卡盘与顶尖装夹; (b)用双顶尖装夹

当 $L/D>10$，即车削长轴时，除用顶尖支持外，还须使用中心架或跟刀架（见图 11-6），以避免工件变形降低加工精度。

对于带孔的盘套类工件，当其外圆与内孔有同轴度要求时，常利用工件上精加工过的孔，将工件装在心轴上，心轴再安在顶尖之间进行加工（见图 11-7）。心轴有锥柱心轴、圆柱心轴和可胀心轴。

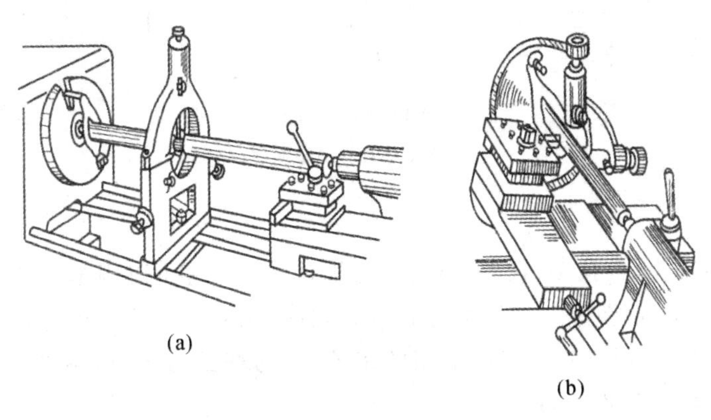

(a)　(b)

图 11-6　中心架与跟刀架

(a)中心架；(b)跟刀架

2. 车端面

对工件端面进行车削的方法称为车端面。这时刀具进给运动方向与工件轴线垂直。粗车或加工大直径工件时，车刀自外向中心切削，多用弯头车刀；精车或加工小直径工件时，多用右偏车刀自中心向外切削，如图 11-8 所示。

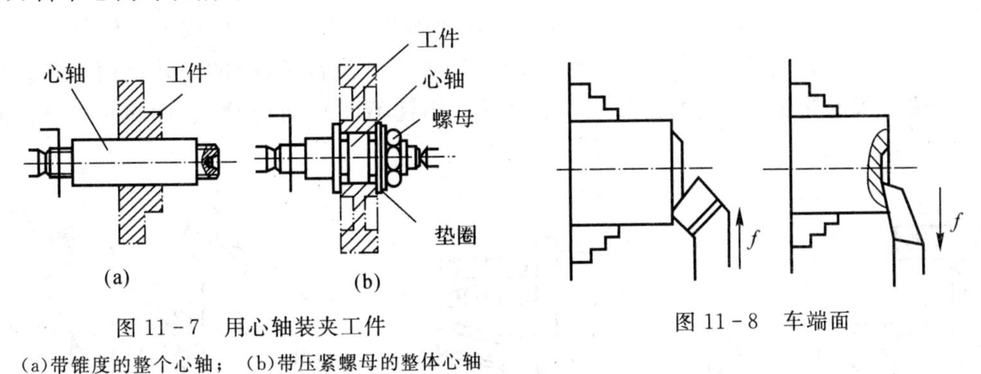

(a)　(b)

图 11-7　用心轴装夹工件

(a)带锥度的整个心轴；(b)带压紧螺母的整体心轴

图 11-8　车端面

车削时，注意刀尖要对准中心，否则端面中心处会留有凸台。

3. 车槽与车断

车槽与车端面的加工方法相似，车槽刀如同左右偏刀的组合，可同时加工左右两边的端面。车窄槽时，刀刃与槽宽相同；车宽槽时，可用同样的车槽刀，依次横向进刀，切至接近槽深为止，留下的一点余量在纵向走刀时车去，使槽达到要求的深度和宽度（见图 11-9）。

车断操作要用车断刀，其形状与车槽刀相似，但刀刃是斜刀刃，而且刀头更窄长些。车断过程中，刀具要切入工件内部，排屑及散热条件都差，刀头易折断。

车槽与车断所用的切削速度和进给量都不宜大。

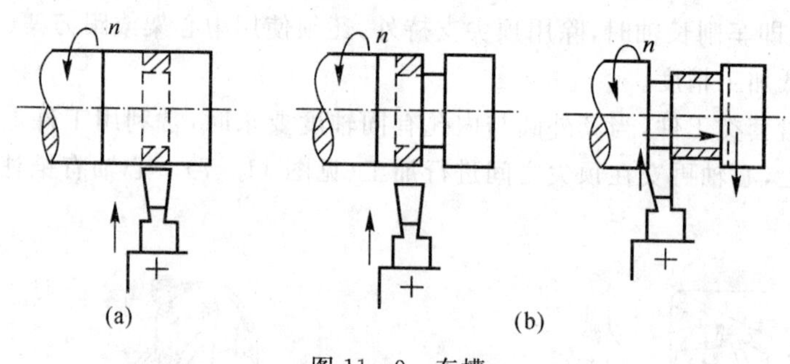

图 11-9　车槽

(a)车窄槽；　(b)车宽槽

4. 孔加工

在车床上可用钻头、扩孔钻、铰刀进行钻孔、扩孔、铰孔，也可以用车刀进行车孔。钻孔(或扩孔、铰孔)时，刀具装在尾座上，工件做主运动，刀具采用手动进给。车孔时，车孔刀装在小刀架上做纵向进给(见图 11-10)。车床上用的车孔刀，刀杆细刀头小，刚性差，加工时易变形，所以背吃刀量及进给量都不宜过大。

车床上加工孔的质量较钻床高，尤其能保证孔的轴线与端面垂直度要求。

5. 车锥面

锥面分外锥面、内锥面。在车床上加工圆锥面常用以下方法。

(1)宽刀法(又称样板刀法)。车刀主刀刃与工件轴线间的夹角等于工件锥面斜角，如图 11-11 所示。表面粗糙度 Ra 可达 0.1 μm，可加工较短的内、外锥面。

(2)小刀架转位法。小刀架可以绕转盘转一个被切锥面的斜角，转动小刀架手柄，车刀即沿工件母线移动，切出锥面，如图 11-12 所示。车削锥度较大和较短的内、外锥面时，通常采用小刀架转位法。其优点是调整方便，操作简单，能加工任意锥角(α)的内外锥面。其缺点是因受小刀架行程的限制，只能加工较短的圆锥件，并且不能自动进给，表面粗糙度 Ra 值为 12.5～3.2 μm。

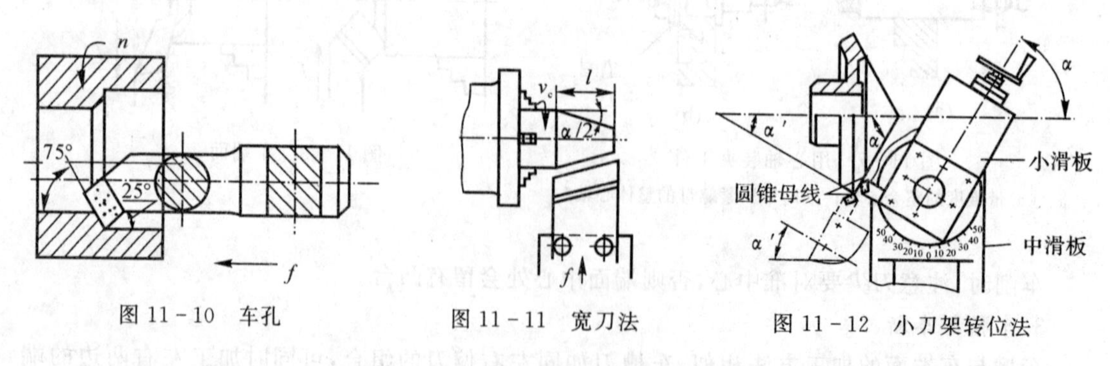

图 11-10　车孔　　图 11-11　宽刀法　　图 11-12　小刀架转位法

(3)偏移尾架法。尾架顶尖偏移一个距离，使得工件锥面母线平行于车刀纵向进给方向，如图 11-13 所示。该法只能用来加工轴类零件的锥面，优点是能车削较长的圆锥面，可自动进给；缺点是不能车锥角较大的工件，表面粗糙度 Ra 值可达 3.2～1.6 μm。

6. 车螺纹

车削是螺纹加工最常用的方法。由于车床和车刀的通用性大，可以加工未淬硬的各种材料、各种截面形状和各种尺寸的螺纹，精度可达4级，表面粗糙度 Ra 值可达 0.4 μm。但车螺纹的生产率较低，对工人的技术水平要求高，所以车削螺纹适用于单件小批量生产。

(1)螺纹车刀。螺纹车刀切削部分的形状应与螺纹轴向截面的牙槽形状一致，对米制角螺纹，刀尖角为60°；英寸制三角螺纹，刀尖角为55°。螺纹车刀要安装正确，刀尖同螺纹回转轴线等高，刀尖角的平分线垂直于螺纹轴线。平分线两侧的切削刃应对称，如图11-14所示。目前车削中等螺距碳钢类工件的车刀常用硬质合金，车削铝、铜类有色金属工件以及大螺距螺纹工件的精加工常用高速钢车刀。

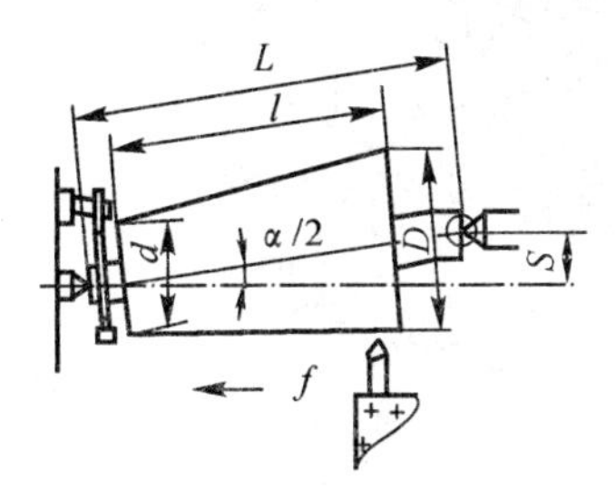

图11-13 偏移尾架法车锥面

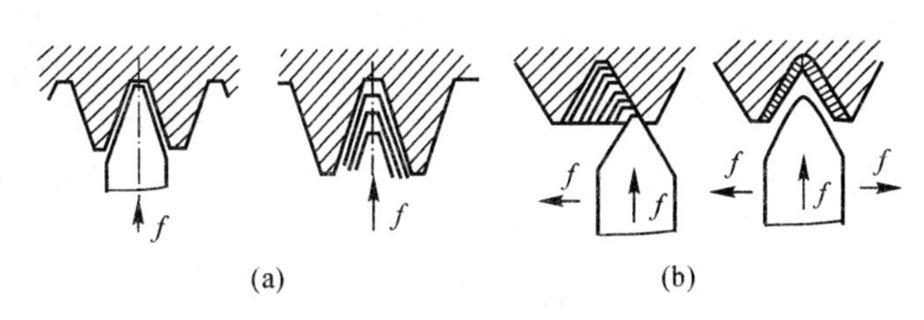

图11-14 车削螺纹的进刀法

(a)直进车削法；(b)斜进车削法

(2)螺纹车削方法。螺纹车削方法有以下两种。

1)低速车削。一般都采用高速钢螺纹车刀，车削时主要有两种进刀方法。

a.直进法车削时，车刀两刃同时切削，如图11-14(a)所示，车刀受力大、散热难、磨损快、排屑难，每次进给的切削深度不能大，但所车削的螺纹外型较准确。适于螺距小于2 mm的螺纹及精度较高螺纹的精加工。

b.斜进法车削时，车刀沿螺纹牙形侧斜向进刀，如图11-14(b)所示，经多次走刀完成加工。用此法加工时，刀具切削条件好，可增大切削深度，生产率高；但加工表面粗糙度值大，只适于粗加工。精车时，为使螺纹两侧表面光洁，可使小滑板一次向左微量移动，另一次向右微量移动，精车的最后一、二次进给，应采用直进法，以确保螺纹牙形准确。

2)高速车削。使用硬质合金车刀切削较大螺距以及工件材料硬度较高时，车刀两侧的切削刃应磨出负倒棱；因高速车削牙型角要扩大，所以刀尖角应比牙型角小30′左右；高速车削的切削速度比低速车削高15～20倍，车削时的走刀次数减少2/3以上，故生产率很高。

7.车成形面

具有曲线轮廓的回转形面的零件，如圆球、手柄等，采用车削加工方法。其车削方法如下：

(1)双手同时操作车成形面。用双手同时操纵纵向、横向进给运动，使车刀做合成运动的轨迹与工件的母线相同，从而车削出所要求的成形面。因手动进给不均匀，表面粗糙度值较大，最后需用砂布等对加工面进行抛光，如图11-15(a)所示。

此法车削的成形面质量取决于工人的技术水平，生产率低，适于单件小批量生产。

(2)用成形车刀法车成形面。切削刃形状和工件成形面母线形状相同的车刀，称为成形车刀。车削时车刀只需横向进给。由于切削刃与工件的接触长度较大，容易引起振动，所以要求车床和工件有足够的刚性。该方法适用于车削较短的成形表面，且具有生产率高和可实现自动进给的特点。

(3)靠模法车成形面。车成形面用的靠模装置与车锥面的靠模装置类似，靠模形状与工件表面母线相同，如图11-15(b)所示，只需把锥度靠模板换成曲线靠模板即可。曲线靠模板和托架固定在床身上,滚柱与拉板相连。当床鞍做纵向运动时,滚柱在靠模板的曲线槽内移动,使车刀也随着做曲线移动,即可车出工件(手柄)的成形面。靠模工作时,应将中滑板横向进给丝杠与螺母脱开,小滑板从原始位置转 90°,以便横向进给。靠模法可以加工长的成形表面,能实现自动进给,因而适用于大批量生产,生产率高。

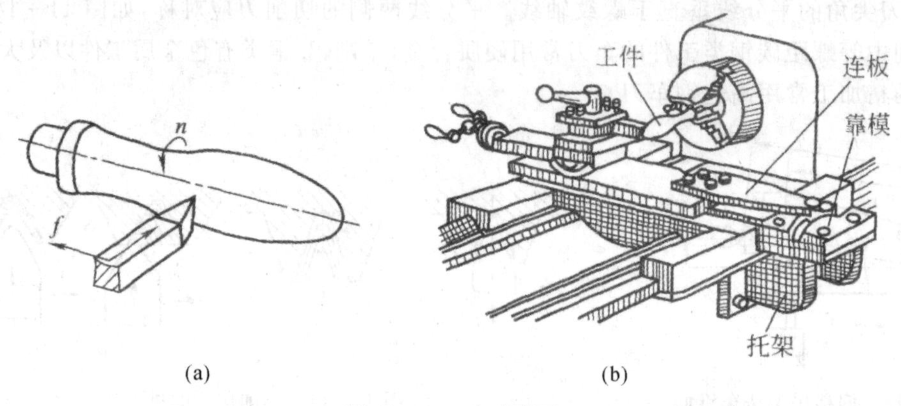

图 11-15　车成形面

(a)手动操纵加工成形面；(b)靠模法加工成形面

第二节　镗削加工

一、镗削加工概述

镗削是在大型工件或形状复杂的工件上加工孔及孔系的基本方法。其优点是能加工大直径的孔,而且能修正上一道工序形成的轴线歪斜的缺陷。

镗削可以在镗床、车床及钻床上进行,但由于钻床的精度低,一般都不在其上进行。镗孔的质量(主要指几何精度)主要取决于机床精度,镗床上镗孔精度可达 IT7 级,表面粗糙度 Ra 值为 0.8~0.1μ m。由于镗床与镗刀的调整复杂,技术要求高,若不使用镗模,生产率较低。在大批量生产中,为提高生产率并保证加工质量,应使用镗模。

二、镗床及其加工

镗床按结构和用途不同,分为卧式镗床、坐标镗床、金刚镗床及其他镗床。其中卧式镗床应用最广泛。如图 11-16 所示为卧式镗床,它由床身、前立柱、后立柱、主轴箱、主轴、平旋盘、工作台、上滑座、下滑座和尾架等部件组成。加工时,刀具装在主轴上或平旋盘的径向刀架上,从主轴箱处获得各种转速和进给量。主轴箱可沿前立柱上下移动实现垂直进给。

工件装在工作台上,可与工作台一起随下滑座沿床身导轨做纵向移动或随上滑座沿下滑座上导轨做横向移动。此外,工作台还能绕上滑座上的圆形导轨在水平面内转一定的角度。

在卧式镗床上能完成如图 11-17 所示的加工。

(1)镗孔。镗刀装在主轴上做主运动,工作台做纵向进给运动。对于浅孔,镗杆短而粗,刚性好,镗杆可悬臂安装[见图 11-17(a)];若深孔或距主轴端面较远的孔,宜用后立柱上的尾架来支承镗杆,以提高刚度[见图 11-17(b)]。

(2)镗大孔。镗刀装在平旋盘刀架上做主运动,工做台做纵向进给运动[见图 11－17(c)]。

(3)车端面。刀具装在平旋盘刀架上做主运动,同时沿其上的径向导轨做进给运动,工作台固定不动[见图 11－17(d)]。

(4)铣平面。铣刀装在主轴上做主运动,工作台做横向进给运动或主轴箱做垂直进给运动[见图 11－17(e)]。

(5)钻孔。工件夹持在工作台上,主轴旋转切削并进给[见图 11－17(f)]。

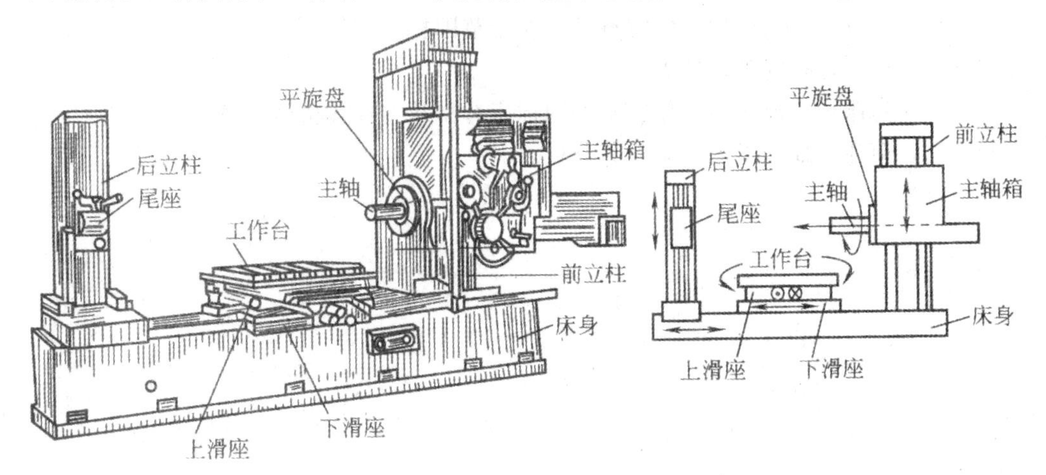

图 11－16　卧式镗床

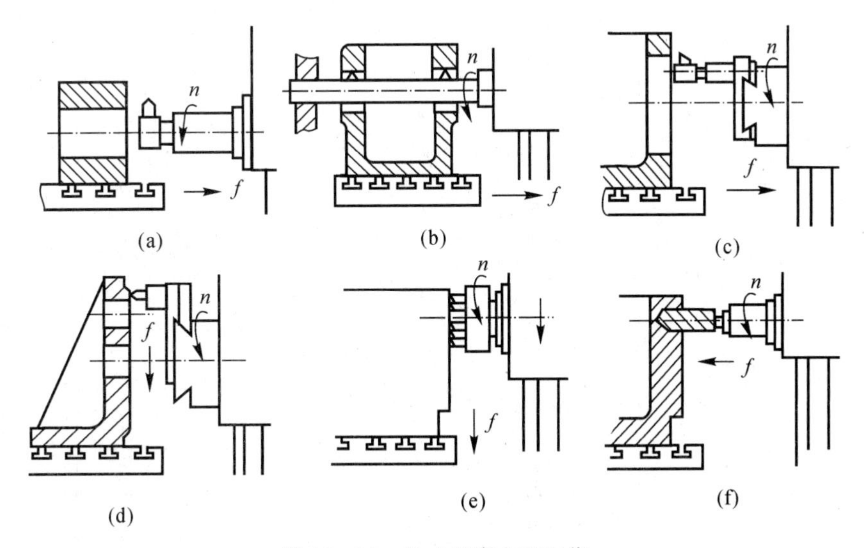

图 11－17　卧式镗床主要工作

复　习　题

11－1　车削加工的工艺范围及工艺特点是什么?

11－2　车削外圆表面时,工件有哪些夹持方法?各适用什么场合?

11-3 在普通车床上能完成哪些工作?

11-4 普通车床主要由哪几个部分组成?各有何功用?

*11-5 试分析三爪卡盘的自定心工作原理。

*11-6 车端面时产生凹面、凸面的原因是什么?应如何提高端面的加工质量?

*11-7 在车床上加工锥体有哪些方法?哪几种方法适合机动进给?

11-8 车削三角螺纹有几种方法?哪几种适合机动进给?

11-9 铰孔能否校正孔的位置精度?为什么?

11-10 比较钻、扩、铰加工的特点及其应用范围?

11-11 简述镗孔的工艺特点。

11-12 镗床可完成哪些工作?常用的镗床有哪几类?其功用如何?

11-13 简述孔加工工艺方案及其分析。

第十二章　铣削加工

第一节　铣削加工概述

铣削是在铣床上用旋转的铣刀对移动的工件进行切削加工的方法。它可以加工平面、沟槽、螺旋槽、凸轮等，还可以加工成形表面及齿轮等(见图 12-1)。

铣削加工是在铣床上进行。以铣刀的旋转运动为主运动，以工件的移动为进给运动的一种切削加工方法。铣削切削运动是由铣刀实现的。铣削使用旋转的多刃刀具，不但可以提高生产率，而且还可以使工件的表面获得较小的表面粗糙度值。因此，在机器制造业中，铣削加工占有相当的比重。

铣削使用旋转的多刃刀具，不但可以提高生产率，而且还可以使工件的表面获得较小的粗糙度。因此，在机器制造业中，铣削加工占有相当的比重。

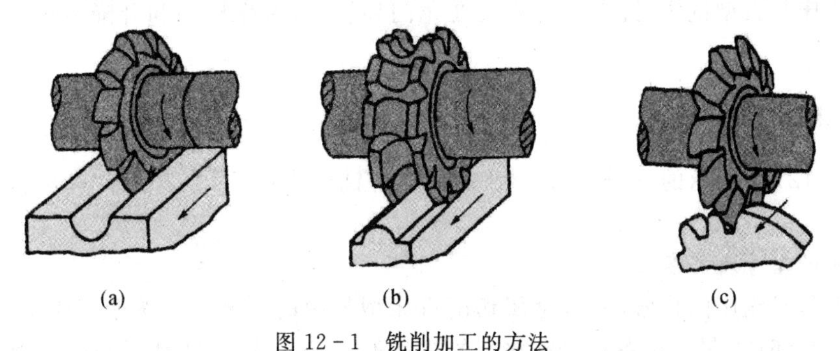

图 12-1　铣削加工的方法

(a)凸圆弧铣刀铣凹圆弧面；（b)凹圆弧铣刀铣凸圆弧面；（c)模数铣刀铣齿形

第二节　铣　　床

一、常用铣床的种类

根据结构、用途及运动方式不同，铣床可分为不同的种类，主要有卧式升降台铣床、立式升降台铣床、工具铣床、龙门铣床、摇臂铣床、转塔铣床、仿形铣床、钻铣床、滑枕铣床、刻字铣床、键槽铣床、螺纹铣床以及数控铣床和镗铣加工中心等。

常用的铣床有升降台式铣床和龙门铣床两类。

1. 升降台式铣床

(1)卧式铣床。其主要特征是主轴与工作台台面平行，呈水平位置。外观图如图 12-2

(a)所示。

(2)立式铣床。其主要特征是主轴与工作台台面垂直，呈垂直状态。外观图如图 12-2(b)所示。

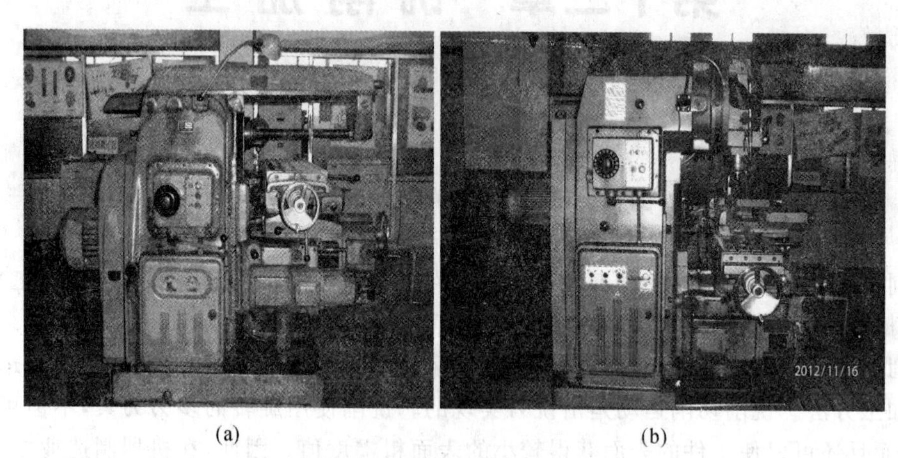

(a) (b)

图 12-2　升降台式铣床外观照片图

(a)卧式铣床；(b)立式铣床

2. 龙门铣床

龙门铣床是大型铣床，铣削动力安装在龙门导轨上，可作横向和升降运动。外观图如图 12-3 所示。

二、铣床型号及组成

现以图 12-4 所示的型号 X6132 卧式升降台铣床为例，简介升降台式铣床型号意义及组成。

1. 铣床的型号及其意义

铣床型号是铣床的代号，它是金属切削机床型号中的一部分。按照 GB/T 15375—1994 规定，型号为 X6132 铣床中各符号和数字的意义如下：X -铣床(类代号)；61－卧式万能升降台铣床(组系代号)；32 -工作台面宽度的 1/10，即工作台面宽度为 320 mm(主参数)。

图 12-3　龙门铣床 照片图

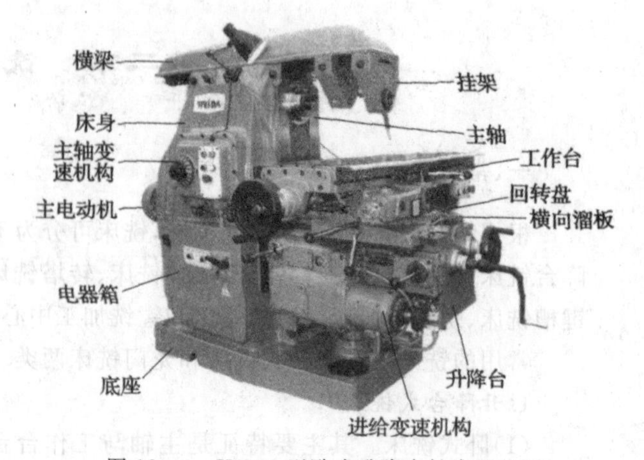

图 12-4　X6132 型卧式升降台铣床照片图

2. X6132 型万能卧式铣床的主要组成及其作用

铣床由下列几部分组成：

(1)床身。床身用来支撑和固定铣床各部件。

(2)底座。用以支承、安装、固定铣床的各个部件，底座还是一个装有切削液油箱。

(3)横梁。横梁上装有安装吊架，用以支撑刀杆的外端，减小刀杆的弯曲和振动。

(4)主轴。用来安装刀杆并带动它旋转。主轴做成空心轴，前端有锥孔，以便安装刀杆。

(5)升降台。升降台位于工作台、转台、横向溜板的下方，并带动它们沿床身的垂直导轨作上下移动，以调整台面与铣刀间的距离。升降台内装有进给运动的电动机及传动系统。

(6)横向溜板。横向溜板用来带动工作台在升降台的水平导轨上作横向移动。

(7)转台。上端有水平导轨，下面与横向工作台连接，可供纵向工作台移动、转动。

(8)挂架。用以加强铣刀杆的刚性。

第三节　铣　　刀

一、铣刀切削部分材料的基本要求

在切削过程中，刀具切削部分会由于受切削力、切削热和摩擦力而磨损，所以刀具不仅要锋利而且要耐用，不易磨损变钝。因此刀具材料必须具备以下几个基本要求：①高硬度和耐磨性；②良好的耐热性；③高的强度和好的韧性。

二、铣刀的种类和用途

铣刀的种类很多，用途也各不相同。按材料不同，铣刀分为高速钢和硬质合金两大类；按刀齿与刀体是否为一体又分为整体式和镶齿式两类；按铣刀的安装方法不同分为带孔铣刀和带柄铣刀。常用铣刀的种类及用途见表 12－1。

表 12－1　常用铣刀的种类及用途

用途	种类	铣刀图示	铣削示例
铣削平面用铣刀	圆柱铣刀		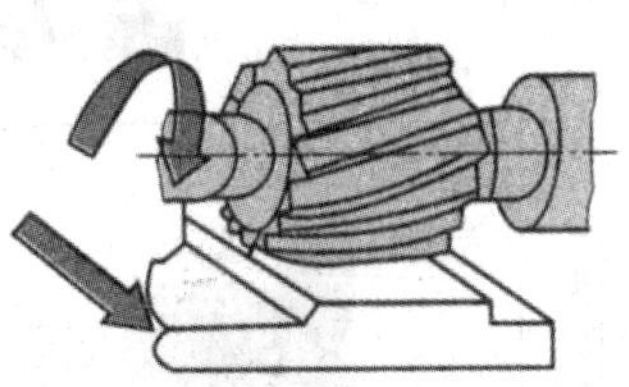
	端铣刀		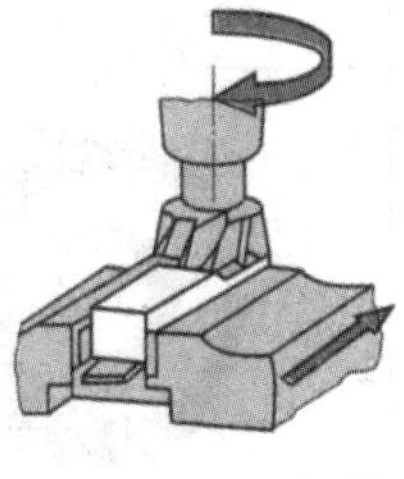

续表

用途	种类	铣刀图示	铣削示例
铣削直角沟槽和台阶用铣刀	直齿和错齿三面刃铣刀	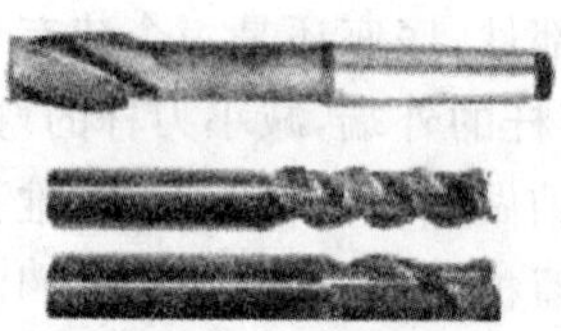	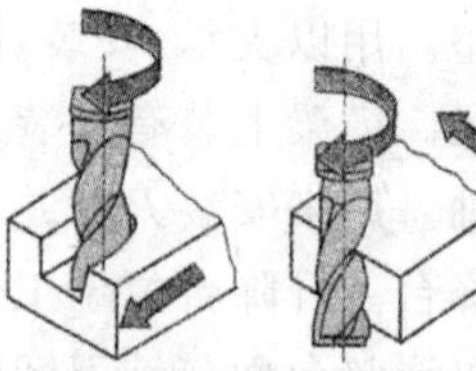
	键槽铣刀		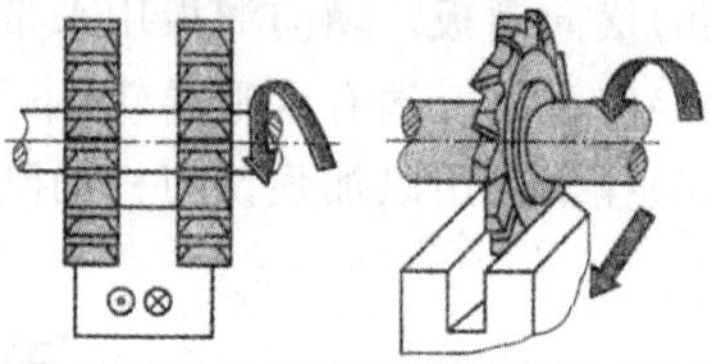
	端铣刀		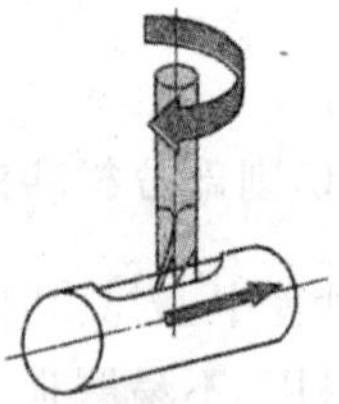
切断及铣窄槽用铣刀	锯片铣刀		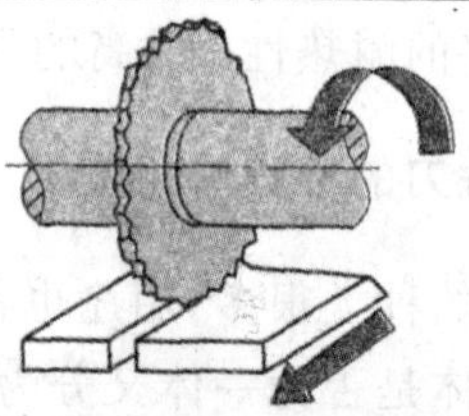
铣削特形沟槽用铣刀	T形槽铣刀		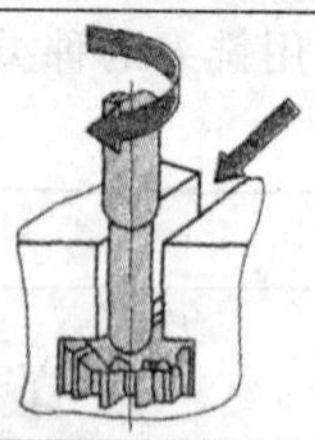
	燕尾槽铣刀	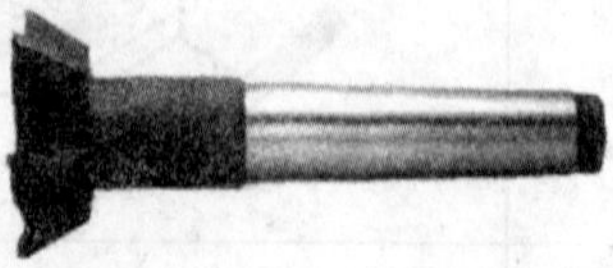	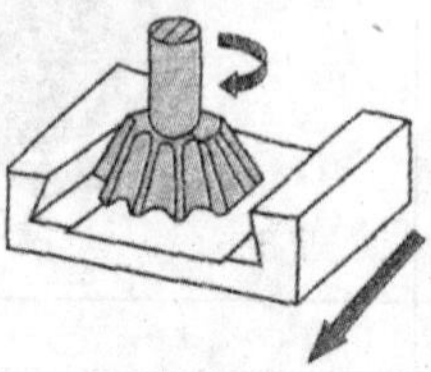
	角度铣刀		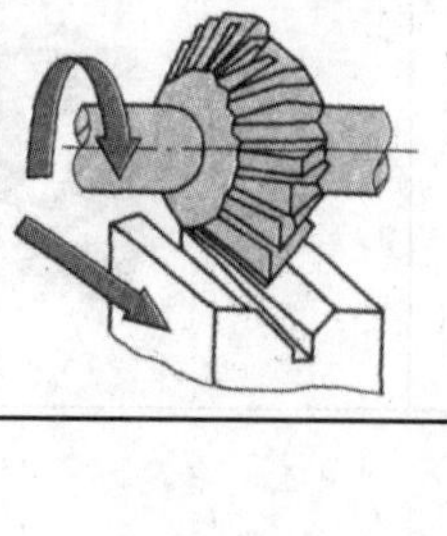

第四节　铣床主要附件

各种不同类型和形状的铣刀加上附件,可以使铣削范围更广。铣床的主要附件有机用平口钳、回转工作台、万能分度头等。

一、机用平口钳

机用平口钳是一种通用夹具,常用平口钳有回转式和非回转式两种。

图 12-5 所示是回转式平口钳,主要是由固定钳口、活动钳口、底座等组成。钳身能在底座上任意扳转角度。平口钳由于其钳口结构和尺寸的关系,多用于安装尺寸较小、形状较规则的零件。使用时应先校正其在工作台上的位置,然后再夹紧工件。

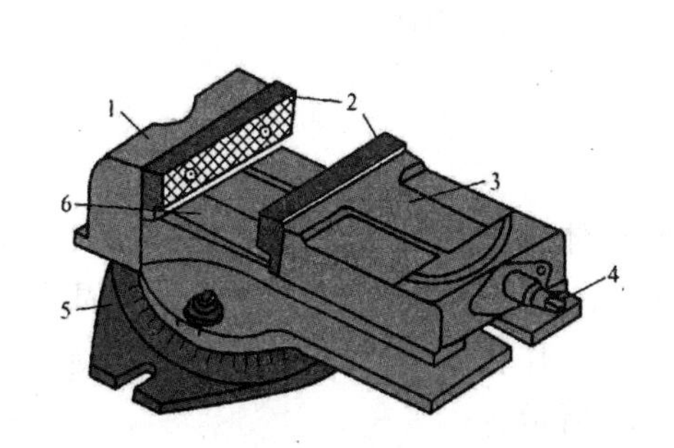

图 12-5　机用平口钳

1—固定钳口；　2—钳口铁；　3—活动钳口；
4—螺杆；　5—底座；　6—钳身

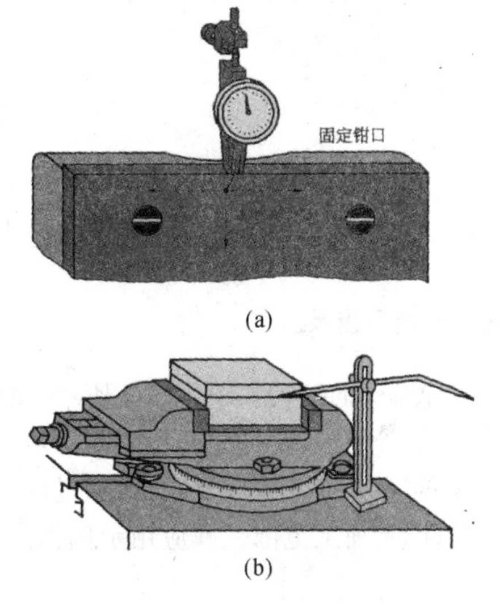

图 12-6　平口钳的校正

(a)百分表校正平口钳；　(b)按划线找正工件

平口钳的校正方法有三种(见图 12-6),即:

(1)用百分表校正固定钳口与铣床主轴轴心线垂直或平行。校正精度较高,用于精校正。

(2)用划针校正固定钳口与铣床主轴轴心线垂直。校正精度较低,一般只做粗校正。

(3)用角度校正固定钳口与铣床主轴轴心线平行。校正精度一般,一般只做粗校正。

二、回转工作台

回转工作台又称圆形工作台,卧式万能升降台铣床特有的附件。其外形如图 12-7 所示,

图 12-7　回转工作台的外形照片图

其结构如图12-8(a)所示，主要用于装夹中小型工件，进行圆周分度及作圆周进给，如对有角度、分度要求的孔或槽、工件上的圆弧槽。转台周围有刻度用来观察和确定转台位置，手轮上的刻度盘也可读出转台的准确位置。图12-8(b)所示为在回转工作台上铣圆弧槽的情况，即利用螺栓压板把工件夹紧在转台上，铣刀旋转后，摇动手轮使转台带动工件进行圆周进给，铣削由于能够回转角度，因此扩大了加工范围。

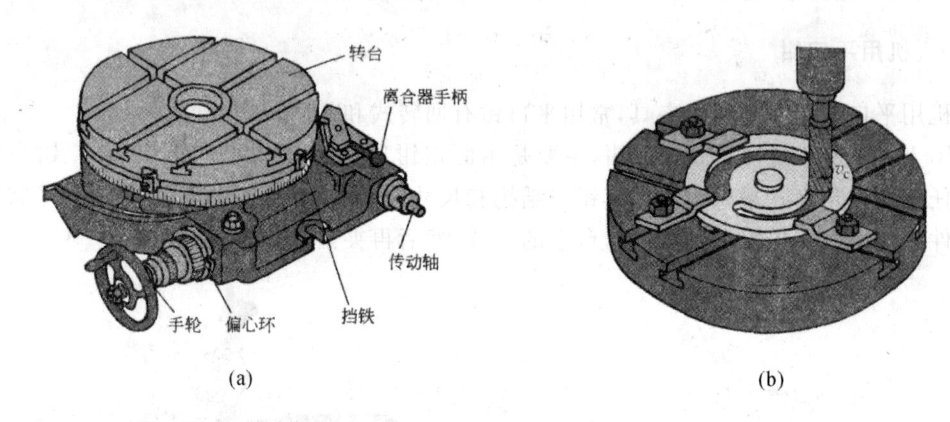

图12-8　回转工作台结构及其工作

(a)结构；(b)工作应用示例——铣圆弧槽

三、万能分度头

万能分度头的结构如图12-9所示，由底座、壳体、回转体、主轴(卡盘)分度叉、分度盘、定位销、挂轮轴等组成，是铣床的精密附件之一，用于装夹工件，并可对工件进行圆周等分、角度分度、直线移距分度及作旋转进给，通过配换齿轮与工作台纵向丝杠连接，加工螺旋槽、等速凸轮等，从而扩大加工范围。其应用示例如图12-10所示。

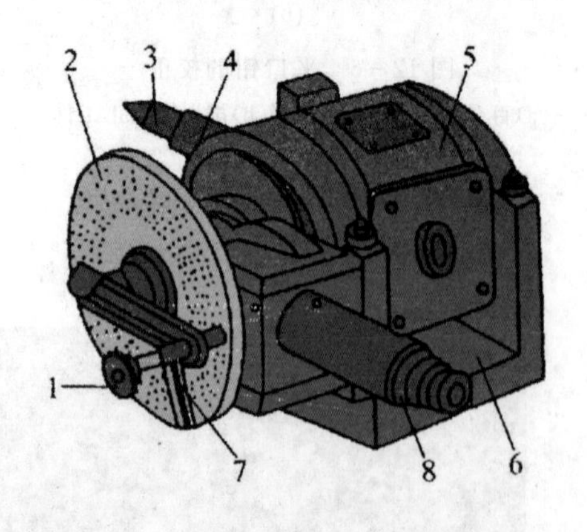

图12-9　万能分度头结构图

1—定位销；2—分度盘；3—顶尖；4—主轴；5—壳体；6—底座；7—分度叉；8—挂轮轴

图12-10　万能分度头应用示例

四、立铣头和万能铣头

1. 立铣头

在卧式铣床上安装立铣头，可以完成立铣床的工作，以扩大铣床加工范围。立铣头如图12－11所示。立铣头座体2利用夹紧螺栓1固紧在卧式铣床床身的垂直导轨上。立铣头可在平行于导轨面的垂直平面内扳转角度，其大小由刻度盘示值。立铣头的主轴5装在壳体6内。铣床主轴的旋转运动通过锥齿轮传至铣头主轴5上。为方便立铣头的安装，在座体2上设有吊环3。立铣头主轴5可以在垂直面内转动任意角度，以适应各种倾斜表面的铣削加工。

2. 万能铣头

万能铣头如图12－12所示。座体5通过螺栓固连在铣床垂直导轨6上。壳体3可相对于座体5在垂直面内转任意角度；铣头主轴壳体1又可相对于壳体3转动一定角度。壳体3与壳体1的转动角度大小分别由刻度盘4和2示值。因此，万能铣头上的铣刀7可以在空间转动呈所需的任意角度，以适应在更多的空间位置进行铣削加工。

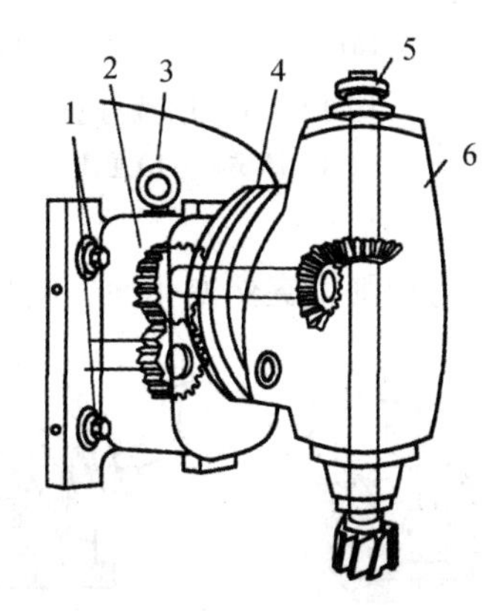

图12－11　立铣头

1—夹紧螺栓；2—座体；3—吊环；4—刻度；5—主轴；5—壳体

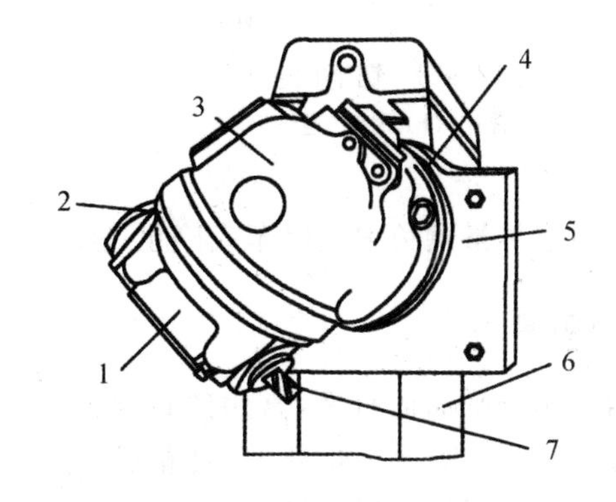

图12－12　万能铣头

1—铣头主轴壳体；2—刻度盘；3—壳体；4—垂直刻度盘；5—座体；6—铣床垂直导轨；7—铣刀

第五节　铣削加工方法

铣削加工时，铣刀的旋转是主运动，工件作直线或曲线的进给运动。

一、铣平面

根据设备、刀具条件不同，可用圆柱铣刀对工件进行周铣或用端铣刀对工件进行端铣，如图12—13所示。前者是利用铣刀的圆周刀齿进行切削，后者是利用铣刀的端部刀齿进行切削。与周铣比较，端铣时同时参加工作的刀齿数目较多，切削厚度变化较小，刀具与工件加工部位的接触面较大，切削过程较平稳，且端铣刀上有修光刀齿可对已加工表面起修光作用，因而其加工质量较好。另外，端铣刀刀杆刚性大，切削部分大多采用硬质合金刀片，可采用较大的切削用量，通常可在一次走刀中加工出整个工件表面，所以生产率较高。但端铣主要用于铣平面，而周铣则可通过选用不同类型的铣刀，进行平面、台阶、沟槽及成形面等的加工，因此，周铣的应用范围较广。

使用圆柱铣刀铣平面时，根据铣刀旋转方向与工件进给方向不同，有顺铣和逆铣之分。顺铣时，铣刀旋转方向与工件进给方向相同；逆铣时，铣刀旋转方向与工件进给方向相反，如图12－14所示。顺铣时，铣刀可能突然切入工件表面而发生深啃（由丝杠与螺母的间隙引起），使传动机构和刀轴受到冲击，甚至折断刀齿或使刀轴弯曲，故通常用逆铣而少用顺铣。但顺铣时切削厚度由大变小，易于切削，刀具耐用度高。此外，顺铣时铣削力将工件压在工作台上，工作平稳。因此，若能消除间隙（例如X6132型铣床上设有丝杠螺母间隙调整机构）也可采用顺铣。

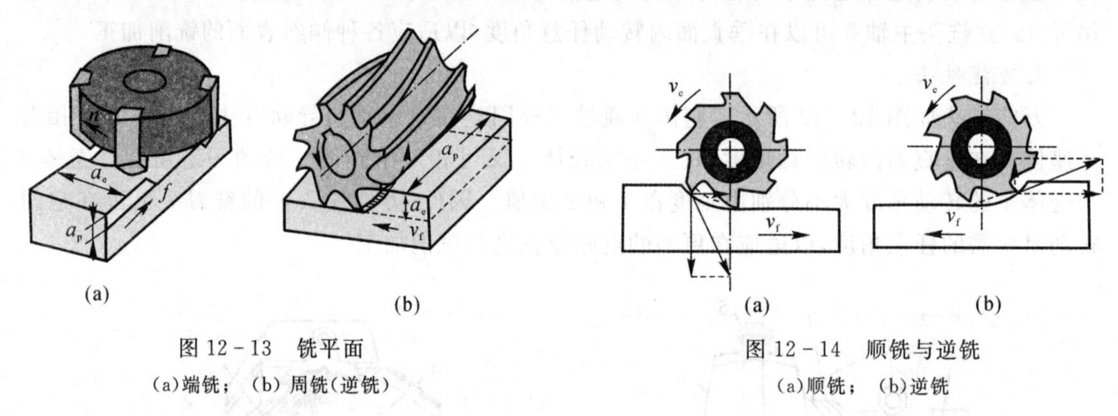

图12－13　铣平面

(a)端铣；(b)周铣(逆铣)

图12－14　顺铣与逆铣

(a)顺铣；(b)逆铣

铣削时应尽量避免中途停车或停止进给，否则将会因为切削力突然变化而影响加工质量。

二、铣斜面

铣斜面是铣平面的特例，常用的铣斜面方法如图12－15所示。此外，在批量较大时，可利用专用夹具进行斜面铣削。

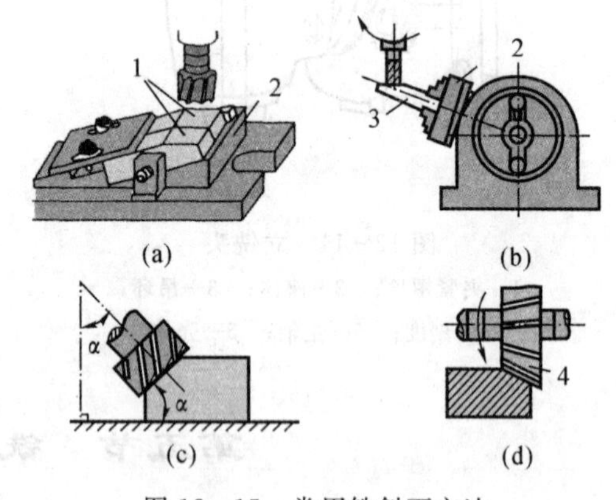

图12－15　常用铣斜面方法

三、铣沟槽

在铣床上可加工多种沟槽（参见表12－1)。因沟槽尺寸的限制，使得铣削时排屑、散热困难，特别是对薄型和深槽工件，铣削时还极易变形。因此，铣沟槽应取较小的进给量，并应注意对好刀，以保证沟槽位置的正确。

第六节　铣削加工的工艺特点和应用

一、铣削的工艺特点

(1)生产率较高。铣刀是典型的多刃刀具，铣削时有几个刀刃同时参加工作，总的切削宽度较大。铣削的主运动是铣刀的旋转，有利于采用高速铣削，所以铣削的生产率一般比刨削高。

(2)容易产生振动。铣刀的刀刃切入和切出时会产生冲击，并引起同时工作的刀刃数的变化；每个刀刃的切削厚度是变化的，这将使切削力发生变化。因此，铣削过程不平稳，容易产生振动。铣削过程的不平稳性，限制了铣削加工质量与生产率的进一步提高。

(3)散热条件较好。铣削时铣刀刃间歇切削，可以得到一定程度的冷却，因而散热条件较好。但是，切入、切出时热的变化、力的冲击，将加速刀具的磨损，甚至可能造成刀具损坏。

二、铣削加工的应用

铣削加工的范围很广(见表 12-1)，主要用来加工各类平面(水平面、垂直面、斜面、台阶面)、沟槽(直槽、键槽、角度槽、T 形槽、燕尾槽、V 形槽、圆弧槽、螺旋槽)和成形面等，也可进行孔的钻、铰、镗的加工以及齿轮、链轮、凸轮、曲面等复杂工件的铣削加工。

一般情况下，铣削加工的尺寸精度为 IT7～IT9，表面粗糙度值为 $Ra=1.6\sim6.3\ \mu m$。

第七节　铣削加工示例

一、工件图

铣削加工斜面如图 12-16 所示。

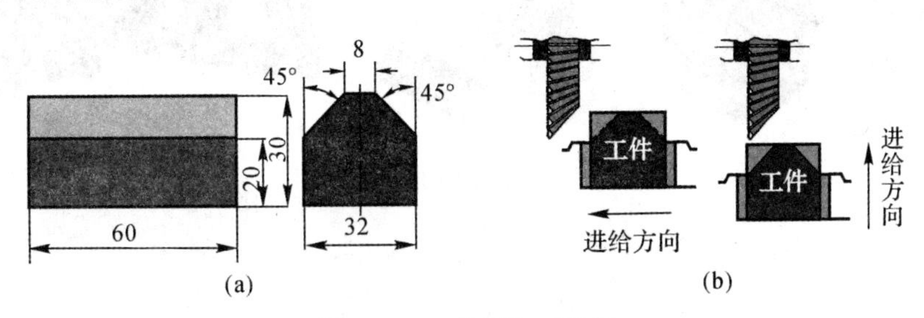

图 12-16　铣削加工示例

(a)工件图；(b)单角铣刀和工件图

二、铣削斜面的步骤

(1)确定斜面的铣削方法。因工件斜面宽度较小，且倾斜角为 45°，所以可直接用角铣刀来加工。

(2)选择铣刀：如工件图要求，可选用 45°单角度铣刀，且刀刃宽度应大于工件斜面宽度。

(3)装夹加工件：可用机用平口钳加紧工件的两个侧面。

(4)选取铣削加工用量：可分别用粗铣和精铣来完成加工。

(5)操作方法：可采用一把单角度铣刀铣削，铣完一个斜面后将刀拆卸下来翻转 180°，再铣另外一个斜面。也可采用两把 45°单角铣刀同时进行铣削。

(6)铣削结束后检查工件。

复 习 题

12－1 什么是铣削加工？铣削加工主要适合加工哪些类型的零件？

12－2 以X6132型万能卧式铣床为例，试述铣床基本部件的名称及作用。

12－3 卧式和立式铣床的主要区别是什么？铣床的主运动是什么？进给运动是什么？

12－4 常用的铣刀有哪些类型？各包括哪些典型的刀具？

12－5 安装带孔铣刀应注意什么？

12－6 铣床的主要附件有哪几种？其主要作用是什么？

12－7 何谓逆铣和顺铣？为什么通常采用逆铣？

12－8 铣床上工件的主要安装方法有哪几种？

12－9 铣削斜面的加工方法有哪几种？

12－10 铣削与车削相比有哪些不同？有何特点？

12－11 课堂讨论如题12－11图所示，观察铣床加工出来的零件，讨论它们在结构上与车床加工出来的工件有何不同，加工表面有何特点。

题12－11图

第十三章　刨削、插削和拉削加工

刨削、插削和拉削的机床的主运动都是直线运动，它们的加工方式有一定的共性，故将其在本章一起加以叙述。

第一节　刨削加工

在刨床上用刨刀对工件进行的切削加工称为刨削加工。刨削是以刀具和工件的相对往复直线运动进行金属切削的一种加工方式，主运动为刨刀或工件的往复直线运动。刨削是加工平面的主要方法之一，主要用于加工水平面、垂直面、斜面、各种沟槽（直槽、T形槽、V形槽和燕尾槽）及成形面。刨床适合加工的典型零件如图13－1所示。

一、刨削加工的特点与应用

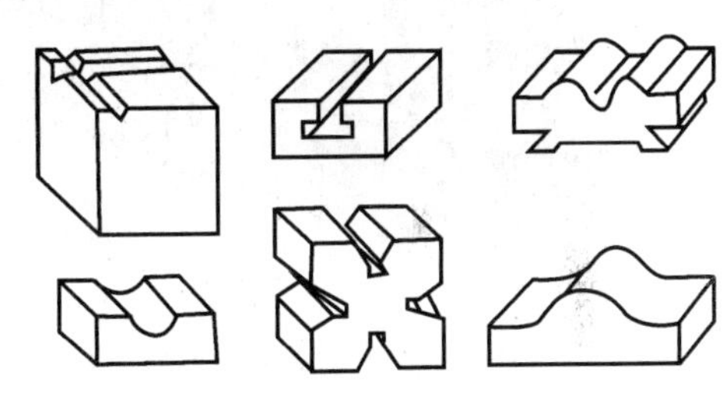

图13－1　刨床适合加工的典型零件

刨削加工为单向加工，向前运动为加工行程，返回行程是不切削的。而且切削过程中有冲击，反向时需要克服惯性，因此刨削的速度不高，所以刨削生产率较低，只有在加工窄而长的表面时才可以获得比较好的生产率。刨削刀具简单，加工、调整灵活，适应性强，生产准备时间短，因此主要应用于单件、小批量生产以及修配工作。

二、刨床

用于进行刨削加工的设备称为刨床，刨床分为牛头刨床和龙门刨床两大类。

1．牛头刨床

牛头刨床是刨床中应用较广的类型，适用于刨削长度不超过1 000 mm的中、小型工件。

（1）床的的结构组成。牛头刨床主要由床身、滑枕、刀架、工作台和横梁等构成，如图13－2所示。

1）床身。它与底座铸成一体，用来支撑和连接刨床各部件，顶面有燕尾形导轨，供滑枕往复运动。前面有垂直导轨，供横梁与工作台升降用。床身内部装有传动机构及润滑油。

2）滑枕。它的前端装有刀架和刨刀，可沿床身导轨作往复直线运动。

3）刀架。刀架（见图13－3）由转盘、溜板、刀座、抬刀板、刀架和手柄等组成，其作用是夹持刨刀。摇动刀架手柄，滑板可沿转盘上的导轨带动刨刀上下移动。松开转盘上的螺母，将转盘扳转一定角度后，可使刀架斜向进给。滑板上还装有可偏转的刀座（又称刀盒）。抬刀板可以绕刀座上的轴向上抬起。刨刀安装在刀架上，在返回行程时刨刀可自由上抬，以减少刀具与工件的摩擦。

4)横梁。它是用来带动工作台垂直移动,并作为工作台的水平移动导轨,以调整工件与刨刀的相对位置。

5)工作台。它是用于安装夹具和工件并可沿横梁水平导轨作横向进给运动。两侧面有许多沟槽和孔,以便在侧面上用压板螺栓装夹某些特殊形状的工件。工作台除可随横梁上下移动或垂向间歇进给外,还可沿横梁水平横向移动或横向间歇进给。

6)底座。它是用来支承整个刨床及工件的重量。

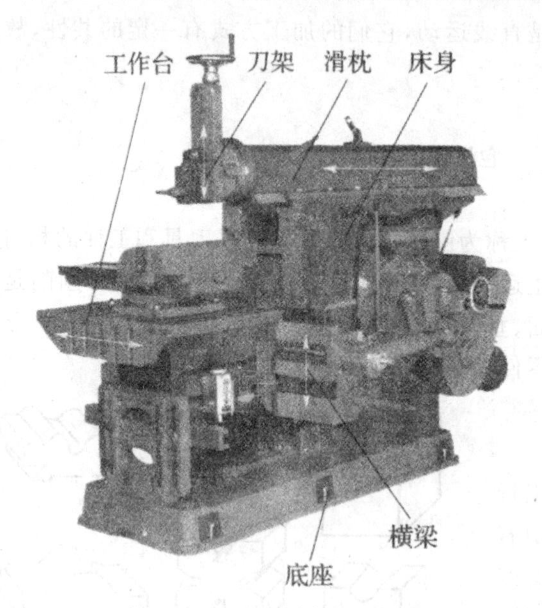

图 13-2 牛头刨床外形照片图

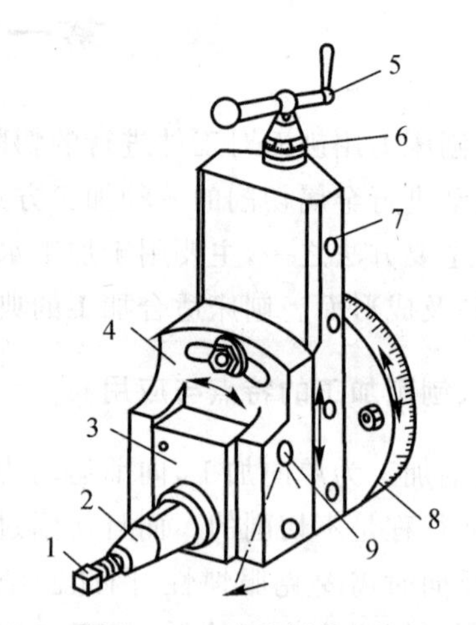

图 13-3 牛头刨床刀架

1—紧固螺钉; 2—刀夹; 3—抬刀板; 4—刀座;
5—手柄; 6—刻度环; 7—滑板 8—刻度转盘; 9—轴

(2)牛头刨床的运动。牛头刨床的主运动为滑枕带动刀架(刨刀)的直线往复运动。电动机的回转运动经带传动机构传递给床身内的变速机构,然后由摆动导杆机构将回转运动转换成滑枕的直线往复运动。进给运动包括工作台的横向移动和刨刀的垂直(或斜向)移动。工作台的横向移动由曲柄摇杆机构带动横向丝杠间歇转动实现,在滑枕每次直线往复运动结束后到下一次工作行程开始前的间歇中完成。刨刀的垂直(或斜向)移动则通过手工转动刀架手柄完成。

(3)牛头刨床的传动系统。B6050 牛头刨床的传动机构主要有以下三种。

1)摇臂机构。摇臂机构是牛头刨床的主运动机构,其作用是使电动机的旋转运动变为滑枕的直线往复运动,带动刨刀进行刨削。在图 13-4 及图 13-5 中,传动齿轮 1 带动摇臂齿轮转动,固定在摇臂上的滑块可在摆杆的槽内滑动并带动摇臂前后摆动,从而带动滑枕作前后直线往复运动。

2)进给机构。牛头刨床的工作台安装在横梁的水平导轨上,用来安装工件。依靠进给机构(棘轮机构),工作台可在水平方向作自动间歇进给。在图 13-4 和图 13-5 中,齿轮 2 与摇臂齿轮同轴旋转,齿轮 2 带动齿轮 3 转动,使固定于偏心槽内的连杆摆动拨杆,拨动棘轮,实现工作台横向进给。

3)减速机构。电机通过皮带、滑移齿轮、摇臂齿轮减速,如图 13－4 所示。

(4)牛头刨床的调整。它主要有:

1)主运动的调整。刨削时的主运动应根据工件的尺寸大小和加工要求进行调整。

2)滑枕每分钟往返次数的调整。调整方法:如图 13－4 所示,将变速手柄置于不同位置,即可改变变速箱中滑动齿轮的位置,可使滑枕获得 12.5～73 次/min 之间 6 种不同的双行程数。

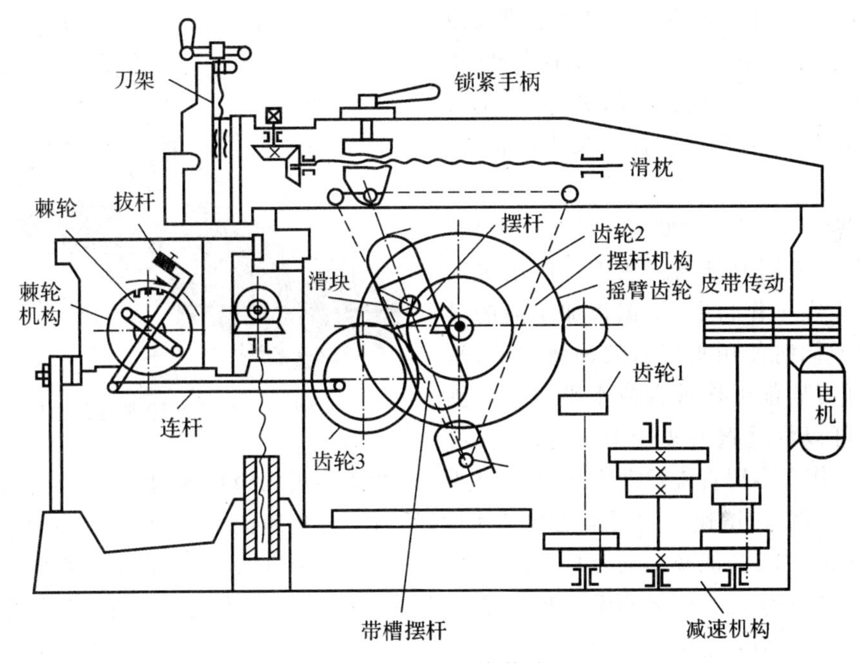

图 13－4　牛头刨床传动图

3)滑枕起始位置调整。调整要求:滑枕起始位置应和工作台上工件的装夹位置相适应。

调整方法:如图 13－5 所示,先松开滑枕上的锁紧手柄,用方孔摇把转动滑枕上调节锥齿轮 A,B 上面的调整方榫,通过滑枕内的锥齿轮使丝杠转动,带动滑枕向前或向后移动,改变起始位置,调好后,扳紧锁紧手柄即可。

4)滑枕行程长度的调整。调整要求:滑枕行程长度应略大于工件加工表面的刨削长度。

调整方法:如图 13－5 所示,松开行程长度调整方榫上的螺母,转动方榫,通过一对锥

齿轮相互啮合运动使丝杠转动,带动滑块向摆杆齿轮中心内外移动,使摆杆摆动角度减小或增大,调整滑枕行程长度。

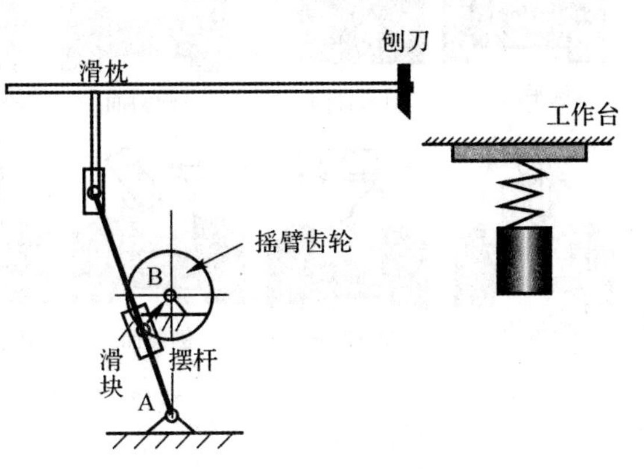

图 13－5　刨床摇臂机构示意图

5)进给运动的调整。刨削时,应根据工件的加工要求调整进给量和进给方向,

包括有:

①横向进给量的调整。进给量是指滑枕往复运动一次时,工作台的水平移动量。

②横向进给方向的变换。进给方向即工作台水平移动方向。

2. 龙门刨床

龙门刨床因有一个大型的"龙门"式框架结构而得名,如图 13-6 所示。

其主要特点是:主运动是工作台带动工件作往复直线运动,进给运动则是刀架沿横梁或立柱作间歇运动。它主要由床身、工作台、工作台减速箱、左(右)立柱、横梁、进给箱、垂直刀架进给箱、左侧(右侧、垂直)刀架进给箱、液压安全器等组成。

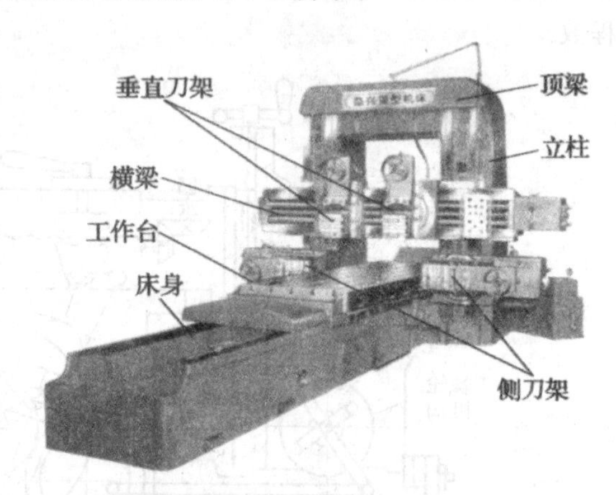

图 13-6　B2010 型龙门刨床

龙门刨床主要用于大型零件的加工,以及若干件小型零件同时刨削。在进行刨削加工时,工件装夹在工作台上,根据被加工面的需要,可分别或同时使用垂直刀架和侧刀架,垂直刀架和侧刀架都可作垂直或水平进给。刨削斜面时,可以将垂直刀架转动一定的角度。目前,刨床工作台多用直流发动机、电动机组驱动,并能实现无级调速,使工件慢速接近刨刀,待刨刀切入工件后,增速达到要求的切削速度,然后工件慢速离开刨刀,工作台再快速退回。工作台这样变速工作,能减少刨刀与工件的冲击。在小型龙门刨床上,也有使用可控硅供电电动机调速系统,来实现工作台的无级调速,但因其可靠性较差,维修也较困难,故此调速系统目前在大、中型龙门刨床上用得较少。

3. 刨床的加工范围

刨床一般用于加工平面、垂直面、内外斜面、沟槽、燕尾槽、V 形槽等,如图 13-7 所示。

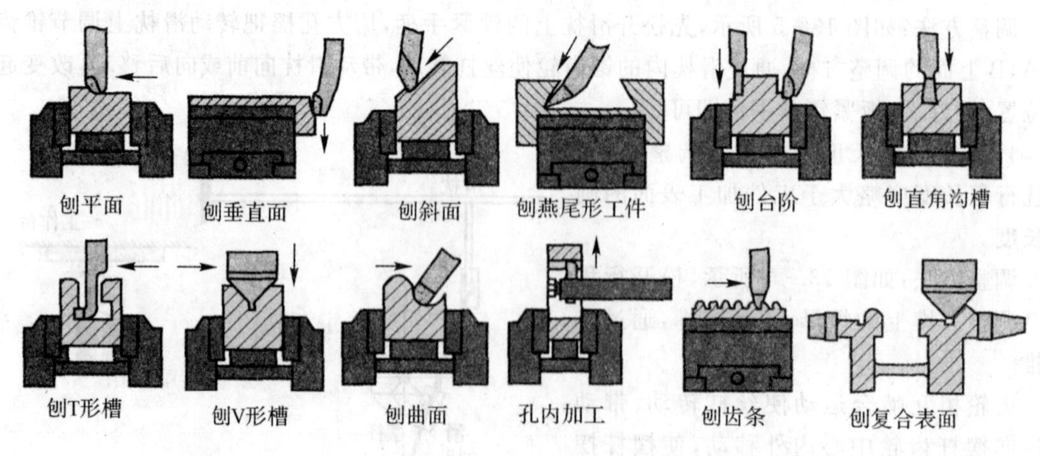

图 13-7　刨床的应用范围

三、刨刀及其安装

1. 刨刀的种类及用途

刨刀的种类很多，加工时选择范围广，可以适应各种形状和部位的切削。此外，刨床上还配有相关附件，扩大了刨削加工的工作范围。

按刀杆的形状不同，刨刀可分为直杆刨刀和弯杆刨刀。牛头刨床多使用直杆刨刀，龙门刨床多使用弯杆刨刀。弯杆刨刀受到较大切削力时，刀杆绕支点向后弯曲变形，可避免啃伤工件或刀头崩坏。

按用途不同，刨刀可分为平面刨刀、偏刀、切刀、弯头刀、角度刀、样板刀等，见表 13-1。

表 13-1 常用刨刀的种类和用途

种类	用途	刨刀图示	刨削示例
平面刨刀	刨削平面		
偏刀	刨削垂直面、台阶面和外斜面	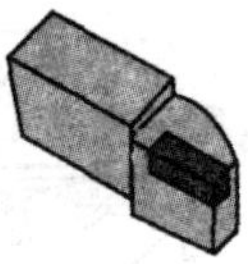	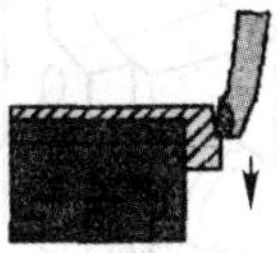
切刀	刨削直角槽、割槽及切断	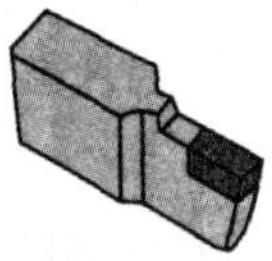	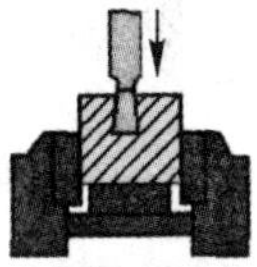
弯头刀	刨削 T 形槽及侧面割槽		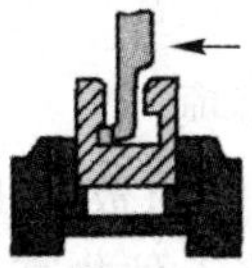
角度刀	刨削角度、燕尾槽和内斜槽	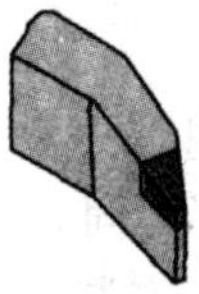	
样板刀	刨削 V 形槽和特殊形状的表面		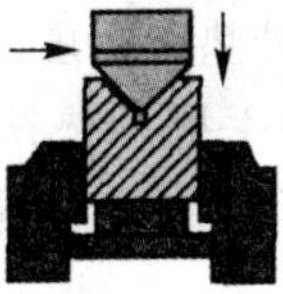

2. 刨刀的安装

牛头刨床的刀架安装在滑枕前端，如图 13-8 所示。刀架上有一刀夹，刀夹有一方孔，前端有一紧固螺钉，专供装夹刨刀之用。刨刀装入孔后，调整好背吃刀量，然后紧固螺钉，即可进行刨削。刨削平面时，刀架和抬刀板座都应在中间垂直位置，刨刀在刀架上不能伸出太长，以免在刨削工件时发生折断。

四、工件的装夹

在牛头刨床上装夹工件时，常用的有平口钳装夹和压板螺栓装夹两种方法。

1.平口钳装夹

平口钳是一种通用夹具，常用来安装小型工件。使用时先把平口钳钳口找正并固定在工作台上，然后再安装工件。按划线找正的安装方法，如图 13－9(a)所示。

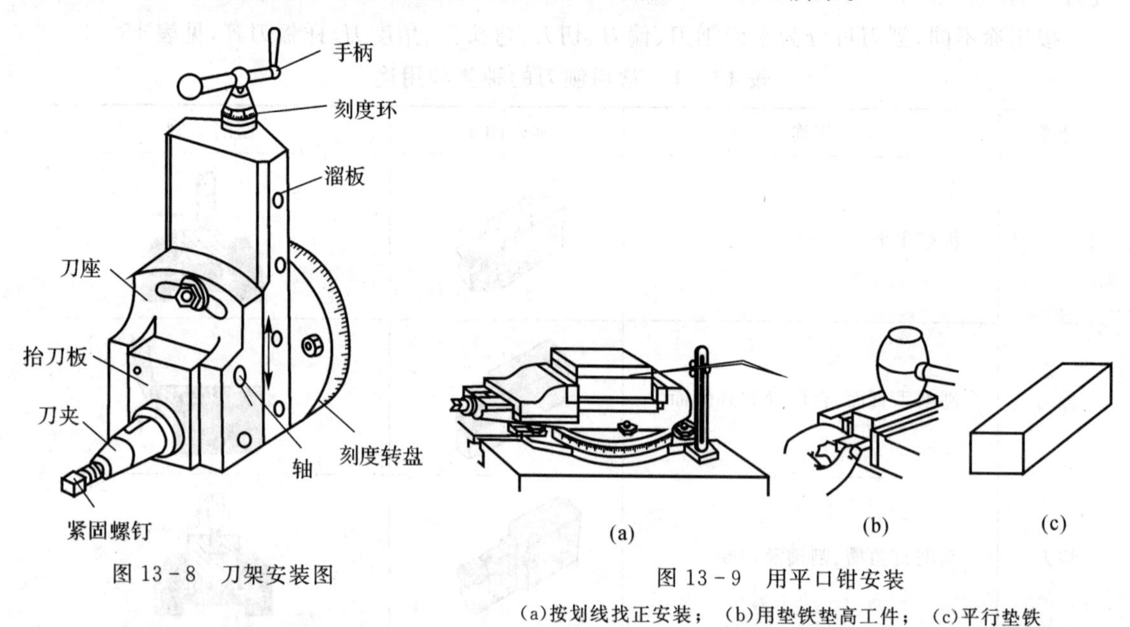

图 13－8　刀架安装图

图 13－9　用平口钳安装

(a)按划线找正安装；(b)用垫铁垫高工件；(c)平行垫铁

注意事项：

(1)工件的被加工面必须高出钳口，否则要用平行垫铁将工件垫高才能加工，如图 13－9(b)(c)所示。

(2)为防止刨削时工件走动，必须把比较平整的平面贴紧在垫铁和钳口上，以便安装牢固。

(3)为了保护工件的已加工表面，安装工件时需在钳口处垫上铜皮。

(4)用手挪动垫铁，检查贴紧程度，如有松动，说明工件与垫铁之间贴合不好，应该松开平口钳重新夹紧。

2.压板、螺栓安装

有些工件较大或形状特殊，需要用压板、螺栓和垫铁把工件直接固定在工作台上进行刨削。安装时先把工件找正。压板的位置要安排得当，压点

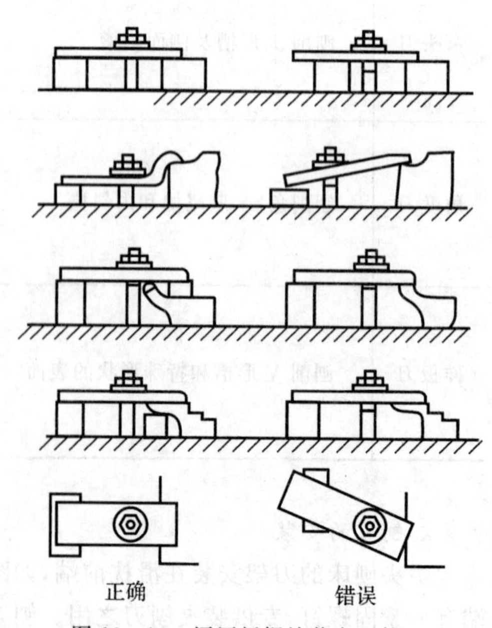

图 13－10　用压板螺栓装夹工件

要靠近切削面，压力大小要合适。粗加工时，压紧力要大，以防止切削时工件移动；精加工时，压紧力要合适，以防止工件变形。图 13-10 中给出了压紧方法的正误比较。

五、刨削加工的基本操作

1. 刨削水平面

刨水平面时，刀架和刀座均在滑枕端部的中间垂直位置上，如图 13-11(a)所示。通过工作台，将工件调整到合适位置。通过刀架垂向进给手柄确定合理的背吃刀量，在调整行程的前提下，可横向进刀进行刨削。

2. 刨削垂直面

对于长工件的端面用刨垂直面的方法加工较为方便，先把刀架转盘的刻度对准零线，再将刀座按一定方向(即刀座上部偏离加工面的方向)偏转 10°～15°(见图 13-11(b))。偏转刀座的目的是使抬刀板在回程中能离开工件的加工面，保护已加工表面，减少刨刀磨损，刨削时可手动进给或机动进给。

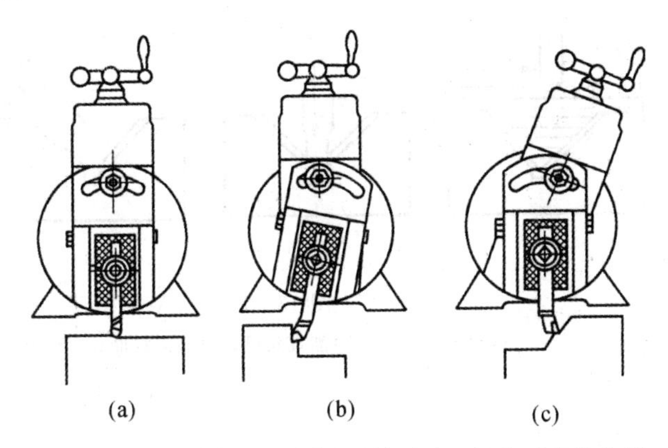

图 13-11　刨水平面、垂直面、斜面时刀架和刀座的位置
(a)刨水平面；(b)刨垂直面；(c)刨斜面

3. 刨斜面

刨斜面常用的方法是正夹斜刨，即依靠倾斜刀架进行刨削。刀架扳转的角度应等于工件的斜面与铅垂线的夹角，刀座偏转方法与刨垂直面相同(见图 13-11(c))。在牛头刨床上刨斜面只能手动进给。

4. 刨削矩形件

矩形工件(如平行垫铁)要求相对两面互相平行，相邻两面互相垂直。这类工件的加工，既可铣削又可刨削。当采用平口钳装夹时，无论是铣削还是刨削，加工过程均可按照如图13-12所示的步骤进行。

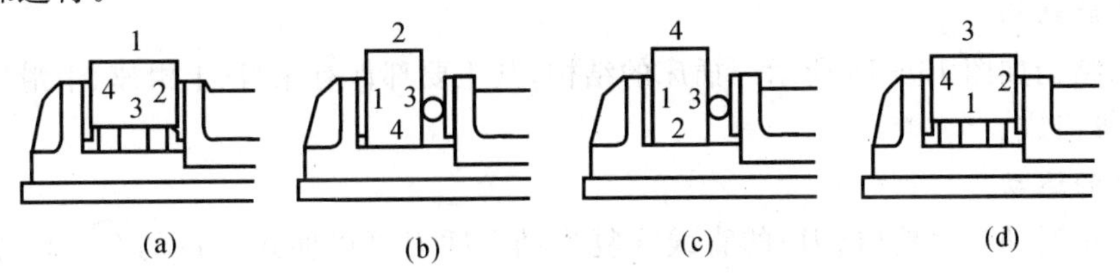

图 13-12　刨削矩形工件前四个面的步骤

(1)第一步:刨出平面1,作为精基准面(见图 13-12(a))。

(2)第二步:将平面1作为基准面贴紧固定钳口,在活动钳口与工件之间的中部垫一圆棒后夹紧,加工平面2(见图 13-12(b))。

(3)第三步:平面2朝下,用与第二步相同的方法使基面1紧贴固定钳口。夹紧时,用锤子轻敲工件,使平面2紧贴平口钳底面,夹紧后即可加工平面4(见 13-12(c))。

(4)第四步:将平面1放在平行垫铁上,工件直接夹在两钳口之间。夹紧时用锤子轻轻敲打,使平面1与垫铁贴实,夹紧后加工平面3(见图 13-12(d))。

*5.刨沟槽

(1)刨直槽时用切刀以垂直进给完成,如图 13-13 所示。

(2)刨V形槽的方法如图 13-14 所示,先按刨平面的方法把V形槽粗刨出大致形状,如图 13-14(a)所示;然后用切刀刨V形槽底的直角槽如图 13-14(b)所示;再按刨斜面的方法用偏刀刨V形槽的两斜面如图 13-14(c)所示;最后用样板刀精刨至图样要求的尺寸精度和表面粗糙度如图 13-14(d)所示。

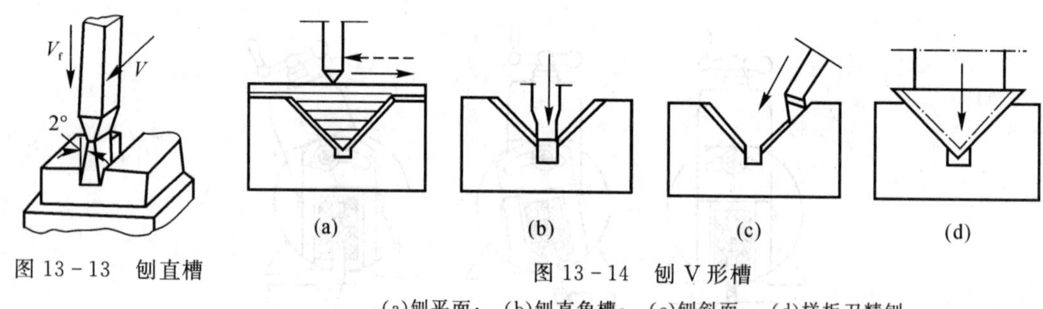

图 13-13 刨直槽

图 13-14 刨V形槽

(a)刨平面; (b)刨直角槽; (c)刨斜面; (d)样板刀精刨

6.刨成形面

在刨床上刨削成形面,通常是先在零件的侧面划线,然后根据划线分别移动刨刀作垂直进给和移动工作台作水平进给,从而加工出。也可用成形刨刀加工,使刨刀刃口形状与零件曲面一致,一次成形。

第二节 插削加工简介

利用插床和安装在插床上的插刀对工件进行加工称为插削加工。插床实际上是一种立式刨床,其结构原理与牛头刨床属同一类型。

一、插床

1.插床的结构

插床的结构如图 13-15 所示。插床的结构,其主要部件有床身、上滑座、下滑座、工作台、滑枕、立柱等组成。

2.插床的运动

插床的主运动是滑枕(插刀)的直线往复运动。插刀可以伸入工件的孔中作纵向往复运动,向下是工作行程,向上是回程。安装在插床工作台面上的工件在插刀每次回程后作间歇进给运动。

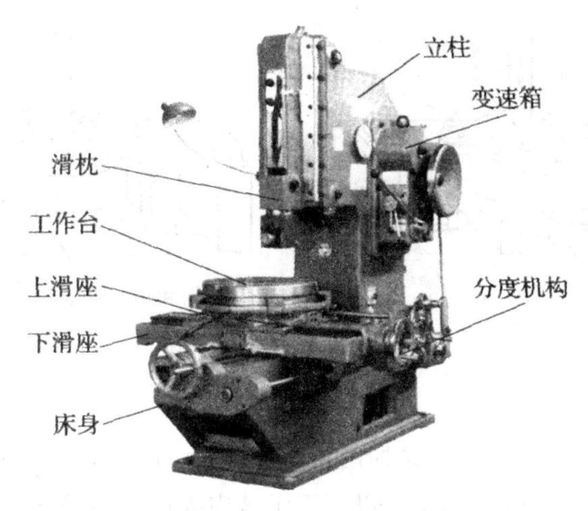

图 13－15　插床结构的照片图

二、插刀的种类及用途

常用插刀的种类及用途见表 13－2。

表 13－2　常用插刀的种类及用途

种类	用途	插刀图示	插削示例
尖刃插刀	主要用于粗插或插削多边形孔		
平刃插刀	主要用于精插或插削直角均槽		

插削加工时，插刀安装在滑枕的下面。它的结构原理与牛头刨床属于同一类型，只是在结构形式上略有区别，犹如滑枕垂直安装的牛头刨床。其主运动为滑枕的上下往复直线运动，进给运动为工作台带动工件作纵向、横向或圆周方向的间歇进给。工作台由下拖板、上拖板及圆工作台三部分组成。下拖板可作横向进给，上拖板可作纵向进给，圆工作台可带动工件回转。在插床上插削方孔和孔内键槽的方法如图 13－16 所示。

插刀刀轴和滑枕运动方向重合，刀具受力状态较好，所以插刀刚性较好，可以做得小一点，因此可以伸入孔内进行加工。

插床上多用三爪自定心卡盘、四爪单动卡盘和插床分度头等安装工件，亦可用平口钳和压板螺栓安装工件。

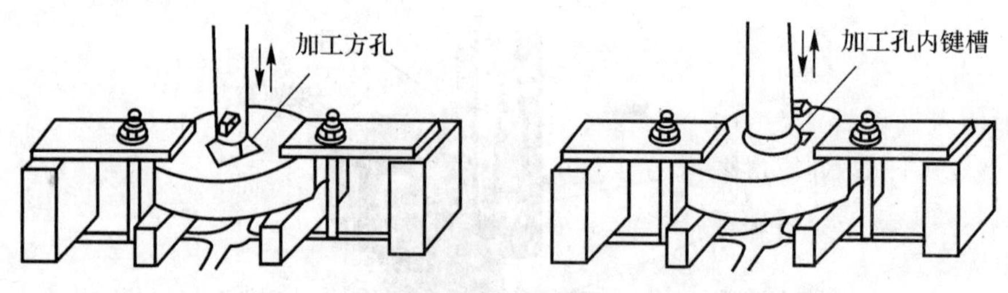

图 13－16　插削加工的应用范围和加工特点

三、插削加工的内容

插削与刨削的切削方式相同，只是插削是沿铅垂方向进行切削的。此外，刨削是以加工工件外表面上的平面、沟槽为主，而插削是以加工工件内表面上的平面、沟槽为主。在插床上可以插削键槽、方孔、多边形孔和花键孔等，如图 13－17 所示。

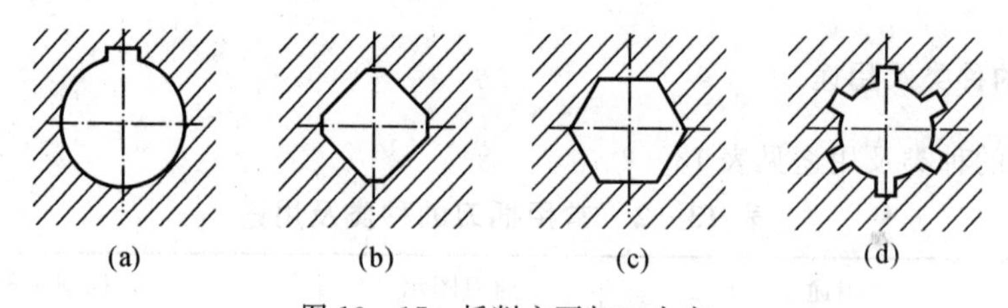

图 13－17　插削主要加工内容

(a)插键槽；(b)插方孔；(c)插多边形孔；(d)插花键孔

四、插削加工的特点

(1)插床与插刀结构简单，加工前的准备工作和操作也比较简便。除键槽、型孔外，插床还可以加工圆柱齿轮和凸轮等。

(2)在插床上加工孔内表面时，刀具须进入工件的孔内进行插削，因此工件的加工部分必须事先有孔。如果工件原来无孔，就必须先钻一个足够大的孔，才能进行插削加工。

(3)插削的工作行程受刀杆刚性的限制，槽长尺寸不宜过大。

(4)插床的刀架没有抬刀机构，工作台也没有让刀机构，因此，插刀在回程时与工件产生摩擦，工作条件较差。

(5)与刨削一样，插削时也存在冲击现象和空行程损失。因此，插削生产率低，所以插床多用于工具车间、修理车间及单件小批生产的车间；主要用于单件或小批生产。

第三节　拉削加工简介

在拉床上用拉刀加工工件内、外表面的方法，称为拉削加工。拉削近似刨削，又不同于刨削。拉刀可以看成是由多把刨刀由低至高按序排列而成。

拉床结构简单，拉削加工的核心是拉刀。图 13－18 是平面拉刀局部刀齿形状示意图。可以看出，拉削从性质上看近似刨削。拉削时拉刀的直线移动为主运动，进给运动则是靠拉刀的结构来完成的。拉刀的切削部分由一系列的刀齿组成，这些刀齿由前到后逐一增高地排列。当拉刀相对工件作直线移动时，拉刀上的刀齿逐齿依次从工件上切下很薄的切削层。当全部刀齿通过工件后，即完成了工件的加工。

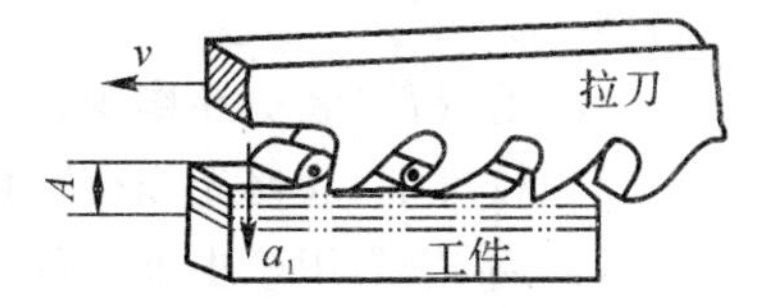

图 13-18　平面拉刀局部加工图

拉削加工特点明显，优点如下：

(1)生产率高。

(2)加工精度高。如图 13-19 为圆孔拉刀外形示意图所示，拉刀具有一校准部分，可以校准尺寸，修光表面，因此拉削加工精度很高，表面结构值较小。

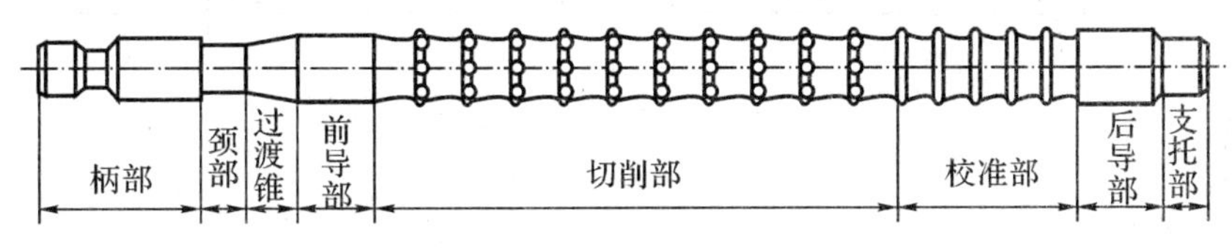

图 13-19　圆孔拉刀结构图

(3)加工范围广。有什么截面的拉刀就可加工什么样的表面。图 13-20 为拉刀可以加工的各种零件表面截面图。

拉削加工的缺点是所用拉刀应视为定形刀具，因此，一把拉刀只适宜加工一种规格尺寸的表面。因拉刀结构复杂，制造成本高，故拉削只用于大批量生产中。拉刀按加工表面部位的不同，分为内拉刀和外拉刀；按工作时受力方式的不同，分为拉刀和推刀。推刀常用于校准热处理后的型孔。

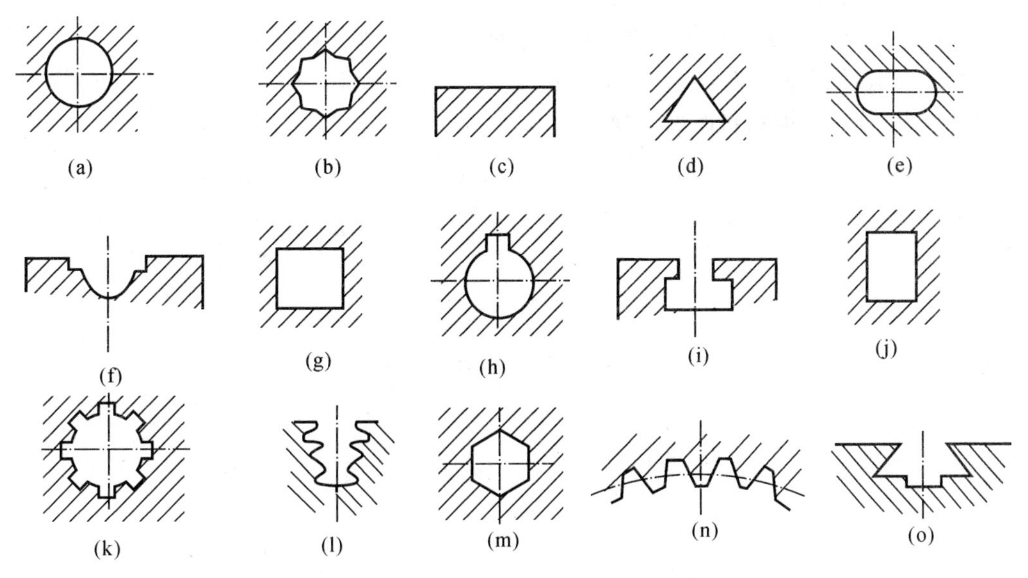

图 13-20　拉刀加工的各种典型表面

(a)圆孔；(b)异型孔；(c)平面；(d)三角孔；(e)椭圆孔；(f)半圆槽；(g)方孔；(h)键槽；(i)T 槽；(j)矩形孔；(k)花键孔；(l)异型槽；(m)六边形孔；(n)齿轮孔；(o)燕尾槽

拉刀的种类虽多，但结构组成都类似。如普通圆孔拉刀(见图 13-21)的结构组成：

(1)头部,用以夹持拉刀和传递动力;颈部,起连接作用;过渡锥部,将拉刀前导部引入工件;

(2)前导部,起引导作用,防止拉刀歪斜;切削部,完成切削工作,由粗切齿和精切齿组成;

(3)校准部,起修光和校准作用,并作为精切齿的后备齿;

(4)后导部,用于支承工件,防止刀齿切离前因工件下垂而损坏加工表面和刀齿;

(5)尾部,承托拉刀。

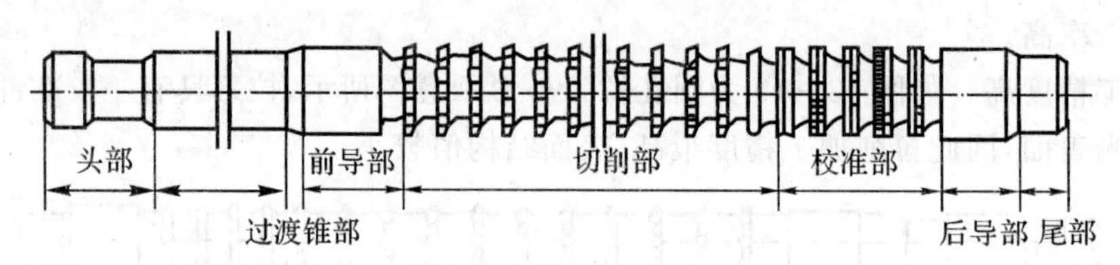

图 13-21　圆孔拉刀

复　习　题

13-1　刨削适于加工哪些表面类型?简述刨削加工的应用。

13-2　牛头刨床与龙门刨床的运动有何不同?

13-3　为什么刨刀往往做成弯头的?

13-4　简述刨削加工的应用。

13-5　牛头刨床与龙门刨床的运动有何不同?

13-6　为什么刨刀往往做成弯头的?

13-7　刨削前,牛头刨床需要进行哪些方面的调整?如何调整?

13-8　试述刨平面的步骤。

13-9　刨削垂直面和斜面如何操作?

第十四章　钻削、铰削和锪削加工

机械零件中的内孔表面占很大比重，本章主要讨论内孔的基本加工方法。

一般情况下，尺寸较小的孔，在钻床或车床上进行钻削加工；尺寸较大的孔，在镗床或车床上镗削或车削加工；大工件或位置精度要求较高的孔，在镗床上加工。

第一节　钻削加工

一、钻孔

钻孔一般指钳工利用钻床和钻孔工具加工孔（钻孔、扩孔和铰孔）的方法。机械中各种零件的孔加工，除去一部分由车、镗、铣等机床完成外，很大一部分是由钳工完成。

用钻头在实体材料上加工孔叫钻孔（见图 14－1）。在钻床上钻孔时，一般情况下，钻头应同时完成两个运动：主运动，即钻头绕轴线的旋转运动（切削运动）；辅助运动，即钻头沿着轴线方向对着工件的直线运动（进给运动）。

钻孔时，主要由于钻头结构上存在的缺点，影响加工质量，加工精度一般在 IT10 级以下，表面粗糙度 Ra 为 12.5 μm 左右、属粗加工。

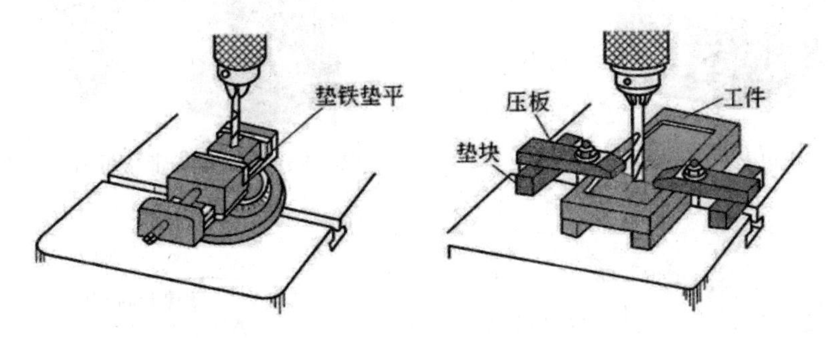

图 14－1　钻孔

二、钻床

1. 钻床的工作

钻床工作范围很多，如图 14－2 所示。

2. 钻床的种类

常用的钻床有台式钻床、立式钻床和摇臂钻床 3 种，手电钻也是常用的钻孔工具。

（1）台式钻床，简称台钻（见图 14－3），是一种在工作台上作用的小型钻床。其钻孔直径一般在 13 mm 以下。台钻型号示例：Z 4 0 1 2，其中 Z 为类别代号（字母）——钻床；4 为组别代号（数字）；0 为台式钻床组代号（数字）；12 为主参数（数字）最大钻孔直径 12。

台钻的主轴转速可用改变三角胶带在带轮上的位置来调节。如图 14-4 所示的台式钻床具有五级皮带轮组,通过调整五级皮带轮组,这台台式钻床就可获得五种不同的转速。三角皮带位置由上至下分别对应的转速为由高到低。如图 14-5 所示,三角皮带的位置越高,转速越高,反之,转速越低。

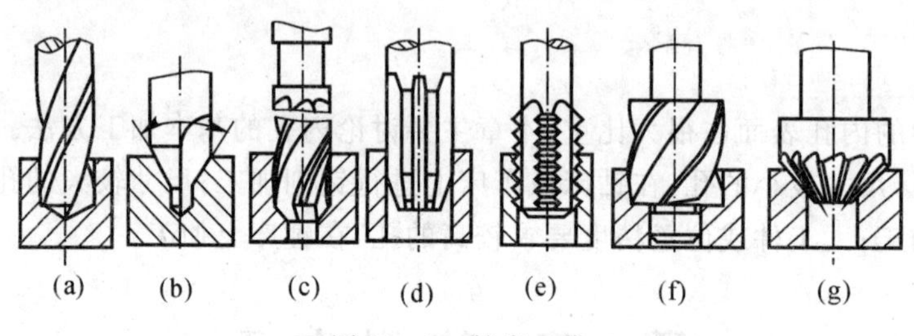

图 14-2　钻床工作

(a)钻孔；(b)钻中心孔；(c)扩孔；(d)铰孔；(e)攻螺纹；(f)锪圆柱形沉孔；(g)锪锥形沉孔

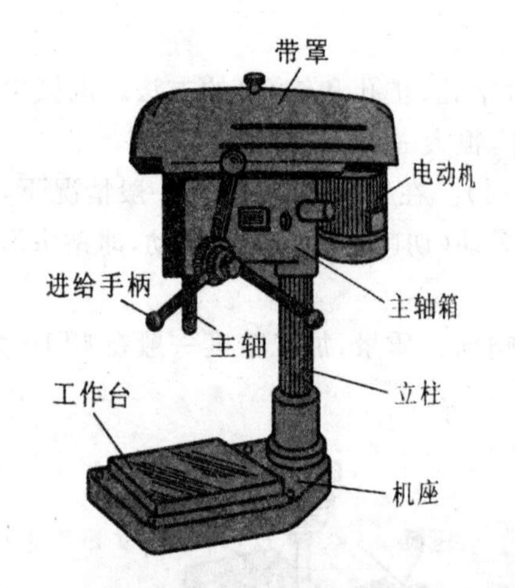

图 14-3　台式钻床照片图

图 14-4　五级皮带轮组钻床照片图

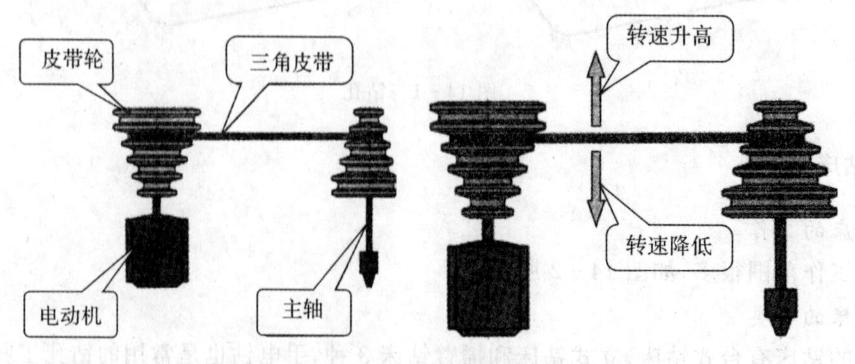

图 14-5　转速调节

台钻的主轴进给由转动进给手柄实现。在进行钻孔前,需根据工件高低调整好工作台与主轴架间的距离,并锁紧固定(结合挂图与实物讲解示范)。

台钻小巧灵活，使用方便，结构简单，主要用于加工小型工件上的各种小孔。它在仪表制造、钳工和装配中用得较多。

(2)立式台钻(见图 14-6)，简称立钻。这类钻床的规格用最大钻孔直径表示。常用的有 25 mm，35 mm，40 mm 和 50 mm 等几种。与台钻相比，立钻刚性好、功率大，因而允许钻削较大的孔，生产率较高，加工精度也较高。立钻适用于单件、小批量生产中加工中、小型零件。

(3)摇臂钻床(见图 14-7)。它有一个能绕立柱旋转的摇臂、摇臂带着主轴箱可沿立柱垂直移动，同时主轴箱还能摇臂上作横向移动。因此操作时能很方便地调整刀具的位置，以对准被加工孔的中心，而不需移动工件来进行加工。摇臂钻床适用于一些笨重的大工件以及多孔工件的加工。

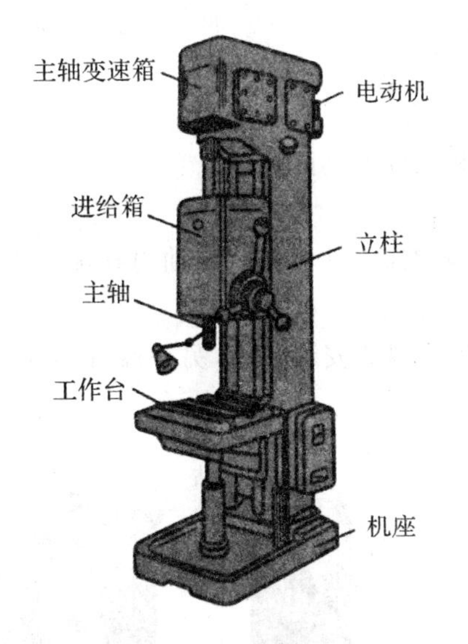

图 14-6　立式钻床照片图

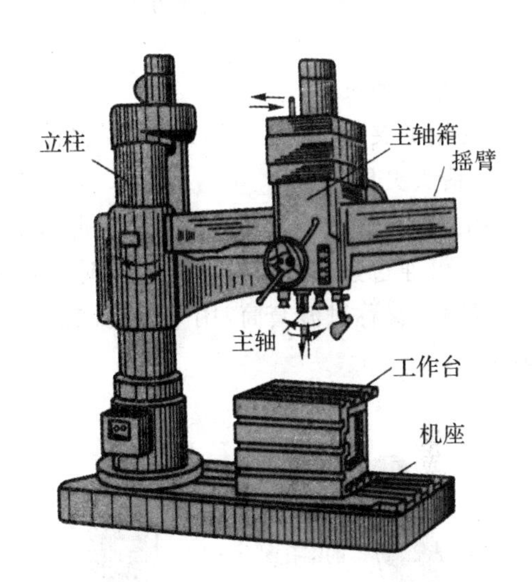

图 14-7　摇臂钻床照片图

(4)手电钻，主要用于钻直径 12 mm 以下的孔。常用于不便使用钻床钻孔的场合。手电钻的电源有 220 V 和 380 V 两种。手电钻携带方便，操作简单，使用灵活，应用比较广泛。

3. 钻头

钻头是钻孔用的主要刀具，常用高速钢制造，工作部分经热处理淬硬至 62～65HRC。钻头由柄部、颈部及工作部分组成(见图 14-8)。工作部分外形像“麻花”，故又称麻花钻。

(1)柄部，是钻头的夹持部分，起传递动力的作用。柄部有直柄和锥柄两种，直柄传递扭矩较小，一般用在直径小于 12 mm 的钻头；锥柄可传递较大扭矩(主要是靠柄的扁尾部分)，用在直径大于 12 mm 的钻头。

(2)颈部，是砂轮磨削钻头时退刀用的。钻头的直径、材料、厂标等也刻在颈部。

(3)工作部分。它包括导向部分和切削部分(见图 14-9)。麻花钻的导向部分主要用来保持麻花钻切削加工时的方向准确。当钻头进行重新刃磨以后，导向部分又逐渐转变为切削部分。导向部分有两条狭长、螺旋形状的刃带(棱边亦即副切削刃)和螺旋槽。棱边的作用是引导钻头和修光孔壁；两条对称螺旋槽的作用是排除切屑和输送切削液(冷却液)。切削部分结构见挂图与实物，它有两条主切削刃和一条柄刃。两条主切削刃之间的夹角通常为 118°±2°，称为顶角。横刃的存在使锉削时是轴向力增加。

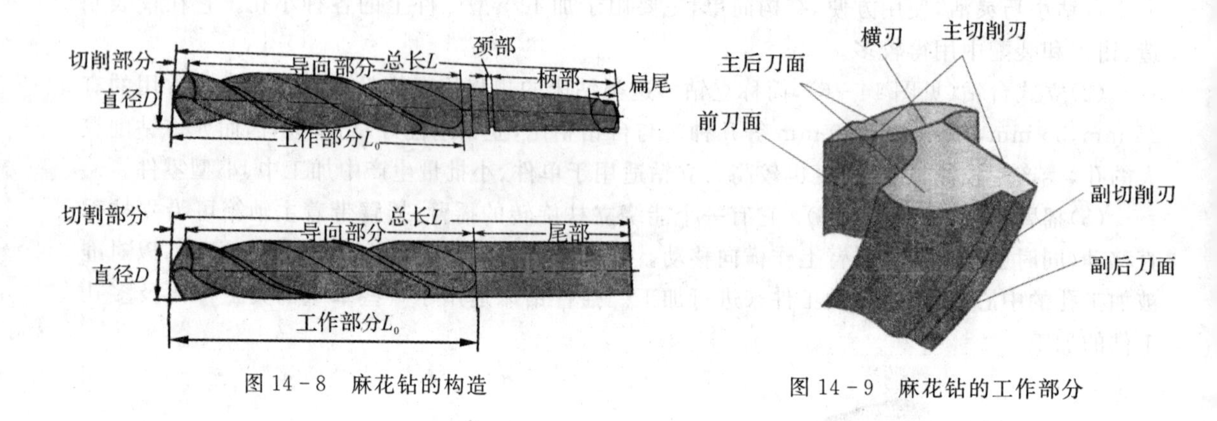

图 14－8　麻花钻的构造　　　　图 14－9　麻花钻的工作部分

4. 钻孔用的夹具

钻孔用的夹具(见图 14－10)主要包括钻头夹具和工件夹具两种。

(1)钻头夹具

1)钻夹头,适用于装夹直柄钻头。钻夹头柄部是圆锥面,可与钻床主轴内孔配合安装;头部三个爪可通过紧固扳手转动使其同时张开或合拢。

2)钻套,又称过渡套筒,用于装夹锥柄钻头。钻套一端孔安装钻头,另一端外锥面接钻床主轴内锥孔。

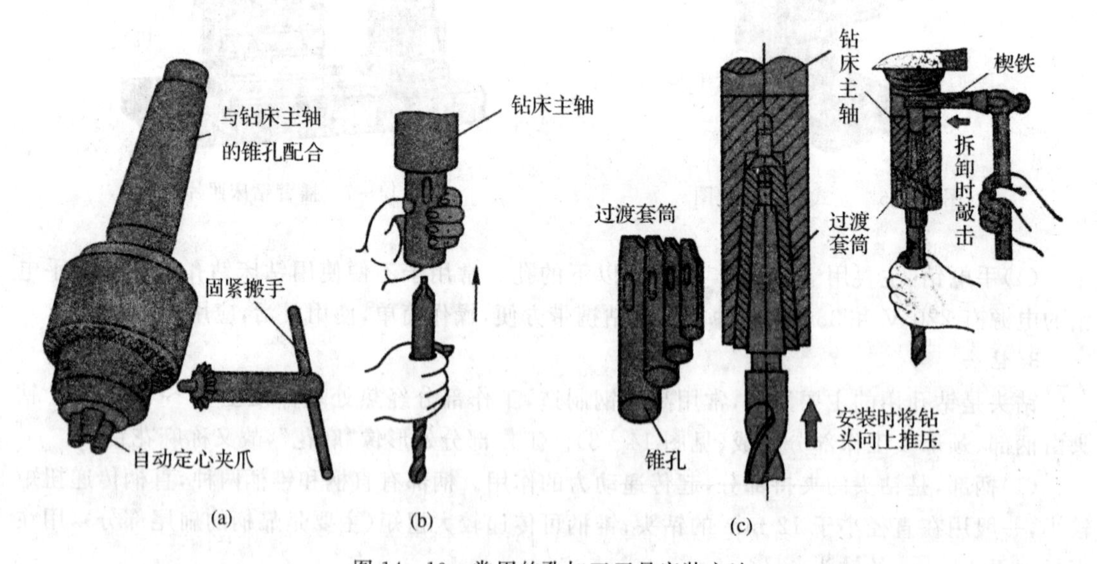

图 14－10　常用的孔加工刀具安装方法

(2)工件夹具,常用的夹具有手虎钳、平口钳、V 形铁和压板等(见图 14－11)。装夹工件要牢固可靠,但又不准将工件夹得过紧而损伤过紧,或使工件变形影响钻孔质量(特别是薄壁工件和小工件)。

5. 钻孔操作

(1)钻孔前一般先划线,确定孔的中心,在孔中心先用冲头打出较大中心眼。

(2)钻孔时应先钻一个浅坑,以判断是否对中。

(3)在钻削过程中，特别钻深孔时，要经常退出钻头以排出切屑和进行冷却，否则可能使切屑堵塞或钻头过热磨损甚至折断，并影响加工质量。

(4)钻通孔时，当孔将被钻透时，进刀量要减小，避免钻头在钻穿时的瞬间抖动，出现“啃刀”现象，影响加工质量，损伤钻头，甚至发生事故。

(5)钻削大于 ϕ30 mm 的孔应分两次站，第一次先钻第一个直径较小的孔(为加工孔径的0.5～0.7)；第二次用钻头将孔扩大到所要求的直径。

(6)钻削时的冷却润滑：钻削钢件时常用机油或乳化液；钻削铝件时常用乳化液或煤油；钻削铸铁时则用煤油。

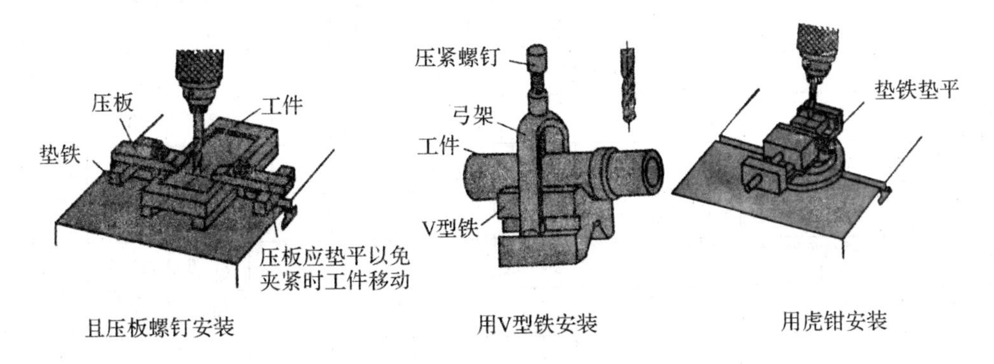

图 14－11　常用的孔加工工件夹具

6.钻削时切削用量的选择

切削用量应根据孔的直径、工件的材料和钻头材料以及冷却条件来选择。切削用量愈大，单位时间内切除金属愈多，生产率愈高。但切削用量的提高受到机床功率、钻头强度、钻头耐用度以及工件精度要求等多方面的限制。合理选择切削用量有利于提高钻孔生产率、钻孔质量和钻头寿命。

在钻孔实践中，往往由钻头直径和工件材料硬度凭实践经验确定每转进给量。在其他条件一定的情况下，钻头直径愈大，进给量愈大；工件材料愈硬，进给量愈小。表 14－1 反映了钻头直径、进给量以及切削速度之间的对应关系。在确定每转进给量后，可在表 14－1 中查出允许的切削速度。

表 14－1　高速钢钻头钻削碳钢时切削速度和进给量的推荐值

进给量(mm/r)	钻头直径/mm										
	2	4	6	10	14	20	24	30	40	50	60
	切削速度/(m/min)										
0.05	44.9	—	—	—	—	—	—	—	—	—	—
0.08	35.6	—	—	—	—	—	—	—	—	—	—
0.10	30.4	40.1	41.7	—	—	—	—	—	—	—	—
0.12	26.8	35.3	36.7	—	—	—	—	—	—	—	—
0.16	—	30.2	29.9	36.8	—	—	—	—	—	—	—

续表

进给量(mm/r)	钻头直径/mm										
	2	4	6	10	14	20	24	30	40	50	60
	切削速度/(m/min)										
0.18	—	26.6	27.6	33.8	38.7	—	—	—	—	—	—
0.20	—	—	25.6	31.4	36.0	—	—	—	—	—	—
0.25	—	—	—	28.0	32.1	37.0	36.0	—	—	—	—
0.30	—	—	—	25.6	29.4	33.8	32.8	36.0	—	—	—
0.35	—	—	—	—	—	31.3	30.4	33.3	—	—	—
0.40	—	—	—	—	—	29.3	28.5	31.1	32.7	33.9	—
0.45	—	—	—	—	—	27.6	26.8	29.4	30.8	32.0	33.0
0.50	—	—	—	—	—	—	25.5	27.9	29.9	30.3	31.3
0.60	—	—	—	—	—	—	—	25.4	26.6	27.7	28.7
0.70	—	—	—	—	—	—	—	—	24.7	25.6	26.5
0.80	—	—	—	—	—	—	—	—	—	—	24.8

注:表内数据加切削液时适用。

第二节　扩孔、铰孔与锪削加工

一、扩孔

扩孔用以扩大已加工出的孔(铸出、锻出或钻出的孔),它可以校正孔的轴线偏差,并使其获得正确的几何形状和较小的表面粗糙度,其加工精度一般为IT9～IT10级,表面粗糙度、Ra=3.2～6.3 μm。扩孔的加工余量一般为0.2～4 mm。

扩孔时可用钻头扩孔,但当孔精度要求较高时常用扩孔钻。扩孔钻的形状与钻头相似,不同是:扩孔钻有3～4个切削刃,且没有横刃,其顶端是平的,螺旋槽较浅,故钻芯粗实、刚性好,不易变形,导向性好。

二、铰孔

铰孔是用铰刀从工件壁上切除微量金属层,以提高孔的尺寸精度和表面质量的加工方法。铰孔是应用较普遍的孔的精加工方法之一,其加工精度可达IT6～IT7级,表面粗糙度Ra=0.4～0.8 μm。

铰刀是多刃切削刀具(见图14－12),有6～12个切削刃和较小顶角,铰孔时导向性好。铰刀刀齿的齿槽很宽,铰刀的横截面大,因此刚性好。铰孔时因为余量很小,每个切削刃上的负荷都小于扩孔钻,且切削刃的前角$\gamma=0°$,所以铰削过程实际上是修刮过程。特别是手工铰孔时,切削速度很低,不会受到切削热和振动的影响,因此使孔加工的质量较高。

铰刀孔按使用方法分为手用铰刀和机用铰刀两种。手用铰刀的顶角较机用铰刀小,其柄为直柄(机用铰刀为锥柄)。铰刀的工作部分有切削部分和修光部分所组成。

铰孔时铰刀不能倒转,否则会卡在孔壁和切削刃之间,而使孔壁划伤或切削刃崩裂。

铰孔时常用适当的冷却液来降低刀具和工件的温度;防止产生切屑瘤;并减少切屑细末粘附在铰刀和孔壁上,从而提高孔的质量。

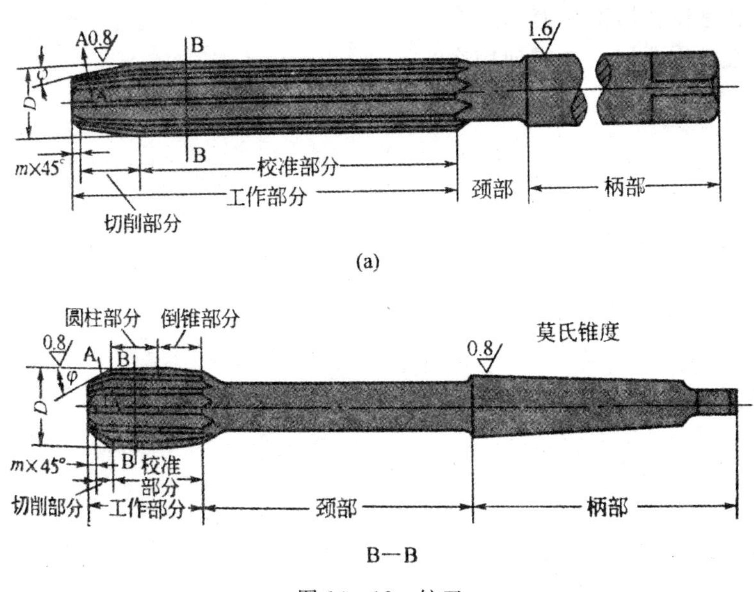

图 14－12　铰刀

三、锪削加工

用锪钻或锪刀刮平孔的端面或切出沉孔的方法称为锪削加工。锪削加工一般在钻床上进行,可以锪削锥形沉孔和圆柱形沉孔(见图 14－13(a)(b))。锥形锪钻的顶角有 60°,90°,120°三种。圆柱形平底锪钻端部有定位圆柱。锪沉孔的主要目的是为了安装沉头螺栓,锥形锪钻还可用于清除孔端毛刺。

图 14－13(c)所示为锪削孔的端平面。为保证端面与孔中心垂直,锪刀端部有定位圆柱。

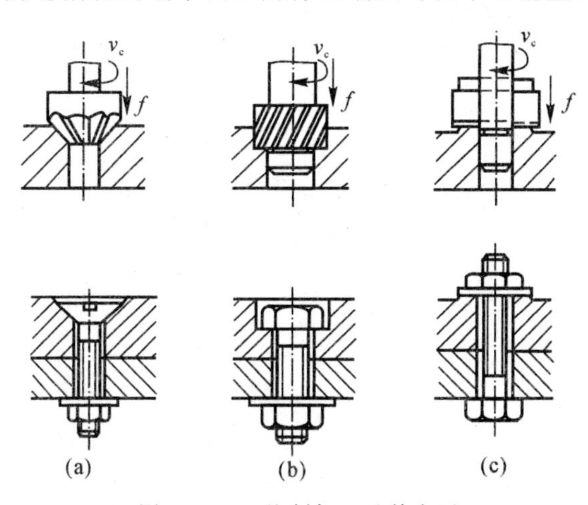

图 14－13　锪削加工及其应用

(a)锪圆锥螺钉沉孔;　(b)锪圆柱螺钉沉孔;　(c)锪孔的端平面

复 习 题

14-1 常用钻床类机床有哪几种？其用途如何？

14-2 什么是铰孔加工？有何用途？

14-3 什么是锪孔加工？有何用途？

第十五章 磨削加工

第一节 磨削加工概述

一、磨削加工范围

在磨床上用砂轮对工件表面进行切削加工的方法称为磨削加工。利用高速旋转的磨具如砂轮、砂带、磨头等,从工件表面切削下细微切屑的加工方法。

磨削加工的用途很广,可用不同类型的磨床分别加工内外圆柱面、内外圆锥面、平面、成形表面(如花键、齿轮、螺纹等)及刃磨各种刀具等,如图 15－1 所示。

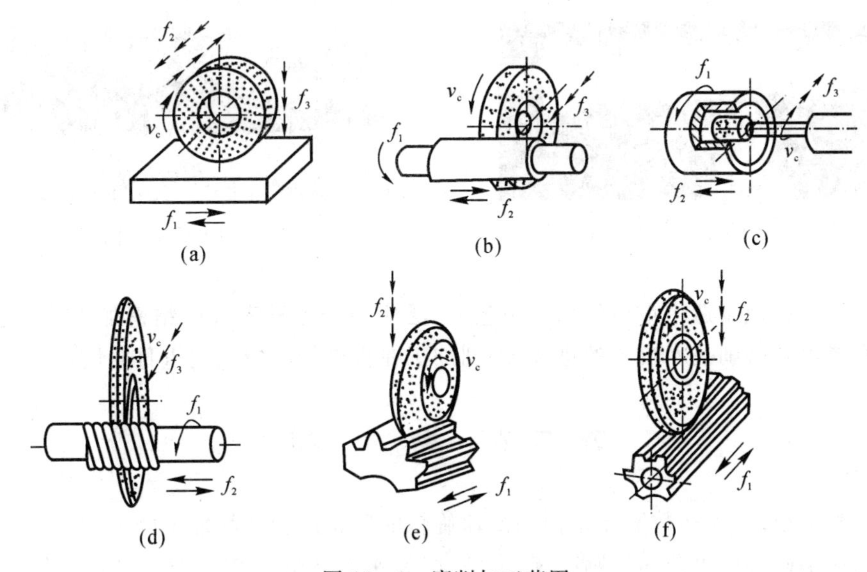

图 15－1　磨削加工范围

(a)磨平面；(b)磨外圆；(c)磨内圆；(d)磨螺丝；(e)磨齿轮；(f)磨花键

二、磨削加工的特点

与其他切削方式相比,磨削加工具有许多独特之处。

(1)磨削属多刃、微刃切削。磨削用的砂轮是由许多细小坚硬的磨粒用结合剂黏结在一起经焙烧而成的疏松多孔体。砂轮表面每平方厘米的磨粒数量为 60～1 400 颗。这些锋利的磨粒就像铣刀的切削刃,在砂轮高速旋转的条件下,切入零件表面,故磨削是一种多刃、微刃切削过程。

(2)加工精度高,表面质量好。磨削的切削厚度极薄,每颗磨粒的切削厚度可小到微米,故磨削的尺寸公差等级可达IT6～IT5，表面粗糙度 Ra 值达0.8～0.1μm。

(3)磨粒硬度高。砂轮的磨粒材料通常采用 Al_2O_3，SiC，人造金刚石等硬度极高的材料，因此，磨削不仅可加工一般金属材料，如碳钢、铸铁等，还可加工一般刀具难以加工的高硬度材料，如淬火钢、各种切削刀具材料及硬质合金等。

(4)磨削温度高。磨削过程中，由于切削速度很高，产生大量切削热，工件加工表面温度可达1000℃以上。为防止工件材料性能在高温下发生改变，在磨削时应使用大量的冷却液，降低切削温度，保证加工表面质量。

(5)磨削加工切深抗力(径向力)较大，易使工件发生变形，影响加工精度。如图15－2所示，车削或磨削细长轴时，因为工件用顶尖安装后，中间刚性较差，砂轮的径向力使工件弯曲并向后缩，致使中间实际切削深度较小，两端刚性较大，受径向力影响较小，实际切削深度较大，待恢复变形后，工件变成腰鼓形。该问题可以通过技术手段解决，如在精磨或最后光磨时，以小的或零切削深度加工，以切除零件因变形产生的弹性回复量，保障零件外形精度，如图15－2所示(该图是外圆车刀车外圆的情形，与磨削外圆时径向分力对工件影响原理相同)，径向分力大使工件产生向后弯曲，从而使背吃刀量减小。图15－3所示为刀具脱离接触后工件回复变形，产生腰鼓状误差。

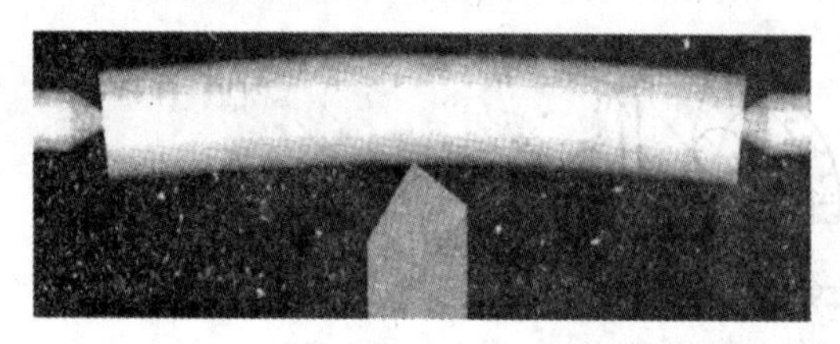

图15－2　加工中大的径向力使工件变形

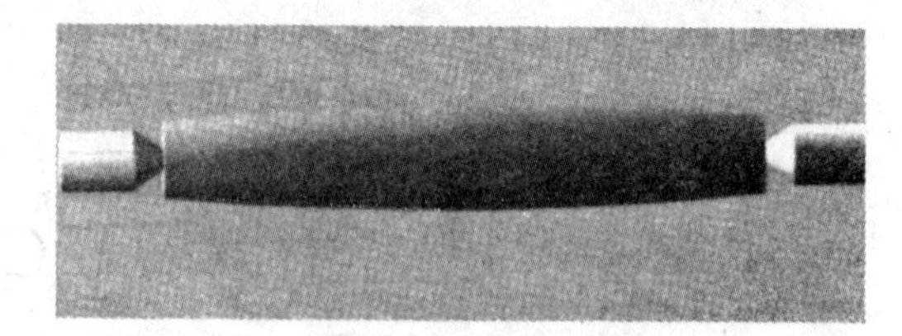

图15－3　加工后工件回复变形产生误差

磨削加工是机械制造中重要的加工工艺，广泛应用于各种零件的精密加工。随着精密加工工艺的发展以及磨削技术自身的进步，磨削加工在机械加工中的比重日益增加。

第二节　磨　　床

磨床的种类很多，大多数磨床是使用高速旋转的砂轮进行磨削加工的。

根据用途不同磨床可分为外圆磨床、内圆磨床、平面磨床及工具磨床等。此外，还有导轨磨床、曲轴磨床、凸轮轴磨床、螺纹磨床及磨齿机轧辊磨床等专用磨床。本节只介绍几种常用磨床。

一、外圆磨床

外圆磨床分为万能外圆磨床、普通外圆磨床和无心外圆磨床。其中，万能外圆磨床既可以磨削外圆柱面和圆锥面，又可以磨削圆柱孔和圆锥孔；普通外圆磨床可磨工件的外圆柱面和圆锥面；无心外圆磨床可磨小型外圆柱面。

1. 万能外圆磨床

图15－4 M1420万能外圆磨床，其中“M”表示磨床类，“1”表示外圆磨床，“4”表示万能外圆磨床，“20”表示最大磨削直径的1/10，即此型号磨床最大磨削直径为200 mm。

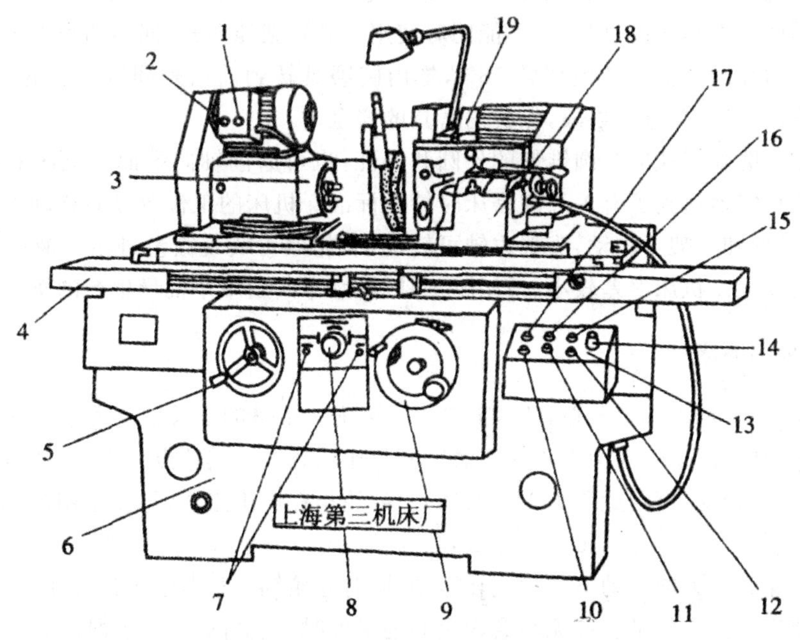

图 15-4 M1420 万能外圆磨床结构图

1—工件转动变速旋钮； 2—工件转动点动按钮； 3—工件头架； 4—工作台； 5—工作台手动手轮；
6—床身； 7—工作台左、右端停留时间调整旋钮； 8—工作台自动及无级调速旋钮； 9—砂轮横向手动手轮；
10—砂轮启动按钮； 11—砂轮引进、工件转动、切削液泵启动旋钮； 12—液压油泵启动按钮；
13—电器操纵板； 14—砂轮变速旋钮； 15—液压油泵停止按钮； 16—砂轮退出、工件停转、切削液泵停止按钮；
17—总停按钮； 18—尾架； 19—砂轮架

M1420 万能外圆磨床主要由床身、工作台、工件头架、尾架、砂轮架和砂轮整修器等部分组成，其各部分的主要作用如下：

(1)床身。床身用于支撑和连接磨床各个部件。床身内部装有液压系统，上部有纵向和横向两组导轨以安装工作台和砂轮架。床身是一个箱形结构的铸件，床身前部作油池用，电器设备置于床身的右后部，油泵装置装在床身后部的壁上。床身前面及后面各铸有两圆孔，供搬运机床时插入钢钩用。床身底面有三个支撑螺钉，作调整机床的安装水平用。

(2)工作台。工作台主要由上台面与下台面组成，上台面能作顺时针 5°到逆时针 9°回转，用以调整工件锥度。当上台面转动大于 6°时，砂轮架应相应转一定角度，以免尾架和砂轮架相碰。

工作台的运动由油压缸驱动，动作平稳，低速无爬行。工作台的左右换向停留时间可以调整。

(3)工件头架。工件头架由头架箱和头架底板组成，头架箱可绕头架底板上的轴回转，回转的角度可以从刻度牌上读出。头架主轴的转速分六挡，通过电机转速调整和变换三角带位置获得。头架可以安装三爪卡盘夹持工件磨削。

(4)尾架。尾架套筒主轴孔采用莫氏 3 号锥孔，并配有手动进退和液压脚踏板控制进退两种方式，方便装卸工件。在磨削表面结构要求不高的外圆工件时，金刚钻笔可装在尾架上进行砂轮修整。

(5)砂轮架。砂轮架上有一台双出轴电动机,它一端经多楔带与砂轮主轴连接,另一端经平皮带与内圆磨具主轴连接,但二者不能同时使用。砂轮架能回转,回转的角度可从刻度牌上读出,如要磨内孔时,只要将砂轮架转180°,把内圆磨具转到前面来即可。当磨内孔时,快进退功能不起作用,以避免意外事故,保护内磨具的安全。

本机床用于磨削圆柱形和圆锥形的外圆和内孔,也可磨削轴向端面。机床的加工精度和磨削表面结构稳定地达到了有关外圆磨床时精度标准。机床的工作台纵向移动方式有液动和手动两种,砂轮架和头架可转动,头架主轴可转动,砂轮架可实现微量进给。液压系统采用了性能良好的齿轮泵。机床误差较小,适用于工具、机修车间及中小批量生产的车间。

二、无心外圆磨床

图15-5所示为M1080无心磨床,主要用于磨削大批量的细长轴及无中心孔的轴、套、销等零件,生产率高。图15-6为无心外圆磨床的工作示意图。其特点是工件不需顶尖支撑,而是导轮、砂轮和托板支持(因此称为无心磨床)。砂轮担任磨削工作,导轮是用橡胶结合剂做成的,转速较砂轮低。

工件在导轮摩擦力的带动下产生旋转运动,同时导轮轴线相对于工件轴线倾斜1°~4°,这样工件就能获得轴线进给量。在无心磨床上磨削工件时,被磨削的加工面即为定位面,因此磨削外圆时工件不需打中心孔,磨削内圆时也不必用夹头安装工件。无心磨削的圆度误差为0.005~0.01 mm,工件表面粗糙度值 Ra 为0.1~0.25 μm。

图15-6所示为无心外圆磨削的工作原理图。工件放在砂轮和导轮之间,由工件托板支撑。磨削时导轮、砂轮均沿顺时针方向转动,由于导轮材料摩擦系数较大,故工件在摩擦力带动下,以与导轮大体相同的低速旋转。无心磨削也分纵磨和横磨,纵磨时将导轮轴线与工件轴线倾斜一定的角度,此时导轮除带动工件旋转外,还带动工件作轴向进给运动。

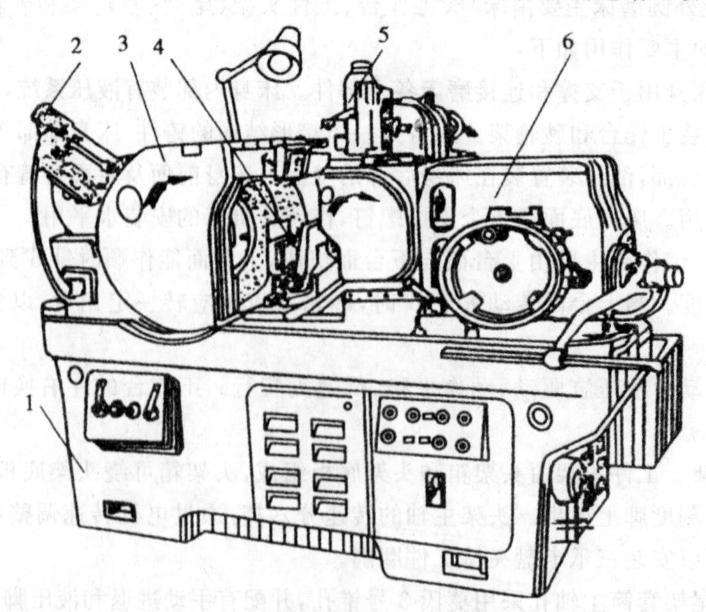

图15-5 M1080无心外圆磨床

1—床身; 2—磨削修整器; 3—磨削轮架; 4—工件支架; 5—导轮修整器; 6—导轮架

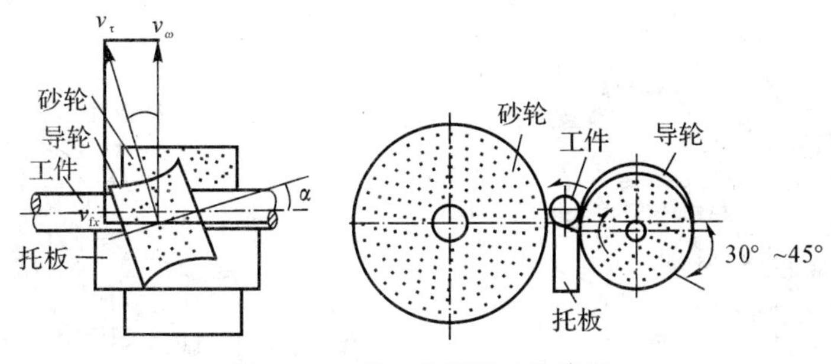

图 15－6　无心外圆磨工作原理

无心磨削的特点如下：

(1)生产率高。无心磨削时不必打中心孔或用夹具夹紧工件，生产辅助时间少，故效率大大提高，适合于大批量生产。

(2)工件运动稳定。磨削均匀性不仅与机床传动有关，还与工件形状、导轮和工件支架状态及磨削用量有关。

(3)外圆磨削易实现强力、高速和宽砂轮磨削；内圆磨削则适用于同轴度要求高的薄壁件磨削。

使用时应注意以下几点：

(1)开动机床前，用手检查各种运动后，再按照一定顺序开启各部位开关，使机床空转10～20 min 后方可磨削。在启动砂轮时，切勿站在砂轮前面，以免砂轮偶然破裂飞出，造成事故。

(2)在行程中不可转换工件的转速，在磨削中不可使机床长期过载，以免损坏零件。

三、内圆磨床

内圆磨床主要用于磨削内圆柱面、内圆锥面及端面等，其结构特点是砂轮主轴转速特别高，一般达 10 000～20 000 r/min，以适应磨削速度的要求。

图 15－7 为 M2110 普通内圆磨床外形结构图。其中“M”表示磨床类，“21”表示内圆磨床，“10”表示最大磨削直径为 100 mm。普通内圆磨床主要由床身、工作台、工件头架、砂轮架和砂轮修整器等部分组成。

内圆磨削时，工件常用三爪自定心卡盘或四爪单动卡盘安装，长工件则用卡盘与中心架配合安装。磨削运动与外圆磨削基本相同，只是砂轮旋转方向与工件旋转方向相反。其磨削方法也分为纵磨法和横磨法，一般纵磨法应用较多。

与外圆磨削相比，内圆磨削的生产率很低，加工精度和表面质量较差，测量也较困难。

一般内圆磨削能达到的尺寸精度为 IT6～IT7，表面粗糙度 Ra 值为 0.8～0.2 μm。在磨锥孔时，头架须在水平面内偏转一个角度。

四、平面磨床

平面磨床的主轴有立轴和卧轴两种，工作台也分为矩形和圆形两种。图 15－8 为卧式矩台平面磨床的外形图，它由床身、工作台、立柱、拖板、磨头等部件组成。与其他磨床不同的工作台上装有电磁吸盘，用于直接吸住工件。

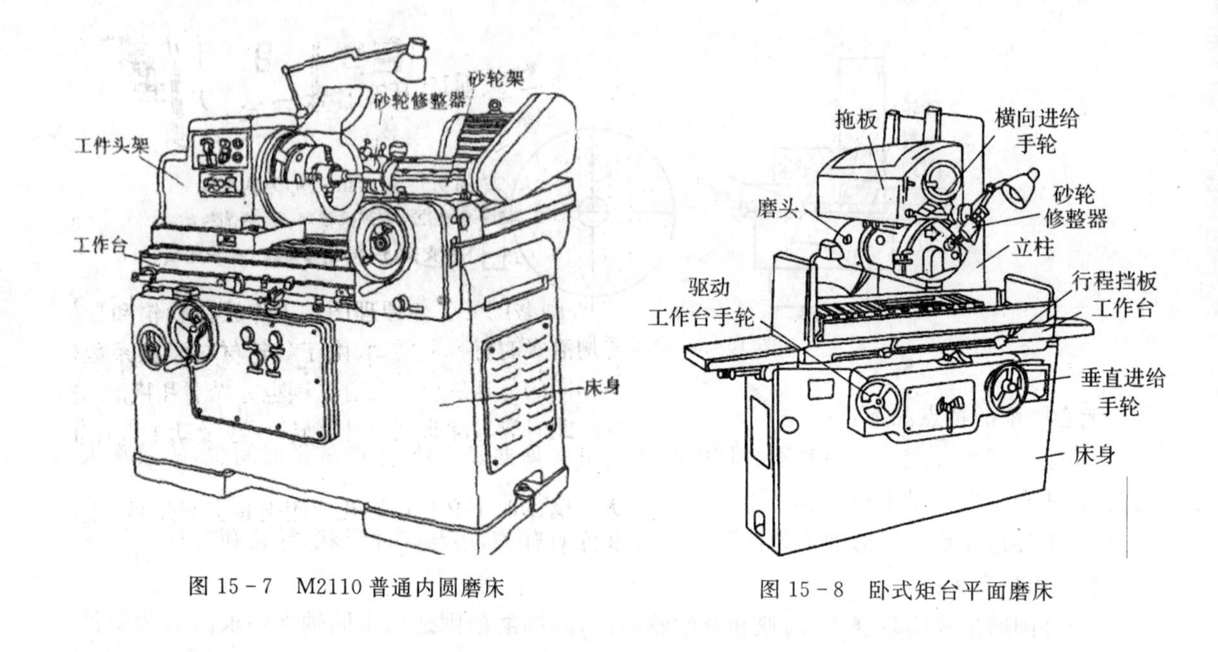

图 15-7　M2110 普通内圆磨床　　　图 15-8　卧式矩台平面磨床

第三节　砂　　轮

砂轮是磨削的主要工具。砂轮由磨粒、黏合剂和气孔组成，亦称砂轮三要素。磨粒的种类和大小、黏合剂的种类和多少以及结合强度决定了砂轮的主要性能。

图 15-9 所示为砂轮局部放大示意图。为了方便使用，在砂轮的非工作面上标有砂轮的特性代号，按 GB/T 2484—2006 规定其标志顺序及意义，包括形状、尺寸、磨料、粒度、硬度、组织、黏合剂、最高工作线速度。例如，图 15-10 所示砂轮端面的代号 P 400×50×203A 60L 6V 35 表示形状代号为 P(平型)、外径 400 mm、厚度 50 mm、孔径 203 mm、磨料为棕刚玉(A)、粒度号为 60、硬度等级为中软 2 级 (L)、黏合剂为陶瓷黏合剂(V)、最高工作线速度为 35 m/s的砂轮。

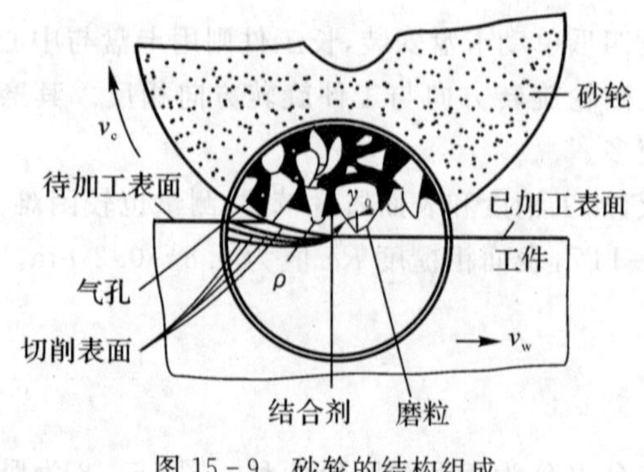

图 15-9　砂轮的结构组成

图 15-10　砂轮特性代号标注

磨粒在磨削过程中担任切削工作，每一个磨粒都相当于一把刀具，以切削工件。常用的磨料有两类：刚玉(Al_2O_3)类和碳化硅(SiC)类。刚玉类适用于磨削钢料及一般刀具，碳化硅类适用于磨削铸铁、青铜等脆性材料及硬质合金刀具。

磨粒有刚玉和碳化硅两种。其中,刚玉类磨粒适用于磨削钢料和一般刀具;碳化硅类磨粒适用于磨削铸铁和青铜等脆性材料以及硬质合金刀具等。

磨粒的大小用粒度表示,粒度号数越大颗粒越小。粗颗粒主要用于粗加工,细颗粒主要用于精加工。表 15-1 为不同粒度号的磨粒的颗粒尺寸范围及适用范围。

表 15-1　磨料粒度的选用

粒度号	颗粒尺寸范围/μm	适用范围	粒度号	颗粒尺寸范围/μm	适用范围
12～36	2 000～1 600 50～400	粗磨、荒磨、切断钢坯、打磨毛刺	W40～W20	40～28 20～14	精磨、超精磨、螺纹磨、珩磨
46～80	400～315 200`160	粗磨、半精、精磨	W14～W10	14～10 10～7	精磨、精细磨、超精磨、镜面磨
100～280	165～125 50～40	精磨、成形磨、刀具刃磨、珩磨	W7～W3.5	7～5 3.5～2.5	超精磨、镜面磨、制作研磨剂等

磨料用黏合剂可以黏结成各种形状和尺寸的砂轮,如图 15-11 所示,以适用于不同表面形状和尺寸的加工。工厂中常用的黏合剂为陶瓷黏合剂。磨料黏结得愈牢,则砂轮的硬度就愈高。

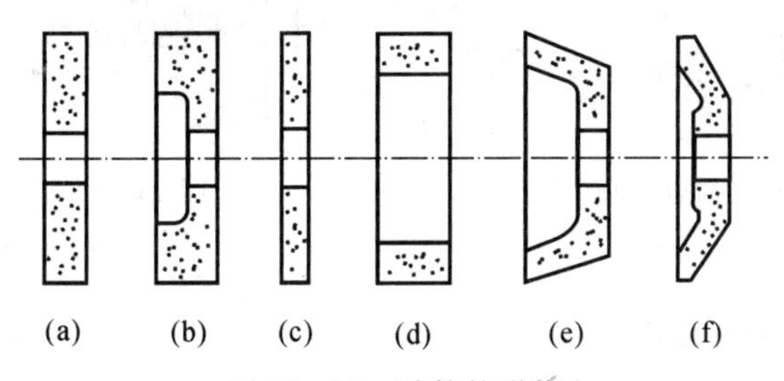

图 15-11　砂轮的形状

(a)平形；(b)单面凹形；(c)薄形；(d)筒形；(e)碗形；(f)碟形

第四节　工件的安装

一、外圆磨削中工件的安装

外圆磨床磨削外圆,工件采用顶尖安装、卡盘安装和心轴安装 3 种方式。

(1)顶尖安装。轴类零件常用顶尖装夹。安装时,工件支撑在两项尖之间(见图 15-12),其装夹方法与车削中所用方法基本相同。但磨床所用的顶尖都是不随工件一起转动的,这样可以提高加工精度,避免了由于顶尖转动带来的误差,尾顶尖是靠弹簧推力顶紧工件的。

磨削前,工件的中心孔均要进行修研,以提高其几何形状精度和表面粗糙度。修研的方法在一般情况下是用四棱硬质合金顶尖(见图 15-13)在车床或钻床上进行挤研,研亮即可;当中心孔较大、修研精度较高时,必须选用油石顶尖或铸铁顶尖作前顶尖,一般顶尖做后顶尖。修研时,头架旋转,工件不旋转(用手握住)。研好一端再研另一端,如图 15-14 所示。

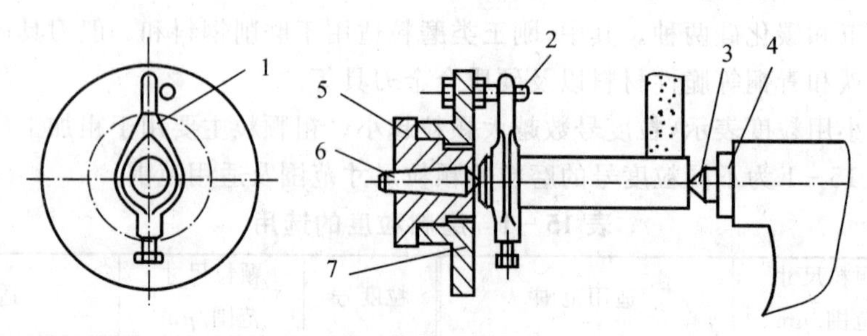

图 15－12　顶尖装夹

1—夹头；　2—拨杆；　3—后顶尖；　4—尾架套筒；　5—头架主轴；　6—前顶尖；　7—拨盘

(2)卡盘安装。卡盘装夹有三爪卡盘、四爪卡盘和花盘三种，与车床基本相同。无中心孔的圆柱形工件大多采用三爪卡盘，不对称工件采用四爪卡盘，形状不规则的采用花盘装夹。

(3)心轴安装。心轴装夹盘套类空心工件常以内孔定位磨削外圆，往往采用心轴来装夹工件。常用的心轴种类和车床类似。心轴必须和卡箍、拨盘等传动装置一起配合使用。其装夹方法与顶尖装卡相同。

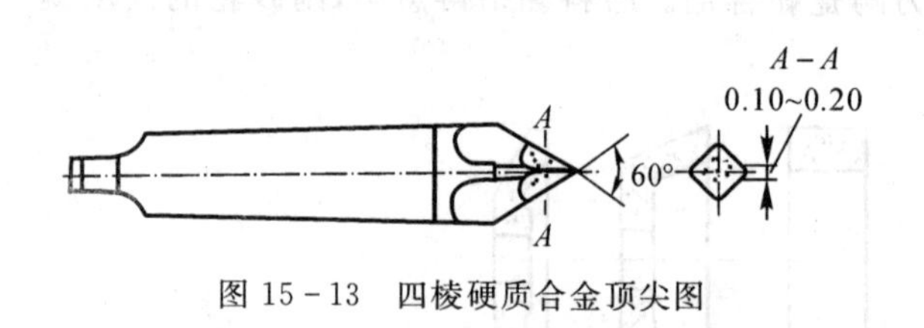

图 15－13　四棱硬质合金顶尖图

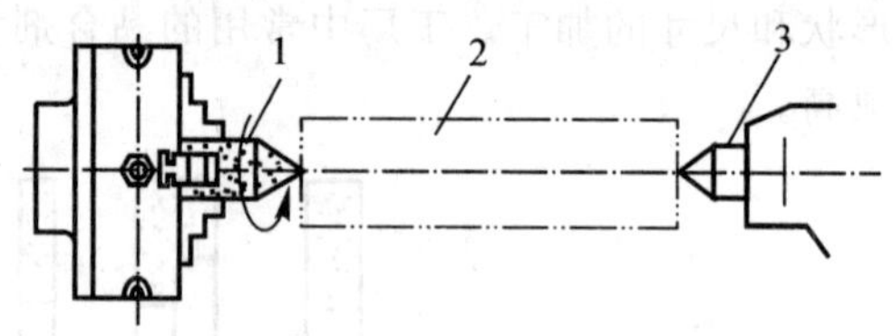

图 15－14 用油石顶尖修研中心孔

1—油石顶尖；　2—工件；　3—后顶尖

二、内圆磨削中工件的安装

磨削工件内圆，大都以其外圆和端面作为定位基准，通常采用三爪卡盘、四爪卡盘、花盘及弯板等安装工件，其中最常用的是用四爪卡盘通过找正安装工件，如图 15－15 所示。

三、平面磨削中工件的安装

磨平面时，一般是以一个平面为基准磨削另一个平面。若两个平面都要磨削且要求平行时，则可互为基准，反复磨削。

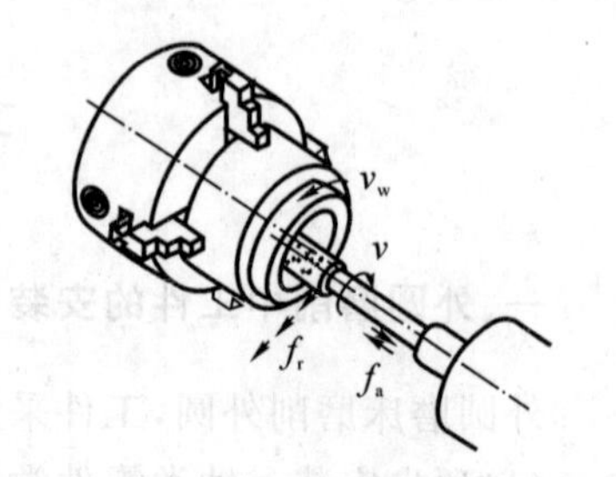

图 15－15　用四爪卡盘安装工件

磨削中小型工件的平面，常采用电磁吸盘工作台吸住工件。电磁吸盘工作台的工作原理如图 15－16 所示。1 为钢制吸盘体，在它的中部凸起的芯体 2 上绕有线圈 5，钢制盖板 4 被绝磁层 3 隔成一些小块。当线圈 5 中通过直流电时，芯体 2 被磁化，磁力线由芯体 2 经过盖板 4→3→2 件→盖板 4→吸盘体 1→芯体 2 而闭合(图中用虚线表示)，工件被吸住。绝磁层由铅、铜或巴氏合金等非磁性材料制成。它的作用是使绝大部分磁力线都能通过工件再回到吸盘体，而不能通过盖板直接回去，这样才能保证工件被牢固地吸在工作台上。

当磨削键、垫圈、薄壁套等尺寸小而壁较薄的零件时，因零件与工作台接触面积小，吸力弱，容易被磨削力弹出去而造成事故。因此装夹这类零件时，须在工件四周或左右两端用挡铁围住，以免工件走动，如图 15－17 所示。

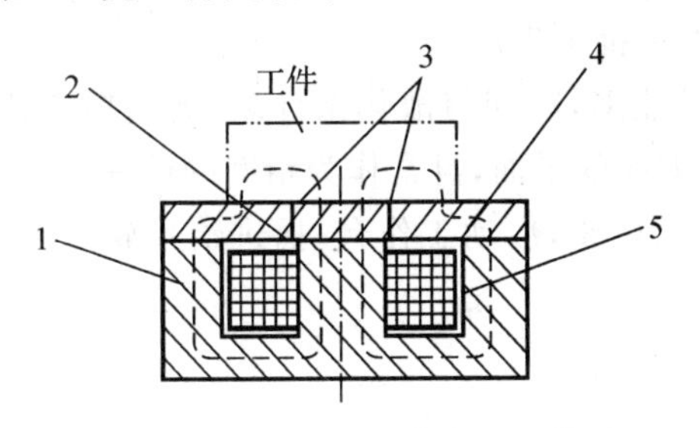

图 15－16　电磁吸盘工作台的工作原理

1—吸盘体；　2—芯体；　3—绝磁层；　4—钢益板；　5—线圈

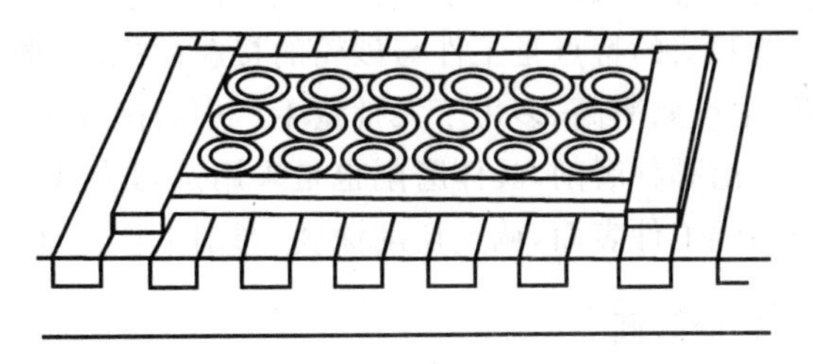

图 15－17　用挡铁围住工件

第五节　磨削加工基本操作

一、磨平面

磨平面时，一般是以一个平面为基准，磨削另一个平面。若两个平面都要磨削并要求平行，可互为基准反复磨削。

(1)装夹工件。磁性工件可以直接吸在电磁吸盘上，对于非磁性工件(如有色金属)或不能直接吸在电磁吸盘上的工件，可使用精密平口钳或其他夹具装夹后，再吸在电磁吸盘上。

(2)磨削方法。平面的磨削方式有周磨法(用砂轮的周边磨削，见图 15－18(a)和(b))和端磨法(用砂轮的端面磨削)，如图 15－18(c)和(d)所示。

磨削时的主运动为砂轮高速旋转，进给运动为工件随工作台作直线往复运动或圆周运动以及磨头作间隙运动。平面磨削尺寸精度为 IT5—IT6，两平面平行度误差小于 100∶0.1，表面结构值 Ra 为 0.4～0.2μm，精密磨削时 Ra 可达 0.1～0.01μm。

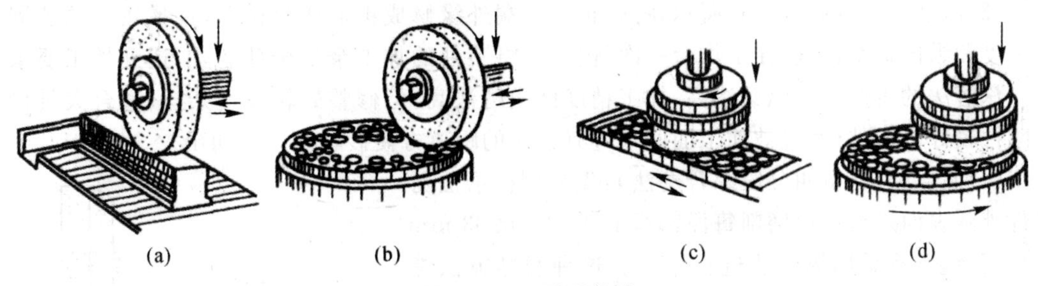

图 15－18　平面磨削

(a)(b)周磨；　(c)(d)端磨

周磨法为用砂轮的圆周面磨削平面的方法，这时需要以下几个运动：①砂轮的高速旋转，即主运动；②工件的纵向往复运动，即纵向进给运动；③砂轮周期性横向移动，即横向进给运动；④砂轮对工件作定期垂直移动，即垂直进给运动。

端磨法为用砂轮的端面磨削平面的方法，这时需要下列运动：①砂轮高速旋转；②工作台圆周进给；③砂轮垂直进给。

周磨法的特点是工件与砂轮的接触面积小，磨削热少，排屑容易，冷却与散热条件好，磨削精度高，表面结构值低，但是生产效率低，多用于单件小批量生产。

端磨法的特点是工件与砂轮的接触面积大，磨削热多，冷却与散热条件差，磨削精度比周磨低，生产效率高，多用于大批量生产中磨削要求不太高的平面，且常作为精磨的前一工序。

无论哪种磨削，具体磨削也是采用试切法，即启动机床，启动工作台，摇进给手轮，让砂轮轻微接触工件表面，调整切削深度，磨削工件至规定尺寸。

二、磨外圆

在外圆磨床上常用的磨削外圆的方法有纵磨法和横磨法。

(1)纵磨法：采用大直径的砂轮，磨削时工件与砂轮同向旋转，使工作台带动工件纵向往复运动进行磨削的方法，如图 15－19(a)所示。纵磨法的特点是加工精度较高、表面粗糙度值较小、通用性较强，但生产效率较低，因此多用于精磨加工，尤其适合磨削细长轴。

(2)横磨法：采用较宽的砂轮，磨削时工件与砂轮同向旋转，工作台和工件不动，依靠砂轮切入进给进行磨削的方法，如图 15－19(b)所示。横磨法的特点是工件与砂轮接触面积大、质量稳定、生产效率高，但切削力大，散热条件差，因此工件的加工精度较低，表面粗糙度值较大，多用于粗磨加工。

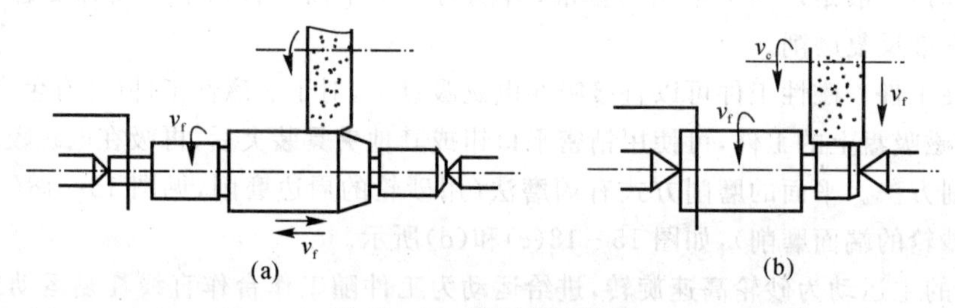

图 15－19 磨削外圆柱面

(a)纵磨法；(b)横磨法

(3)深磨法：如图 15－20 所示，将砂轮的一端外缘修成锥形或阶梯形，选择较小的圆周进给速度和纵向进给速度，在工作台一次行程中，将工件的加工余量全部磨除，达到加工要求尺寸。深磨法的生产率比纵磨法高，加工精度比横磨法高，但修整砂轮较复杂，只适合大批量生产刚性较好的工件，而且被加工面两端应有较大的距离方便砂轮切入和切出。

(4)混合磨法(也叫分段综合磨法)：先采用横磨法对工件外圆表面进行分段磨削每段都留下 0.01～0.03 mm 的精磨余量，然后用纵磨法进行精磨。这种磨削方法综合了横磨法生产率高、纵磨法精度高的优点，适合于磨削加工余量较大、刚性较好的工件。

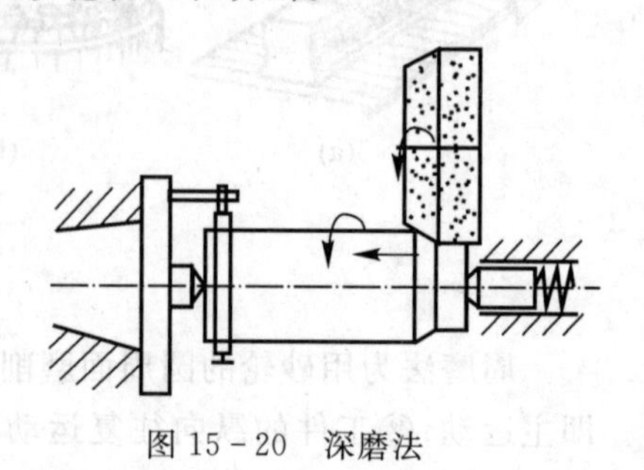

图 15－20 深磨法

三、磨内圆

在万能外圆磨床上可以磨削内圆。与磨削外圆相比，由于砂轮受工件孔径限制，直径较小，切削速度大大低于外圆磨削，加上磨削时散热、排屑困难，磨削用量不能选择太高，所以生产效率较低。此外，由于砂轮轴悬伸长度大，刚性较差，故加工精度较低。又由于砂轮直径较小，砂轮的圆周速度较低，加上冷却排屑条件不好，所以表面结构值不易降低。因此，磨削内圆时，为了提高生产率和加工精度，砂轮和砂轮轴应尽可能选用直径较大的，砂轮轴伸出长度应尽可能缩短。

由于磨内圆具有万能性，不需要成套的刀具，故在小批及单件生产中应用较多。特别是对于淬硬工件，磨内圆仍是精加工内圆的主要方法。

内圆磨削时的运动与外圆磨削基本相同，但砂轮旋转方向与工件旋转方向相反。

内圆磨削精度可达 IT6～IT7，表面结构值 Ra 为 0.8～0.2μm。高精度内圆磨削尺寸精度 Ra 可达 0.005μm 以内，表面结构值 Ra 达 0.1～0.25μm。

磨削内圆时，工件大多数是以外圆和端面作为定位基准的。通常采用三爪卡盘、四爪卡盘、花盘及弯板等装夹。其中最常用的是四爪卡盘安装，精度较高。

(1)工件的装夹。在万能外圆磨床上磨削内圆时，短工件用三爪卡盘或四爪卡盘找正外圆装夹，长工件的装夹方法有两种：一种是一端用卡盘夹紧，一端用中心架支撑；另一种是用 V 形夹具装夹。

(2)磨内孔的方法。磨削内孔一般采用切入磨和纵向磨两种方法，如图 15-21 所示。磨削时，工件和砂轮按相反的方向旋转。

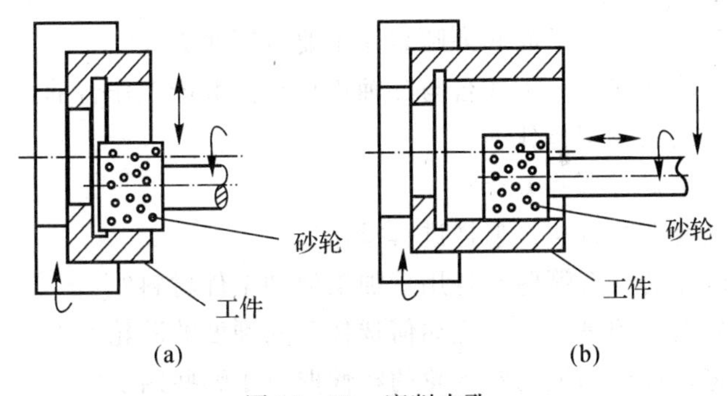

图 15-21　磨削内孔

(a)切入磨；(b)纵向磨

四、磨削锥面

圆锥面有外圆锥面和内圆锥面两种。工件的装夹方法与外圆和内圆的装夹方法相同。在万能外圆磨床上磨外圆锥面有三种方法，如图 15-22 所示。

(1)转动上层工作台磨外圆锥面，适合磨削锥度小而长度大的工件，如图 15-22(a)所示；

(2)转动头架磨外圆锥面，适合磨削锥度大而长度小的工件，如图 15-22(b)所示；

(3)转动砂轮架磨削圆锥面，适合磨削长工件上锥度较大的圆锥面，如图 15-22(c)所示。

在万能外圆磨床上磨削内圆锥面有两种方法：

(1)转动头架磨削内圆锥面，适合磨削锥度较大的内圆锥面。

(2)转动上层工作台磨内圆锥面，适合磨削锥度小的内圆锥面。

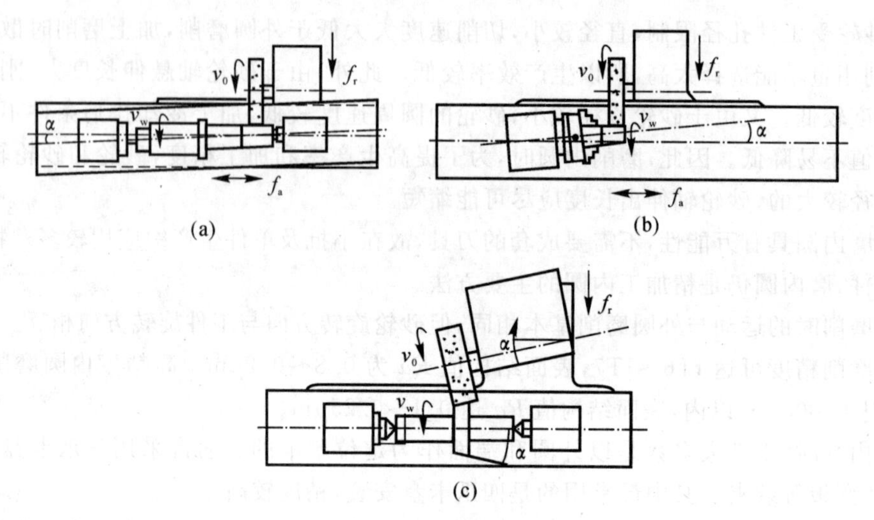

图 15-22　磨外圆锥

(a)转动上层工作台磨外圆锥面；（b)转动头架磨外圆锥面；（c)转动砂轮架磨外圆锥面

复　习　题

15-1　什么是磨床？磨削平面和外圆表面主要有哪些方式？

15-2　试说明万能外圆磨床工作台与卧轴矩形平面磨床工作台的区别。

15-3　砂轮的结构三要素是什么？

15-8　磨削平面主要有哪些方式？

15-9　磨削外圆有那些方法？怎样进行操作？

15-4　常用的砂轮磨料有哪些？各用于加工何种工件材料？

15-5　砂轮的硬度指的是什么？应如何选择不同硬度的砂轮？

15-6　砂轮是怎样进行切削的？砂轮的特性取决于哪些因素？

15-7　在万能外圆磨床上用两顶尖装夹磨削外圆与车床上用两顶尖装夹车削外圆，在装夹有区别吗？

15-8　磨削平面主要有哪些方式？

15-9　磨削外圆有那些方法？怎样进行操作？

第十六章　齿形加工

齿轮是机械和仪表中使用较广泛的零件。齿轮具有传动平稳、传递速比准确、传递扭矩大、承载能力强等特点，用于传递动力和运动。

齿轮的种类很多，按齿圈结构形状可分为圆柱齿轮、圆锥齿轮、蜗轮和齿条等；按齿线形状可分为直齿、斜齿（螺旋齿）和曲线齿三种；按齿廓形状可分为渐开线、摆线和圆弧曲线等。目前机械传动中使用较多的齿轮是渐开线圆柱齿轮。

第一节　齿形加工方法及装备

齿轮加工的关键是齿形加工。齿形加工方法很多，按加工中有无切削，可分为无切削加工和有切削加工两大类。无切削加工包括热轧齿轮、冷轧齿轮、精锻、粉末冶金等新工艺。无切削加工具有生产率高、材料消耗少、成本低等一系列的优点。但因其加工精度较低，工艺不够稳定，特别是生产批量小时难以采用，这些缺点限制了它的使用。而齿形的有切削加工具有良好的加工精度，目前仍是齿形的主要加工方法，按其加工原理可分为成形法和展成法两种。表16－1为常用的齿形加工方法及设备。

表16－1　为常用的齿形加工方法及设备

齿形加工方法		工具	机床	加工精度及适用范围
成形法		模数铣刀	铣床	加工精度与生产率均较低，精度等级为IT9以下
		齿轮拉刀	拉	加工精度与生产率均较高，但成本高，适用于大批量生产，适于拉内齿轮
展成法	滚齿	齿轮流刀	滚齿机	生产率较高，通用性好，一般情况下精度等级为IT10～IT6，最高可达IT4，常用于直齿齿轮，斜齿外啮合圆柱齿轮和蜗轮的加工
	插齿	插齿刀	插齿机	生产率较高，通用性好，一般情况下精度等级为IT9～IT7，最高可达IT6，通常用于内外啮合齿轮，扇形齿轮和齿条等的加工
	剃齿	剃齿刀	剃齿机	生产率较高，一般精度等级为IT7～IT5，通常用于齿轮滚齿、插齿和预加工后、淬火前的精加工
	磨齿	砂轮	磨齿机	生产率低且加工成本高，一般精度等级为IT7～IT3，太多用于淬硬后齿形的加工
	珩齿	珩磨轮	珩磨机	一般精度等级为IT7～IT6，多用于经过剃齿和高频淬火后齿形的精加工

1. *成形法*

成形法又称仿形法，是指用与被切齿轮齿槽形状相符的成形刀具加工齿形的方法，可以直接在铣床上铣齿加工和在磨床上磨齿加工。其特点是所用刀具的切削刃形状与被切齿轮轮槽的形状相同。用成形法加工齿形的方法分为用齿轮铣刀铣齿和用齿轮拉刀拉齿两种。

此法由于存在分度误差及刀具的安装误差，所以加工精度较低，一般只能加工出 IT10～IT9 级精度的齿轮，生产率也较低。因此，主要用于单件小批量生产和修配工作中加工精度不高的齿轮。

2. 展成法

展成法又称范成法，是利用齿轮刀具与被切齿轮的互相啮合运转而切出齿形的方法。使用这种方法加工出来的齿形轮廓是刀具切削刃运动轨迹的包络线。齿数不同的齿轮，只要模数和齿形角度相同，都可以用同一把刀具来加工。展成法的加工精度和生产率都较高，刀具通用性好，所以在生产中应用十分广泛。

展成法加工主要有插齿加工、滚齿加工及珩齿、剃齿等精加工齿轮的方法。展成法加工齿轮必须用专门的齿轮加工机床(见表 16－1)。

第二节　齿形基本加工方法

一、铣齿加工

铣齿加工是用模数铣刀在铣床上加工齿轮的成形加工方法。铣齿加工主要用于加工直齿、斜齿和人字形齿轮，如图 16－1 所示。

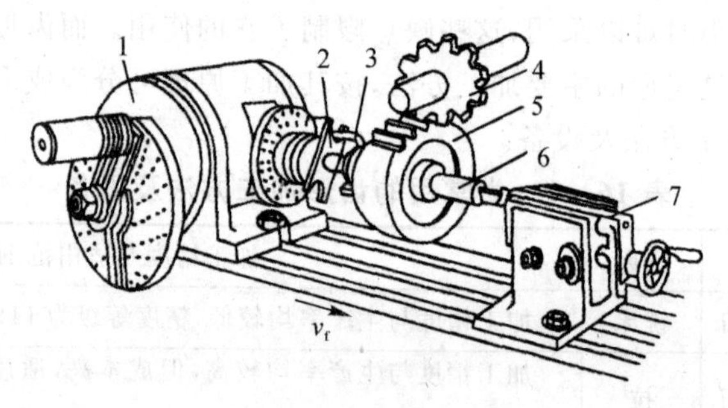

图 16－1　铣齿加工

1—分度头；　2—拨盘；　3—卡箍；　4—模数铣刀；　5—工件；　6—心轴；　7—尾座

1. 铣齿加工的切削运动

(1)主运动。铣齿加工的主运动是齿轮铣刀的旋转运动。

(2)进给运动。工件纵向直线运动和分度运动为进给运动。

在铣床上铣齿时将齿坯装在心轴上，用分度头和顶尖安装，每次只能加工一个齿槽，完成一个齿槽的加工后，工件退回起始位置，对工件进行一次分度再接着铣下一个齿槽，直至完成整个齿轮。

2. 模数铣刀的选择

模数铣刀有盘状模数铣刀和指状模数铣刀之分。盘状模数铣刀用于卧式铣床，指状模数铣刀用于立式铣床，如图 16－2 所示。

渐开线齿轮的形状与其模数、齿数和齿形角有关。模数大于 8 的齿轮采用指状模数铣刀加工，其余采用盘状模数铣刀加工。在实际生产中，同一模数的铣刀分成几个号数，每号铣刀加工的齿数范围不同。加工时先根据被加工齿轮的模数，选择相应铣刀的模数，再按被加工齿轮的齿数选择相应号数的铣刀进行加工。加工齿轮时模数铣刀刀号的选择见表16-2。

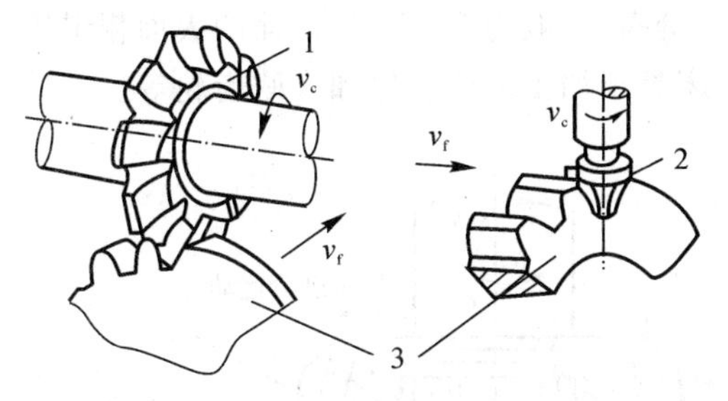

图16-2 模数铣刀

1—盘状模数铣刀； 2—指状模数铣刀； 3—工件

表16-2 模数铣刀的选用

刀号	1	2	3	4	5	6	7	8
加工齿数	12～13	14～16	17～20	21～25	26～34	35～54	55～134	≥135

3.铣齿加工特点

铣齿加工不需要专用设备，成本低；由于铣刀每铣一个齿都要重复一次分度、切入、切削和退刀的过程，辅助时间多，故生产率低；由于存在分度误差及刀具本身的理论误差，因而加工出的齿轮精度低，一般为11～9级。

铣齿加工主要用于单件小批量及修配生产或加工转速低、精度不高的齿轮。

二、插齿加工

插齿加工是利用一对轴线平行的圆柱齿轮的啮合原理而加工齿形的方法。插齿加工主要用于加工直齿圆柱齿轮、多联齿轮及内齿轮等。插齿加工如图16-3所示。

1.插齿加工的切削运动

插齿加工主要由主运动、对滚运动、径向进给运动和让刀运动组成。

(1)主运动。插齿加工的主运动是插齿刀的上下往复直线运动。

(2)对滚运动。插齿刀和齿坯之间的对滚运动，包括插齿刀的圆周进给运动 n_0 和工件的分齿转动 n_W，如图16-3中所示。插齿加工时，强制地要求插齿刀和被加工齿轮之间保持啮合关系。

(3)径向进给运动。为了完成齿全深的切削，在分齿运动的同时，插齿刀沿工件的半径方向作进给运动。

(4)让刀运动。插齿刀向下是切削运动，向上是空行程。为了避免回程时擦伤已加工工件表面，并减小插齿刀的磨损，要求工作台短距离的往复让刀运动，即空程时水平退让，切削时恢复原位。

2.插齿刀

插齿加工是利用插齿刀在插齿机上加工齿轮的方法。插齿刀外形像一个齿轮，在其每一个齿上磨出前角和后角，形成锋利的刀刃。插齿加工中，一种模数的插齿刀可以加工模数相同，而齿数不同的各种齿轮。

3. 插齿加工的特点

插齿加工精度、表面质量高，一般为 8～7 级，齿面的表面粗糙度 Ra 为 1.6μm。特别适合加工其他齿轮机床难于加工的内齿轮和多联齿轮等。

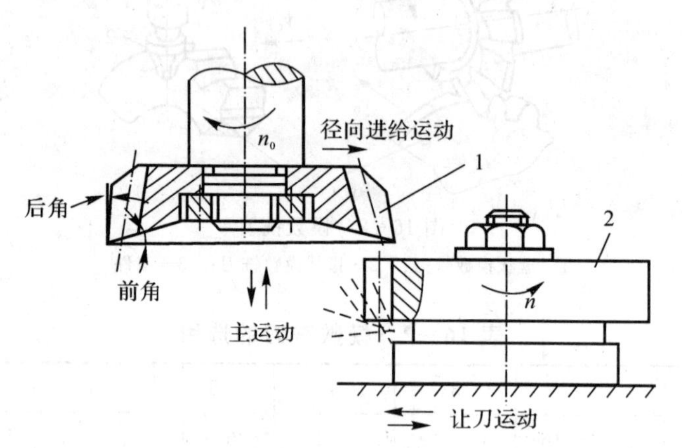

图 16－3 插齿加工

1—插齿刀； 2—齿坯

三、滚齿加工

滚齿加工是利用一对螺旋圆柱齿轮的啮合原理而加工齿形的方法。滚齿加工可以加工直齿外圆柱齿轮、斜齿外圆柱齿轮、蜗轮、链轮等。滚齿加工与滚切原理如图 16－4 所示。

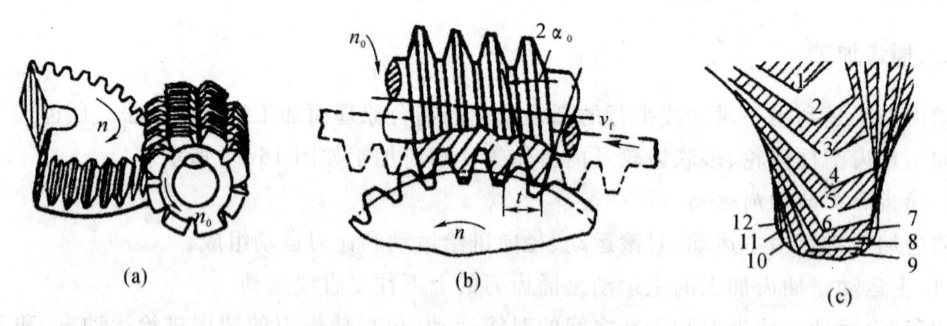

图 16－4 滚齿加工与滚切原理

(a)滚齿加工； (b)滚切原理； (c)滚切过程

1. 滚齿加工的切削运动

滚齿加工主要由主运动、分齿运动和垂直进给运动组成。

(1)主运动。滚齿刀的旋转运动，是滚齿加工的主运动。

(2)分齿运动。工件的旋转运动，滚齿刀和工件之间必须保证严格的运动关系。

对于单头滚齿刀，滚齿刀每转一转，相当于齿条法向移动一个齿距，工件需相应地转过 $1/Z$转。如果是多头滚齿刀，则切削齿轮需转过 K/Z(Z 为被切齿轮的齿数，K 为滚刀头数)转。

(3)垂直进给运动。滚齿刀沿工件轴线的垂直进给运动，这是保证切削出整个齿宽必须的运动。

2. 滚齿刀

滚齿刀是在滚齿机上加工齿轮的刀具。滚齿刀的外形像一个蜗杆，在垂直于蜗杆螺旋线的方向开出槽，并磨削形成切削刃，其法向剖面具有齿条的齿形。滚齿刀在旋转时，可以看作是一个无限长的齿条在移动。每一把滚齿刀可加工出模数相同而齿数不同的各种齿轮。

滚齿时，滚齿刀的旋转一方面使一排排切削刃由上而下完成切削运动，另一方面又相当于一个齿条在连续地移动。只要滚齿刀和齿坯的转速之间能严格地保持齿条和齿轮相啮合的关系，滚齿刀就可在齿坯上滚切出齿形。

滚齿时，必须保证滚齿刀刀齿的运动方向与被加工齿轮的齿向一致。可是滚齿刀的刀是分布在螺旋线上，刀齿的方向与滚齿刀轴线并不垂直，这就要求把刀架板转一个角度使之与齿轮的齿向协调。滚切直齿轮时，这个角度就是滚齿刀的螺旋升角；滚切斜齿轮时还要考虑齿轮的螺旋角大小，根据螺旋角的大小及加工齿轮的旋向决定扳转角度的大小及方向。

3. 滚齿加工的特点

滚齿加工精度、表面质量较高，齿轮精度可达 IT7～IT8 级，齿面的表面粗糙度 Ra 为 3.2～1.6μm。滚齿加工除了可以加工直齿和斜齿外圆柱齿轮外，还可以加工蜗轮、链轮等。但不能加工内齿轮，加工多联齿轮时也受限制。

四、磨齿加工

1. 磨齿原理

磨齿是齿形加工中加工精度最高的一种方法。对于淬硬的齿面，要纠正热处理变形，获得高精度齿廓，磨齿是目前最常用的加工方法。

磨齿是用强制性的传动链，因此它的加工精度不直接决定于毛坯精度。磨齿可使齿轮精度最高达到 IT3 级，表面粗糙度 Ra 值可以达到 0.8～0.2μm，但加工成本高、生产率较低。

2. 磨齿方法

磨齿方法很多，根据磨齿原理的不同可以分为成形法和展成法两类。

成形法是一种用成形砂轮磨齿的方法，目前生产中应用较少，但它已经成为磨削内齿轮和特殊齿轮时必须采用的方法。展成法主要是利用齿轮与齿条啮合原理进行加工的方法，这种方法是将砂轮的工作面构成假象齿条的单侧或双侧齿面，在砂轮与工件的啮合运动中，砂轮的磨削平面包络出渐开线齿面。下面介绍展成法磨齿的几种方法：

(1)双片碟形砂轮磨齿。如图 16－5 所示，两片碟形砂轮倾斜安装后，就构成假象齿条的两个齿面。磨齿时，砂轮在原位以 n_0 高速旋转；展成运动——工件的往复动移和相应的正反转动 ω 是通过滑座和滚圆盘钢带实现。工件通过工作台实现轴向的慢速进给运动，以磨出全齿宽。当一个齿槽的两侧齿面磨完后，工件快速退离砂轮，经分度机构分齿后，再进入下一个齿槽反向进给磨齿。

这种磨齿方法中展成运动传动环节少，传动运动精度高，是高精度磨齿方法之一。每次进给磨去的余量很少，所以生产率很低。

(2)锥形砂轮磨齿。这种磨齿方法所用砂轮的齿形相当于假象齿条的一个齿廓，砂轮一方面以高速旋转，一方面沿齿宽方向作往复移动，工件放在与假象齿条相啮合的位置，一边旋转，一边移动，实现展成运动。磨完一个齿后，工件还需作分度运动，以便磨削另一个齿槽，直至磨完全部轮齿。

采用这种磨齿方法磨齿时，形成展成运动的机床传动链较长，结构复杂，故传动误差较大，磨齿精度较低，一般只能达到5～6级。

(3)蜗杆砂轮磨齿。这是新发展起来的连续分度磨齿机，加工原理和滚齿相似，只是相当于将滚刀换成蜗杆砂轮。砂轮的转速很高，一般为2000r/min，砂轮转一周，齿轮转过一个齿，工件转速也很高，而且可以连续磨齿，因此，磨齿效率很高，一般磨削一个齿轮仅需几分钟。磨齿精度比较高，一般可以达到5～6级。

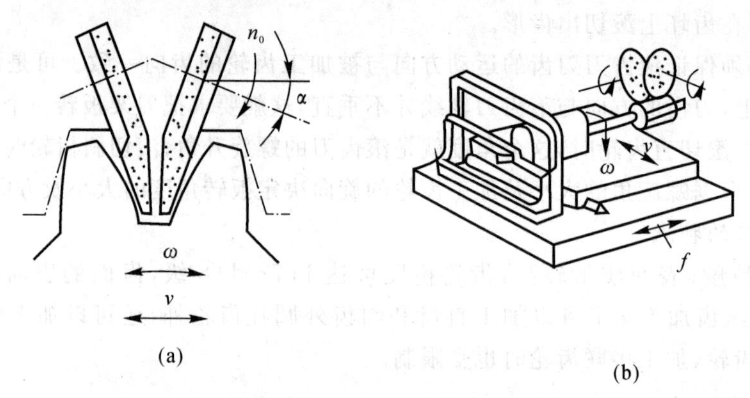

图16-5 双片碟形砂轮磨齿原理

(4)大平面砂轮磨齿。这是用大平面砂轮端面磨齿的方法。一般砂轮直径达到400～800 mm，磨齿时不需要沿齿槽方向的进给运动磨齿的展成运动由两种方式实现：一种是采用滚圆盘钢带机构，另一种是用精密渐开线凸轮。

大平面砂轮磨齿也是高精度磨齿之一。由于它的展成运动、分度运动的传动链短，又没有砂轮与工件间的轴向运动，因此机床结构简单，可以磨出IT3～IT4级精度的齿轮。

复 习 题

16-1 根据加工原理，齿形加工方法有哪几种？

16-2 概述盘类齿轮齿坯的加工工艺方案。

16-3 简述铣齿加工、滚齿加工和插齿加工的特点。

16-4 剃齿、珩齿、磨齿各有什么特点？用于什么场合？

16-5 盘状模数铣刀和指状模数铣刀有何不同？

第十七章　特种加工技术

第一节　概　　述

随着科学技术、工业生产的发展及各种新兴产业的涌现，工业产品内涵和外延都在扩大，正向着高精度、高速度、高温、高压、大功率、小型化及环保(绿色)化方向发展，制造技术本身也应适应这些新的要求而发展，传统切削加工方法面临着更多、更新、更难的问题，体现在：

(1)新型材料及传统的难加工材料，如碳素纤维增强复合材料、工业陶瓷、硬质合金、钛合金、耐热钢、镍合金、钨钼合金、不锈钢、金刚石、宝石、石英以及锗、硅等各种高硬度、高强度、高韧性、高脆性、耐高温的金属或非金属材料的加工。

(2)各种特殊复杂表面，如喷气蜗轮机叶片、整体蜗轮、发动机机匣和锻压模的立体成型.表面，各种冲模冷拔模上特殊断面的异型孔，炮管内膛线，喷油嘴、栅网、喷丝头上的小孔、窄缝、特殊用途的弯孔等的加工；

(3)各种超精、光整或具有特殊要求的零件，如对表面质量和精度要求很高的航天、航空陀螺仪，伺服阀以及细长轴、薄壁零件、弹性组件等低刚度零件的加工。

上述工艺问题仅仅依靠传统的切削加工方法很难、甚至根本无法解决。特种加工就是在这种前提条件下产生和发展起来的。特种加工与传统切削加工的不同点是：

(1)主要依靠机械能以外的能量(如电、化学、光、声、热等)去除材料；多数属于“熔溶加工”的范畴。

(2)工具硬度可以低于被加工材料的硬度，即能做到“以柔克刚”。

(3)加工过程中工具和工件之间不存在显著的机械切削力。

(4)主运动的速度一般都较低，理论上，某些方法可能成为“纳米加工”的重要手段。

(5)加工后的表面边缘无毛刺残留，微观形貌“圆滑”。

特种加工又被称为非传统或非常规加工，特种加工方法种类很多，而且还在继续研究和发展。目前在生产中应用的特种加工方法很多。它们的基本原理、特性见表 17-1。

表 17－1　常用特种加工方法

特种加工方法	加工所用能量	可加工的材料	工具损耗率/(%) 最低/平均	金属去除率 mm^2/min^{-1} 平均/最高	尺寸精度/mm 平均/最高	表面粗糙度 $Ra/\mu m$ 平均/最高	特殊要求	主要适用范围
电火花加工	电热能	任何导电的金属材料，如硬质合金、耐热钢、不锈钢、淬火钢等	1/50	30/3 000	0.05/0.005	10/0.16		各种冲、压、锻模及三维成型曲面的加工
电火花线切割	电热能		极小（可补偿）	5/20	0.02/0.005	5/0.63		各种冲模及二维曲面的成型截割
电化学加工	电、化学能		无	100/10 000	0.1/0.03	2.5/0.16	机床、夹具、工件需采取防锈、防蚀措施	锻模及各种二维、三维成型表面加工
电化学机械	电、化、机械能		1/50	1/100	0.02/0.001	1.25/0.04		硬质合金等难加工材料的磨削
超声加工	声、机械能	任何脆硬的金属及非金属材料	0.1/10	1/50	0.03/0.05	0.63/0.16		石英、玻璃、锗、硅、硬质合金等脆硬材料的加工、硬磨
快速成形	光、热、化学	树脂、塑料、陶瓷、金属、纸张、ABS	无				增材制造	制造各种模型
激光加工	光、热能	任何材料	不损耗	瞬时去除率很高，受功率限制，平均去除率不高	0.01/0.001	10/1.25		加工精密小孔、小缝及薄板材成型切割、刻蚀
电子束加工	电、热能						需在真空中加工	表面超精、超微量加工、抛光、刻蚀、材料改性、镀覆
离子束加工	电、热能			很低	/0.01 μm	0.01		

第二节　电火花加工

电火花加工又称放电加工、电蚀加工，是一种利用脉冲放电产生的热能进行加工的方法。其加工过程为：使工具和工件之间不断产生脉冲性的火花放电，靠放电时局部、瞬时产生的高温把金属熔解、气化而蚀除材料。放电过程可见到火花，故称之为电火花加工，日本、英、美称之为放电加工，其发明国家——苏联——称为电蚀加工。

一、电火花加工基本原理

1. 电火花加工的工作原理

电火花加工时，作为加工工具的电极和被加工工件同时放入绝缘液体（一般使用煤油）中，在两者之间加上直流 100 V 左右的电压。因为电极和工件的表面不是完全平滑而是存在着无数个凹凸不平处，所以当两者逐渐接近，间隙变小时，在电极和工件表面的某些点上，电场强度急剧增大，引起绝缘液体的局部电离，于是通过这些间隙发生火花放电。放电时的火花温度高达 5 000℃，在火花发生的微小区域（称为放电点）内，工件材料被熔化和气化。同时，该处的绝缘液体也被局部加热，急速地气化，体积发生膨胀，随之产生很高的压力。在这种高压力的作用下，已经熔化、气化的材料就从工件的表面迅速地被除去。如图 17－1 所示。

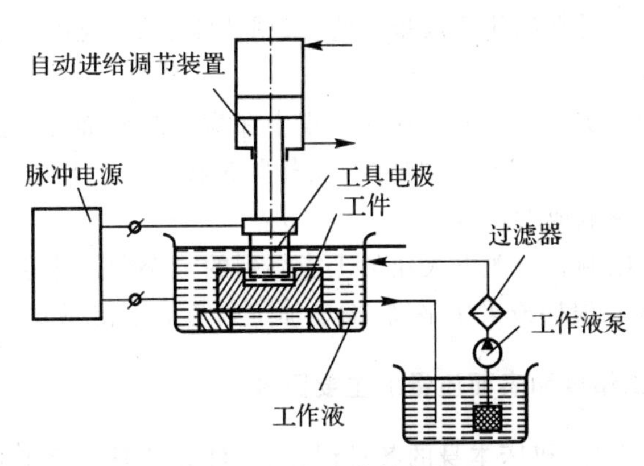

图 17－1　电火花加工原理

虽然电极也由于火花放电而损耗，但如果采用热传导性好的铜，或熔点高的石墨材料作为电极，在适当的放电条件下，电极的损耗可以控制到工件材料消耗的 1%以下。

当放电时间持续增长时，火花放电就会变成弧光放电。弧光放电的放电区域较大，因而能量密度小，加工速度慢，加工精度也变低。所以，在电火花加工中，必须控制放电状态，使放电仅限于火花放电和短时间的过渡弧光放电。为实现这个目标，在电极和工件之间要接上适当的脉冲放电的电源。该脉冲电源使最初的火花放电发生数毫秒至数微秒后，电极和工件间的电压消失（为零），从而使绝缘油恢复到原来的绝缘状态，放电消失。在电极和工件之间又一次处于绝缘状态后，电极和工件之间的电压再次得到恢复。如果使电极和被加工工件之间的距离逐渐变小，在工件的其他点上会发生第二次火花放电。由于这些脉冲性放电在工件表面上不断地发生，工件表面就逐渐地变成和电极形状相反的形状。

从以上分析可以看出，电火花加工必须具备下述条件：①要把电极和工件放入绝缘液体中;②使电极和工件之间距离充分变小;③使两者间发生短时间的脉冲放电;④多次重复这种火花放电过程。

2.电火花加工的特点

(1)电火花加工的优点:

1)适合于难切削材料的加工。可以突破传统切削加工对刀具的限制,实现用软的工具加工硬韧的工件,甚至可以加工像聚晶金刚石、立方氮化硼一类超硬材料。目前电极材料多采用紫铜或石墨,因此工具电极较容易加工。

2)可以加工特殊及复杂形状的零件。由于加工中工具电极和工件不直接接触,没有机械加工的切削力,因此适宜加工低刚度工件及微细加工。由于可以简单地将工具电极的形状复制到工件上,因此特别适用于复杂表面形状工件的加工,如复杂型腔模具加工等。数控技术电火花加工可以简单形状的电极加工复杂形状零件。

3)主要可以利用加工金属等导电材料,一定条件下也可以加工半导体和非导体材料。

4)加工表面微观形貌圆滑,工件的棱边、尖角处无毛刺、塌边。

5)工艺灵活性大,本身有“正极性加工”(工件接电源正极)和“负极性加工”(工件接电源负极)之分;还可与其他工艺结合,形成复合加工,如与电解加工复合。

(2)电火花加工的局限性:

1)一般加工速度较慢。安排工艺时可采用机械加工去除大部分余量,然后再进行电火花加工以求提高生产率。最近新的研究成果表明,采用特殊水基不燃性工作液进行电火花加工,其生产率甚至高于切削加工。

2)存在电极损耗和二次放电。电极损耗多集中在尖角或底面,最近的机床产品已能将电极相对损耗比降至0.1%,甚至更小;电蚀产物在排除过程中与工具电极距离太小时会引起二次放电,形成加工斜度,影响成型精度。

3)最小角部半径有限制。一般电火花加工能得到的最小角部半径等于加工间隙(通常为0.02~0.3mm),若电极有损耗或采用平动、摇动加工则角部半径还要增大。

二、影响电火花加工精度和表面质量的主要因素

与传统的机械加工一样,机床本身的各种误差、工件和工具电极的定位、安装误差都会影响到电火花加工的精度。另外,与电火花加工工艺有关的主要因素是放电间隙的大小及其一致性、工具电极的损耗及其稳定等。电火花加工时工具电极与工件之间放电间隙大小实际上是变化的,电参数对放电间隙的影响非常显著,精加工放电间隙一般只有0.01 mm(单面),而粗加工时则可达0.5 mm以上。目前,电火花加工的精度为0.01~0.05 mm。影响表面粗糙度的因素主要有:脉冲能量越大,加工速度越快,Ra 值越大;工件材料越硬、熔点越高,Ra 值越小;工具电极的表面粗糙度越大,工件的 Ra 值越大。

三、电火花加工的工艺方法分类及其应用

按工具电极和工件相对运动的方式和用途的不同,电火花加工大致可分为电火花穿孔成型加工、电火花线切割、电火花磨削和镗磨、电火花同步共轭回转加工、电火花表面强化与刻字等五大类,它们的特点及用途见表17-2。

表 17－2　电火花加工的特点及用途

类别	工艺方法	特点	用途	备注
1	电火花穿孔成型加工	1. 工具和工件间主要有一个相对的间服进给运动； 2. 工件为成型电极，与被加工表面有相同的截面或形状	1. 型腔加工，加工各种型腔模及各种复杂的型腔零件； 2. 穿孔加工、加工各种冲模、挤压模、粉末治金模、各咱异形孔微孔等	约占电火花机床总数的 40%，典型机床前有 DT125，DT140 等
2	电火花内孔，外圆和成型磨削	1. 工具与工件有相对的旋转运动； 2. 工件与工件间有径向或轴向进给运动	1. 加工高精度、良好表面粗糙度的小孔，如拉丝模、挤压模、偏心套等； 2. 加工外圆，小模数滚刀	约占电火花机床的 3%～4%，典型机床有 D6310
4	电火花同步共轭回转加工	1. 成型工具与工件均作旋转运动，但二者角速度相等或成整数倍，相对应接近的放电点可有切向相对速度； 2. 工具相对工件可作纵横向进给运动	以同步回转、展成回转等不同方式，加工各种复杂型面的零件，如高精度的异形齿轮，高精度、高对称度、良好表面粗糙度的内、外回转体表面等	约占电火花机床的 1%～2%，典型机床有 IN－2，5N－8
5	电火花表面强化、刻字	1. 工具在工件表面上振动； 2. 工具相对工件移动	1. 模具刃口，刀、量具刃口表面强化和镀覆； 2. 电火花刻字，打印记	约占电火花机床的 2%～3%，典型机床有 D9105

第三节　高能束加工

现代加工中，激光束 、电子束、离子束统称为“三束”，由于其能量集中程度较高，又被称为“高能束”，目前它们主要应用于各种精密、细微加工场合，特别是在微电子领域有着广泛的应用。

一、激光加工

1. *工作原理*

激光加工是利用光能量进行加工的一种方法。由于激光具有准值性好、功率大等特点，在聚焦后，可以形成平行度很高的细微光束，有很大的功率密度。该激光束照射到工件表面时，部分光能量被表面吸收转变为热能。对不透明的物质，因为光的吸收深度非常小（在 100 μm 以下），所以热能的转换发生在表面的极浅层。使照射斑点的局部区域温度迅速升高到使被加工材料熔化甚至汽化的温度。同时由于热扩散，使斑点周围的金属熔化，随着光能的继续被吸收，被加工区域中金属蒸气迅速膨胀，产生一次“微型爆炸”，把熔融物高速喷射出来。

激光加工装置由激光器、聚焦光学系统、电源、光学系统监视器等组成，如图 17－2 所示。

2.激光应用

(1)激光打孔。激光打孔已广泛应用于金刚石拉丝模、钟表、宝石、轴承、陶瓷、玻璃等非金属材料硬质合金、不锈钢等金属材料的小孔加工。对于激光打孔,激光的焦点位置对孔的质量影响很大,如果焦点与加工表面之间距离很大,则激光能量密度显著减小,不能进行加工。如果焦点位置在被加工表面的两侧偏离 1 mm 左右时还可以进行加工,此时加工出孔的断面形状随焦点位置不同而发生显著的变化。由图 17-3 可以看出,加工面在焦点和透镜之间时,加工出的孔是圆锥形;加工面和焦点位置一致时,加工出的孔的直径上下基本相同,当加工表面在焦点以外时,加工出的孔呈腰鼓形。

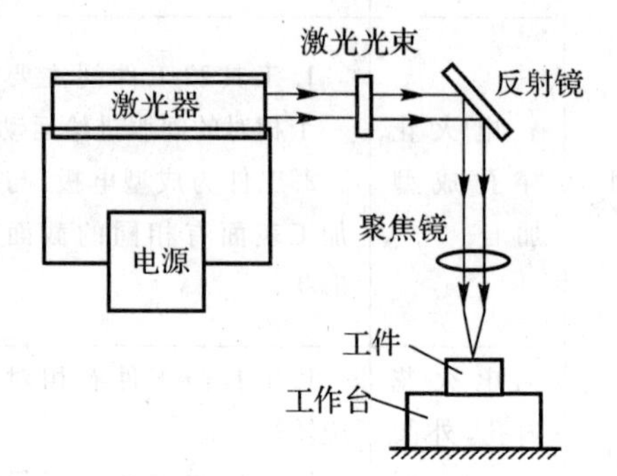

图 17-2 激光加工原理图

激光打孔不需要工具,不存在工具损耗问题,适合于自动化连续加工。

(2)激光切割。激光切割的原理与激光打孔基本相同。不同的是工件与激光束要相对移动。激光切割不仅具有切缝窄、速度快、热影响区小、省材料、成本低等优点,而且可以在任何方向上切割,包括内尖角。目前激光已成功地用于切割钢板、不锈钢、钛、钽、镍等金属材料,以及布匹、木材、纸张、塑料等非金属材料。

(3)激光焊接。激光焊接与激光打孔的原理稍有不同,焊接时不需要那么高的能量密使工件材料气化蚀除,而只要将工件的加工区烧熔使其粘合在一起。因此,激光焊接所需要的能量密度较低,通常可用减小激光输出功率来实现。

激光焊接有下列优点:

1)激光照射时间短,焊接过程迅速,它不仅有利于提高生产率,而且被焊材料不易氧化,热影响区小,适合于对热敏感性很强的材料焊接。

2)激光焊接既没有焊渣,也不需去除工件的氧化膜,甚至可以透过玻璃进行焊接,特别适宜微型机械和精密焊接。

3)激光焊接不仅可用于同种材料的焊接,而且还可用于两种不同的材料焊接,甚至还可以用于金属和非金属之间的焊接。

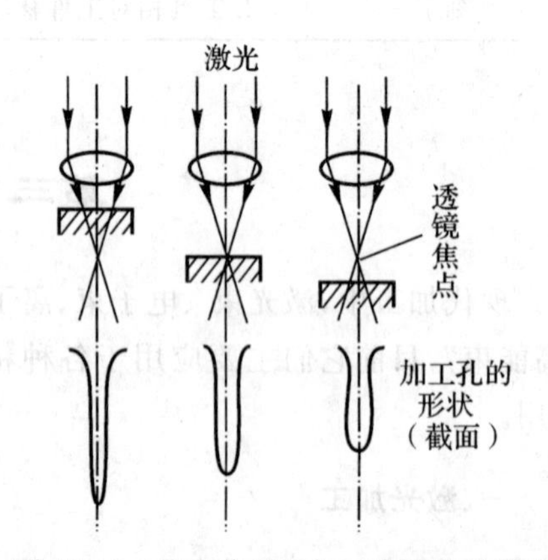

图 17-3 焦点位置对加工孔形状的影响

(4)激光热处理。用大功率激光进行金属表面热处理是近几年发展起来的一项崭新工艺。激光金属硬化处理的作用原理是照射到金属表面上的激光能使构成金属表面的原子迅速蒸发,由此产生的微冲击波会导致大量晶格缺陷的形成,从而实现表面的硬化,激光处理法比高温炉处理、化学处理以及感应加热处理有很多独特的优点,如快速、不需淬火介质、硬化均匀、变形小、硬度高达 60HRC 以上、硬化深度可精确控制等。

二、电子束加工

电子束加工是在真空条件下，利用电流加热阴极发射电子束，带负电荷的电子束高速飞向阳极，途中经加速极加速，并通过电磁透镜聚焦，使能量密度非常集中，可以把 1 000 W 或更高的功率集中到直径为 5～10 μm 的斑点上，获得高达 109 W/cm^{2}左右的功率密度，如图 17－4 所示。如此高的功率密度，可使任何材料被冲击部分的温度，在 10^{-6} s时间内升高到摄氏几千度以上，热量来不及向周围扩散，就已把局部材料瞬时熔化、气化直到蒸发去除。随着孔不断变深，电子束照射点亦越深入。由于孔的内侧壁对电子束产生“壁聚焦”，所以加工点可能到达很深的深度，从而可打出很细很深的微孔。

电子束加工具有以下的特点：

(1)能量密度高。电子束聚焦点范围小，能量密度高，适合于加工精微深孔和窄缝等。且加工速度快，效率高。

(2)工件变形小。电子束加工是一种热加工，主要靠瞬时蒸发，工件很少产生应力和变形，而且不存在工具损耗：适合于加工脆性、韧性、导体、半导体、非导体以及热敏性材料。

(3)加工点上化学纯度高。因为整个电子束加工是在真空度 $1.33\times10^{-2}\sim1.33\times10^{-4}$ MPa 的真空室内进行的，所以熔化时可以防止由于空气的氧化作用所产生的杂质缺陷；适合于加工易氧化的金属及合金材料，特别是要求纯度极高的半导体材料。

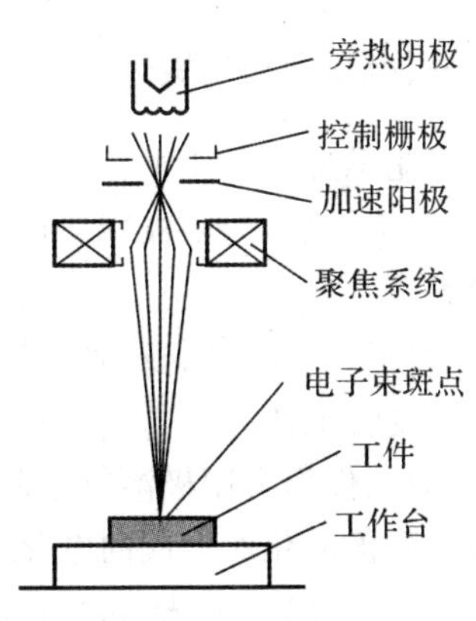

图 17－4　电子束加工原理

(4)可控性好。电子束的强度和位置均可由电、磁的方法直接控制，便于实现自动化加工。

三、离子束加工

离子束加工原理与电子束加工类似，也是在真空条件下，将 Ar，Kr，Xe 等惰性气体通过离子源电离产生离子束，并经过加速、集束、聚焦后，投射到工件表面的加工部位，以实现去除加工。所不同的是离子的质量比电子的质量大成千上万倍，例如最小的氢离子，其质量是电子质量的 1840 倍，氖离子的质量是电子质量的 7.2 万倍。由于离子的质量大，故在同样的速度下，离子束比电子束具有更大的能量。

高速电子撞击工件材料时，因电子质量小速度大，动能几乎全部转化为热能，使工件材料局部熔化、气化，通过热效应进行加工。而离子本身质量较大，速度较低，撞击工件材料时，将引起变形、分离、破坏等机械作用。离子加速到几十电子伏到几千电子伏时，主要用于离子溅射加工；如果加速到一万到几万电子伏，且离子入射方向与被加工表面成 25°～30°角时，则离子可将工件表面的原子或分子撞击出去，以实现离子铣削、离子蚀刻或离子抛光等，当加速到几十万电子伏或更高时，离子可穿入被加工材料内部，称为离子注入。

离子束加工具有下列的特点：

(1)易于精确控制。由于离子束可以通过离子光学系统进行扫描，使离子束可以聚焦到光斑直径 1μm 以内进行加工，同时离子束流密度和离子的能量可以精确控制，因此能精确控制加工效果，如控制注入深度和浓度。抛光时，可以一层层地把工件表面的原子抛掉，从而加工出没有缺陷的光整表面。此外，借助于掩膜技术可以在半导体上刻出小于 1 μm 宽的沟槽。

(2)加工洁净。因加工是在真空中进行，离子的纯度比较高，因此特别适合于加工易氧化的金属、合金和半导体材料等。

(3)加工应力变形小。离子束加工是靠离子撞击工件表面的原子而实现的，这是一种微观作用，宏观作用力很小，不会引起工件产生应力和变形，对脆性、半导体、高分子等材料都可以加工。

第四节　电化学加工

一、电化学加工概述

电化学加工分 4 类：

(1)工件(作为阳极)溶解去除金属材料的电解加工——工件材料减少，包括电解加工和电解抛光。

(2)工件(作为阴极)表层沉积金属的电镀、涂覆——工件材料增加，包括电镀、局部涂镀、电铸和复合电镀。

(3)工件作为阳极溶解去除大量材料，具有磨、研等机械作用的阴极对阳极的进一步去除材料使阳极活化而形成的电化学机械复合工艺，有电解磨削、电解珩磨、电解研磨。

(4)其他复合工艺，如电解电火花复合工艺、电解电火花机械复合工艺。

二、工作原理

图 17－5 为电解加工原理图。工件接阳极，工具(铜或不锈钢)接阴极，两极间加 6～24 V 的直流电压，极间保持 0.1～1 mm 的间隙。在间隙处通以 6～60 m/s 高速流动的电解液，形成极间导电通路，工件表面材料不断溶解，其溶解物及时被电解液冲走。工具电极不断进给，以保持极间间隙。

1. 电解加工的特点

(1)不受材料硬度的限制，能加工任何高硬度、高韧性的导电材料，并能以简单的进给运动一次加工出形状复杂的形面和型腔。

(2)与电火花加工相比，加工形面和型腔效率高 5`10 倍。

(3)加工过程中阴极损耗小。

(4)加工表面质量好，无毛刺、残余应力和变形层。

(5)加工设备投资较大，有污染，需防护。

2. 电解加工的应用

电解加工广泛应用于模具的型腔加工，枪炮的膛线加工，发电机的叶片加工、花键孔、内齿轮、深孔加工，以及电解抛光、倒棱、去毛刺等。

电解磨削是利用电解作用与机械磨削相结合的一种复合加工方法。其工作原理如图 17－6 所示。工件接直流电源正极，高速回转的磨轮接负极，两者保持一定的接触压力，磨轮表面突出的磨料使磨轮导电基体与工件之间有一定的间隙。当电解液从间隙中流过并接通电源后，工件产生阳极溶解，工件表面上生成一层称为阳极膜的氧化膜，其硬度远比金属本身低，极易被高速回转的磨轮所刮除，使新的金属表面露出，继续进行电解。电解作用与磨削作用交替进行，电解产物被流动的电解液带走，使加工继续进行，直至达到加工要求。

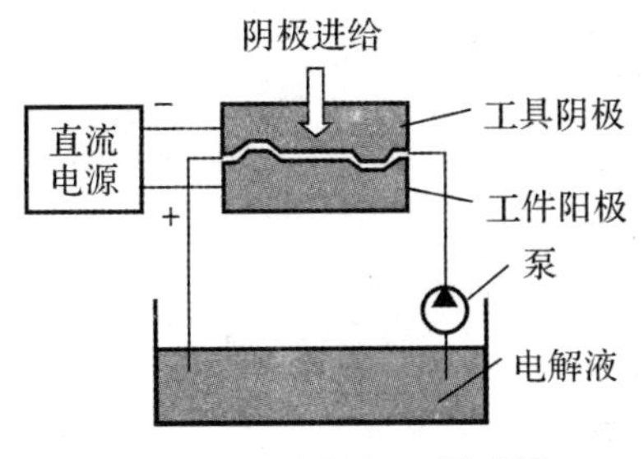

图 17－5　电解加工原理图

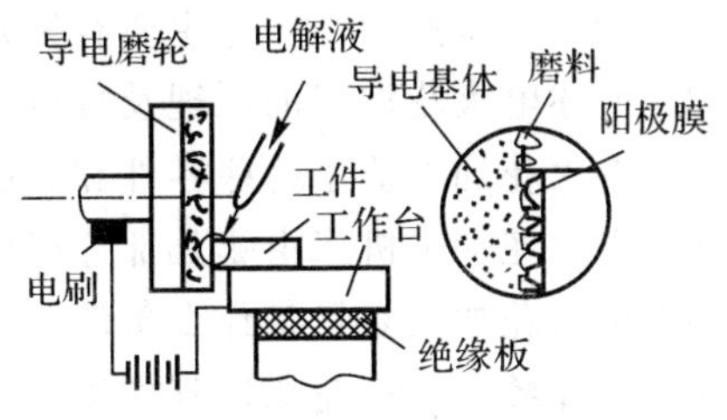

图 17－6　电解磨削原理图

第五节　超声波加工

超声波加工，又叫超声加工，特别适合对导体、非导体的脆硬材料进行有效加工，是对特种加工工艺的有益补充，目前主要的工艺有打孔、切割、清洗、焊接、探伤等。

一、超声波加工的原理

超声波是一种频率超过 16 000 Hz 的纵波，它具有很强的能量传递能力，能够在传播方向上施加压力；在液体介质传播时能形成局部“伸”“缩”冲击效应和空化现象；通过不同介质时，产生波速突变，形成波的反射和折射；一定条件能产生干涉、共振。利用超声波特性来进行加工的工艺称为超声波加工。

超声波加工的原理如图 17－7 所示。工具端面作超声频的振动，通过悬浮磨料对脆硬材料进行高频冲击、抛磨工件，使得脆性材料产生微脆裂，去除小片材料，由于频率高，其累积效果使得加工效率较高，再加上液压中正负冲击波使工件表层产生伸缩效应和“空化”效果，即工具离开工件时，间隙内成负压产生局部真空和空腔（泡）；接近时，空泡闭合或破裂，产生冲击波，液体进入裂缝，强化加工和材料脱离工件，并使磨料得到更新；可见超声加工材料去除是磨料的机械冲击作用为主、磨抛与超声空化作用为辅的综合结果。

二、超声波加工的特点

超声波加工的特点如下：

(1)适合脆性材料工件加工。材料越脆，加工效率越高，可加工脆性非金属材料，如玻璃、陶瓷、玛瑙、宝石、金刚石等，但硬度高、脆性较大的金属，如淬火钢、硬质合金等的加工效率低。

(2)机床结构简单，较软工具可以复杂设制、成型运动简单。

(3)宏观力小的冷加工工艺，无热应力、无烧伤、可加工薄壁、窄缝、低刚度零件。

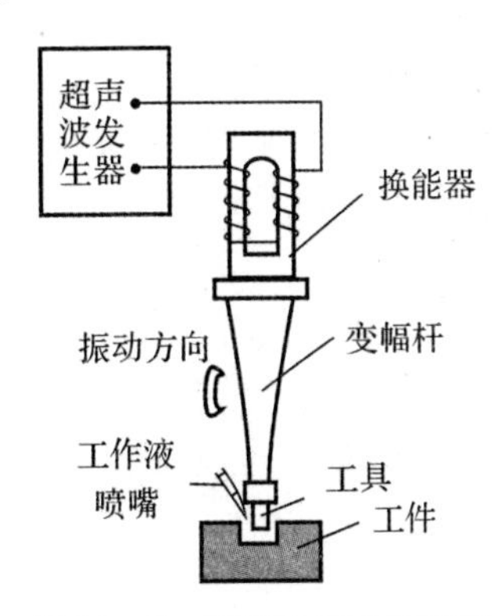

图 17－7　超声波加工的原理

复　习　题

17－1　什么叫特种加工？它主要有哪几种类型？

17－2　简述电火花加工的原理及特点。

17－3　电火花加工适于哪些零件和表面的加工？

17－4　电火花加工机床由哪几部分组成？

17－5　电火花加工要具备什么条件？

17－6　简述数控电火花线切割加工的原理及特点。

17－7　数控电火花线切割机床由哪几部分组成？如何才能加工出带锥度的零件？

17－8　总结数控电火花线切割机床的编程特点。

17－9　简述激光加工的优点及主要应用范围。

17－10　简述超声波加工的优越性及主要应用范围。

第十八章　现代加工技术简介

第一节　数控加工技术

随着社会生产和科学技术的发展，机械产品日趋精密复杂，且需频繁改型，特别是宇航、造船、军事等领域所需的零件，精度要求高、形状复杂、批量小，普通机床已不能适应这些需求，为此，一种新型机床——数字程序控制机床(简称数控机床)——应运而生。

一、数控加工的基本概念

由于数字技术及控制技术的发展，数控机床应运而生。所谓数控机床，是指采用数字程序进行控制的机床。由于采用数控技术，在机床行业，许多在普通机床上无法完成的工艺内容得以实现。

NC是“数控”的简称，早期的数控系统全靠数字电路实现，因此电路复杂，功能扩展困难，现代数控系统都已采用小型计算机或微型计算机来进行控制，大量采用集成电路，使得功能大大增强，称之为计算机数控系统，简称CNC，已经成为一种通常的叫法，既指数控机床，也指数控机床的数字控制装置。

二、数控加工技术的发展

机床的数控系统的发展经历了两大阶段。

从1952年到1970年为第一阶段。这一阶段由于计算机的运算速度低，这对当时的科学计算和数据处理影响不大，但还不能适应机床实时控制的要求，这一阶段人们只能采用数字逻辑电路制成专用计算机以作为机床数控系统，简称为数控(NC)。

从1970年到现在为第二阶段。1970年以后，通用小型计算机已能批量生产，它的运算速度和可靠性比早期的专用计算机大大提高，且成本大幅度下降，于是将小型计算机移植过来作为机床数控系统的核心部件，从此进入了计算机数控(CNC)阶段。到1974年，美国的Intel公司将计算机核心部件运算器和控制器采用大规模集成电路技术集成在一块芯片上而制成微处理器(CPU)。微处理器运用于机床数控系统上才真正解决了之前的数控机床的可靠性低、价格高和应用不便等关键性问题，使数控机床进入实用阶段。1990年以来，PC机的性能已经发展到很高的阶段，可满足作为机床数控系统核心部件的要求，而且PC机的生产批量大、价格低、可靠性高。从此，数控机床进入了广泛应用的PC阶段。

三、数控加工技术的特点与应用

与传统机床相比，数控机床具有如下特点。

(1)生产效率高. 由于加工过程是自动进行的，且机床能自动换刀、自动不停车变速和快速空行程等功能,使加工时间大大减少,且由于只需试车检验和过程中抽检,大大减少了停车时间,通常其工效是普通机床的 3～7 倍。

(2)能稳定地获得高精度.数控加工时人工干预减少,可以避免人为误差,且机床重复精度高,因此,可较经济地获得高精度。

(3)减轻工人的劳动强度,改善劳动条件.这是由于机床自动化程度大大提高,替代了大部分手工操作。

(4)加工能力提高。应用数控机床可以很准确地加工出曲线、曲面、圆弧等形状非常复杂的零件,因此,可以通过编写复杂的程序来实现加工常规方法难以加工的零件。

因此,数控机床在促进技术进步和经济发展方面,起到非常重要的作用。

四、数控机床的组成、工作原理和种类

1.数控机床的组成

数控机床一般由程序载体、数控装置、伺服驱动系统、机床本体、测量反馈系统及辅助装置等组成。数控机床的组成与加工过程如图 18-1 所示。

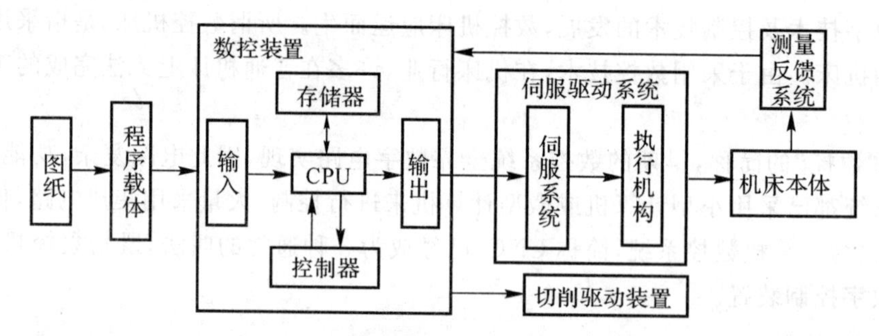

图 18-1　数控机床的组成与加工过程

(1)程序载体。数控机床工作时,不需要工人直接操作机床,但若要对数控机床进行控制,则必须编制加工程序。零件加工程序包括机床上刀具和工件的相对运动轨迹、工艺参数(主轴转速、进给量等)和辅助运动等。将零件加工程序用一定的格式和代码存储在一种程序载体上,如穿孔纸带、盒式磁带、软磁盘等,通过数控机床的输入装置,将程序信息输入到 CNC 单元。

(2)数控装置。数控系统的核心是数控装置。数控装置一般由译码器、存储器、控制器、运算器、输入/输出装置等组成。数控系统是接收信息载体的输入信息,并将其代码加以编码、译码、存储、数据运算后输出相应的指令脉冲信息以驱动伺服系统,进而控制机床动作。

(3)伺服驱动系统。伺服驱动系统由驱动部分和执行机构两部分组成,是 CNC 系统的执行部分。伺服驱动系统的作用是把来自 CNC 装置的各种指令转换成数控机床移动部件的运动。伺服驱动系统主要包括数控机床的主轴驱动和进给驱动。

(4)机床主体,又称机床本体。数控机床完成各种切削加工的机械部分,是数控机床的本体,主要包括床身、主轴、进给机构等机械部件,还有冷却、润滑、转位部件,如换刀装置、夹紧装置等辅助装置。

(5)测量反馈系统。常用的测量反馈系统有光栅、光电编码器、同步感应器等。在伺服电机末端(或机床的执行部件上)安装有测量反馈元件(如带有光电编码器的位移检测元件及响应电路)，可测量其速度和位移，该部分能及时将信息反馈回来，构成闭环控制。

(6)辅助装置。辅助装置是保证充分发挥数控机床功能所必需的配套装置。常用的辅助装置包括气动、液压装置，排屑装置，冷却、润滑装置，回转工作台和数控分度头，防护和照明等各种辅助装置。

2.数控机床的工作原理

数控机床的工作过程是将加工零件的几何信息和工艺信息进行数字化处理，即对所有的操作步骤(如机床的启动或停止、主轴的变速、工件的夹紧或松夹、刀具的选择和交换、冷却液的开或关等)和刀具与工件之间的相对位移，以及进给速度等都用数字化的代码表示。在加工前由编程人员按规定的代码将零件的图纸编制成程序，然后通过程序载体(如穿孔带、磁带、磁盘、光盘和半导体存储器等)或手工直接输入(MDI)方式将数字信息送入数控系统的计算机中进行寄存、运算和处理，最后通过驱动电路由伺服装置控制机床实现自动加工。

3.数控机床的种类

数控机床的种类很多，按机床的工艺用途不同，通常可以分为以下几种。

(1)数控车床。数控车床是一种用于完成车削加工的数控机床。通常情况下，也将以车削加工为主并辅以铣削加工的数控车削加工中心归类为数控车床。图18-2所示为卧式数控车床照片图。

(2)数控铣床。数控铣床是一种用于完成铣削加工或镗削加工的数控机床。图18-3所示为立式数控铣床照片图。

图18-2　卧式数控车床照片图

图18-3　立式数控铣床照片图

(3)加工中心。加工中心是指带有刀库(带有回转刀架的数控车床除外)和刀具自动交换装置的数控机床。通常所说的加工中心多指带有刀库和刀具自动交换装置的数控铣床。图18-4所示为卧式加工中心照片图。

(4)数控钻床。数控钻床主要用于完成钻孔、攻螺纹等工作，是一种采用点位控制系统的数控机床，即控制刀具从一点到另一点的位置，而不控制刀具的移动轨迹。图18-5所示为立式数控钻床照片图。

(5)其他数控机床。数控机床除以上几种常见类型外，还有数控精雕机床、数控磨床和数控冲床等，图18-6所示为这些数控机床的照片图。

图 18－4　卧式加工中心照片图

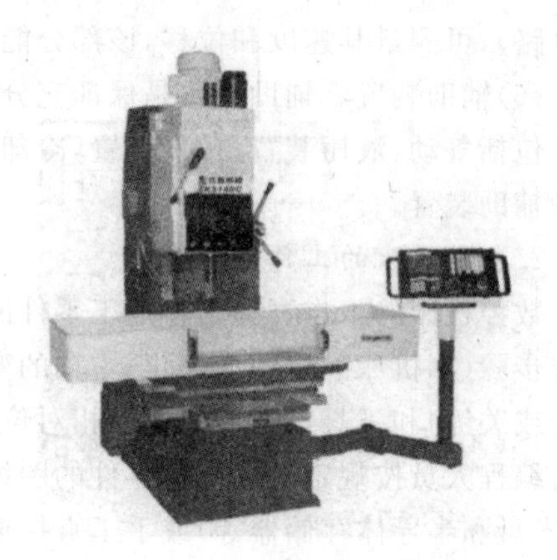

图 18－5　立式数控钻床照片图

数控精雕机床

数控磨床

数控冲床

图 18－6　其他类型的数控机床的照片图

五、数控机床的特点

数控机床是一种高效能的自动加工机床，与普通机床相比，数控机床具有以下一些特点。

(1)适用范围广。在数控机床上加工零件是按照事先编制好的程序来实现自动化加工，当加工对象发生改变时，只需重新编制加工程序并输入数控系统中，即可加工各种不同类型的零件。

(2)数控机床可以提高零件的加工精度，稳定产品的质量。因为数控机床是按照预定的加工路径进行加工的，加工过程中消除了人为的操作误差，所以零件加工的一致性好，而且对加工误差还可以利用软件来进行校正及补偿，因此，可以获得比机床本身精度还要高的加工精度及重复精度。

(3)数控机床可以完成普通机床难以完成或根本不能完成的复杂曲面零件的加工，因此数控机床在宇航、造船、模具等加工业中得到了广泛应用。

(4) 生产效率高。与普通机床相比，数控机床的生产效率可以提高三至四倍，尤其在对某些复杂零件的加工上，生产效率可提高十几倍甚至几十倍。

(5)改善劳动条件。由于数控机床能够实现自动化或半自动化，在加工中操作者的主要任务是编制和输入程序、装卸工件、准备刀具、观察加工状态等，使其劳动量大为降低。

(6)有利于实现生产管理现代化。在数控机床上进行加工时，可预先精确估计加工时间，所使用的刀具、夹具可进行规范化和现代化管理。数控机床使用数字信号与标准代码作为控制信息，易于实现加工信息的标准化，目前已同计算机辅助设计与制造（CAD/CAM）有机地结合起来，成为现代集成制造技术的基础。

任何事物都有两重性，数控机床也有缺点，主要有以下两方面。

（1）价格昂贵。由于数控机床装备有高性能的数控系统、伺服系统和非常复杂的辅助控制装置，数控机床的价格一般比普通机床高一倍以上，因而制约了数控机床的大量使用。

（2）对操作人员和维修人员的要求较高。数控机床操作人员不仅应具有一定的工艺知识，还应在数控机床的结构、工作原理及程序编制方面进行过专门的技术理论培训和操作训练，掌握操作和编程技能。数控机床维修人员应有较丰富的理论知识和精湛的维修技术，并掌握相应的机、电、液专业知识。

六、数控加工的应用范围

数控加工的适应性：根据数控加工的优、缺点及国内外大量应用实践，一般可按适应程度将零件分为下列三类。

1. 最适应类

对于下述零件，首先应考虑能不能把它们加工出来，即要着重考虑可能性问题。只要有可能，可先不要过多地去考虑生产效率与经济上是否合理，应把对其进行数控加工作为优选方案。

（1）形状复杂，加工精度要求高，用通用机床无法加工或虽然能加工但很难保证产品质量的零件。

（2）用数学模型描述的复杂曲线或曲面轮廓零件。

（3）具有难测量、难控制进给、难控制尺寸的不开敞内腔的壳体或盒型零件。

（4）必须在一次装夹中合并完成铣、镗、锪、铰或攻丝等多工序的零件。

2. 较适应类

这类零件在分析其可加工性以后，还要在提高生产率及经济效益方面作全面衡量，一般可把它们作为数控加工的主要选择对象。

（1）在通用机床上加工时极易受人为因素（如情绪波动、体力强弱、技术水平高低等）干扰，零件价值又高，一旦质量失控便造成重大经济损失的零件。

（2）在通用机床上加工时必须制造复杂专用工装的零件。

（3）需要多次更改设计后才能定型的零件。

（4）在通用机床上加工需要作长时间调整的零件。

（5）用通用机床加工时，生产效率很低或体力劳动强度很大的零件。

3. 不适应类

数控机床的技术含量高、成本高，使用维修都有一定难度，若从最经济角度考虑，零件采用数控加工后，在生产效率与经济性方面一般无明显改善，还可能弄巧成拙或得不偿失，故此类零件一般不应作为数控加工的选择对象。

（1）装夹困难或完全靠找正定位来保证加工精度的零件。

（2）加工余量很不稳定，且数控机床上无在线检测系统可自动调整零件坐标位置的零件。

（3）生产批量大的零件（当然不排除其中个别工序用数控机床加工）。

（4）必须用特定的工艺装备协调加工的零件。

*七、数控编程的基础知识简介

数控编程是数控加工准备阶段的主要内容，通常包括分析零件图样，确定加工工艺过程；计算走刀轨迹，得出刀位数据；编写数控加工程序；制作控制介质；校对程序及首件试切。总之，它是从零件图样到获得数控加工程序的全过程。数控编程分为手工编程和自动编程两种。这里仅对手工编程作一简介。

(1)定义。手工编程是指编程的各个阶段均由人工完成。利用一般的计算工具，通过各种数学方法，人工进行刀具轨迹的运算，并进行指令编制。

这种方式比较简单，很容易掌握，适应性较大。适用于中等复杂程度程序、计算量不大的零件编程，对机床操作人员来讲必须掌握。

(2)编程步骤。编程的步骤包括：①分析零件图样。②制定工艺决策。③确定加工路线。④选择工艺参数。⑤计算刀位轨迹坐标。⑥编写数控加工程序单。⑦验证程序。

(3)手工编程的特点。

1)优点。主要用于点位加工(如钻、铰孔)或几何形状简单(如平面、方形槽)零件的加工，计算量小，程序段数有限，编程直观，易于实现的情况等。

2)缺点。对于具有空间自由曲面、复杂型腔的零件，刀具轨迹数据计算相当繁琐，工作量大，极易出错，且很难校对，有些甚至根本无法完成。

第二节　立体打印法(SLA)

立体打印法也称光固化法、立体刻或称光造型法，是目前技术最成熟、应用最广泛的快速成形制造方法。它主要使用液态光敏树脂作为成型材料，如图 18-7 所示。

一、成形过程

液槽中盛满液态光固化树脂，工作台在液面下，计算机控制紫外激光束聚集后的光点按零件的各分层截面信息在树脂表面进行逐步扫描，使被扫描区域的树脂薄层产生光聚合反应而硬化，形成零件的一个薄层。头一层固化完后，工作台下移一个层厚的距离，再在原先固化好的树脂表面敷上一层新的液态树脂，再进行扫描加工，新生成的固化层牢固地粘结在前一层上。当一层扫描完成后，被照射的地方就固化，未被照射的地方仍然是液态树脂。如此重复直到整个三维零件制作完成。

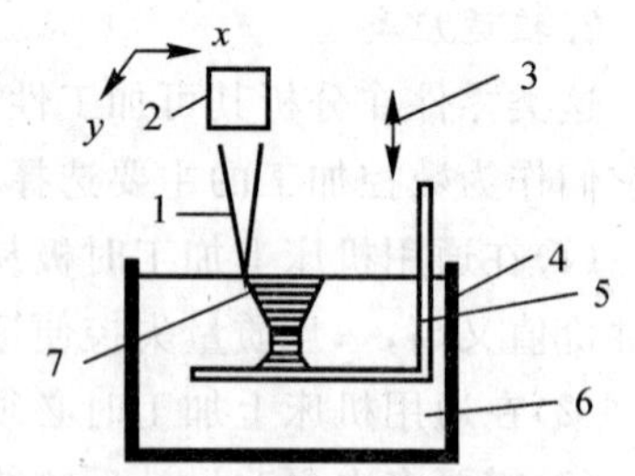

图 18-7　立体打印法成形原理
1—激光束；　2—扫描镜；　3—轴升降；
4—树脂槽；　5—托盘；
6—光敏树脂；　7—零件原型

二、SLA 的主要特点

(1)质量高。制造精度高(±0.1 mm)、表面质量好。

(2)材料利用率高。在液槽中成型，被紫外激光束照射的地方固化，未被照射的地方仍然是液态树脂，原材料利用率接近 100%。

(3)造形能力强。能制造形状特别复杂及特别精细的零件，尤其适合壳体形零件制造。

(4)材料需改进。使用成型材料较脆(特别是加工零件时必须制作支撑)、材料固化中伴随一定的收缩(甚至可能导致零件变形),并有一定的毒性,不符合发展绿色制造的要求。

SLA 主要用于产品外型评估、功能试验及各种经济模具、儿童玩具的制造。

第三节　虚拟制造技术简介

一、虚拟制造的概念

虚拟制造(VM)是实际制造过程在计算机上的本质实现,是利用计算机仿真与虚拟现实技术,在高性能计算机及高速网络的支持下,采用群组协同工作,通过模型来模拟和预估产品功能、性能及可加工性等各方面可能存在的问题,实现产品制造的本质过程,包括产品的设计、工艺规划、加工制造、性能分析、质量检验,并进行过程管理与控制以增强制造过程各级的决策与控制能力。

二、虚拟制造的应用

VM 在产品设计、制造过程中具有重要的应用,可大大提高产品的技术水平,例如飞机的设计、汽车外形设计与碰撞实验、工厂和建筑物的漫游等。

目前应用效果最好是下面几个方面。

1. 产品的外形设计

汽车外形造型设计是汽车的一个极为重要的方面,以前多采用泡沫塑料制作外形模型,要通过多次的评测和修改,费工费时,而采用 VM 技术建模的外形设计,可随时修改、评估,方案确定后的建模数据可直接用于冲压模具设计、仿真和加工。

2. 产品的布局设计

在复杂产品的布局设计中,通过 VM 技术可以直观地进行设计,避免可能出现的干涉和其他不合理问题。例如,工厂和车间设计中的机器布置、管道铺设、物流系统等,都需要该技术的支持。在汽车和飞机的内部、复杂的管道系统、液压集流块设计中,设计者可以“进入”其中进行布置,检查可能的干涉等错误。

3. 机械产品的运动仿真

在产品设计阶段中可以解决运动构件在运动过程中的运动协调关系、运动范围设计、可能的运动干涉检查等。

第四节　绿色制造及少无切削加工

一、绿色制造

绿色制造是综合考虑环境影响和资源消耗的现代制造模式,其目标是使得产品从设计、制造、包装、运输、使用到报废处理的整个生命周期中,对环境负面影响最小、资源利用率最高,并使企业经济效益和社会效益协调优化。

1.绿色制造的内容

绿色制造的内容涉及产品整个生命周期的所有问题,主要应考虑的是"五绿"(绿色设计、绿色材料选择、绿色工艺、绿色包装、绿色处理)问题。"五绿"问题应集成考虑,其中绿色设计是关键,这里的"设计"是广义的,它不仅包括产品设计,也包括产品的制造过程和制造环境的设计。绿色设计在很大程度上决定了材料、工艺、包装和产品寿命终结后处理的绿色性。

(1)绿色设计。绿色设计即在产品的设计阶段,就将环境因素和防止污染的措施纳入产品设计中,将产品的环境属性和资源属性,如可拆卸性、可回收性、可制造性等作为设计的目标,并行地考虑并保证产品的功能、质量、寿命和经济性。绿色设计要求在产品设计时,选择与环境友好的材料、机械结构和制造工艺,在使用过程中能耗最低,不产生或少产生毒副作用;在产品生命终结时,要便于产品的拆卸、回收和再利用,所剩废弃物最少。

(2)绿色材料。材料,特别是一些不可再生的金属材料大量消耗,将不利于全社会的持续发展。绿色设计与制造所选择的材料既要有良好的使用性能,又要与环境有较好的协调性。为此,可改善机电产品的功能,简化结构,减少所用材料的种类;选用易加工的材料,低耗能、少污染的材料,可回收再利用的材料,如铝材料,若汽车车身改用轻型铝材制造,重量可减少40%,且节约了燃油量;采用天然可再生材料,如丰富的柳条、竹类、麻类木材等用于产品的外包装。

绿色制造所选择的材料既要有良好的使用性能,又要满足制造工艺特性以及与环境有较好的协调性,选择绿色材料是实现绿色制造的前提和关键因素之一。绿色制造要求选择材料应考虑以下几个原则。

1)优先选用可再生材料,尽量选用可回收材料,提高资源利用率,实现可持续发展。

2)选用原料丰富、低成本、少污染的材料代替价格昂贵、污染大的材料。

3)尽量选择环境兼容性好的材料,避免选用有毒、有害和有辐射性的材料。这样有利于提高产品的回收率,节约资源,减少产品毁弃物,保护生态环境。

(3)低物耗的绿色制造技术。绿色制造工艺技术是以传统的工艺技术为基础,并结合材料科学、表面技术、控制技术等新技术的先进制造工艺技术。其目的是合理利用资源及原材料、降低零件制造成本,最大限度地减少对环境的污染程度。

1)少无切削。随着新技术、新工艺的发展,精铸、冷挤压等成形技术和工程塑料在机械制造中的应用日趋成熟,从近似成形向净成形仿形发展。有些成形件不需要机械加工就可直接使用,不仅可以节约传统毛坯制造时的能耗、物耗,而且减少了产品的制造周期和生产费用。

2)节水制造技术。水是宝贵的资源,在机械制造中起着重要作用。但由于我国北方缺水,从绿色可持续发展的角度,应积极探讨节水制造的新工艺。

干式切削就是一例,它可消除在机加工时使用切削液所带来的负面效应,是理想的机械加工绿色工艺。它的应用不局限于铸铁的干铣削,也可扩展到机加工的其他方面,但要有其特定的边界条件,如要求刀具有较高的耐热性、耐磨性和良好的化学稳定性,机床则要求高速切削,有冷风、吸尘等装置。

3)减少加工余量。若机件的毛坯粗糙,机加工余量较大,不仅消耗较多的原材料,而且效率低下。因此,有条件的地区可组织专业化毛坯制造,提高毛坯精度。另一方面,采用先进的制造技术,如高速切削,随着切削速度的提高,则切削力下降,且加工时间短,工器变形小,以保证加工质量。在航空工业上,特别是铝的薄壁件加工目前已经可以切除出厚度为0.1 mm、高为几十毫米的成形曲面。

4)新型刀具材料。减少刀具,尤其是复杂、贵重刀具材料的磨耗是降低材料消耗的重要途径,对此可采用新型刀具材料,发展涂层刀具。

5)回收利用。绿色设计与制造,非常看重机械产品废弃后回收利用,它使传统的运行模式从开放式变为部分闭环式。

(4)低能耗的绿色制造技术。机械制造企业在生产机械设备时,需要大量钢铁、电力、煤炭和有色金属等资源,随着地球上矿物资源的减少和近期国际市场石油价格的不断波动,节能降耗已经迫在眉睫,对此可采取以下绿色技术。

1)技术节能。加强技术改造,提高能源利用率,如采用节能型电机、风扇,淘汰能耗大的老式设备。

2)工艺节能。改变原来能耗大的机械加工工艺,采用先进的节能新工艺和绿色新工装。

3)管理节能。加强能源管理,及时调整设备负荷,消除滴、漏、跑、冒等浪费现象,避免设备空车运转和机电设备长期处于待电状态。

4)适度利用新能源。可再生利用、无污染的新能源是能源发展的一个重要方向,如把太阳能聚焦,可以得到利用辐射加工的高能量光束。太阳能、天然气、风扇、地热能等新型洁净的能源还有待于进一步开发。

5)绿色设备。机械制造装备将向着低能耗、与环境相协调的绿色设备方向发展,现在已出现了干式切削加工机床、强冷风磨削机床等。绿色化设备减少了机床材料的用量,优化了机床结构,提高了机床性能,不使用对人和生产环境有害的工作介质。

(5)废弃物少的绿色制造技术 。机械制造目前多是采用材料去除的加工方式,产生大量的切屑、废品等废弃物,既浪费了资源,又污染了环境,对此可采取以下绿色技术。

1)切削液的回收再利用。已使用过的废乳化液中,如直接排放或燃烧,将造成严重的环境污染,绿色制造对切削液的使用、回收利用或再生非常重视。

2)磨屑二次资源利用。在磨削中,磨屑的处理有些困难,若采用干式磨削,磨屑处理则较为方便,由于 CBN 砂轮的磨削硬度比较高,磨屑中很少有砂轮的微粒,磨屑纯度很高,可通过一定的装置,收集被加工材料的磨粒,作二次资源利用。

3)快速原型制造技术。应用材料堆积成形原理,突破了传统机加工去除材料的方法,采用分层实体法、熔化沉积法等,能迅速制造出形状复杂的三维实体和零件,可节约资源,又能减少加工废弃物的处理,是很有发展前途的绿色制造技术。

(6)少污染的绿色制造技术。

(1)大气污染。机械制造中的大气污染主要来自工业窑炉(如铸造的冲天炉、烘干炉等)、工业锅炉和热处理车间的炉具等,它们在生产加热时产生大量的烟尘,含硫、含氮化合物,对人身健康造成危害,为此可采取以下绿色工艺技术。①改变节能结构和燃烧方式。对煤进行脱硫处理或采用天然气、水煤浆、太阳能等新能源作为燃料。②集中供热:随着城区污染严重的老厂大量外迁,在工厂新区的布局上,可考虑集中供热、供暖。

(2)水污染。机械制造业的废水主要有含油废水、含酸(碱)废水、电镀废水和洗涤废水等,由于工业废水处理难度大、费用高,综合防治是现阶段处理水污染较为有效的措施。不过这仍是末端治理技术,绿色化程度不高,还需要从源头上治理。

(3)其他污染。除了上述污染源外,机械制造还存在振动污染、噪声污染、热污染、射频辐射污染、光污染等其他的污染源，应积极研究，采取相应的防护和改善措施。

二、绿色制造技术的应用

若从节能、降耗、缩短产品开发周期的角度出发，诸如快速成形技术、虚拟制造、智能制造和网络制造等先进制造技术都可纳入绿色制造技术的应用范畴。不过目前能将绿色制造技术真正应用于企业生产的，也是较为成功的应用，主要集中在汽车、家电等支柱产业上，如绿色制造技术在汽车行业上的应用。

(1)节约资源方面。将绿色燃料天然气作为汽车的能源，它的燃料同汽油相比，CO 降低 70%，非甲烷类降低 80%等，同时也消除了铅、苯等有害物质的产生。

(2)采用新设计的加工工艺方面。2000 年 3 月，博世、康明斯、卡特彼勒等国外著名的汽车发动机公司，发动了绿色柴油机行动，在技术上作了较大的改进，大大降低了汽车尾气的排放。

(3)适用于环境友好的材料方面。世界上著名的汽车生产企业，使用新材料来替代以前使用的石棉、汞、铅等有害物质，采用轻型材料——铝材制造车身，使汽车重量减少 40%，能耗也降低了。

(4)部件回收再制造方面。从 20 世纪 90 年代中期，美国仅汽车零件回收、拆卸、翻新、出售一项，每年就可获利数十亿美元。

三、少无切削加工

少无切削加工是机械制造中用精确成形方法制造零件的工艺，也称少无切屑加工。传统的生产工艺最终多应用切削加工方法来制造有精确的尺寸和形状要求的零件，生产过程中坯料质量的 30%以上变成切屑。这不仅浪费大量的材料和能源，而且占用大量的机床和人力。采用精确成形工艺，工件不需要或只需要少量切削加工即可成为机械零件，可大大节约材料、设备和人力。

少无切削加工工艺包括精密锻造、冲压、精密铸造、粉末冶金、工程塑料的压塑和注塑等。型材改制，如型材、板材的焊接成形，有时也被归入少无切削加工。20 世纪以来，人们开始探索各种减少切削或不切削的精密成形新方法和新材料，以减少工时和材料耗费。例如，采用挤压、冷镦、搓丝等工艺生产螺栓、螺母和机械配件，使材料利用率大大提高，有时可完全不需要切削；采用金属模压力铸造制造铝合金件，与普通铸造相比，制件质量提高，且可基本不用切削加工；采用粉末冶金方法可制造高强度、高密度的机械零件，如精密齿轮与工程塑料的压塑和注塑件强度高、成形容易，基本上没有加工余量。其他传统的铸造、锻压工艺也都能提高精度、减少加工余量，实现毛坯精化。焊接结构的应用，改变了过去整体铸造、整体锻造的传统结构，使构件重量大大减轻。

与传统工艺相比，少无切削加工具有显著的技术经济效益，有利于合理利用资源及原材料、降低零件制造成本，最大限度地减少对环境的污染程度；能实现多种冷、热工艺综合交叉、多种材料复合选用，把材料与工艺有机地结合起来，是机械制造技术的一项突破。少无切削加工技术是精密锻造、冷温挤压等精密成形技术的总称，该技术最适合用于加工异形孔

*第五节　精密与超精密加工技术

人们越来越发现:提高加工精度,有利于提高产品的性能和质量、提高产品的稳定性和可靠性,有利于促进产品的小型化,有利于增强零件的互换性、提高装配生产率、促进自动化装配应用、推进自动化生产进程。

精密与超精密加工技术是机械制造业中最重要的部分之一,已成为机械制造业发展水平的重要标志。它不仅直接影响尖端技术和国防工业的发展,而且还影响机械产品的精度和表面质量,影响产品的国际竞争力。

精密与超精密加工技术是指加工精度和表面质量达到极高程度的加工工艺,通常包括:精密和超精密切削、精密和超精密磨削研磨、精密特种加工。

精密与超精密是相对于一般加工而言,每个年代、每个时期其具体内涵都不相同。目前,在工业发达国家中,一般工厂能达到的加工精度为 1μm,故常将加工精度在 0.1～1 μm,表面粗糙度值在 Ra 0.02～0.1 μm 之间的加工方法称为精密加工;而将加工精度高于 0.1 μm,表面粗糙度值小于 Ra 0.01 μm 的加工方法称为超精密加工。

一、精密与超精密切削

随着对机械产品的要求越来越高,传统的切削加工方法已根本无法满足要求,不得不发展新技术、新工艺。精密与超精密切削就是在这种形势下产生和发展起来的。目前,超精密切削就是使用精密的单晶天然金刚石刀具加工有色金属和非金属,直接切出超光滑的加工表面。

由此可见,精密与超精密切削加工技术是一项涉及内容广泛的综合性技术。要实现精密与超精密切削加工,必须要有高精度的加工机床,能够均匀地切除极薄金属层的金刚石刀具,要有可靠的误差补偿措施以及精密的测试技术,要创造稳定的加工环境,还要深入研究切削机理,掌握其变化规律,以便用来不断提高加工精度和表面质量。

以前,精密与超精密切削加工由于所需关键技术复杂、投资高,加工的零件数极少,故精密与超精密切削加工总是与高成本联系在一起。现在,大量的零件需要精密与超精密切削加工才能达到要求,随着加工数量的加大,加工成本大幅度降低。同时,产品质量提高,市场竞争力加强,这就产生了显著的经济效益。

精密与超精密切削加工由于采用的金刚石刀具具有特殊的物理化学性能,并且切削层极薄,这就使它既服从一般金属切削的普遍规律,又具有一些特殊的规律。例如:切削速度只需避开机床和切削系统的共振区,批量小选低速,批量大选高速;又如:积屑瘤总是导致切削力明显增大,加工表面质量严重恶化;再如,在切削力方面,常常是 $F_z < F_y$;另外,工件材料对精密与超精密切削加工具有更为重要的影响。

二、精密与超精密磨削研磨

磨削加工是一种常用的半精加工和精加工方法,砂轮是磨削的主要切削工具。一般磨削加工精度可达 IT6,表面粗糙度达 Ra 1.25～0.1 μm,要想进一步提高加工质量,就必须采用精密与超精密磨削。

精密与超精密磨削加工是利用细粒度的磨粒或微粉对黑色金属、硬脆材料等进行加工,获得高的加工精度、低的表面粗糙度值。它是用微小的多刃刀具去除细微切屑的一种加工方法。其加工精度高于 0.1 μm，表面粗糙度值可低于 Ra 0.025 μm，并正朝纳米级发展。

精密与超精密磨削加工从 20 世纪 60 年代发展至今，由最初的砂轮磨削、砂带磨削，到今天已扩大到磨料加工范围。按磨料加工大致可将精密与超精密磨削加工分为固结磨料和游离磨料两大类加工方式，每种加工方式又包含多种加工方法，见表 18-1。

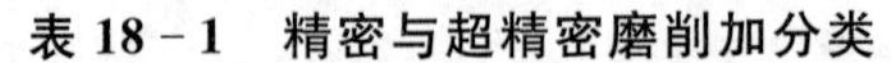

表 18-1　精密与超精密磨削加分类

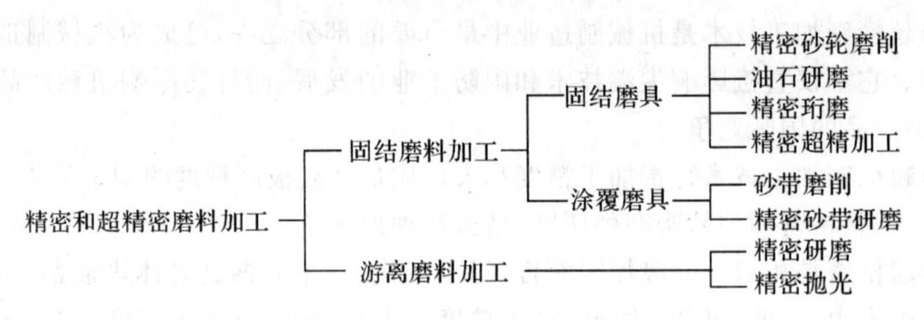

固结磨料加工是指将磨粒或微粉与黏合剂粘结在一起，形成一定形状并具有一定强度，再采用烧结、黏结、涂敷等方法形成砂轮、砂条、油石、砂带等磨具。采用烧结方法形成的砂轮、砂条、油石等称为固结磨具；而采用涂敷方法将磨料用黏合剂均匀地涂敷在纸、布或其他复合材料基底上形成的磨具，称为涂覆磨具或涂敷磨具，常见的有：砂纸、砂布、砂带、砂盘、砂布页轮和砂布套等。

游离磨料加工是指在加工时，磨料或微粉不是固结在一起，而是成游离状态。具体加工方法除常见的传统研磨和抛光外，还有磁性研磨、弹性发射加工、液体动力抛光、液中抛研、磁流体抛光、挤压研抛、喷射加工等。

精密与超精密磨削一般多指砂轮磨削和砂带磨削。

三、精密与超精密加工技术的发展趋势

中国科学院《2003 高新技术发展报告》中指出，美国、西欧和日本非常重视精密与超精密加工技术的发展和应用，美国陆、海、空三军制造技术计划均集中巨额资金、人力，微米级坐标镗、磨床已进入生产线，0.1～0.01 μm 超精密加工机床及加工方法和复合加工技术已用于关键零件的批量生产。

根据我国目前的综合实力和国情，精密与超精密加工技术要发展，必须做好以下几方面的基础研究工作：①精密与超精密加工技术的基本理论和工艺；②精密与超精密加工设备的精度、动特性及热稳定性；③精密与超精密加工精度检测及在线检测和误差补偿；④精密与超精密加工的环境控制技术；⑤精密与超精密加工的材料；⑥精密与超精密加工刀具的设计、制造和刃磨。

只要我们给予高度重视，投入相当的人力和物力，全国各研究院所、高等学校、企业共同合作，充分利用科学研究的最新成就，相信我国能在 15～20 年内达到美国等先进国家目前的制造水平，并在某些主要单项技术上达到国际先进水平。

复　习　题

18－1　什么是现代制造技术？为什么现代先进制造技术又可称为先进制造技术？
18－2　试述现代制造技术的特点。
18－3　什么是数控加工？
18－4　什么是立体打印法(SLA)？主要特点什是么？
18－5　什么是虚拟制造？目前应用效果最好是哪几个方面？
18－6　什么是绿色制造技术的应用？
18－7　什么是少无切削加工？
18－8　什么是精密与超精密加工技术？
18－9　什么是固结磨料？什么是游离磨料？

第十九章　金属工艺过程的拟定

在实际生产中，由于零件的生产类型、材料、结构、形状、尺寸和技术要求等不同，针对某一零件，往往不是单在一种机床上、用某一种加工方法就能完成的，而是要经过一定的工艺过程才能完成其加工。因此，不仅要根据零件的具体要求，结合现场的具体条件，对零件的各组成表面选择合适的加工方法，还要合理地安排加工顺序，逐步地把零件加工出来。

对于某个具体零件，可以采用几种不同的工艺方案进行加工。虽然这些方案都可能加工出合格的零件，但从生产效率和经济效益来看，可能其中只有一种方案比较合理且切实可行。因此，必须根据零件的具体要求和可能的加工条件等，拟定较为合理的工艺过程。本章将介绍与拟定工艺过程有关的工艺学知识。

第一节　概　　述

一、机械加工工艺过程

机械加工工艺过程是指在生产过程中直接改变生产对象的形状、尺寸、性能和相对位置关系，使其成为零件的过程。

机械加工工艺过程是由一个或若干个顺序排列的工序组成的，工序又可细分为工步、走刀等。

1. 工序

工序是指一个（或一组）工人在一台机床（或一个工作地点）对同一个（或同时对几个）工件所连续完成的那一部分工艺过程。如图 19－1 所示的圆柱齿轮，其工艺过程主要包括以下内容：加工外圆，加工内孔，加工端面，加工齿形，倒角，去飞边等。根据车间加工条件和生产规模的不同，可采用不同的加工方案来完成该工件的加工。表 19－1 所示为圆柱齿轮在单件小批量生产时宜采用的工艺过程。

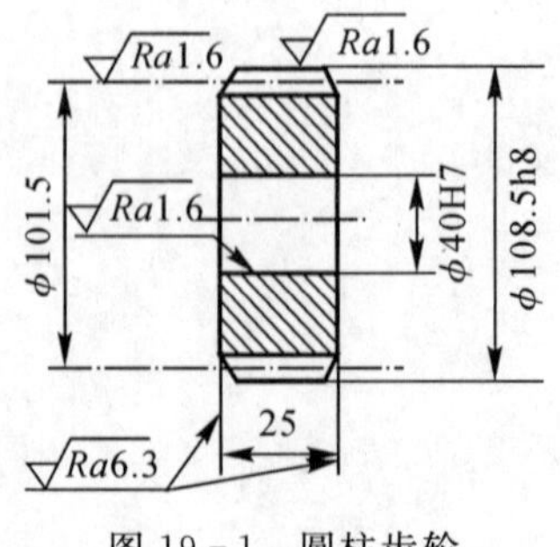

图 19－1　圆柱齿轮

表 19-1　齿轮单件小批量生产的工艺过程

序号	工序内容及要求	基　面	设　备
1	锻造		
2	正火		
3	粗车各部，均放余量 2 mm	外圆、端面	C611
4	精车内孔为 $\Phi40H7$，总长放余量 0.2 mm，其余达图样要求	外圆、内孔、端面	D616
5	滚齿，齿面表面粗糙度值 $Ra=2.5\ \mu m$	内孔、端面	Y38
6	倒角		倒角机
7	钳去飞边		
8	热处理齿部		
9	平面磨两端面达图样要求	端面	平面磨床
10	钳飞边		
11	内圆磨校正内孔及端面(公差 0.01 mm)，磨内孔达图样要求	内孔、端面	M220
12	磨齿达图样要求	内孔端面	Y7150
13	终结检查		

2. *工步*

工步是指在加工表面、加工工具和切削用量(仅指机床转速和进给量)均不变的条件下所连续完成的那一部分工艺过程。

一个工序包括一个或几个工步。构成工步“三个不变”的任一因素改变后即变成另一个工步。上述齿轮零件的加工，在表 19-1 的工序 3 中包括了很多工步。

3. *走刀*

在一个工步中，若被加工表面需切除的金属层很厚，需分几次切削，则每一次切削称为一次走刀。

4. *安装*

安装是指工件(或装配单元)通过一次装夹后所完成的那一部分工艺过程，一个工序可以包括一次或几次安装。

二、生产纲领与生产类型

生产纲领是指企业在计划期内应生产的产品产量和进度计划。企业应根据市场需求和自身的生产能力决定其生产计划，零件的生产纲领还应该包括一定的备品和废品数量。计划期为一年的生产纲领称为年生产纲领，其计算公式为

$$N=Qn(1+\alpha)(1+\beta)$$

式中，N 为零件的年生产纲领，单位为件 / 年；Q 为产品的年产量，单位为台 / 年；n 每台产品中包括的该零件的数量，单位为件 / 台；α 为备品率；β 为废品率。

年生产纲领确定之后，还应根据车间(或工段) 的具体情况，确定在计划期内一次投入或产出的同一产品(或零件) 的数量，即生产批量。零件生产批量的计算公式如下：

$$n' = \frac{NA}{F}$$

式中，n' 为每批中的零件数量；N 为年生产纲领规定的零件数量；A 为零件的储备天数；F 为一年中的工作日天数。

生产类型是指企业（或车间、工段、班组、工作地）生产专业化程度的分类，一般分为下列三种生产类型。

1. 单件生产

产品的品种很多，但同一品种的产品数量很少，极少重复，甚至完全不重复，工作地点经常变换。例如，新产品的试制，重型机械、专用设备的制造等。

2. 成批生产

产品周期性地成批投入生产，各工作地点分批轮流制造几种不同的产品，加工对象周期性地重复。例如，机床、电动机、水泵、汽轮机等的生产就属于成批生产。

根据生产批量的大小和产品特征，成批生产又分为小批生产、中批生产和大批生产。

3. 大量生产

产品的数量很大，品种少，在大多数工作地点按照一定的生产节拍长期不断地重复同一道工序的加工，整个工艺过程流水式进行，设备的专业化程度很高。例如，汽车、拖拉机、轴承、洗衣机等的制造多属于大量生产。

表 19－2 为各种生产类型的划分依据，可供参考。

表 19－2　各种生产类型的划分

生产类型		零件的年生产量/（台/年或件/年）		
		重型零件	中型零件	轻型零件
单件生产		≤5	≤10	≤100
成批生产	小批生产	＞5～100	＞10～150	＞100～500
	中批生产	＞100～300	＞150～500	＞500～5 000
	大批生产	＞300～1 000	＞500～5 000	＞5 000～50 000
大量生产		＞1 000	＞5 000	＞50 000

*第二节　工件的装夹与夹具

一、概述

1. 装夹

将工件在夹具或机床中定位和夹紧的过程，称为装夹。

2. 定位

工件在机床或夹具中，保证逐次加工一批零件都有相同的位置的操作，称为定位。

3. 夹紧

把工件固定在正确位置上，在加工过程中不会因为重力、切削力、惯性矩使工件发生位置变化而影响加工精度，必须把零件压紧、夹牢，称为夹紧。

根据工件的不同技术要求，可以先定位后夹紧，也可以在夹紧过程中定位，其目的就是要保证各加工面在加工过程中相对于刀具及成形运动有正确且不变的位置，从而保证各加工面的精度。

二、装夹方法

1.直接安装法

工件直接安放在机床工作台或者通用夹具(如自定心卡盘、平口虎钳等)上，有时不另外进行找正即夹紧，如利用自定心卡盘安装工件；有时则需要根据工件上某个表面或划线找正工件，再进行夹紧，如在平口虎钳上安装工件。

用这种方法安装工件时，找正比较费时，且定位精度的高低主要取决于所用工具或仪表的精度以及工人的技术水平，定位精度不易保证，生产率较低，所以通常仅适用于单件小批量生产。

2.夹具装夹

为了保证加工面的精度和提高生产率，事先按照图样技术要求，设计出可靠的某工序加工用的夹具，加工时将工件的定位基准面紧贴在夹具的定位面上，直接由夹具来保证加工面与机床刀具的相对运动位置。对工人的技术水平要求不高，因为零件加工面的精度是靠夹具来保证的。

三、夹具简介

夹具是为完成零件加工中的某道工序，将工件进行定位、夹紧，将刀具进行导向或对刀，以保证工件和刀具之间有正确的相对位置关系的一种工艺装备。它对保证工件的加工精度、提高生产效率和减轻工人的劳动强度都起着很大的作用。

1.夹具的种类

夹具按用途可分为以下5类：

(1)通用夹具。通用夹具是指结构已经标准化，且有较大适用范围的夹具，不需要特殊的调整就可以加工不同规格的工件。例如，车床上的自定心卡盘，单动卡盘，铣床、牛头刨床上用的平口钳，铣工、钳工用的万能分度头都属于通用夹具。其共同特点是通用性强，能充分发挥机床的技术性能，扩大了使用范围，已经标准化并由专业厂家提供。

(2)专用夹具。专用夹具属于非标准设备，它必须是根据工件某一要求专门设计的，没有通用性。利用专用夹具加工工件，既能提高产品的加工精度，又能提高生产率。

(3)通用可调夹具和成组夹具。这类夹具的特点:夹具的部分元件可以更换，部分装置可以调整，以适应不同尺寸零件的加工。用于相似零件的成组加工所需要的夹具，称为可调夹具，它适用范围广，但加工对象不明确。

(4)组合夹具。组合夹具是由完全标准化的元件，根据零件的加工要求拼装而成的，不同元件的不同组合连接，构成不同结构和用途的夹具。这类夹具具有较强的灵活性和万能性，生产周期短，投资少，见效快，特别适合试制和小批量生产。

(5)随引夹具。随引夹具是在自动化生产或柔性制造系统中使用的。工件安装在随引夹具上，除完成对工件的定位安装夹紧之外，还负责将工件运输至各机床，并实现在机床上的定位夹紧。

夹具除按使用范围分类之外，还可以按加工类型和在什么机床上使用来分类，如果在车床上使用就叫做车床夹具，在铣床上使用就叫做铣床夹具等。按夹紧方式可分为气动、手动、液动、气液动夹具。

2.夹具的主要组成部分

图 19-2 为在轴上钻孔用的专用夹具。在工件的外圆上有一个直径为 ϕ 的孔，它与轴端的距离为 l_2。孔 ϕ 在圆周方向上是任意的，但对端面 A 有距离要求，设计夹具时，要保证尺寸 l_2。该夹具由下列元件或装置组成：

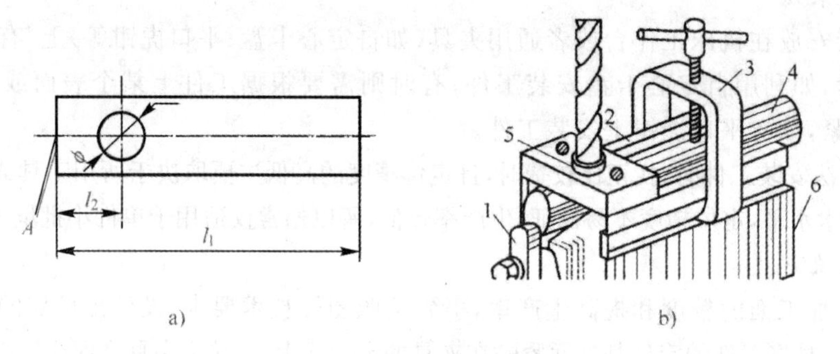

图 19-2　在轴上钻孔的夹具

(a)零件图；(b)零件装夹

1—挡铁；2—V形块；3—夹紧机构；4—工件；5—钻套；6—夹具体

(1) 定位元件.定位元件是用来确定工件正确位置的元件。在图 19-2 中，工件的外 V 形块定位，它限制 X,Z,X,Z 四个自由度；挡铁也是定位元件，为了保证 L 的尺寸精度。它限制 Y 一个自由度。

(2)夹紧机构。夹紧机构是工件定位后，为了防止切削力引起工件移位，必须将其夹紧的装置。图 19-2 中用框架和螺杆(常用的夹紧机构)将工件夹紧。

(3)导向元件。导向元件也叫对刀块或引刀块，用来保证刀具相对于夹具定位元件具有正确位置关系的元件。图 19-2 中钻套 5 就是导向元件。钻套和导向套用在钻床上叫钻模，用在镗床上叫镗模。

(4)夹具体和其他部分。图 19-2 中夹具体 6 是夹具的基准零件，用来连接并固定定位元件、夹紧机构及导向元件，使之成为一个整体，并通过它安装在机床工作台上。

根据加工工件的要求，有时还需要在夹具上设置分度机构、导向链、平衡块和操作件等。

零件的加工精度主要取决于夹具的设计精度和制造(安装、调试)精度。

如果将图 19-2 中的挡铁设计成在 Y 方向可调整的，就称为可调整夹具，它可以扩大 l_1 尺寸加工的范围。

第三节　零件结构工艺性分析及毛坯的选择

一、零件结构工艺性分析

分析零件的结构，主要从零件的主要表面、表面的尺寸和各表面的组合方式去认识其结构特点。只有掌握了零件的结构特点，才能恰当地选择加工方法，编制工艺规程。

零件的结构工艺性是指所设计的零件在能满足使用要求的前提下，制造的可行性和经济性。零件的结构对工艺过程的影响很大。使用性能相同而结构不同的零件，其加工方法和制造成本可能有很大的差别。所谓结构工艺性好是指这种结构在相同生产条件下，能用较经济和简便的方法保质保量地加工出来。零件结构工艺性的问题比较复杂，它涉及毛坯制造、机械加工、热处理和装配工作等。另外，零件的结构还要适应生产类型和具体生产条件的要求。表19－3列举了一些关于零件结构工艺性的实例。

表19－3　零件结构工艺性实例

序号	设计原则	A结构工艺性差	B结构工艺性好	说明
1	尽量采用经参数	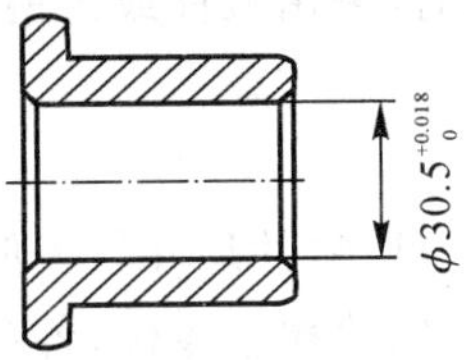 $\phi30.5^{+0.018}_{0}$	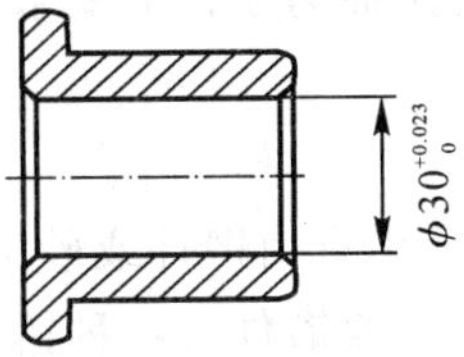 $\phi30^{+0.023}_{0}$	B结构孔径的基本尺寸及公差为标准值，便于采用钻—扩—铰方案加工，可大大提高生产效率，并保证质量
2	零件应有足够的刚度	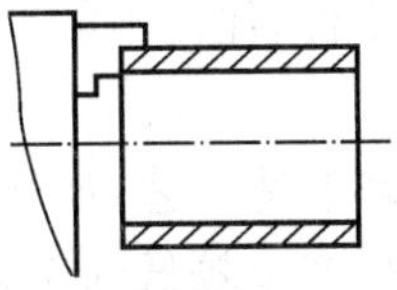	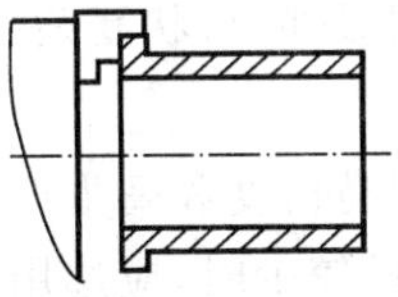	薄壁套筒类零件可在一端加凸缘，以增加零件的刚度
3	便于装夹	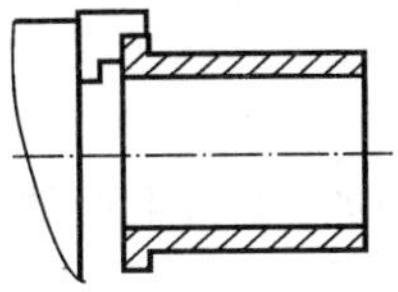	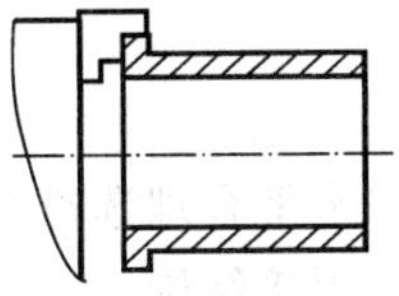	B结构在车床上拖板上设置工艺凸台，以便加工下面的燕尾槽，加工完成后再去掉该凸台
4	减少装夹次数	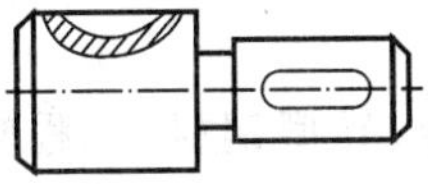	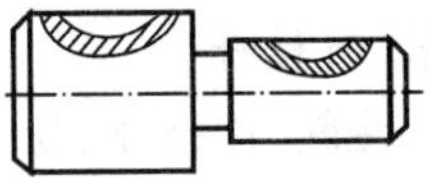	B结构的键槽在同一方向，可在一次装夹中加工
5	便于退刀和逆刀	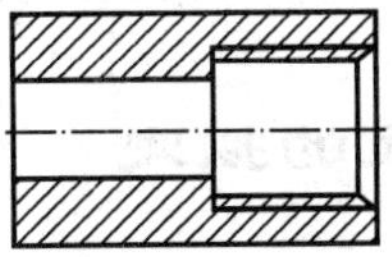	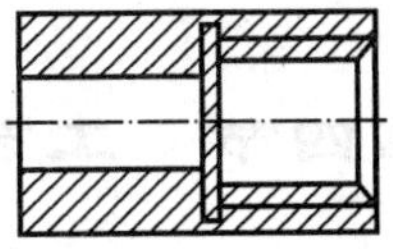	加工螺纹时，应留有退刀槽或保留足够的退刀长度，可使螺纹清根，操作较容易，避免打刀
6		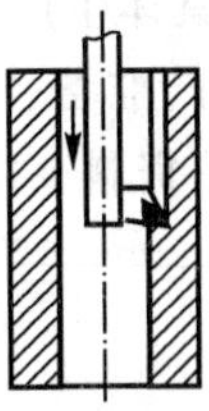	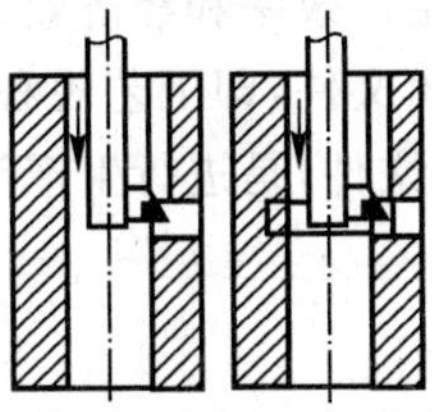	在套筒类零件上插削键槽时，必须在键槽前端设置一孔或留有退刀槽以便退刀
7	减少刀具种类	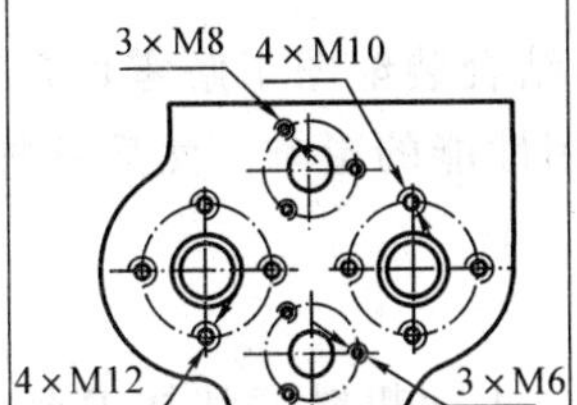 3×M8　4×M10　4×M12　3×M6	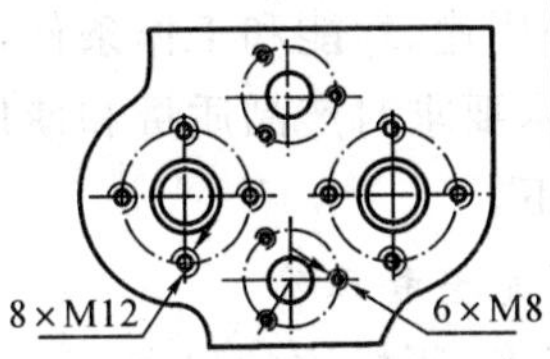 8×M12　6×M8	箱体上的螺纹孔孔径应尽量一致或减少种类，以便采用同一加工刀具或减少刀具规格

三、毛坯的选择

毛坯质量的好坏，对零件的加工质量、加工方法、材料利用率、加工劳动量和制造成本等都有很大的影响。机械加工中常用的毛坯有铸件、锻件、型材、焊接件等。选择毛坯时应考虑以下因素。

1. 零件的材料及其力学性能

零件的材料及其力学性能决定了毛坯的种类。例如，当零件材料为铸铁和青铜时，采用铸件；零件材料为钢材，形状不复杂而力学性能要求较高时，采用锻件或铸钢件；零件材料力学性能要求不高时，常采用棒料。

2. 零件的结构形状和尺寸

外形尺寸较大的零件，一般用自由锻件或砂型铸造件；零件尺寸较大但结构较简单时。可选用焊接件；中小型零件，可选用模锻件或特种铸造毛坯；阶梯轴零件，各台阶直径相差不大时可选用棒料，相差较大时可选用锻件；形状复杂、壁薄的零件，往往不能采用金属型铸造毛坯。

3. 零件的生产纲领

生产规模越大，越适宜采用高精度和高生产率的毛坯制造工艺，如金属模铸件、压铸件、模锻或精密模锻的毛坯。零件产量较少时，应选用精度和生产率较低的毛坯制造方法，如自由锻件、木模砂型铸件。

4. 车间的生产条件

结合本车间现有设备和技术水平合理选择毛坯。例如，我国生产的第一台 12 000 t 水压机的大立柱，整锻困难，就采用了焊接结构。

5. 充分应用新工艺、新技术、新材料

例如，采用精密铸造、精锻、冷轧、冷挤压、粉末冶金、异型钢材、工程塑料等毛坯制造工艺和材料时，可大大减少机械加工量，甚至可以不再进行机械加工而直接使用。

*第四节　工艺规程的拟定

为了保证产品质量、提高生产效率和经济效益，要根据具体生产条件拟定的较合理的工艺过程，用图表或文字的形式写出文件，即工艺规程。它是生产准备、生产计划、生产组织、实际加工及技术检验等的重要技术文件，是进行生产活动的基础资料。本节仅介绍拟定机械加工工艺规程的一些基本问题。

一、零件的工艺分析

首先要熟悉整个产品的用途、性能和工作条件，结合装配图了解零件在产品中的位置、作用、装配关系及其精度等技术要求对产品质量和使用性能的影响。然后从加工的角度对零件进行工艺分析，主要内容如下：

1. 检查零件的图样是否完整和正确

例如：视图是否足够、正确，所标注的尺寸、公差、表面粗糙度和技术要求等是否齐全、合理，并要分析零件主要表面的精度、表面质量和技术要求等在现有的生产条件下能否达到，以便采取适当的措施。

2. 审查零件材料的选择是否恰当

零件材料的选择应立足于国内，尽量采用我国资源丰富的材料，不要轻易选择贵重材料。另外还要分析所选的材料会不会使工艺变得困难和复杂。

3. 审查零件的结构工艺性

零件的结构是否符合工艺性一般原则的要求，现有生产条件能否经济地、高效地、合格地加工出来。

如果发现问题，应与有关设计人员共同研究、协商，按规定程序对原图样进行必要的修改与补充。

二、定位基准的选择

在零件加工中，如何选择定位基准，对加工质量的影响很大。在加工的起始工序中，只能用毛坯上未加工的表面作为定位基准，这种定位表面称为粗基准；选用已经加工过的表面作为定位基准，称为精基准。

由于粗、精基准的用途不同，在选择时所考虑的侧重点也不同。

1. 粗基准的选择

粗基准的选择对零件的加工会产生重要的影响。选择粗基准是为了给后续工序提供精基准，考虑的重点是如何保证各加工表面有足够的余量和保证不加工表面与加工表面之间的尺寸、位置等符合零件图样的设计要求，同时要明确哪一方面的要求是主要的。选择粗基准时，一般应遵循以下原则。

(1)若必须首先保证工件重要表面具有较小而均匀的加工余量，应选择该表面为粗基准。例如，在车床床身加工中，导轨面是最重要的表面，它不仅要求精度高，而且要求导轨面有均匀的金相组织和较高的耐磨性，因此加工时导轨面去除余量要小而均匀。此时应以导轨面为粗基准，先加工底平面，然后再以底平面为精基准，加工导轨面，如图 19－3(a)所示，这样就可以保证导轨面的加工余量均匀。若违反本条原则，势必造成导轨面加工余量不均匀，降低导轨表面的耐磨性，如图 19－3(b)所示。

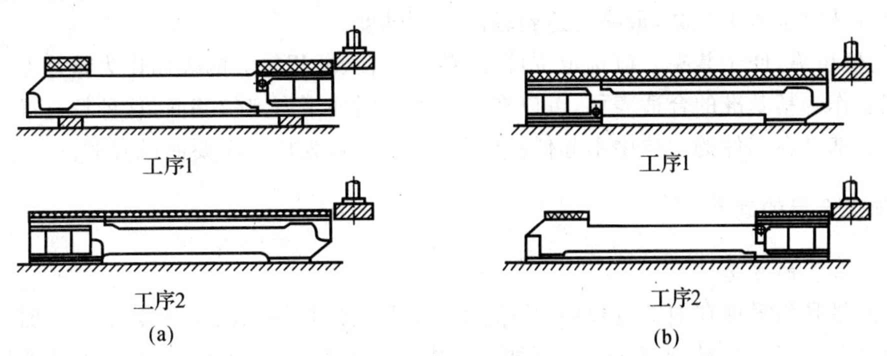

图 19－3　床身加工粗基准选择对比

(a)合理；　(b)不合理

(2)如果必须保证工件上加工表面与不加工表面之间的相互位置要求，应以不加工表面为粗基准。如果在工件上有多个不加工表面，则应以其中与加工表面相互位置要求较高的不加工表面为粗基准。

(3)如果工件上各表面均要求加工,应选加工余量最小的表面作为粗基准,以保证该表面有足够的加工余量。

(4)定位可靠,便于装夹。作为粗基准的表面,应选用比较可靠、平整光洁的表面,并有足够大的尺寸,不允许有飞边、浇口、冒口、夹砂或其他缺陷。若工件上没有合适的表面作为粗基准,可以先铸出或焊上几个工艺凸台,加工完毕后再去掉。

(5)粗基准一般不应被重复使用,因为毛坯的定位表面很粗糙,不能保证每次安装都在同一位置,如果在两次装夹中不能保证安装在同一位置,就会造成相当大的定位误差。

2.精基准的选择

精基准的选择应从保证零件的加工质量出发,减少误差,保证加工精度以及装夹准确、可靠、方便。选择精基准时,一般应遵循以下原则。

(1)基准重合原则。应尽可能选用零件的设计基准作为精基准,以避免由于基准不重合引起的定位误差。

(2)基准统一原则。尽可能使工件各主要表面的加工采用统一的定位基准,即基准统一原则。采用基准统一原则,可以在一次安装中加工多个表面,减少安装次数和安装误差,有利于保证各加工表面之间的相互位置精度,简化工艺过程,减少夹具的设计与制造,缩短生产准备时间,降低成本。例如,当车床主轴采用中心孔定位时,不但能在一次装夹中加工大多数表面,而且保证了各级外圆表面的同轴度要求以及端面与轴心线的垂直度要求。

选作统一基准的表面,一般应是面积较大、精度较高的平面、孔或其他距离较远的几个面的组合。例如,箱体零件用一个较大的平面和两个距离较远的孔作为精基准。

(3)自为基准原则。当精整加工或光整加工工序要求加工余量小而均匀时,应选择加工表面本身作为精基准。例如,在活塞销孔的精加工工序中,精镗销孔和滚压销孔,都是以销孔本身作为精基准的。

(4)互为基准原则。零件上某些位置精度要求较高的表面,常采用互为基准反复加工的方法来保证。例如,内、外圆表面同轴度要求比较高的轴、套类零件,先以内孔定位加工外圆,再以外圆定位加工内孔,如此反复。这样,作为定位基准的表面的精度越来越高,而且加工表面的相互位置精度也越来越高,最终可达到较高的同轴度。

(5)定位可靠,便于装夹。应选定位可靠、装夹方便、面积较大的表面作为精基准。如果工件上没有能作为精基准的合适表面,可以在工件上专门加工出定位基面,这种精基准称为辅助基准。辅助基准在零件的工作中不起任何作用,它仅仅是为加工需要而设置的。

三、加工余量的确定

1.加工余量的概念

加工余量是指零件在加工过程中,从被加工表面上必须切除的金属层厚度。加工余量分为工序余量和加工总余量(毛坯余量)两种。完成一道工序时,从某一表面上所必须切除的金属层厚度称为该工序的工序余量。毛坯尺寸与零件图的设计尺寸之差,称为加工总余量(毛坯余量),也就是某加工表面上切除的金属层总厚度,也等于该表面各道工序的工序余量的总和,即

$$Z_{总} = \sum_{i=1}^{n} Z_i$$

式中，$Z_{总}$ 为加工总余量；z_i 为工序余量；n 为加工工序数目。

2.确定加工余量的方法

确定加工余量的基本原则是在保证加工质量的前提下，尽量减少加工余量。具体方法有以下三种：

(1)分析计算法.分析计算法是以一定的试验资料为依据，运用加工余量计算公式，对影响加工余量的各项因素进行分析和综合计算来确定加工余量的方法。该方法最为经济合理，但必须要积累比较全面而可靠的试验数据和资料，且计算比较繁琐，在实际生产中应用较少。

(2)查表法.查表法是根据生产实践和试验研究积累的资料制成表格，结合实际

加工情况查表确定加工余量的方法。该方法应用比较广泛，使用时应注意，查表的数据要结合工厂实际加工情况进行修正。

(3)经验估计法。经验估计法是依靠工艺人员和操作工人的实践经验来确定加工余量的方法。该方法为了防止因余量过小而产生废品，所估计确定的加工余量一般偏大，常用于单件小批量生产。

四、工艺路线的拟定

1.确定加工方案

根据零件每个加工表面(特别是主要表面)的技术要求，选择较合理的加工方案。

常见典型表面的加工方案可参考相关教材的有关内容来确定。

在确定加工方案时，除了表面的技术要求外，还要考虑零件的生产类型、材料性能及本单位现有的加工条件等。

2.安排加工顺序

一个复杂零件的加工过程包括以下几种工序：机械加工工序、热处理工序、辅助工序等。

(1)机械加工工序的安排原则包括以下四点。

1)先基面后其他。作为精基准的表面应在机械加工工艺过程一开始便进行加工，因为后续工序中加工其他表面时要用该精基准来定位，如果精基准不止一个，则应按照基面转换的顺序和逐步提高加工精度的原则来安排基面和主要表面的加工。例如：精度要求较高的轴类零件(如机床主轴、丝杠，汽车发动机曲轴等)，其第一道机械加工工序一般是铣端面，打中心孔，然后以顶尖孔定位加工其他表面；箱体类零件(如车床主轴箱，汽车发动机中的气缸体、气缸盖、变速器壳体等)也都是先安排定位基准面的加工(多为一个大平面，两个销孔)，再加工其他平面和孔系。

2)先粗后精。对精度和表面质量要求较高的零件，应先安排粗加工，中间安排半精加工，最后安排精加工和光整加工。

3)先主后次。先安排主要表面的加工，后安排次要表面的加工。主要表面指设计基准面、工作表面、装配基面等。次要表面指非工作表面，如键槽紧固用的光孔和螺孔等。因为次要表面的加工工作量较小，且往往与主要表面有位置精度的要求，因此，一般要在主要表面达到一定的精度(如半精加工)之后，再以主要表面定位加工次要表面。例如，箱体主轴孔端面上的轴承盖螺钉孔，对主轴孔有位置要求，应排在主轴孔加工后加工，因为加工这些次要表面时，切削力、夹紧力小，一般不影响主要表面的精度。

4)先面后孔。对于箱体、支架等零件，其上有较大的平面可作为定位基准，应以平面为精

基准来加工孔，可以保证定位稳定、准确、可靠，装夹方便，如法兰盘上的螺钉孔。

(2)热处理工序及表面处理工序。热处理是用来改善材料的性能及消除内应力的。热处理工序在工艺路线中的安排，应根据零件的材料和热处理的目的来确定。

1)预备热处理。预备热处理的目的是改善切削性能，消除毛坯制造时的内应力和降低硬度，因此一般安排在机械加工之前。例如，对于碳的质量分数超过0.5%的碳钢一般采用退火，以降低硬度；对于碳的质量分数小于0.5%的碳钢一般采用正火，以提高材料的硬度，使切削时切屑不粘刀，表面较光滑。通过调质可使零件获得细密均匀的回火索氏体组织，也可用作预备热处理，调质处理常安排在粗加工之后、半精加工之前。

2)最终热处理。最终热处理应安排在半精加工之后、磨削加工之前进行(氮化处理应安排在精磨之后)，目的是提高零件材料的强度、硬度和耐磨性等。氮化处理由于温度低、变形小，氮化层较薄(0.3～0.7 mm)，故应放在精磨之后进行。表面装饰性镀层、发蓝处理、阳极氧化等表面处理工序一般都安排在工艺过程的最后进行。

3)去除应力处理。去除应力处理最好安排在粗加工之后、精加工之前，如人工时效、退火。有时，为了避免过多的运输工作量，对于精度要求不太高的零件，一般把去除内应力的人工时效和退火放在毛坯进入机械加工车间之前进行。但是，对于精度要求特别高的零件(如精密丝杠)，在粗加工和半精加工的过程中，要经过多次去除内应力退火，在粗、精磨过程中，还要经过多次人工时效。

(3)辅助工序。辅助工序主要包括工件的检验、去飞边、去磁、清洗和涂防锈油等。其中检验工序是主要的辅助工序，它是监控产品质量的主要措施，除了各工序的操作工人自行检验外，还必须在下列情况下安排单独的检验工序。

1)粗加工阶段结束之后。

2)重要工序之后。

3)送往外车间加工的前后，特别是热处理前后。

4)特种性能(如磁力无损检测、密封性等)检验之前。

除检验工序外，其余的辅助工序也不能忽视，如果缺少相关的辅助工序或要求不严，将对装配工作带来困难，甚至使机器不能使用。例如，未去净的飞边，将使零件不能顺利地进行装配，并危及工人的安全；润滑油道中未去净的切屑，将影响机器的运行，甚至使机器损坏。

五、工艺文件的编制

工艺过程拟定之后，要以图表或文字的形式写成工艺文件。工艺文件的种类和形式多种多样，其繁简程度也有很大不同，要视生产类型而定，通常有以下几种。

1.机械加工工艺过程卡

用于单件小批量生产，格式见表19-4，它的主要作用是概略地说明机械加工的工艺路线。实际生产中，工艺过程卡内容的繁简程度也不一样，最简单的只列出各工序的名称和顺序，较详细的则附有主要工序的加工简图等。

表 19－4　机械加工工艺过程卡

	(厂名)		机械加工工艺过程卡	产品型号		零件图号				
				产品名称		零件名称		共页	第页	
	材料牌号		毛坯种类	毛坯外形尺寸		每毛坯可制件数		每件台数	备注	
	工序号	工序名称	工序内容	车间	工段	设备	工艺装备		工时 准终	工时 单件
描　图										
描校										
底图号										
装订号										
							设计(日期)	审核(日期)	标准化(日期)	会签(日期)
	标记	处数	更改文件号	签字	日期	处数	更改文件号	签字		

2. 机械加工工序卡

大批量生产中，要求工艺文件更加完整和详细，每个零件的各加工工序都要有工序卡片。它是针对某一工序编制的，要画出该工序的工序图，以表示本工序完成后工件的形状、尺寸及技术要求，还要表示出工件的装夹方式、刀具的形状及其位置等，见表 19－5。

表19-5 机械加工工序卡

(厂名)	机械加工工序卡	产品型号		零件图号		第 页
		产品名称		零件名称		共 页

(工序简图)	车 间	工序号	工序名称	材料编号	
	毛坯种类	毛坯外形尺寸	每批件数	每台件数	
	设备种类	设备型号	设备编号	同时加工件数	
	夹具编号	夹具名称	切削液	单件时间	准终时间
	更改内容				

工步号	工步内容	工艺装备	主轴转速/(r/rain)	切削速度/(m/rain)	进给量/(mm/r)	背吃刀量/mm	走刀次数	工时定额	
								机动	单件
编制		抄写		校对		审核		批准	

3. 机械加工工艺(综合)卡

它主要用于成批生产,它比工艺过程卡详细,比工序卡简单灵活,是介于两者之间的一种格式。工艺卡既要说明工艺路线,又要说明各工序的主要内容,见表19-6。

表 19－6　机械加工工艺卡

（厂名）	机械加工工艺卡		产品型号		零件图号				
			产品名称		零件名称			共　页	第　页
材料牌号		毛坯种类		毛坯外孔尺寸		每毛坯可制件数		每件台数	备注

工序	安装	工步	工序内容	同时加工零件数	切削用量				设备名称及编号	工艺装备名称及编号			技术等级	工时	
					背吃刀量/mm	切削速度/(m·min^{-1})	每分钟转速或往复次数	进给量/(mm·r^{-1})		夹具	刀具	量具		准终	单件

									设计（日期）	审核（日期）	标准化（日期）	会签（日期）
标记	处数	更改文件号	签字	日期	处数	更改文件号	签字	日期				

复　习　题

19－1　什么是工序、安装、装夹、工步？工序和工步、安装和装夹的主要区别是什么？

19－2　如何理解结构工艺性的概念？如何分析设计和制造的关系和矛盾？

19－3　试分析题 19－3 图中结构工艺性方面存在的问题，并提出改进意见。

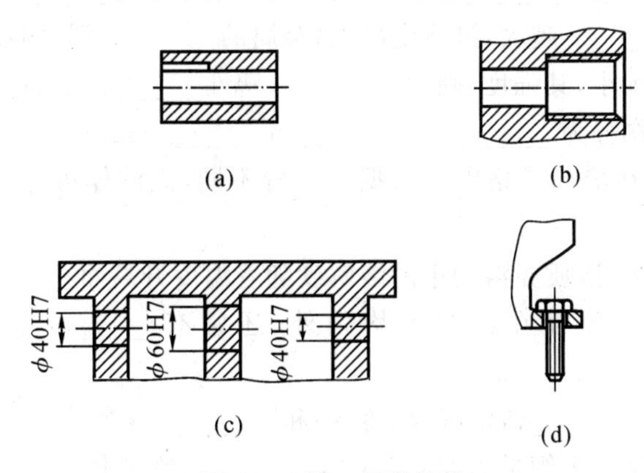

题 19－3 图　四种结构

(a)结构一；(b)结构二；(c)结构三；(d)结构四

附录　自我测试题

第一篇　金属材料及其热成形工艺基础

一、填空题

1. 金属材料一般可分为________和________两类。

2. 钢铁材料是________和________的合金。

3. 钢铁材料按其碳的质量分数 w_C（含碳量）进行分类，可分为________、________和白口铸铁或（生铁）。

4. 金属材料的性能包括________性能和________性能。

5. 洛氏硬度按选用的总试验力及压头类型的不同，常用的标尺有________、________和________。

6. 生铁是由铁矿石原料经________冶炼而获得的。高炉生铁一般分为________生铁和________生铁两种。

7. 现代炼钢方法主要有________和________。

8. 金属的化学性能包括________性、________性和________性等。

9. 工艺性能包括________性能、________性能、________性能、________性能及________工性能等。

10. 晶体与非晶体的根本区别在于________。

11. 金属晶格的基本类型有________、________与________三种。

12. 实际金属的晶体缺陷有________、________、________三类。

13. 金属结晶的过程是一个________和________的过程。

14. 过冷是金属结晶的________条件，金属的实际结晶温度________是一个恒定值。

15. 金属结晶时________越大，过冷度越大，金属的________温度越低。

16. 金属的晶粒愈细小，其强度、硬度________，塑性________、韧性________。

17. 合金的晶体结构分为________、________与________三种。

18. 根据溶质原子在溶剂晶格中所占据的位置不同，固溶体可分为________和________两类。

19. 在大多数情况下，溶质在溶剂中的溶解度随着温度升高而________。

20. 在金属铸锭中，除存在组织不均匀外，还常有________、________、________及________等缺陷。

21. 金属铸锭分为________铸锭（简称铸锭）和________铸锭。

22. 填写铁碳合金基本组织的符号：奥氏体________；铁素体________；渗碳体________；珠光体________；高温莱氏体________；低温莱氏体________。

23. 珠光体是由________和________组成的机械混合物。

24. 莱氏体是由________和________组成的机械混合物。

25. 碳的质量分数为________的铁碳合金称为共析钢，当其从高温冷却到 S 点(727℃)时会发生________转变，从奥氏体中同时析出________和________的混合物，称为________。

26. 奥氏体和渗碳体组成的共晶产物称为________，其碳的质量分数为________。

27. 亚共晶白口铸铁碳的质量分数为________，其室温组织为________。

28. 亚共析钢碳的质量分数为________，其室温组织为________。

29. 过共析钢碳的质量分数为________，其室温组织为________。

30. 钢中非金属夹杂物主要有：________、________、________、________等。

31. 按碳的质量分数高低分类，非合金钢可分为________碳钢、________碳钢和________碳钢三类。

32. 在非合金钢中按钢的用途可分为________、________两类。

33. 碳素结构钢质量等级可分为________、________、________、________四类。

34. T12A 钢按用途分类，属于________钢；按碳的质量分数分类，属于________、按主要质量等级分类，属于________。

35. 45 钢按用途分类，属于________钢；按主要质量等级分类，属于________钢。

36. 合金元素在钢中主要以两种形式存在，一种形式是溶入铁素体中形成________铁素体；另一种形式是与碳化合形成________碳化物。

37. 低合金钢按主要质量等级分为________钢、________钢和________钢。

38. 合金钢按主要质量等级可分为________钢和________钢。

39. 机械结构用钢按用途和热处理特点，分为________钢、________钢、________钢和________钢等。

40. 60Si2Mn 是________钢，它的最终热处理方法是________。

41. 超高强度钢按化学成分和强韧化机制分类，可分为________钢、________钢、________钢和________钢四类。

42. 高速钢刀具在切削温度达 600℃时，仍能保持________和________。

43. 按不锈钢使用时的组织特征分类，可分为________钢、________钢、________钢、________钢和________钢五类。

44. 不锈钢是指以不锈、耐蚀性为主要特性，且铬含量至少为________，碳的质量分数最大不超过________的钢。

45. 钢的耐热性包括________性和________强性两个方面。

46. 特殊物理性能钢包括________钢、________钢、________钢和________钢及其合会。

47. 常用的低温钢主要有：________钢、________钢及________钢。

48. 根据铸铁中碳的存在形式，铸铁分为________铸铁、________铸铁、________铸铁、________铸铁、________铸铁、________铸铁等。

49. 灰铸铁具有良好的________性、________性、________性、________性及低的________性等。

50. 可锻铸铁是由一定化学成分的________经石墨化________，使________分解获得________石墨的铸铁。

51.常用的合金铸铁有________铸铁、________铸铁及________铸铁等。

52.热处理工艺过程由________、________和________三个阶段组成。

53.常用的退火方法有：________、________、________、________和________等。

54.淬火方法有：________淬火、________淬火、________淬火和________淬火等。

55.常用的冷却介质有________、________、________等。

56.按回火温度范围可将回火分为________回火、________回火和________回火三种。

57.机械制造过程中常用的时效方法主要有：________时效、________时效等。

58. 表面淬火方法主有________表面淬火、________表面淬火等。

59.化学热处理包括________、________、________和________等。

60.目前常用的渗氮方法主要有________渗氮和________渗氮两种。

61.纯铝具有________小、________低、良好的________性和________性，在大气中具有良好的________性。

62.形变铝合金可分为________铝、________铝、________铝和________铝。

63.铸造铝合金有：________系、________系________系和________系合金等。

64.按照铜合金的化学成分，铜合金可分为________铜、________铜和________铜三类。

65.普通黄铜当锌的质量分数小于39%时，称为________黄铜，由于其塑性好，适宜________加工；当锌的质量分数大于39%时，称为________黄铜，其强度高，热态下塑性较好，故适合于________加工。

66.工业钛合金按其使用状态组织的不同，可分为：________钛合金、________钛合金和________钛合金。其中________钛合金应用最广。

67.锡基滑动轴承合金是以________为基础，加入________、________等元素组成的滑动轴承合金。

68.常用的滑动轴承合金有：________基、________基、________基、________基滑动轴承合金等。

69. 硬质合金按用途范围不同，可分为________用硬质合金，________用硬质合金，________用硬质合金。

70.特种铸造包括________铸造、________铸造、________铸造、________铸造等。

71.砂型铸造用的材料主要包括________砂、________剂、各种________物、旧砂和水。

72.造型材料应具备一定的强度、________性、________性、________性、________性和溃散性等性能。

73.手工造型方法主要有：________造型、________造型、________造型、________造型、________造型等。

74.浇注系统由________、________、________和________组成。

75.合金的铸造性能主要包括________性、氧化性、________性、________性、凝固温度范围、凝固特性、热裂倾向性以及与铸型和造型材料的相互作用等。

76.液态合金从浇注温度冷却到室温过程中要经过________收缩、________收缩、________收缩三个阶段。

77.________越好，________越小，金属的可锻性越好。

78.随着金属冷变形程度的增加，金属材料的强度和硬度________，塑性和韧性________，使金属的可锻性________。

79. 金属锻前加热的目的是提高其________和降低________；金属锻后会形成________组织。

80. 锻造温度范围是指由________温度到________温度之间的温度间隔。

81. 自由锻是通过局部锻打逐步成形的，它的基本工序包括：________、________、________、切割、弯曲、扭转、错移及锻接等。

82. 弯曲件弯曲后，由于有________现象，所以，弯曲模具的角度应比弯曲件弯曲的角度________个回弹角 a。

83. 焊接电弧由________、________、________三部分组成。

84. 采用直流电焊机焊接时，如果将焊件接________极、焊条接________极，则电弧热量大部分集中在焊件上，焊件熔化加快，可保证足够的熔深，适用于焊接厚焊件，这种接法称为正接法。

85. 焊条电弧焊的电源可分为弧焊________器（交流弧焊电源）和弧焊________器（直流弧焊电源）两类。

86. 电焊条由________和________组成。

87. 按焊缝位置的不同，焊接位置分为________焊位置、________焊位置、________焊位置和________焊位置四种。

88. 焊接接头的基本型式有________、________、________、________。

89. 气焊的主要设备和工具有________、________、________、________、________、________等。

90. 改变氧气和乙炔气体的体积比，可得到________焰、________焰和________焰三种不同性质的气焊火焰。

91. 焊接变形的基本形式有________、________、________、________、________。

92. 预防和消除焊接应力与焊接变形一般从________方面和________方面采取措施。

93. 矫正焊接变形的方法有________矫正法和________矫正法两大类。

二、选择题

1. 拉伸试验时，试样拉断前能承受的最大标称应力称为材料的________。

A 屈服点　　B. 抗拉强度　　C. 弹性极限

2. 测定淬火钢件的硬度，一般常选用________来测试。

A. 布氏硬度计　　B. 洛氏硬度计

3. 金属在力的作用下，抵抗永久变形和断裂的能力称为________。

A. 硬度　　B. 塑性　　C. 强度

4. 作冲击试验时，试样承受的载荷为________。

A. 静载荷　　B. 冲击载荷　　C. 拉伸载荷

5. 金属的________越好，则其锻造性能越好。

A. 强度　　B. 塑性　　C. 硬度

6. 铁素体是________晶格，奥氏体是________晶格，渗碳体是________晶格。

A. 体心立方　　B. 面心立方　　C. 密排六方　　D. 复杂的

7. 铁碳合金相图上的 ES 线，用符号________表示，PSK 线用符号________表示。

A. A_1　　B. A_{cm}　　C. A_3

8. 为了改善高碳钢（$w_C > 0.6\%$）的切削加工性能，一般选择________作为预备热处理。

A. 正火　　B. 淬火　　C. 退火　　D. 回火

9. 调质处理就是________的热处理。

A. 淬火＋低温回火　　B。淬火＋中温回火

C. 淬火＋高温回火

10. 化学热处理与其他热处理方法的基本区别是________。

A. 加热温度　　B. 组织变化　　C. 改变表面化学成分

11. 零件渗碳后，一般需经________处理，才能达到表面高硬度和高耐磨性目的。

A. 淬火＋低温回火　　B. 正火　　C. 调质

12. 在下列三种钢中，________钢的弹性最好；________钢的硬度最高；________钢的塑性最好。

A. T12　　B。15　　C. 65

13. 选择制造下列零件的钢材：冷冲压件用________；齿轮用________；小弹簧用________

A. 08F 钢　　B. 70 钢　　C. 45 钢

14. 选择制造下列工具所用的钢材：木工工具用________；锉刀用________；手锯锯条用________。

A. T8A 钢　　B. T10 钢　　C. T12 钢

15. 合金渗碳钢渗碳后必须进行________后才能使用。

A. 淬火加低温回火　　B. 淬火加中温回火　　C. 淬火加高温回火

16. 将括弧内合金钢牌号归类。

耐磨钢：　　；合金弹簧钢：　　；合金模具钢：　　；不锈钢：

A. 60Si2MnA　　B. ZGMnl3－2　　C. Crl2MoV　　D. 12Crl3

17. 为下列零件正确选材：机床主轴________；汽车与拖拉机的变速齿轮________；减振板弹簧________；滚动轴承________；储酸槽________；坦克履带________。

A. 12Crl8Ni9　　B. GCrl5　　C. 40Cr　　D. 20CrMnTi

E. 60Si2MnA　　F. ZGMnl3－3

18. 为下列工具正确选材：高精度丝锥________；热锻模________；冷冲模________；麻花钻头________。

A. Crl2MoV　　B. CrWMn　　C. 68Crl7　　D. W18Cr4V

E. 5CrNiMo

19. 为下列零件正确选材：机床床身________；柴油机曲轴________；排气管________。

A. RUT300　　B. QT700－2　　C. KTH350—10　　D. HT300

20. 3A21 按工艺特点分，是________铝合金，属于热处理________的铝合金。

A. 铸造　　B. 变形　　C. 能强化　　D. 不能强化

21. 某一金属材料的牌号是 rr3，它是________。

A. 碳的质量分数为 3% 的碳素工具钢　　B. 3 号加工铜

C. 3 号工业纯钛

22. 将相应牌号填入空格内：普通黄铜________；特殊黄铜________；锡青铜________；硅青铜________。

A. H90　　B. QSn4－3　　C. QSi3－1　　D. HAl77－2

23. 下列焊接方法中属于熔焊的有________。

A. 焊条电弧焊　　B. 电阻焊　　C. 软钎焊

24. 气焊低碳钢时应选用________，气焊黄铜时应选用________，气焊铸铁时应选用________

A. 中性焰　　B. 氧化焰　　C. 碳化焰

25. 下列金属中焊接性好的是________，焊接性差的是________。

A. 低碳钢与低合金高强度钢；　　B. 铸铁与高合金钢

26. 下列减少和预防焊接变形的措施中哪些是工艺措施________。

A. 焊前预热、反变形法、刚性固定法等　　B. 减少焊缝数量、合理安排焊缝位置等

三、判断题

1. 钢和生铁都是以铁碳为主的合金。（　）
2. 高炉炼铁的实质就是从铁矿石中提取铁及其有用元素并形成生铁的过程。（　）
3. 钢液用锰铁、硅铁和铝粉进行充分脱氧后，可获得镇静钢。（　）
4. 电弧炉主要用于冶炼高质量的合金钢。（　）
5. 塑性变形能随载荷的去除而消失。（　）
6. 所有金属材料在拉伸试验时都会出现显著的屈服现象。（　）
7. 测定金属的布氏硬度时，当试验条件相同时，压痕直径越小，则金属的硬度越低。（　）
8. 洛氏硬度值是根据压头压入被测金属材料的残余压痕深度增量来确定的。（　）
9. 一般来说，纯金属的导热能力比合金好。（　）
10. 金属的电阻率越大，导电性越好。（　）
11. 所有的金属都具有磁性，能被磁铁所吸引。（　）
12. 单晶体具有显著的各向异性特点。（　）
13. 纯铁在780℃时为面心立方结构的。（　）
14. 实际金属的晶体结构不仅是多晶体，而且还存在着多种缺陷。（　）
15. 碳溶于α－Fe中所形成的间隙固溶体，称为奥氏体。（　）
16. 渗碳体中碳的质量分数是6.69%。（　）
17. 在$Fe-Fe_3C$相图中，A_3温度是随碳的质量分数的增加而上升的。（　）
18. 氢对钢的危害很大，它使得钢变脆（称氢脆），也使钢产生微裂纹（称白点）。（　）
19. T10钢碳的质量分数是10%。（　）
20. 高碳钢的质量优于中碳钢，中碳钢的质量优于低碳钢。（　）
21. 碳素工具钢都是高级优质钢。（　）
22. 碳素工具钢的碳的质量分数一般都大于0.7%。（　）
23. 大部分低合金钢和合金钢的淬透性比非合金钢好。（　）
24. 3Cr2W8V钢一般用来制造冷作模具。（　）

25. GCrl5 钢是高碳铬轴承钢，其铬的质量分数是 15％。 ( )

26. Crl2MoVA 钢是不锈钢。 ( )

27. 40Cr 钢是最常用的合金调质钢。 ( )

28. 热处理可以改变灰铸铁的基体组织，但不能改变石墨的形状、大小和分布情况。 ( )

29. 可锻铸铁比灰铸铁的塑性好，因此，可以进行锻压加工。 ( )

30. 可锻铸铁一般只适用于制作薄壁小型铸件。 ( )

31. 白口铸铁件的硬度适中，易于进行切削加工。 ( )

32. 高碳钢可用正火代替退火，以改善其切削加工性。 ( )

33. 钢的质量分数越高，其淬火加热温度越高。 ( )

34. 淬火后的钢，随回火温度的提高，其强度和硬度也提高。 ( )

35. 钢的晶粒因过热而粗化时，就有变脆的倾向。 ( )

36. 自然时效是指金属材料经过冷加工、热加工或固溶处理后，在室温下发生性能随着时间而变化的现象。 ( )

37. 变形铝合金都不能用热处理强化。 ( )

38. 特殊黄铜是不含锌元素的黄铜。 ( )

39. 钛合金的牌号用“T＋合金类别代号＋顺序号”表示，如 TA7 表示 7 号仅型钛合金。 ( )

40. 纯铝中杂质含量越高，其导电性、耐蚀性及塑性越低。 ( )

41. 变形铝合金都不能用热处理强化。 ( )

42. 特殊黄铜是不含锌元素的黄铜。 ( )

43. H80 属双相黄铜。 ( )

44. 非合金钢中碳的质量分数越少，可锻性越差。 ( )

45. 尽量使锻件的锻造流线与零件的轮廓相吻合是锻件工艺设计的一条基本原则。 ( )

46. 常温下进行的变形称为冷变形，加热后进行的变形称为热变形。 ( )

47. 由于金属材料在锻造前进行了加热，所以，任何金属材料均可进行锻造。 ( )

48. 冷变形强化使金属材料的可锻性变差。 ( )

49. 冲压件材料应具有良好塑性。 ( )

50. 弯曲模的角度必须与冲压弯曲件的弯曲角度一致。 ( )

51. 落料和冲孔都属于冲裁工序，但两者的生产目的不同。 ( )

52. 焊条电弧焊是非熔化极电弧焊。 ( )

53. 选用焊条直径越大时，焊接电流也应越大。 ( )

54. 在焊接的四种空间位置中，横焊是最容易操作的。 ( )

55. 所有的金属都能进行氧—乙炔火焰切割。 ( )

56. 钎焊时的温度都在 450℃以下。 ( )

四、简答题

1. 炼铁的主要原料有哪些？

2.镇静钢和沸腾钢之间的特点有何不同？

3.采用布氏硬度试验测取金属材料的硬度值有哪些优点和缺点？

4.常见的金属晶格类型有哪几种？试绘图说明。

5.实际金属晶体中存在哪些晶体缺陷？对性能有何影响？

6.什么是过冷现象和过冷度？过冷度与冷却速度有什么关系？

7.金属的结晶是怎样进行的？

8.金属在结晶时如何控制晶粒的大小？

9.何为金属的同素异构转变？试画出纯铁的冷却曲线和晶体结构变化图。

10.与纯金属相比合金的结晶有何特点？

12.合金元素在钢中的基本作用有哪些？按其与碳的作用如何分类？

13.钢中S、P的质量分数对钢的质量有何影响？

14.奥氏体、过冷奥氏体与残余奥氏体三者之间有何区别？

15.完全退火、球化退火与去应力退火在加热温度、室温组织和应用上有何不同？

16.正火和退火有何差别？简单说明两者的应用范围？

17.淬火的目的是什么？亚共析钢和过共析钢的淬火加热温度应如何选择？

18.回火的目的是什么？工件淬火后为什么要及时进行回火？

19.渗碳的目的是什么？为什么渗碳后要进行淬火和低温回火？

20.用低碳钢(20钢)和中碳钢(45钢)制造传动齿轮，为了获得表面具有高硬度和高耐磨性，心部具有一定的强度和韧性，各需采取怎样的热处理工艺？

21.为了减少零件在热处理过程中发生变形与开裂，在零件结构工艺性设计时应注意哪些方面？

22.以手锯锯条(T10钢)或錾子(T8钢)为例，分析其应该具备的使用性能，并利用:本章所学知识，简单地为其制定合理的热处理工艺。

23.有一磨床用齿轮，采用45钢制造，其性能要求是:齿部表面硬度是52～58HRC，齿轮心部硬度是220～250HBW。齿轮加工工艺流程是:下料→锻造→热处理。切削加工→热处理→切削加工→检验→成品。试分析其中的“热处理”具体指何种工艺？其目的是什么？

24.下列牌号是何材料？说明其符号、数字所代表的意义。

T10A，55，Q235，ZG270—550，40Cr，20CrMnTi，60Si2Mn，9CrSi，GCrl5，W6M05Cr4V2，0Crl9Ni9，5CrMnMo

25.合金结构钢按其用途和热处理特点可分为哪几种？试说明它们的碳质量分数范围及主要用途。

26.试比较碳素工具钢、低合金工具钢和高速钢的热硬性，并说明高速钢热硬性高的主要原因。

27. 高速钢经铸造后为什么要反复锻造？为什么要选择高的淬火温度和三次560℃回火的最终热处理工艺

28.碳素工具钢随着碳的质量分数的提高，其力学性能有何变化？

29.与非合金钢相比，合金钢有哪些优点？

30.耐磨钢常用牌号有哪些？它们为什么具有良好的耐磨性和良好的韧性？并举例说明其用途。

31. 比较冷作模具钢与热作模具钢碳的质量分数、性能要求、热处理工艺有何不同？

32. 高速工具钢有何性能特点？回火后为什么硬度会增加？

33. 不锈钢和耐热钢有何性能特点？并举例说明其用途。

34. 什么是铸铁？它与钢相比有什么优点？

35. 球墨铸铁是如何获得的？它与相同钢基体的灰铸铁相比，其突出性能特点是什么？

36. 不同铝合金可通过哪些途径达到强化目的？

37. 何谓硅铝明？它属于哪一类铝合金？为什么硅铝明有良好的铸造性能？

38. 黄铜属于什么合金？举例说明简单黄铜和复杂黄铜的牌号。

39. 选择合适的铜合金制造下列零件：

(1)发动机轴承；(2)弹壳；(3)钟表齿轮；(4)高级精密弹簧。

40. 铝合金热处理强化的原理与钢热处理强化原理有何不同？

41. 滑动轴承合金应具备哪些主要性能？具备什么样的理想组织？

42. 硬质合金的性能特点有哪些？

43. 铸造生产有哪些优缺点？

44. 绘制铸造工艺图时应确定哪些主要的工艺参数？

45. 铸件上产生缩孔的根本原因是什么？

46. 确定锻造温度范围的原则是什么？

47. 冷变形强化对金属压力加工有何影响？如何消除？

48. 自由锻件结构工艺性有哪些基本要求？

49. 对拉伸件如何防止皱折和拉裂？

50. 焊条的焊芯与药皮各起什么作用？

51. 用氧—乙炔切割金属的条件是什么？

52. 预防和减少焊接应力与变形的措施有哪些？

53. 如何合理地布置焊缝？

54. 用直径 20 mm 的低碳钢制作圆环链，少量生产和大批量生产时各采用什么焊接方法？

第二篇　金属冷成形工艺基础

一、填空题

1. 车刀一般由________和________两部分组成。

2. 车刀常用结构有________、________和________三类。

3. 常用的刀具材料有________、________，分别在________砂轮和________砂轮上刃磨。刃磨________车刀时必须及时在水中冷却；刃磨________车刀时绝对不能放入水中冷却。

4. 砂轮不平和跳动时，必须用________修正。

5. 精加工车刀一般用________来研磨。研磨时要加________。

6. 刃磨车刀必须戴________，不能戴________或用纱布裹住车刀。

7. 车削台阶外圆要用主偏角为________的车刀。

8. 外圆加工完后一般都应倒角，若图样中未注倒角，应________。

9. 试切外圆发现测量尺寸比图样尺寸小了，这时应反方向________再进刀。

10.车削运动可分为________、________、________。

11.切削用量三要素为________、________、________。

12.主轴箱内的润滑油一般是________全损耗系统用油(机油)，________个月更换一次。更换时要用________清洗。

13.手动横向进给时，若中滑板手柄来回转动，刀具不移动，说明中滑板丝杆可能和________脱开。

14.三爪自定心卡盘与主轴联接方式有________、________联接。

15.三爪自定心卡盘的卡爪一般有________爪和________爪各一副。卡爪有________式和________式两种。安装卡爪时，卡爪的________要和卡盘的________相一致，并按________依次安装。

16.安装螺纹联接的卡盘，要用________扳手，最后要________。

17.车床启动后绝对禁止________主轴转速，以防________。

18.车削外圆时，车削步骤一般分为________车、________车。

19.镗削加工时主运动为________

20.刨床和插床都是________ 来加工________。进给运动为 ________刨床主要用来加工________。

21.外圆磨削时主运动为________，进给运动分别为________、

22.平面磨床按工作台的形状分为________平面磨床和________平面磨床两类。

23.对于高硬度材料来讲，________几乎是唯一的切削加工方法。

24.齿轮常用的精加工方法有________齿、________齿和________齿。

25.研磨方法有________研磨和________研磨两种。

26.齿轮的齿形加工按加工原理可分为________和________两种。

27.常用的特种加工方法有________、________、________、________等。

28.数控机床是由________、________、________、________、________和________组成。

29.数控机床按刀具(或工件)进给运动轨迹分类有________、________和________数控机床。

30.采用轮廓控制的数控机床有________、

31.数控机床按工艺用途分类有________

32.生产过程包括________过程和________

33.零件的切削加工工艺过程是由一系列________等单元组成。

34.定位基准包括________基准和________ 。

35.工艺基准按用途可分为：________基准。

36.零件加工辅助工序是指________、________。

37.一般工件的安装方式有三种：________、________和________。

38.虚拟制造的实质就是利用计算机进行________在计算机上模拟进行，不需要消耗物理资源。

39.用自动进给车端面，当车至工件中心附近时应由________进给改用________进给。

40.如工件的二端面均要切削，则应尽量将余量留给________。

41.控制台阶长度的常用方法有________和________。

42. 车削台阶时，当长度尺寸满足要求后，应________中滑板手柄，均匀退出车刀，以确保台阶面与外圆表面________。中心孔用来________工件，起________作用，主要有________、________、________三种形式。

43. 钻中心孔时，中心钻一定要对准________，若如此钻出的中心孔呈________，否则是________。

44. 中心钻一般用________来装夹。加工时发现中心钻偏斜，可调整________。

45. 钻中心孔时，进给速度要________而________，并及时加注________。

46. 轴类零件加工的________较多，需经多次装夹。为了保证加工精度，通常采用________装夹法，工件两端要________。

47. 常用的切断刀的材料有________和________。

48. 为了增加刀尖________和刀具的________，并使________可将主切削刃磨成________形。

49. 刃磨切断刀要确保________与________角对称。

50. 安装切断刀不仅要保证主切削刃________，而且要保证________对称。

51. 切断方法通常有________和________。

52. 检查外沟槽深度时，可用________或________测量；

53. 为保证安全，当 X6132 型铣床作垂直方向机动进给时，垂直方向手动进给操作手柄必须处于________状态。

54. X5032 型铣床工作台纵向快速进给量约为________ mm/min，横向快速进给量约为________ mm/min，垂直方向快速进给量约为________ mm/min。

55. X6132 型铣床横向工作台的紧固是通过转动专用手柄，利用手柄上的________的作用来实现。

56. X5032 型铣床主轴的上下移动是用摇动手柄，通过一对________带动________旋转实现的。

57. 新铣床试运行时，应检查________是否符合要求。

58. 有时按下“停止”按钮时铣床主轴不能立即停止转动，其主要原因是________系统失灵。

59. X5032 型铣床的操作机构和传动变速情况与 X6132 型铣床________。

60. 铣刀是一种________的刀具，因此在使用中要很好地保养和维护。

61. 当铣刀的磨损量达到________时应及时换刀，不可继续使用。

62. 铣刀的切削部分材料一般由________或________制成。

63. 造成铣刀磨损的原因主要有________和________引起的磨损。

64. 在铣削过程中，铣刀的磨损主要发生在刀齿的________上。

65. 在铣削过程中，铣刀的切削部分要承受很大的________和很高的________，并且和________发生强烈摩擦。

66. 选用先进刀具和组合铣刀能大量缩减________时间和________时间。________是提高生产率的有效措施。

67. 根据铣刀旋转方向与工件进给方向的关系，可将周铣法分为________和________两种方式。

68. 当工件薄而长且不易夹紧时，宜采用________方式铣削。

69. 端铣时，根据铣刀与工件的相对位置不同，可分为________和________。

70. 机用平口虎钳适用于装夹________和________的工件。

71. 用机用平口虎钳装夹工件时，工件应高出钳口________。

72. 为使工件基准面紧贴钳口，可在________与________之间垫一圆棒。

73. 调整铣床“零位”时，两个位置方向上的允许误差应在________范围内。

74. 铣削加工对刀时，应先________。

75. 牛头刨床主要用来加工________，一般刨削长度为________。

76. 龙门刨床适用于加工________或________。

77. 插床主要用于单件小批量加工工件的________。

78. 切断厚度较薄、刚性较差的工件时，应选择刀头宽度________的切断刀；。

79. 刨刀或工件每往复一次，刨刀与工件之间的________称为进给量。

80. 刨削平面时，因工件装夹不合理或工件刚性差，会使加工出的平面产生________

81. 刨削燕尾槽内斜面时，切削用量要________；刨削越程槽时，行程速度要________，切削速度要________。

82. 刨削平面常采用________、________、________三种方法。

83. 以磨削外圆为例，磨削用量应包括________、________、________、________。

84. 磨削内外圆时，工件每转一转相对砂轮在________移动的距离叫纵向进给，其大小一般为________。

85. 砂轮特性包括________、________、________、________、组织、强度、形状和尺寸等。

86. 磨削不锈钢时，采用浓度较________的乳化液作切削液，效果较好。

87. 砂轮的不平衡是指砂轮的________与________不重合。

88. 磨削外圆时，若砂轮不平衡、硬度过高或钝化，则工件表面会出现________振痕；若进给量太大，则工件表面会出现________痕迹。

89. 磨削外圆时，如中心孔形状不正确，则工件会产生________。

90. 磨削内圆时，工件产生喇叭口的主要原因有________、________、________。

91. 在车削过程中，工件上形成了________表面、________表面、________表面。

二、选择题(将正确答案的序号写在括号内)

1. 三爪自定心卡盘不可直接装夹________。

A. 圆形工件　　B. 六边形工件　　C. 三边形工件　　D. 四边形工件

2. 关于三爪自定心卡盘，说法正确的是________。

A. 用三爪自定心卡盘安装工件无误差

B. 三爪自定心卡盘中的反夹紧力不够大

C. 因装夹外圆太大，正爪不能装夹时可用反爪装夹

D. 三爪自定心卡盘，正爪比反爪的定心精度高

3. 切削刀具的前角是在________内测量的前面与基面的夹角。

A. 正交平面　　B. 切削平面　　C. 基面

4. 切削塑性材料时易形成________，切削脆性材料时易形成________。

A. 崩碎切屑　　B. 带状切屑　　C. 节状切屑

5. 在总切削力的三个分力中，________。

A. 进给力　　B. 切削力

6. 用 90°硬质合金外圆车刀粗加工 45 调质钢，合适的前角为________。

A. －15°　　B. －5°　　C. 0°　　D. 10°

7. 精车 45 调质钢，选择刀具材料正确的是________。

A. 高速钢　　B. YG6　　C. YT15　　D. YT30

8. 车削 45 钢锻件的端面，合适的方法________。

A. 先用 45°车刀倒角，再用 45°车刀把端面车出

B. 因材料较硬，可用 45°车刀分几次车削

C. 因锻件端面不规则，用强度较好的 75°偏刀直接车出

D. 用 90°车刀分几次车削

9. 卧式车床主轴前端内部为________。

A. 内螺纹　　B. 圆柱孔　　C. 台阶圆柱孔　　D. 圆锥孔

10. 卧式车床的主运动为________。

A. 工件的旋转运动　　B. 车刀的进给运动

C. 工件的旋转运动及车刀的进给运动

11. 决定梯形螺纹牙顶配合间隙大小的是________。

A. 工件直径　　B. 螺纹的中径　　C. 螺距　　D. 工件的材料性质

12. X5032 型铣床升降台的机动进给操纵手柄控制着________方向的进给运动。

A. 垂直　　B. 横向　　C. 纵向与横向　　D. 横向与纵向

13. 调整 X5032 型铣床主轴轴承间隙是通过________来实现的。

A. 拧动调整螺母　　B. 拧动调节螺钉　　C. 改变调节垫片厚度

14. 四边形可转位硬质合金刀片往往装在________上进行铣削加工。

A. 三面刃铣刀　　B. 立铣刀　　C. 圆柱铣刀　　D. 端铣刀

15. 在装卸铣刀时，主轴应放在________位置上。

A. 高速　　B. 低速　　C. 空挡　　D. 换刀

16. 与普通铣刀相比，大刃倾角端铣刀的工作前角________。

A. 大些　　B. 小些　　C. 相同的

17. 如果把高速钢标准直齿三面刃铣刀改成错齿三面刃铣刀，将会减少铣削的________。

A. 铣削宽度　　B. 铣削深度　　C. 铣削力

18. 带孔铣刀安装时，如不采用平键联接，则铣刀旋转方向与紧固螺母的紧方向________。

A. 相同　　B. 相反　　C. 无关

19. 采用阶梯铣削法可使________成倍增加。

A. 铣削深度　　B. 铣削宽度　　C. 进给量　　D. 铣削速度

20. 在牛头刨床上刨削时，刨刀沿工件的往复直线运动为________。

A. 主运动　　B. 进给运动　　C. 辅助运动

21. 刨削薄板时，宜用________装夹工件。

A. 机用平口钳　　B. 挪钉撑与挡铁　　C. 压板挤压法

22. 在牛头刨床上利用刀架进给刨削工件右端垂直面时，拍板座应________转一角度。

A. 顺时针　　B. 逆时针　　C. 任意方向

23. 刨削平面时，工件平面度超差的主要原因是________。

A. 工件装夹不当　　B. 机床刚性较差

C. 进给量大　　D. 刨刀几何角度不正确

24. 采用________传动可以使磨床运动平稳，并可实现较大范围内的无级变速。

A. 齿轮　　B. 带　　C. 链　　D. 液压

25. 目前制造砂轮常用的是________磨料。

A. 天然　　B. 人造　　C. 混合

26. ________主要用于磨削高硬度、高韧性的难加工钢件。

A. 棕刚玉　　B. 立方氮化硼　　C. 金刚石

27. 砂轮的粒度对磨削工件的________和磨削效率有很大影响。

A. 尺寸精度　　B. 表面粗糙度　　C. 几何精度

28. 砂轮的________是指结合剂粘结磨粒的牢固程度。

A. 强度　　B. 粒度　　C. 硬度　　D. 组织号

29. 精磨时选用砂轮硬度应比粗磨时________些为好。

A. 高　　B. 低　　C. 相同

30. 磨削时，若工件的表面出现直波形振痕或表面粗糙度变粗，则表明砂轮________。

A. 磨钝　　B. 硬度低　　C. 磨粒粗

31. 砂轮的平衡，一般是指对砂轮进行________平衡。

A. 安装　　B. 静　　C. 动

32. ________的大小与工件的硬度、砂轮特性、磨削宽度以及磨削用量有关。

A. 砂轮圆周速度　　B. 纵向进给速度　　C. 磨削力

33. 代号 PsA 表示砂轮的形状是________砂轮。

A. 平行　　B. 单面凹　　C. 双面凹

34. 磨削细长轴时，尾座顶尖压力应比一般磨削________

A. 大些　　B. 小一些　　C. 相同

35. 由于磨削压力引起的内应力，很容易使薄片工件产生________现象。

A. 弯曲　　B. 扭曲　　C. 翘曲

36. 不一定是因为尾座偏移而产生的________。

A. 中心孔钻出后呈环形　　B. 两顶尖装夹时车出的工件呈锥形

C. 一夹一顶装夹时车出的工件呈锥形　　D. 钻小孔时，孔与轴线偏斜

37. 钻中心孔操作不正确的是________。

A. 钻中心孔前先把端面车平

B. 不管工件大小，钻中心孔的切削速度都可以选择很高

C. 钻中心孔时进给速度应慢而均匀，并经常退出

D. 钻中心孔时应加润滑油

38. 车削细长轴时易引起振动，下列操作不能消除振动的是________。

A. 尽量缩短尾座套筒的伸出长度　　B. 磨出锋利的刀刃

C. 调小、中滑板的间隙　　D. 死顶尖换为活络顶尖

39. 具有砂轮的旋转运动、工件的纵向运动、砂轮或工件的横向运动、砂轮的垂直运动的磨削方式是________磨削。

A. 外圆　　B. 内圆　　C. 平面

40. 采用________传动可以使磨床运动平稳，并可实现较大范围内的无级变速。

A. 齿轮　　B. 带　　C. 链　　D. 液压

41. 目前制造砂轮常用的是________磨料。

A. 天然　　B. 人造　　C. 混合

42. ________主要用于磨削高硬度、高韧性的难加工钢件。

A. 棕刚玉　　B. 立方氮化硼　　C. 金刚石

43. 砂轮的粒度对磨削工件的________和磨削效率有很大影响。

A. 尺寸精度　　B. 表面粗糙度　　C. 几何精度

44. 砂轮的________是指结合剂粘结磨粒的牢固程度。

A. 强度　　B. 粒度　　C. 硬度　　D. 组织号

45. 精磨时选用砂轮硬度应比粗磨时________些为好。

A. 高　　B. 低　　C. 相同

46. 磨削时，若工件的表面出现直波形振痕或表面粗糙度变粗，则表明砂轮________。

A. 磨钝　　B. 硬度低　　C. 磨粒粗

47. 砂轮的平衡，一般是指对砂轮进行________平衡。

A. 安装　　B. 静　　C. 动

48. 钝化的磨粒自行崩碎或脱落，使砂轮保持锐利的特性称为砂轮的________。

A. 寿命　　B. 自锐性　　C. 强度

49. ________的大小与工件的硬度、砂轮特性、磨削宽度以及磨削用量有关。

A. 砂轮圆周速度　　B. 纵向进给速度　　C. 磨削力

50. 磨削细长轴时，尾座顶尖压力应比一般磨削________

A. 大些　　B. 小一些　　C. 相同

51. 由于磨削压力引起的内应力，很容易使薄片工件产生________现象。

A. 弯曲　　B. 扭曲　　C. 翘曲

52. 不一定是因为尾座偏移而产生的________。

A. 中心孔钻出后呈环形　　B. 两顶尖装夹时车出的工件呈锥形

C. 一夹一顶装夹时车出的工件呈锥形　　D. 钻小孔时，孔与轴线偏斜

53. 钻中心孔操作不正确的是________。

A. 钻中心孔前先把端面车平

B. 不管工件大小，钻中心孔的切削速度都可以选择很高

C. 钻中心孔时进给速度应慢而均匀，并经常退出

D. 钻中心孔时应加润滑油

54. 用两顶尖装夹车削工件，操作有误的是________。

A. 卸下卡盘，擦净主轴锥孔及前锥锥柄，安装前顶尖

B. 在工件合适位置装上卡箍夹头

C. 擦净尾座套筒内锥及死顶尖锥柄，再安装后顶尖
D. 工件置于两顶尖间，并尽量顶紧工件，启动车床
55. 车削细长轴时易引起振动，下列操作不能消除振动的是________。
A. 尽量缩短尾座套筒的伸出长度　　B. 磨出锋利的刀刃
C. 调小、中滑板的间隙　　D. 死顶尖换为活络顶尖
56. 下列关于刀具材料选择说法，错误的是________。
A. HT、QT 等材料要用 YG 类刀具加工
B. 45 钢、铸件、,锻件等材料用 YT 类刀具加工
C. 铜、铝、胶木等用高速钢刀具加工
D. 不锈钢等难加工材料要用特殊刀具材料加工
57. 粗车时切削速度选择，不正确的是________。
A. 如用高速钢刀具车削出的切屑呈白色或黄色说明合适
B. 如用硬质合金刀具加工出的切屑呈蓝色说明合适
C. 可选较高转速
58. 精车时，切削用量选择的原则是________。
A. 小背吃刀量，小进给量，合适的切削速度
B. 半精车时留给精车的余量一次车完，小进给量，较大的切削速度
C. 背吃刀量最大为 0.15ram，小进给量，较大的切削速度
D. 小背吃刀量，大进给量，大的切削速度
58. 车削外圆采用试切法，目的是________。
A. 检查表面质量是否合格　　B. 检查尺寸是否合格
C. 检查外圆是否圆　　D. 检查吃刀量与车削尺寸是否正确
59. 铣床精度检验包括铣床的________精度检验和工作精度检验。
A. 几何　　B. 制造　　C. 装配　　D. 加工
60. 当 X5032 型立式铣床的立铣头处于中间零位时，有一个________对其作定位。
A. 螺钉　　B. 圆锥销　　C. 菱形销　　D. 圆柱销
61. X6132 型铣床工作台，可绕升降工作台的环形槽在水平面内作顺时针、逆时针________范围内旋转。
A. 30°　　B. 45°　　C. 60°　　D. 90°

三、判断题(对者画“√”，错者画“×”)

1. 车端面时若刀尖未对准工件的旋转中心，则损坏刀尖。　（　）
2. 仅 45°车刀可用作车端面。　（　）
3. 车削铸、锻工件端面前，用 45°车刀倒角，可以保护刀尖。　（　）
4. 主偏角磨成 90°的车刀不可车削高台阶面。　（　）
5. 用刻线痕法或床鞍刻度控制法来控制台阶长度都有误差。　（　）
6. 中心钻有 A，B，C 型三种。　（　）
7. 中心孔仅起支撑作用。　（　）
8. A3 中心钻表示中心钻的直径是 3 mm。　（　）

9.通常钻中心孔应选高速(大直径轴除外)。 (　　)

10.钻出的中心孔呈环形状时应“纠偏”。 (　　)

11.两顶尖装夹工件适合于轴类零件的粗、精加工。 (　　)

12.车床上车制的前顶尖和标准顶尖一样,可多次重复使用。 (　　)

13.活络顶尖比死顶尖定位精度高,所以常用活络顶尖支承车削轴类零件。 (　　)

14.卡箍夹头可用来传递动力给工件。 (　　)

15.两顶尖装夹或一夹一顶装夹加工轴,均会产生锥度的主要原因是尾座偏移。 (　　)

16.刀尖就是一个点。 (　　)

17.基面就是水平面。 (　　)

18.前角 γ_0 是前刀面与基面间的夹角,在切削平面内测量。 (　　)

19.副偏角 $k'r$ 是副刀刃与走刀方向间的夹角。 (　　)

20.后角和副后角要大于 0°,前角可以小于 0° (　　)

21.正的刃倾角有利于切屑排出。 (　　)

22.高速钢或碳素工具钢车刀应在绿色碳化硅砂轮上刃磨。 (　　)

23.刃磨硬质合金车刀可用黑色氧化铝砂轮。 (　　)

24.不管刃磨什么车刀都不能戴布式手套刃磨。 (　　)

25.保证刀具夹紧可靠,可用加力管来增加夹紧力。 (　　)

26.如果刀具安装不正确,车刀的工作角度与刃磨角度会发生变化。 (　　)

27.变换进给手柄位置,只可以改变进给量的大小。 (　　)

28.改变螺距的大小,只要变换进给手柄位置即可。 (　　)

29.C6132 中“32”表示车床最大装夹直径为 320 mm。 (　　)

30.所有待加工表面都是毛坯表面。 (　　)

31.ϕ70 mm 外圆加工至 ϕ60 mm,背吃刀量为 10 mm。 (　　)

32.ϕ70 mm 外圆加工到 ϕ60 mm,加工余量为 10 mm。 (　　)

33.改变主轴转速可以改变进给量的大小。 (　　)

34.主运动可以是旋转运动,也可以是直线运动。 (　　)

35.在切削时,切削刀具前角越小,切削越轻快。 (　　)

36.在切削过程中,进给运动的速度一般远小于主运动速度。 (　　)

37.与高速钢相比,硬质合金突出的优点是热硬性高、耐磨性好。 (　　)

38.减小切削刀具后角可减少切削刀具后面与已加工表面的摩擦。 (　　)

39.减小总切削力并不能减少切削热。 (　　)

40.插床的主要功能是用来插削键槽和花键槽等表面。 (　　)

41.拉削过程中主运动是拉刀的低速直线运动,进给运动是靠拉刀刀齿直径依次递增一个齿升量(一般是 0.02～0.1 mm)实现的。 (　　)

42.分度头是铣床的重要附件,主要用于铣削多边形、花键、齿轮等工件。 (　　)

43.基准是指用来确定生产对象上几何要素间的几何关系所依据的那些点、线、面。 (　　)

44.粗基准可以重复使用多次。 (　　)

45. 为了减少变换定位基准带来的误差，应尽可能使更多的加工表面都用同一个精基准。（　）

46. 用三爪自定心卡盘装夹工件无需校正。（　）

47. 粗车和精车的目的不同，所以粗车刀和精车刀的几何角度有所不同。（　）

48. 粗车的目的是切去工件的大部余量，表面质量可以不考虑。（　）

49. 精车的目的是保证各表面尺寸精度及表面质量要求。（　）

50. 如机床的刚性允许，粗车时一般都选择一次性进给将大部分余量加工完。（　）

51. 切断刀的刀头强度较差。（　）

52. 高速钢切断刀适用高速切断。（　）

53. 切断刀的主偏角通常为0。（　）

54. 切断刀的副偏角和副后角都不能为0。（　）

55. 切断刀安装时只要对准工件中心即可。（　）

56. 梯形螺纹的截形角为30°。（　）

57. 车削精度要求较高的螺纹，刀尖角必须用万能游标高度尺测量。（　）

58. 无论采用何种车削螺纹的方法，都应随时目测牙顶宽。（　）

59. 轴向直廓蜗杆的主要测量尺寸为轴向齿厚，用游标卡尺测量。（　）

60. 车削轴向直廓蜗杆，螺纹车刀的刀尖角角平分线应与工件的中心线垂直。（　）

61. 较方便的分度方法是用小滑板刻度分度，但分度精度差。（　）

62. 三针测量法适用于各种外螺纹精密测量。（　）

63. 铣床有两套主轴及工作台操作按钮，是用于两人同时操作而设置的。（　）

64. 在变换X6132型主轴转速时，若发现主轴箱内有打击声，这是微动开关接触时间太短的缘故。（　）

65. X6132型铣床工作台的正、反方向的自动进给运动，是通过控制进给运动的电动机正转、反转来实现的。（　）

66. X5032型铣床主轴的正反转是通过操作主轴箱内的离合器控制的。（　）

67. 铣床工作台作进给运动时，机动手柄能在瞬间从一个方向变换为另一个方向（　）

68. X5032型铣床的手动进给手柄，在弹簧力的作用下通常处于脱开状态。（　）

69. X5032型铣床的纵向、横向和垂直三个方向之间运动是靠机械互锁的。（　）

70. 卧式铣床工作台纵向、横向、垂直三个方向的运动部件与导轨之间都需有合适的间隙。（　）

71. 铣刀是一种单刃刀具，其几何形状复杂，种类较多。（　）

72. 铣刀形式有整体铣刀和镶齿铣刀两种。（　）

73. 成形铣刀的齿形都是铲背齿形。（　）

73. 尖齿铣刀的刃磨比铲齿铣刀要容易。（　）

74. 由于铣刀刃磨比较复杂，因此铣刀应使用至不能再加工为止。（　）

75. 装夹铣刀时，如果接触部位没有擦干净，会影响铣削加工的精度。（　）

76. 带孔铣刀与带柄铣刀装夹方式是一样的。（　）

77. 在铣床的传动系统中，其主运动与进给运动是相互独立的。（　）

78. 铣床的纵向、横向与垂直进给的大小均相同。（　）

79. 在切削部位，铣刀的旋转方向与工件进给方向相同的铣削方式为逆铣 （ ）
80. 用分布在铣刀端面上的切削刃进行铣削的方法，称为端铣。 （ ）
81. 端面铣削时，没有顺铣和逆铣之分。 （ ）
82. 刨削的切削速度是指刀具的移动速度。 （ ）
83. 刨削加工时人不能站在工作台前方。 （ ）
84. 刨床的滑枕行程长度必须与工件的加工长度相同。 （ ）
85. 装夹刨刀时扳手的用力方向应自下而上。 （ ）
86. 用机用平口虎钳装夹工件时，必须校正虎钳与机床的相对位置。 （ ）
87. 在工作台上夹紧工件时，应反复检查装夹位置是否正确。 （ ）
88. 窄而深的台阶面一般采用垂直进给法。 （ ）
89. 刨削窄直槽时，刨刀宽度应与槽宽相等。 （ ）
90. 刨削内斜面时，刨刀的角度应大于工件的角度。 （ ）
91. V形槽中央的直槽可在斜面加工结束后刨削。 （ ）
92. 牛头刨床的滑枕是作等速运动。 （ ）
93. 刨削台阶面的刨刀主偏角应小于90°。 （ ）
94. 砂轮中的空隙起着容纳磨屑和散热的作用。 （ ）
95. 砂轮强度通常用安全圆周速度来表示。 （ ）
96. 磨料硬度越高，制造的砂轮硬度也越高。 （ ）
97. 砂轮的组织号越大，磨粒占据砂轮体积的百分比也越大。 （ ）
98. 磨削薄片工件装夹时若采用较厚的橡胶作衬垫，可减小磨削时的翘曲变形。 （ ）
99. 如果砂轮硬度太高，磨削时工件表面易产生烧伤。 （ ）
100. 磨削细长轴时，尾座顶尖的顶紧力应大一些，以免工件在两顶尖间轴向窜动。（ ）
101. 磨削导热性差的材料或容易发热变形的工件时，砂轮粒度应细一些。 （ ）
102. 磨削硬材料时，应选择硬度高的砂轮。 （ ）
103. 当砂轮转速不变而直径减小时，磨削质量变得不稳定。 （ ）

四、问答题

1. 车削加工有哪些特点？车床上能加工哪些表面？
2. 车床的种类很多，应用最广泛的是什么车床？试简述其主要组成和用途。
3. 试述车刀的种类及用途。刃磨车刀时应注意哪些事项？
4. 试述刀架的组成。车刀的装夹要领是什么？为什么要检查刀架的极限位置？
5. 三爪自定心卡盘装夹工件有何特点？用于哪些场合？
6. 试切的目的是什么？结合实际操作说明试切的步骤。
7. 当改变车床主轴转速时，车刀的移动速度是否改变？进给量是否改变？
8. 在操作刻度盘时，若刻度盘手柄摇过了几格怎么办？为什么？
9. 粗车与精车的加工要求有何不同？刀具角度的选用有何不同？切削用量如何选择？
10. 车端面有哪些方法？如何选择车刀？
11. 为什么车削时一般先要车端面？为什么钻孔前也要先车端面？
12. 车圆锥的方法有哪些？各有什么特点？各适用于何种条件？

13. 车槽刀和车断刀的结构有何特点？安装时应注意哪些问题？
14. 在车床上如何进行钻孔加工？
15. 镗孔时如何安装镗刀？为什么镗孔时的切削用量比车外圆时小？
16. 如何正确地安装螺纹车刀？
17. 为了保证内、外螺纹的配合精度，加工螺纹时应注意哪些基本要素？
18. 开启机床与关闭机床的步骤如何？
19. 三爪自定心卡盘和四爪单动卡盘的特点是什么？
20. 改变主轴转速可以改变进给量的大小吗？为什么？
21. 如何保养好机床？
22. 车工安全操作规程有哪些？
23. 采用不同几何形状与不同主偏角的车刀车端面时的特点是什么？
24. 车台阶面时，如何控制台阶的长度尺寸？
25. 简述车外圆的操作步骤
26. 车削时如何控制外圆尺寸？
27. 车外圆时，为什么要实行粗、精车分开的原则？
28. 简述切削刀具材料应具备哪些基本性能。
29. 卧式车床主要由哪几部分组成？
30. 粗车、精车的目的是什么？
31. 车外圆锥面的方法有哪些？
32. 车削用量的选择原则是什么？
33. 轴类零件常用的安装方法有哪些？各有什么特点？
34. 活络顶尖和死顶尖是车床上常用的两种顶尖，两者的优缺点是什么？
35. 试述工件在两顶尖上的安装方法及注意事项。
36. 如何避免在车槽和切断时产生振动？
37. 切断刀刃磨有哪些要求？
38. 分析切断时刀头折断、崩刃的主要原因是什么？
39. 试确定精车 T36 x 6 梯形螺纹时车刀的主要几何角度为多少？
40. 何谓分层切削法？并用图表示，其有何特点？车削时应注意什么？
41. 铣床的加工工艺范围有哪些？
42. 铣床有哪些种类？举例说明一般铣床型号的意义？
43. X5032 型铣床和 X6132 型铣床有什么不同之处？
44. 铣削加工时，进给量有哪几种表示形式？它们之间的相互关系如何？
45. 铣削加工有哪些特点？
46. 为什么 X6132 型铣床的升降丝杆要用双层丝杠？
47. 为什么要在 X5032 型铣床工作台的手动进给手柄处设置安全装置？
48. 铣床工作台由快速机动进给转换为慢速机动进给时，会出现失灵，不能转换，试分析其原因是什么？
49. 主轴变速机构操纵时应注意哪些事项？
50. X6132 型铣床工作台机动进给与手动进给之间为何要联锁？它们是怎样联锁的？

51. 按下停止按钮以后，造成铣床主轴不能立即停止的主要因素有哪些？
52. 如何保证 X5032 型铣床工作台在机动进给过程中遇到意外阻力时能自动停止？
53. 生产中常用的铣刀有哪些？它们各适合的加工范围是什么？
54. 怎样正确安装带孔铣刀与带柄铣刀？
55. 立铣刀与键槽铣刀有哪些区别？
56. 常用铣刀是如何标记的？并举例说明。
57. 铣刀的齿形有哪几种？它们各有什么优缺点？
58. 如何判别铣刀的磨损情况达到极限，从而进行换刀？
59. 砂轮的选择原则是什么？
60. 外圆磨削有哪几种形式？各有何特点？
61. 为什么要划分粗、精磨？
62. 平面磨削的形式有哪几种？各有什么特点？
63. 磨削用量包括哪几个基本参数？如何计算？
64. 磨削外圆时，工件产生圆度误差的原因主要有哪些？
65. 磨削内、外圆锥面的方法有哪些？各适用于什么场合？
66. 试述砂轮静平衡的一般方法。
67. 磨削细长轴应注意哪些问题？
68. 磨削小深孔应注意哪些问题？
69. 牛头刨床和插床在结构和工艺应用范围方面有何差别？
70. 卧式铣床的主运动是什么？进给运动是什么？
71. 为什么铣削加工比刨削加工生产率高？
72. 外圆磨床有哪些功能和运动？
73. 外圆柱面的磨削方法有哪些？各适用于哪些零件？
74. 外圆锥面的磨削方法有哪些？各适用于哪些零件？
75. 磨削平面的方式有哪些？各有何特点？
76. 什么是超级光磨？其主要目的是什么？
77. 电火花加工有何特点？
78. 数控加工的工艺特点有哪些？
79. 粗基准的选择原则是什么？
80. 精基准的选择原则是什么？

参考文献

[1] 苏德胜.工程材料及成形工艺基础[M].北京:化学工业出版社,2008.

[2] 郁兆昌.金属工艺学[M].北京:高等教育出版社,2006.

[3] 沈莲.机械工程材料[M].北京:机械工业出版社,2005.

[4] 张明续.机械制造技术简明教程 [M].北京:化学工业出版社,2016.

[5] 王英杰.金属工艺学[M].北京:机械工业出版社,2013.

[6] 机械属材料及热处理知识[M].北京:机械工业出版社,2005.

[7] 赵海霞.工程材料及成形技术[M].北京:机械工业出版社,2005.

[8] 朱莉,王运炎.机械工程材料[M].北京:机械工业出版社,2005.

[9] 王正品,张路,要玉宏.金属功能材料[M].北京:化学工业出版社,2004.

[10] 赵程,杨建民.机械工程材料[M].2 版.北京:机械工业出版社,2007.

[11] 颜银标.工程材料及热成型工艺[M].北京:化学工业出版社,2004.

[12] 蔡殉.表面工程技术工艺方法 400 种[M].北京:机械工业出版社,2006.

[13] 王学武.金属表面处理技术[M].北京:机械工业出版社,2008.

[14] 曹国强.机械工程概论[M].北京:航空工业出版社,2008.

[15] 裴炳文.数控加工工艺与编程[M].北京:机械工业出版社,2005.

[16] 梁戈,时惠英.机械工程材料与热加工工艺[M].北京:机械工业出版社,2007.

[17] 许德珠.机械工程材料[M].2 版.北京:高等教育出版社,2001.

[18] 王先逵.材料及热处理[M].北京:机械工业出版社,2008.

[19] 杨江河.精密加工实用技术[M].北京:机械工业出版社,2007.

[20] 邓三硼,马苏常.先进制造技术[M].北京:中国电力出版社,2006.

[21] 李献坤,兰青.金属材料及热处理[M].北京:中国劳动社会保障出版社,2007.

[22] 孟庆东.材料力学简明教程 [M].北京:机械工业出版社,2011.

[23] 孟庆东,机械设计简明教程 [M].西安:西北工业大学出版社,2014.